에너지 변환기기

박창순 지음

홍릉과학출판사

머리말

에너지 변환기기는 산업사회뿐만 아니라 가정과 자동차 등 모든 분야에서 사용하고 있으며 앞으로 역할이 증대될 것으로 생각된다. 이 책은 에너지 변환기기의 이론, 특성, 구조 및 운전에 필요한 기본적인 사항을 쉽게 이해할 수 있도록 하였다.

전기공학에서 에너지 변환기기는 매우 중요한 분야이나 많은 사람들이 공부를 시작하는데 있어 어려움을 느끼는데 그것은 첫째 배울 것이 너무 많다고 느끼는 것이고 둘째 너무 어렵다는 것이다.

이 책은 에너지 변환기기를 처음 접하고 어렵게 느끼는 사람들을 위하고 대학 강의에 필요한 기본적인 부분을 중점적으로 수록하였기 때문에 산업현장에서 사용되고 있는 모든 기기들을 모두 수록하지 못하고 있다. 그러면서도 더 이해하기 쉽도록 서술하지 못한 점이 있다.

앞으로 독자들의 충고와 조언을 받아들여 충실히 보완하겠으며, 이 책을 완성하기까지 애써주신 E^2광역경제권센터와 편집 작업에 노고를 아끼지 않으신 홍릉과학출판사 임직원 여러분께 감사의 말씀을 드립니다.

2010년

저자 씀

목차

CHAPTER 01 **전자기 기초** ··· 1

1.1 전류가 흐르는 도체 주위의 자장 ··· 1
1.2 전류가 흐르는 코일의 자장 ··· 4
1.3 자계의 크기 ··· 5
1.4 코일의 자장 내에 있는 철심 ··· 8
1.5 자기회로 ··· 12
1.6 누설 자속 ··· 13
1.7 자장 내에서 전류가 흐르는 도체에 발생하는 힘의 방향 ··· 14
1.7.1 힘의 방향 ··· 14
1.7.2 자석의 자장과 도체의 자장 ··· 14
1.7.3 극과 전류의 방향에 따른 힘의 방향 ··· 15
1.7.4 왼손 법칙(전동기 법칙) ··· 16
1.8 자장 내에서 전류가 흐르는 도체와 힘의 세기 ··· 17
1.9 자장 내에서 전류가 흐르는 코일 ··· 18
1.9.1 자장 내의 전류가 흐르는 코일의 회전 ··· 18
1.9.2 자장 내의 전류가 흐르는 코일의 회전 원리 ··· 19
1.10 유도전압의 발생 ··· 20
1.10.1 발전 원리 ··· 20
1.10.2 오른손 법칙 ··· 22
1.10.3 Lenz 법칙 ··· 24
1.10.4 변압기 원리 ··· 25

CHAPTER 02 **직류기** ········· **31**

2.1 직류 발전기 ········· 31
2.1.1 직류 발전기의 원리 ········· 31
2.1.2 직류기의 구성 ········· 33
2.1.3 직류기의 여자 방식 ········· 48
2.1.4 자계 ········· 50
2.1.5 전기자 반작용 ········· 51
2.1.6 전기자 반작용의 방지 ········· 53
2.1.7 정류 ········· 56
2.1.8 발전기 운전 특성 ········· 60
2.2 직류 전동기 ········· 73
2.2.1 직류 전동기 일반 ········· 73
2.2.2 회전력 방정식 ········· 74
2.2.3 전압 방정식 ········· 76
2.2.4 직류 전동기의 회전 원리 ········· 80
2.2.5 Torque의 발생 ········· 80
2.2.6 직류 전동기 종류 ········· 82
2.2.7 직류 전동기의 기동 ········· 93
2.2.8 직류 전동기 회전수 제어 ········· 102
2.3 손실과 효율 ········· 114
2.3.1 손실의 종류 ········· 114
2.3.2 효율 ········· 116

CHAPTER 03 **변압기** ········· **123**

3.1 변압기의 구조 ········· 123
3.1.1 내철형 ········· 124
3.1.2 외철형 ········· 124
3.2 변압기의 재료 ········· 124
3.2.1 철심 ········· 124
3.2.2 도체 ········· 125
3.2.3 절연 ········· 125
3.2.4 절연의 종류 ········· 125
3.3 철심 ········· 126

3.3.1 내철형 철심 ······ 126
3.3.2 외철형 철심 ······ 126
3.3.3 권철심형 철심 ······ 126
3.4 권선 ······ 127
3.4.1 직권코일 ······ 127
3.4.2 형권코일 ······ 127
3.5 외함과 부싱 ······ 128
3.5.1 외함 ······ 128
3.5.2 부싱 ······ 128
3.6 변압기유와 열화 방지 ······ 130
3.6.1 변압기유 ······ 130
3.6.2 오일의 열화 방지 ······ 130
3.7 냉각 방식 ······ 131
3.8 이상 변압기 ······ 134
3.8.1 이상적인 변압기의 운전 ······ 134
3.9 기본 공식 ······ 138
3.9.1 전압비 ······ 138
3.9.2 전류비 ······ 139
3.9.3 저항의 변환 ······ 139
3.9.4 변압기의 전압 방정식 ······ 140
3.10 운전 ······ 141
3.10.1 변압기의 등가회로 ······ 141
3.10.2 무 부하 운전 ······ 144
3.10.3 무 부하 특성 ······ 145
3.10.4 무 부하 전류 ······ 146
3.10.5 부하 운전 특성 ······ 147
3.10.6 변압기의 3상 결선, 상 변환 및 병렬 운전 ······ 149
3.10.7 상수의 변환 ······ 156
3.10.8 병렬 운전 ······ 158
3.11 각종 변압기 ······ 164
3.11.1 3상 변압기 ······ 164
3.11.2 3권선 변압기(Three-winding transformer) ······ 166
3.11.3 단권 변압기 ······ 168
3.12 효율 ······ 174
3.12.1 손실 ······ 174

3.12.2 전일 효율 ········ 176
3.12.3 최대 효율 ········ 177

CHAPTER 04 유도기 ········ 181

4.1 삼상 권선의 기초 ········ 181
4.2 회전자계의 원리 ········ 199
4.2.1 회전자계의 발생 ········ 199
4.3 유도 전동기 종류 ········ 203
4.3.1 권선형 유도 전동기 ········ 203
4.3.2 농형 회전자 ········ 207
4.4 유도 전동기의 특징 ········ 209
4.4.1 유도 전동기의 토크 -속도 특성 ········ 209
4.4.2 명판 ········ 210
4.4.3 농형과 권선형 전동기의 장점 ········ 211
4.5 유도기 전력 및 전류 ········ 211
4.5.1 전동기가 정지하고 있는 경우 ········ 211
4.5.2 전동기가 회전하고 있는 경우 ········ 213
4.6 토크 ········ 214
4.7 등가회로 ········ 215
4.7.1 정지 시 유도 전동기의 회로 ········ 216
4.7.2 운전 시 유도 전동기의 회로 ········ 216
4.7.3 등가회로 ········ 218
4.8 전력 변환 ········ 219
4.8.1 1차 입력(고정자 입력) ········ 220
4.8.2 2차 입력(회전자 입력, 고정자 출력) ········ 221
4.8.3 2차 저항손(회전자 동손) ········ 222
4.8.4 회전자 출력(기계 출력) ········ 223
4.8.5 동기 와트 ········ 223
4.9 토크와 슬립의 관계 ········ 224
4.10 비례 추이 ········ 226
4.10.1 비례 추이 ········ 226
4.10.2 비례 추이를 하는 유도기의 주요한 값 ········ 228
4.11 유도 전동기 기동 ········ 229
4.11.1 유도 전동기 기동 방식 ········ 231

4.11.2 기동 저항의 계산 ········ 237
4.11.3 일반적인 유도 전동기의 기동 조건 ········ 240
4.12 유도 전동기 제동 ········ 240
4.12.1 역전류 브레이크 방식 ········ 241
4.12.2 단상 브레이크 결선 ········ 241
4.12.3 직류 브레이크 ········ 241
4.13 삼상 유도 전동기 속도 제어 ········ 242
4.13.1 저항을 이용한 회전수 제어 ········ 243
4.13.2 극수 변환 ········ 246
4.14 손실 및 효율 ········ 261
4.14.1 손실 ········ 261
4.14.2 효율 ········ 261
4.15 단상 유도 전동기 ········ 263
4.15.1 단상 유도 전동기의 개요 ········ 263
4.15.2 단상 유도 전동기의 구조 ········ 264
4.15.3 구동 방식 ········ 265
4.15.4 운전 특성 ········ 269
4.5.5 삼상 유도 전동기의 단상 전원 운전 ········ 271
4.5.6 단상 전동기의 속도 제어 ········ 273

CHAPTER 05 **동기기** ········ 275
5.1 구조와 형태 ········ 275
5.2 여자(Excitation) ········ 281
5.3 원리 ········ 283
5.3.1 무 부하 운전 ········ 283
5.3.2 부하 운전 ········ 284
5.4 전기자 반작용 ········ 285
5.4.1 정의 ········ 285
5.4.2 유효 전류에 의한 전기자 반작용 ········ 285
5.4.3 무효 전류에 의한 전기자 반작용 ········ 286
5.4.4 누설 리액턴스 ········ 288
5.5 동기 발전기의 특성 ········ 289
5.5.1 벡터도와 동기 임피던스 ········ 289
5.6 동기 발전기의 출력 ········ 292

5.6.1 비 돌극기의 출력 ····· 292
5.6.2 돌극기의 출력 ····· 293
5.7 무 부하 포화 곡선, 단락 곡선 ····· 295
5.7.1 무 부하 포화 곡선 ····· 295
5.7.2 단락 곡선 ····· 295
5.8 전압 변동률 ····· 297
5.8.1 전압 변동률의 정의 ····· 297
5.9 전압 조정기 ····· 298
5.9.1 전압 조정의 필요 ····· 298
5.10 자기 여자 작용 ····· 299
5.10.1 자기 여자에 의한 전압 상승 ····· 299
5.10.2 자기 여자 방지법 ····· 300
5.11 교류 발전기의 병행 운전 ····· 300
5.11.1 병행 운전의 조건 ····· 300
5.11.2 기전력의 위상은 일치하고 크기가 같지 않은 경우 ····· 301
5.11.3 동기화 전류 ····· 303
5.11.4 부하 분담 ····· 305
5.12 단락 ····· 306
5.12.1 단자의 연속 단락 ····· 306
5.12.2 돌발 단락 전류 ····· 307
5.12.3 돌발 단락 전류와 장애 예방 ····· 308
5.13 동기 전동기 ····· 309
5.13.1 동기 전동기 개요 ····· 309
5.13.2 동기 전동기의 기동 ····· 318
5.13.3 단상 동기 전동기 ····· 321
5.13.4 특수 동기기 ····· 326
5.14 동기기의 효율 ····· 330
5.14.1 손실 ····· 330
5.14.2 효율 ····· 331

찾아보기 ····· 334

CHAPTER

01

전자기 기초

1.1 전류가 흐르는 도체 주위의 자장

수직으로 서 있는 도체에 전지를 연결하거나 전원을 연결하여 전류가 흐르면 그림 1.1과 같이 자장이 형성된다. 만약에 도체에 연결한 전원의 극성을 바꾸면 자장의 방향은 그림 1.1과 반대로 형성된다.

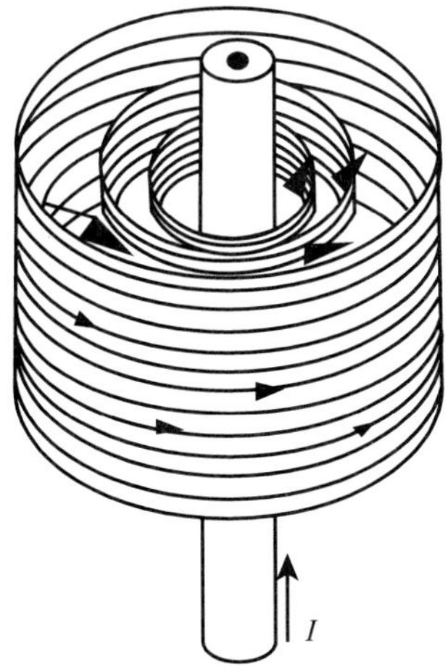

그림 1.1 전류가 흐르는 도체의 주위에 형성된 자장

이러한 현상은 다음과 같이 정의할 수가 있다. 전류가 흐르는 도체의 주위에는 자장이 형성되며 자장의 형태는 도체를 중심으로 원을 그리고 자장의 방향은 도체에 흐르는 전류의 방향에 의하여 결정된다. 그림 1.1에서 자침의 N극은 자장의 방향을 가리킨다.

도체에 흐르는 전류의 방향은 (•) 또는 (X)로 표시하며 전류가 평면에서 들어가면 (X)로 표시하고 전류가 나오면 (•)로 도체의 단면에 표시한다.

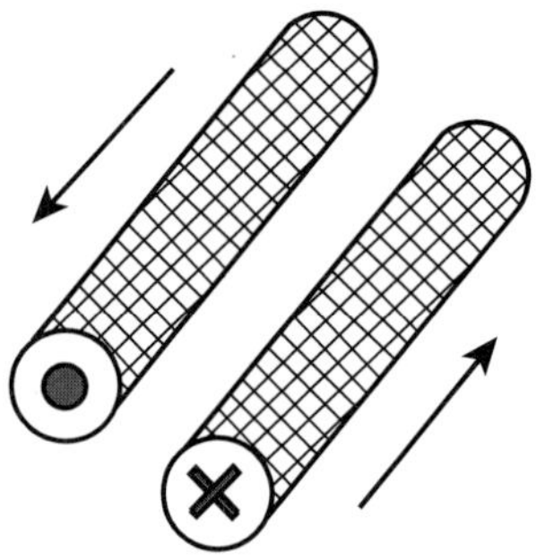

그림 1.2 도체의 전류 방향

● **오른나사 법칙**

만약 오른편으로 파여진 나사를 도체라고 생각하고 오른편으로 돌려서 나사를 박는다고 하면 나사의 진행 방향은 전류의 방향이 되고 나사를 돌리는 방향은 자장이 형성되는 방향이 된다.

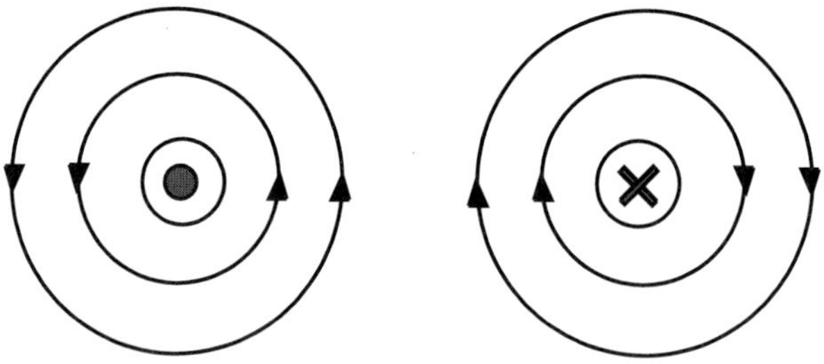

그림 1.3 전류의 방향과 자장의 방향

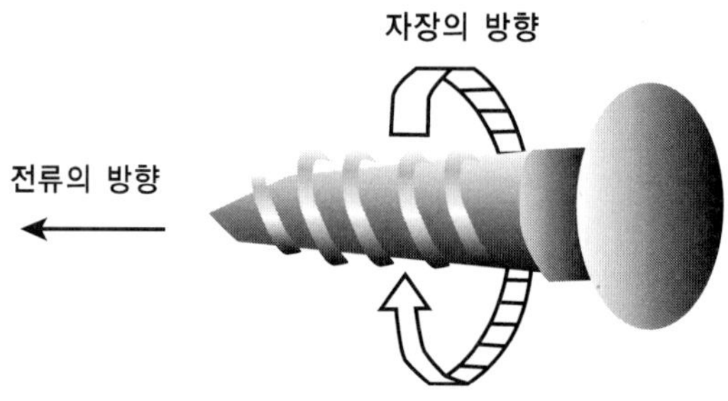

그림 1.4 오른나사 법칙

교류가 흐르는 도체의 주위에도 앞에서 설명한 대로 자장이 형성되며 전류의 방향이 변하는 것과 같이 자장의 방향도 변한다(자기적 교번자계).

만약에 그림 1.5와 같이 얇은 금속판을 공중에 매달고 금속판에 전원을 연결하여 10A 정도의 전류가 흐르게 하면 같은 방향의 전류가 흐르는 금속판은 서로 당기고 다른 방향의 전류가 흐르는 금속판은 서로 밀게 된다.

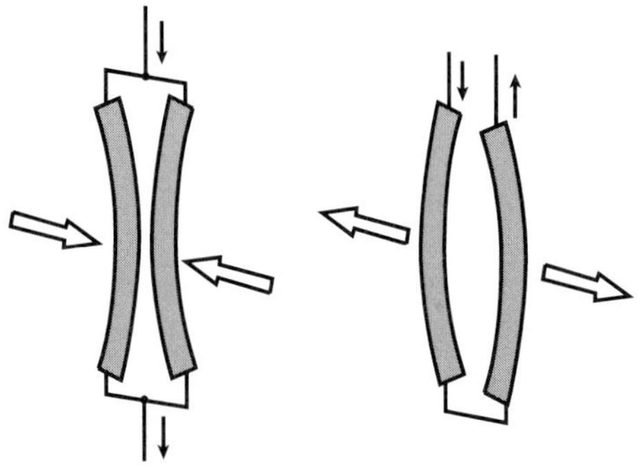

그림 1.5 전류가 흐르는 도체에 미치는 힘

같은 방향으로 전류가 흐르는 도체에서 생기는 자장은 하나의 자로를 형성하며 자로를 짧게 하려고 하여 두 도체는 당기는 힘이 작용한다(그림 1.6(a)).

서로 다른 방향의 전류가 흐르는 도체는 두 도체 사이에 서로 다른 방향의 자장을 형성하여 그림 1.6(b)와 같이 미는 힘이 작용하게 된다.

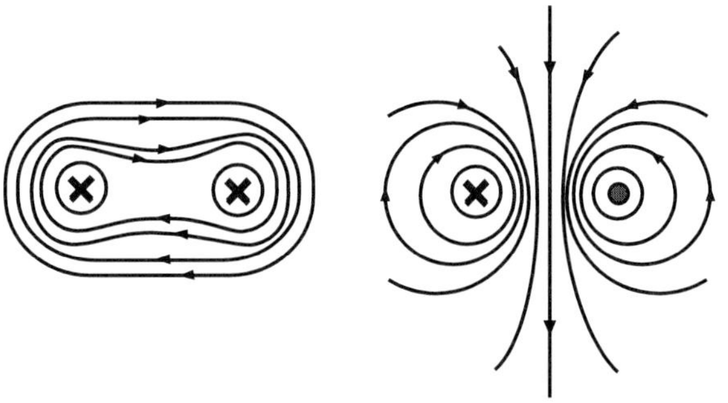

(a) 방향이 같은 전류　　(b) 방향이 다른 전류

그림 1.6 전류가 흐르는 두 도체 간에 생기는 힘의 작용

전류가 흐르는 도체 사이에 형성되는 자기적 힘의 영향은 전류의 방향과 전류의 세기 그리고 도체의 길이와 두 도체 사이의 간격에 의하여 결정된다.

1.2 전류가 흐르는 코일의 자장

도체를 구부려 하나의 고리를 만들고 이것을 플라스틱 판에 끼운 후 플라스틱 판 위에 쇳가루를 뿌린다. 그리고 도체에 전지나 전원을 통하여 전류를 흐르게 하고 자침을 이용하여 자장의 방향을 보도록 하자.

도체 고리에는 자장이 형성되며 이것은 아주 짧은 막대자석과 같은 작용을 하게 된다.

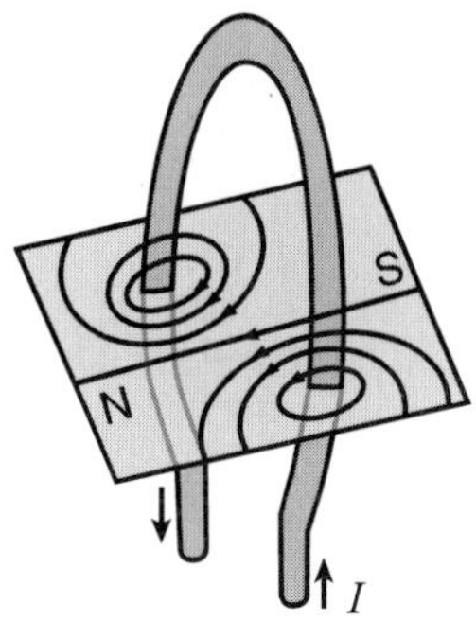

그림 1.7 전류가 흐르는 고리 모양 도체의 자장

코일에서 자장은 집합된 자장을 형성한다(그림 1.8).

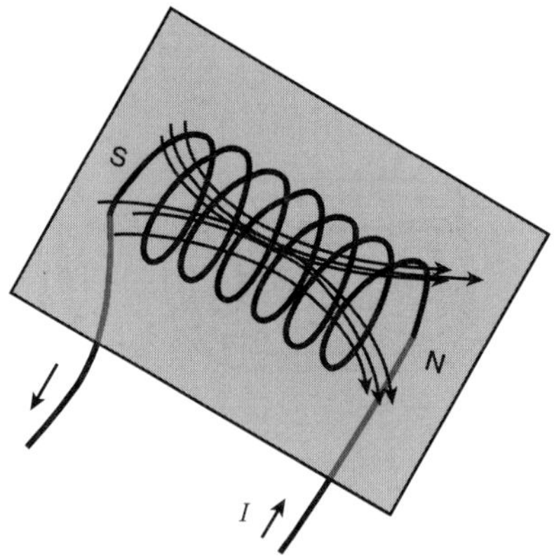

그림 1.8 코일로 형성된 자장

코일의 내부에서 자장은 평행하고 등속의 밀도를 갖는다. **자계**는 동질이다.

자장이 코일에서 나오는 곳을 우리는 N극이라 하고 들어가는 곳을 S극이라 한다.

우리는 오른나사 법칙으로 각 도체 자장의 방향을 결정한다. 이로부터 코일의 집합 자장의 방향과 극을 결정할 수 있다. 전류가 흐르는 코일의 N극과 S극은 코일법칙에 의하여 알 수가 있다.

● 코일법칙

오른손으로 코일을 감쌀 때 손가락은 코일에 흐르는 전류 방향을 가리키고 엄지손가락은 코일 내부에 발생하는 자장의 방향을 가리킨다(그림 1.9).

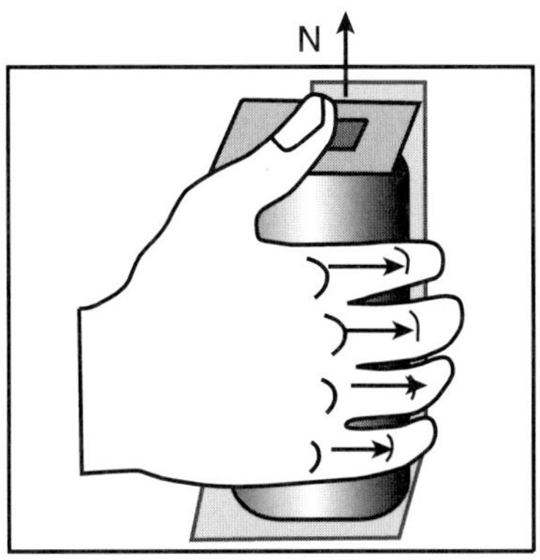

그림 1.9 코일법칙

1.3 자계의 크기

● 기자력(Ampere turn): Θ

철편을 권선을 600회 감은 코일 안에 넣고 힘을 측정한다. 이때 코일에 직류 전원을 연결하고 전류가 2A가 흐르도록 조정하고 힘 측정기를 읽는다. 이번에는 권선을 1,200회 감고 전류를 1A가 흐르도록 한 후 힘 측정기를 읽는다. 이때 힘은 두 경우 모두 같은 것을 알 수가 있다.

이때 권선수와 전류의 곱을 기자력(Ampere turn)이라고 한다.

$$\Theta = I \cdot N\,[A]$$

Θ; 기자력(Ampere Turn) (1-1)

I : 전류
N : 코일의 권선수

● 자계의 세기 H

철편을 힘을 측정할 수 있는 기기에 연결하고 600회의 권선을 감은 코일 안에 밀어 넣는다. 이때 코일에 1A의 전류가 흐르게 조정하고 힘을 측정한다. 계속하여 또 하나의 600회의 권선을 감은 코일을 직렬로 연결하고 다른 코일의 위에 얹는다. 이로써 코일의 길이는 배로 되고 여기에 1A의 전류가 흐르도록 하고 철편에 미치는 힘을 측정한다. 이때 측정한 힘은 두 경우 비슷하다.

코일의 권선수가 배가 되었음에도 불구하고 철편에 미치는 힘이 같은 것은 여기에 미치는 요소가 Ampere turn뿐이 아니고 **평균 자로**의 길이도 있기 때문이다.

자기적 영향은 Ampere turn이 크면 클수록 그리고 평균 자로의 길이가 짧으면 짧을수록 크다.

원형 코일에서 평균 자로의 길이는 코일 내 중간 길이와 같다.

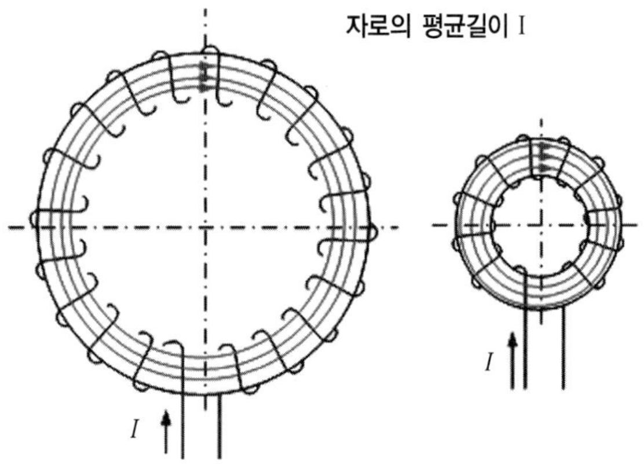

그림 1.10 코일의 길고 짧은 자로의 평균 길이

◆ **평균 자로**

그림 1.10과 같은 자로의 경우 원의 안쪽과 바깥쪽의 길이가 다르기 때문에 중간 지점을 택하여 자로를 계산한다.

철심이 없는 긴 코일에서 자로의 길이가 코일의 지름보다 길 때 자로의 길이는 자장의 평균 길이로 대체할 수 있다.

자기의 세기 H

Ampere turn : Θ

자로의 평균 길이 l은 서로 다음의 관계가 있다.

$$H = \frac{\Theta}{l} = \frac{I \cdot N}{l} \quad [\frac{A}{m}] \tag{1-2}$$

자속 Φ

코일의 총 자장은 자속 Φ이다.

우리는 코일의 자속을 자선의 총수로 생각할 수 있다.

자속의 단위는 Vs이며 Weber(Wb)로 표시하기도 한다.

$$\Phi [\,Wb,\ Vs\,]$$

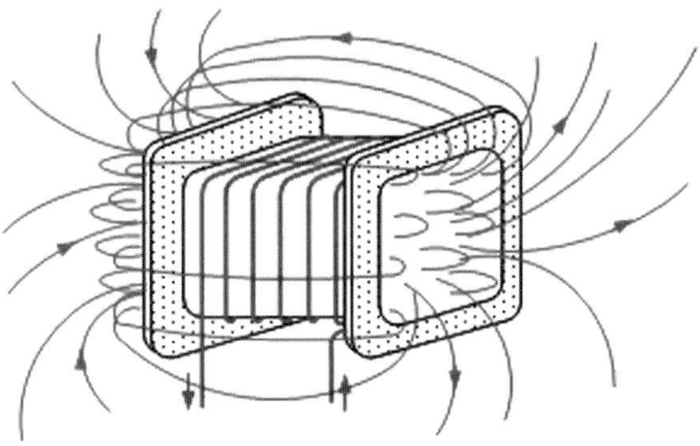

그림 1.11 코일 자선의 총수

자속 밀도

자석은 각기 세기가 다를 수 있다. 이것은 철편을 붙잡는 힘으로 알 수가 있는데 자석의 세기가 다른 것은 **자속**의 밀도가 다른 것이 원인이다.

자석의 세기는 자속이 많으면 많을수록 그리고 자속이 나오는 면적의 넓이가 작으면 작을수록 세다. 자속의 수와 단면적과의 관계에서 우리는 자속 밀도를 계산하며 이를 자속 밀도 B라고 한다.

$$B = \frac{Wb}{m^2} = \frac{Vs}{m^2} = T \qquad B = \frac{\Phi}{A} \tag{1-3}$$

Φ : 자속

B : 자속 밀도
A : 단면적

세기가 강한 영구자석의 잡아당기는 힘은 약 1,000N에 달하는 것도 있으며 자속 밀도는 0.5-1.2T이다.

강력한 전자석의 당기는 힘은 약 2MN에 달하며 자속 밀도가 2.5T에 달하기도 한다. 코일의 자속 밀도는 자기의 세기가 크면 클수록 크다. 또한 코일의 내부에 어떠한 재료가 들어가는가에 따라서 영향이 있으며 일반적으로 철심이 없는 코일과 있는 코일로 대별한다.

자속 : magnetic flux, 단위 정자극에서 나오는 자력선을 하나의 묶음으로 한 것이다. 기호 Φ 단위는 웨버(Wb)를 쓴다. 1Wb의 자극에서 나오는 자속은 한 줄이며 자극의 수와 일치한다.

● 철심이 없는 코일의 자속 밀도

철심이 없는 코일에서 자장의 세기와 자속 밀도 간에는 공기의 **투자율** μ_0가 있다. 공기의 투자율은 실험을 통하여 구할 수가 있으며 $\mu_0 = 1.257\mu\dfrac{Vs}{Am}$ 이다.

$$\mu_0 = \frac{\frac{Vs}{m^2}}{\frac{A}{m}} = \frac{Vs}{Am} \qquad \mu_0 = \frac{B}{H} \qquad B = \mu_0 H$$

B : 자속 밀도
μ_0 : 공기의 투자율
H : 자장의 세기

1.4 코일의 자장 내에 있는 철심

만약에 당신이 코일 가까이 바늘이 쇠붙이를 놓고 코일에 직류를 통하게 하면 바늘이나 쇠붙이는 코일 안으로 빨려 들어갈 것이다. 처음에는 쇠붙이를 잘 끌어당기지 못하지만 코일에 철심을 넣으면 쇠붙이는 튀듯이 철심에 붙을 것이다.

기자력(Ampere turn)이 같다고 하더라도 전류가 흐르는 코일에 철심이 있으면 아주 큰 자기적 영향을 준다. 철심은 코일의 자속을 증가시킨다. 이러한 현상이 생기는 이유는 자속이 철심을 통하여 더 잘 흐르기 때문이다. 이러한 현상을 응용한 것이 어떤 측정기가 타 기기에서 발생한 자장의 영향을 덜 받게 하기 위하여 자기적으로 전도가 가능한 외피를 만들면 그 내부는 자장이 없는 공간을 만들 수가 있다.

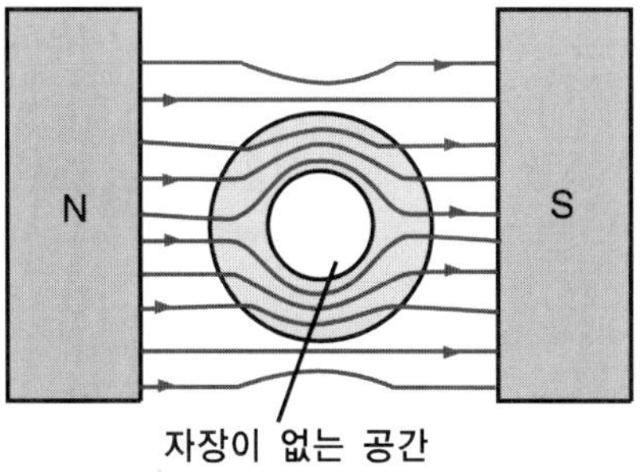

그림 1.12 자기 차폐 막

● 여자 곡선

철심이 없는 코일의 자속 밀도는 코일에 흐르는 전류에 비례하여 증가한다. 그러나 코일에 철심을 삽입하면 자속 밀도는 증가하게 되는데 이는 철심 내에 분자가 정렬을 하기 때문이다. 전류가 증가하면 철심의 분자가 정렬하게 되는데 전류가 어느 정도를 지나쳐 증가하게 되면 자속 밀도의 증가는 더 이상 진행되지 않고 포화 상태가 된다.

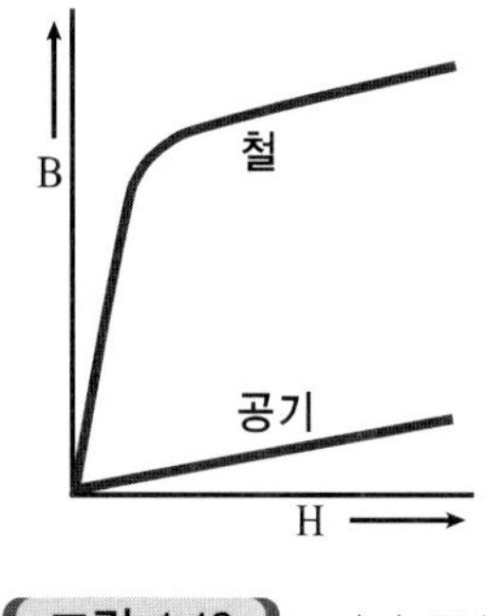

그림 1.13 여자 곡선

자장의 세기 H를 수평축으로 하고 이에 따른 자속 밀도 B를 종축으로 하여 그림을 그리면 그림 1.13과 같은 곡선이 된다.

자속 밀도 B와 자장의 세기 H와의 관계는 재료에 따라 다르다.

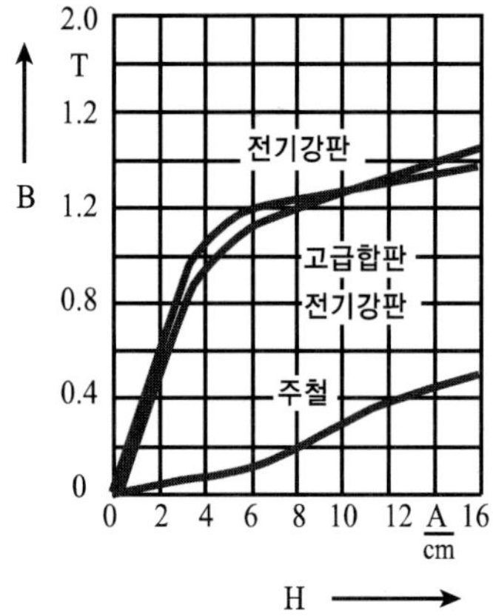

그림 1.14 주철, 규소 강판, 합금 전기 강판의 여자 곡선

● 철심이 있는 코일의 자속 밀도

자성체는 코일의 자장을 비 투자율 μ_r 만큼 몇 배 강하게 만든다.

자성체의 투자율은 공기의 투자율과 재료의 비 투자율의 곱으로 나타낸다.

$$\mu = \mu_0 \cdot \mu_r \qquad \mu = \frac{B}{H}$$

μ : 투자율
B : 자속 밀도
H : 자장의 세기
μ_0 : 공기의 투자율
μ_r : 비 투자율

공기의 **비 투자율** μ_r 는 1이다. 철심의 투자율은 일정하지가 않으며 자장의 세기 H에 따라 변한다.

◆ **비 투자율**

공기 중의 투자율을 1로 놓고 다른 재료의 투자율을 그에 비례한 투자율을 사용하는데, 이것을 비 투자율(Relative Permeability, μr)이라고 부른다.

공기 중의 투자율(μ_0)은 $4\pi * 10E-7 [\frac{Vs}{Am} = \frac{Wb}{Am} = \frac{\Omega s}{m}]$ 로서, $\mu = \mu 0 * \mu r$, μ_0가 여기서 바로 공기 중의 투자율 값이 되어 공기의 비 투자율(μr)은 1이 된다.

그림 1.15와 같이 우리는 초기 투자율 μ_s와 최대 투자율 μ_{max}로 구분한다.

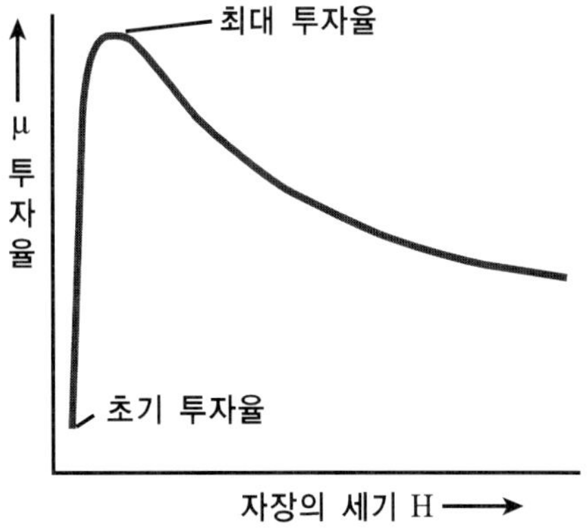

그림 1.15 규소 강판의 투자율 곡선

철심으로 인한 자장의 증가는 모든 분자가 정렬할 때까지 그리고 철심이 자기적으로 포화될 때까지 유효하다. 전류를 계속 증가하면 투자율은 감소한다(그림 1.15).

어떤 재료의 자기적 특성은 주파수와 온도에 따라 달라진다. 증가하는 주파수와 온도에 따라 투자율은 작아진다. 따라서 재료에 따라 최대 사용 온도를 100℃~600℃가 넘지 않도록 한다.

비 자성 재료 역시 자장을 변화시킨다. 예를 들면 알루미늄, 백금 등은 비 투자율이 1보다 약간 크다. 반자성체 재료 예를 들면 은, 주석의 경우 자장을 약화시킨다. 이들의 비 투자율은 1보다 약간 작다.

표 1.1 여러 가지 물질의 비 투자율

비 투자율					
자성체		상자성체		반자성체	
철	6000까지	공기	1.000 000 4	수은	0.999 975
규소 강판	> 6500	산소	1,000 000 3	은	0.999 981
철-니켈 합금	300000까지	알미늄	1,000 022	주석	0.999 988
ferrite	> 10000	배금	1,000 300	물	0.899 991

1.5 자기회로

자장의 **폐회로**를 자기회로라고 부른다. 그리고 자기회로는 전기회로와 비교할 수가 있다. 자기회로에서 기자력(Ampere turn)은 자기전압이라고 부르기도 한다. 이유는 자속발생의 원인이 되기 때문이다.

자속선은 철을 통해서 흐른다. 그러나 자기회로에는 공극도 존재한다. 따라서 자기회로에는 철의 저항 R_{mFe}와 공기의 저항 R_{mair}로 구성된다.

$$R_m = R_{mFe} + R_{mair}$$

기자력(Ampere turn)은 두 저항에 분배된다. 이것은 자기회로에서 각 부분의 저항은 자기전압을 필요로 한다.

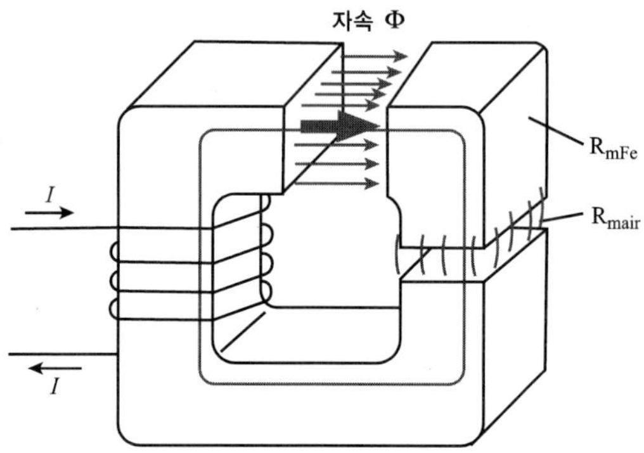

그림 1.16 자기회로

$$\Theta = \Theta_{Fe} + \Theta_{air} \tag{1-4}$$

$H = \dfrac{\Theta}{l}$ 로부터 자기회로의 기자력 법칙을 얻을 수 있다.

총 자기전압은 각 부위의 부분 기자력의 총 합과 같다.

$$\Theta_T = H_1 \cdot l_1 + H_2 \cdot l_2 + \ldots..$$

Θ_T : 총 기자력
H_1, H_2 : 자장의 세기
l_1, l_2 : 평균 자로의 길이

자기회로에서 공극의 길이가 짧으면 짧을수록 일정한 자기전압에서 자속이 증가한다. 따라서 전기기기를 설계하는 사람은 항상 **공극**의 길이를 최소화하려고 노력한다.

- **폐회로** : 자속도 전기와 같이 회로가 연결되어 있어야 흐른다. 자속이 흘러 나갔다 돌아오는 길을 폐회로라고 한다.
- **공극(Air gap)** : 자기회로 중 철심이 아닌 공기로 구성된 부분

1.6 누설 자속

어떠한 경우든 자속의 일부분이 공극을 통과하지 않고 흐르는 경우가 있다. 이러한 자속을 누설 자속이라 부른다. 공극이 있는 경우에 누설 자속은 더 커질 수 있으며 이 경우 더 많은 기자력을 필요로 한다.

표 1.2는 이상의 자기회로에서 중요한 자기적 크기와 단위를 종합하였다.

표 1.2 **자기요소 명칭 및 단위**

이름	표시 기호	공식	단위
기자력	Θ	$\Theta = I \cdot N$	A
자장의 세기	H	$H = \frac{I \cdot N}{l}$	$\frac{A}{m}$
자속	Φ	-	1Wb=1Vs
자속 밀도	B	$B = \frac{\Phi}{A}$	$1T = \frac{1Wb}{1m^2} = \frac{1Vs}{1m^2}$
투자율	μ	$\mu = \frac{B}{H}$	$1\frac{Vs}{Am} = 1\frac{Wb}{Am} = 1\frac{\Omega s}{m}$
공기의 투자율	μ_0	$4\pi \cdot 10^{-7}$	$1\frac{Vs}{Am} = 1\frac{Wb}{Am} = 1\frac{\Omega s}{m}$

1.7 자장 내에서 전류가 흐르는 도체에 발생하는 힘의 방향

1.7.1 힘의 방향

그림 1.17과 같이 도체를 전류가 통하는 금속 벨트로 묶어서 말굽자석의 두 극 사이에 놓이게 하고 금속벨트의 양단에 직류 전압을 연결하여 전류를 서서히 증가시킨다. 그러면 도체는 말굽자석으로부터 튀어나오게 될 것이다.

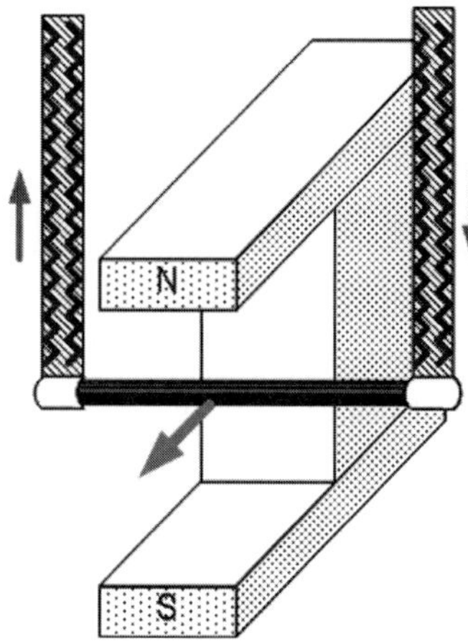

그림 1.17 자장 내에서 전류가 흐르는 도체

이때 금속벨트 양단에 전압의 극을 바꾸어 연결하여 보자. 전류의 방향이 달라지면 도체의 운동방향은 반대가 될 것이다.

말굽자석의 극을 반대로 하면 도체의 운동방향은 또다시 반대가 될 것이다.

자장 내에서 전류가 흐르는 도체는 힘을 받아 운동을 하게 되는데 운동방향은 전류의 방향과 자속의 방향에 따라 달라진다.

1.7.2 자석의 자장과 도체의 자장

위의 실험으로부터 힘의 방향은 도체에 흐르는 전류의 방향과 자석의 극에 따라 달라진다는 것을 알 수가 있다.

그림 1.18은 자석의 자장(그림 1.18(a)), 도체에 흐르는 전류의 자장(그림 1.18(b)) 그리고 두 자장이 만드는 자장(그림 1.18(c))이다.

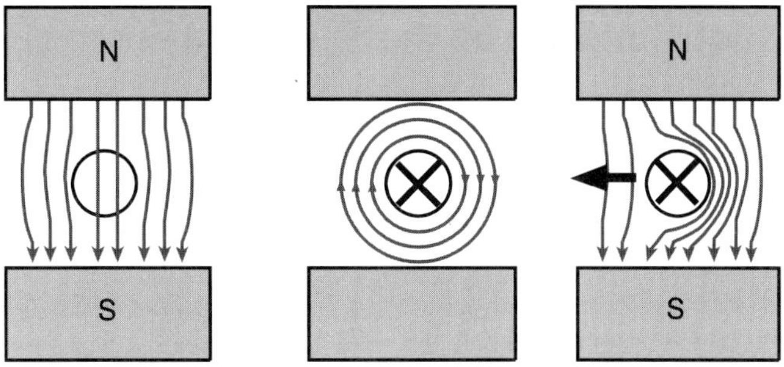

【그림 1.18】 자석의 자장과 도체의 자장

1.7.3 극과 전류의 방향에 따른 힘의 방향

그림 1.18(c)에서 보는 바와 같이 도체의 한편으로는 도체의 자장과 자석의 자장이 서로 방향이 상충하여 만나게 되므로 이편의 자속 밀도가 약해진다. 그러나 다른 한편의 자속은 도체의 자속과 자석의 자속이 같은 방향으로 흐르므로 자속 밀도가 높아지게 된다. 따라서 자속의 흐름이 막히게 되고 이들은 빠른 길을 찾으려 하기 때문에 도체를 밀어내게 된다.

또한 도체에 전류의 방향을 바꾸어 공급하게 되면 이러한 현상은 반대로 일어나게 되므로 도체의 운동방향이 바뀌게 된다(그림 1.19).

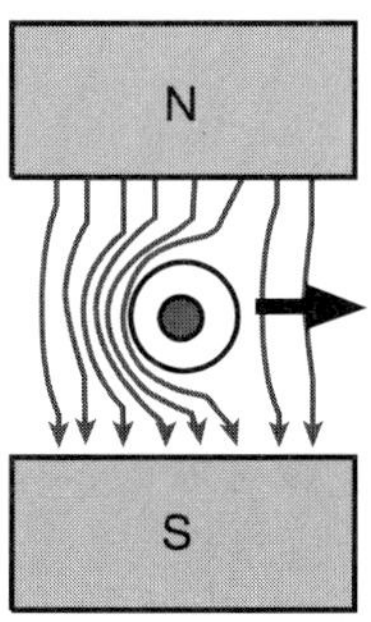

【그림 1.19】 전류 방향, 자석의 자장 방향과 도체의 운동방향

그러나 전류의 방향과 자석의 극성을 동시에 바꾸면 도체의 운동방향은 변하지 않는다(그림 1.20).

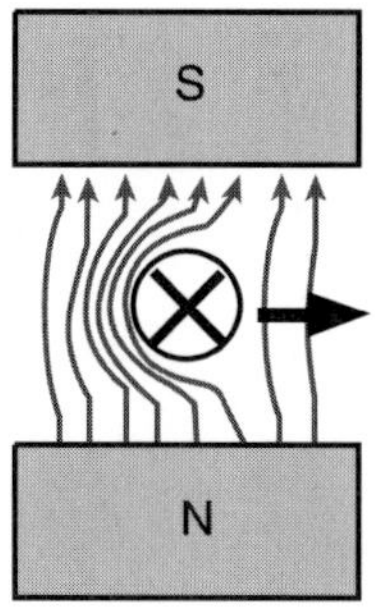

그림 1.20 극과 전류의 방향을 동시에 변경

위의 설명으로부터 다음을 알 수가 있다.

자장 내에서 전류가 흐르는 도체는 힘을 받으며 힘의 방향은 자석의 극과 도체에 흐르는 전류의 방향에 따라 달라진다.

1.7.4 왼손 법칙(전동기 법칙)

도체의 운동방향은 그림 1.21의 왼손 법칙(전동기 법칙)으로 알 수가 있다.

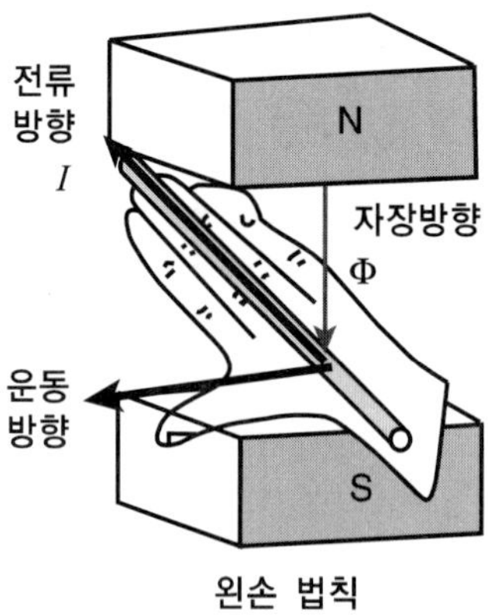

그림 1.21 왼손 법칙(전동기 법칙)

왼손의 바닥을 N극으로 향하게 하고 손가락을 도체에 흐르는 전류의 방향으로 하면 엄지가 가리키는 방향이 도체의 운동방향이 된다.

1.8 자장 내에서 전류가 흐르는 도체와 힘의 세기

1.7의 도체에 전류를 서서히 증가시켜보자, 도체를 밀어내는 힘이 증가되는 것을 알 수가 있을 것이다. 도체가 받는 힘은 도체에 흐르는 전류에 비례한다.

1.7절의 설명을 반복하면서 말굽자석 양극을 얇은 철판으로 연결해보자 도체에 작용하는 힘이 작아지는 것을 알 수가 있을 것이다. 힘이 작아지는 이유는 자속의 일부분이 양극을 연결한 철판을 통하여 흐르므로 도체가 있는 곳으로 흐르는 자속이 줄어든 것이다.

도체가 받는 힘은 자속 밀도에 비례한다. 자석 옆에 똑같은 크기의 자석을 자속이 같은 방향으로 흐르도록 그림 1.22와 같이 놓아보자. 도체가 받는 힘이 증가한 것을 알 수가 있을 것이다.

자석을 하나 증가시키므로 하여 자속이 흐르는 면적이 증가하였고 도체의 길이가 증가하였다. 즉 유효 도체의 길이가 증가하였다.

도체가 받는 힘은 유효 도체 길이에 비례한다. 만약 동시에 직렬로 연결한 도체의 수를 증가 시키면 도체가 받는 힘은 더욱 증가할 것이다.

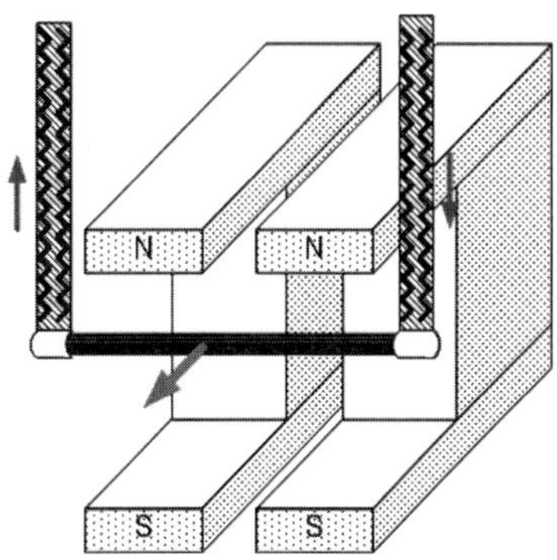

그림 1.22 도체 유효 길이의 증가

자속과 전류로부터 발생하는 힘의 크기는 다음 방정식과 같다.

$$F = B \cdot I \cdot l \cdot Z$$

$$[F] = \frac{Vs}{m^2} \cdot A \cdot m = \frac{Ws}{m} = \frac{Nm}{m} = N \qquad (1\text{-}5)$$

F : 도체가 받는 힘

B : 자속 밀도
I : 전류
l : 도체의 길이
Z : 도체수
전동기 법칙 : 자장 내에서 전류가 흐르는 도체는 힘을 받는다.

1.9 자장 내에서 전류가 흐르는 코일

1.9.1 자장 내의 전류가 흐르는 코일의 회전

그림 1.23과 같이 코일을 2개의 금속벨트로 묶어 말굽자석의 사이에 직각으로 달아 놓는다. 그리고 양단에 직류 전압을 인가한다.

코일은 회전을 할 것이다. 토크가 발생하고 있다.

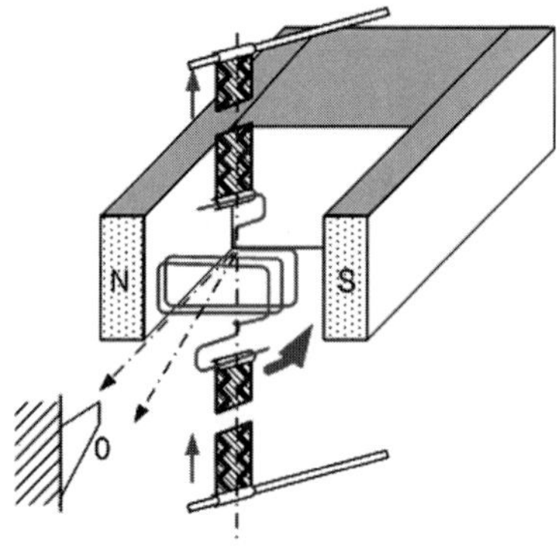

그림 1.23 자장 내에서 전류가 흐르는 코일의 회전

윗 그림에서 코일에 흐르는 전류의 방향을 반대로 한다. 코일의 회전방향이 바뀔 것이다. 그리고 말굽자석의 극을 반대로 하면 코일의 회전방향이 바뀔 것이다.

자장 내에서 전류가 흐르는 코일은 회전한다. 회전방향은 코일에 흐르는 전류의 방향과 자장에 따라 결정된다.

1.9.2 자장 내의 전류가 흐르는 코일의 회전 원리

하나의 권선에 두 도체에 흐르는 전류는 자장을 형성한다(그림 1.24(b)).

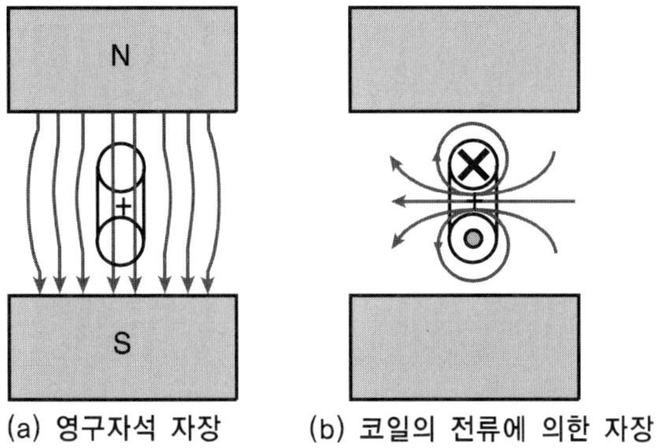

그림 1.24 영구자석에 의한 자장과 코일에 흐르는 전류에 의한 자장

전류에 의하여 발생한 자장은 영구자석의 자장(그림 1.24(a))과 합하여 도체를 밀어내게 된다(그림 1.25).

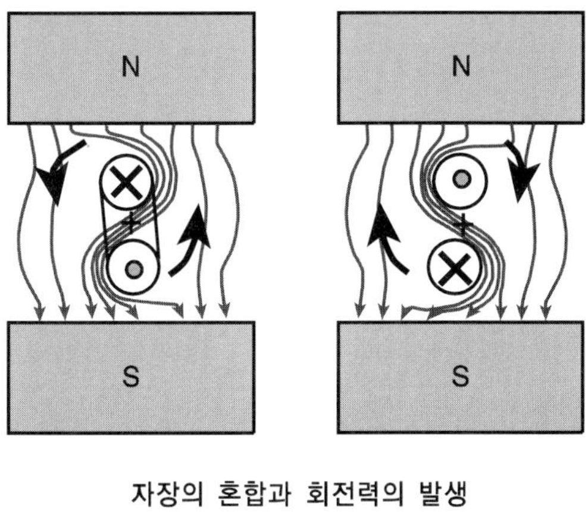

그림 1.25 회전력의 발생

1.10 유도전압의 발생

1.10.1 발전 원리

도체를 금속벨트로 연결하고 말굽자석의 사이에 달아 놓는다(그림 1.26).

금속벨트의 양단에 미세전압(mV 범위)을 측정할 수 있으며 0점이 중간에 있는 전압계를 연결한다.

그리고 도체를 그림 1.26에서 보는 바와 같이 자장에 직각이 되도록 흔든다.

도체가 움직이는 동안 전압계는 좌우로 움직일 것이다.

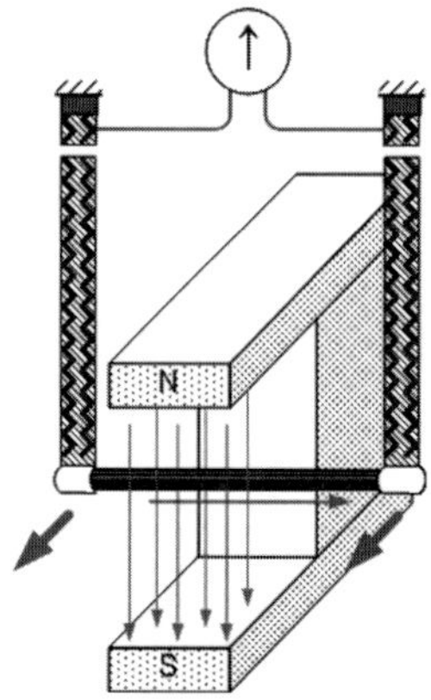

그림 1.26 자장 내에서 운동하는 도체

그림 1.26과 같은 상태에서 이번에는 도체를 자장의 방향으로 움직인다. 전압계는 움직이지 않을 것이다.

자장 내에서 도체가 자장을 직각으로 자르는 방향으로 움직이면, 도체에는 전압이 발생한다. 이러한 일련의 현상을 유도 현상이라 한다.

도체가 자장 내에서 움직이면 도체 내의 전자도 운동을 하게 된다. 운동하는 전자는 Lorentz craft에 의하여 도체가 운동하는 방향의 직각방향으로 움직이게 된다. 도체의 한편으로 전자의 밀도가 증가하고 다른 한편으로는 밀도가 감소한다(그림 1.27). 도체의 양단 사이에 전압이 발생한다.

발전 원리 : 자장 내에서 운동하는 도체에는 전압이 발생한다.

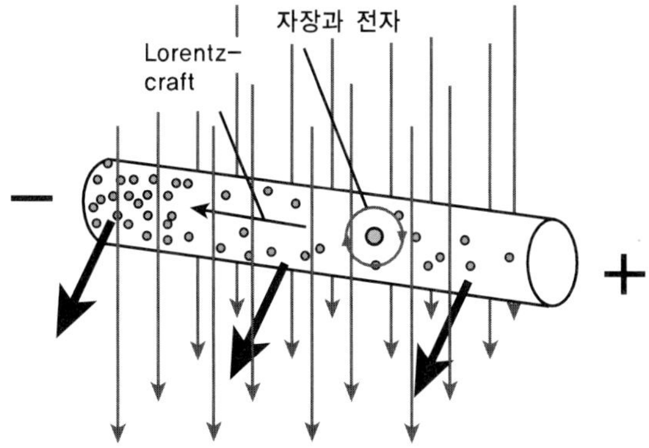

그림 1.27 Lorentz 힘에 의한 전자의 쏠림 현상

그림 1.26의 상태에서 이번에는 도체의 운동방향을 반대로 한다. 전압계의 바늘이 반대방향으로 움직이는 것을 알 수가 있을 것이다. 유도전압의 방향은 도체의 운동방향에 의한다.

그림 1.26의 상태에서 이번에는 말굽자석의 극을 바꾼다. 전압계의 바늘 방향이 바뀌는 것을 알 수가 있을 것이다. 유도전압의 방향은 자장의 방향에 의한다.

그림 1.26의 상태에서 처음에는 도체를 천천히 움직이고 차츰 운동 속도를 높이다. 속도가 높을 때 전압도 높아지는 것을 알 수가 있을 것이다. 유도전압은 도체의 운동 속도에 따라 높아진다.

만약 도체를 고정시키고 자석을 움직여도 마찬가지로 전압이 유기될 것이다. 유도전압의 크기는 자석의 움직이는 속도에 따라 달라진다. 마찬가지로 유도전압의 방향은 자석의 운동방향에 따라 달라진다.

모든 경우에 전압은 코일이나 권선에 의하여 유도되며, 자장 내에서 코일에 유도된 전압은 코일의 다른 한편이 자장에 다른 방향으로 움직인 것과 같은 방향이 된다. 이러한 경우는 자장 내에서 코일이 회전하는 경우에 발생되며 이때 코일을 감싸고 있는 자속의 변화가 일어난다. 전압계를 300회의 권선을 갖는 코일에 연결하고 말굽자석의 다리위에서 움직인다. 전압계의 바늘이 움직일 것이다.

이번에는 코일의 권선을 600회 그리고 1,200회로 늘린다. 그리고 이 권선들을 같은 속도로 움직여 본다.

유도전압의 크기는 권선수에 비례하여 증가할 것이다.

유도전압의 크기는 권선수에 비례한다.

그밖에 유도전압은 자속 밀도의 증가에 따라 그리고 자장 내의 유효 도체의 길이 증가에 따라 증가한다.

유도전압과 자속 그리고 도체의 운동 속도에 관한 방정식은 다음과 같다.

$$V_i = B \cdot l \cdot v \cdot z \quad [V] \tag{1-6}$$

$$V_i = T \cdot m \cdot \frac{m}{s} = \frac{Vs}{m^2} \cdot \frac{m^2}{s} = V$$

V_i : 유도전압
B : 자속 밀도
l : 유효 도체 길이
v : 도체의 운동 속도
z : 도체수

전기회로가 하나의 폐회로를 구성하면 유도전압은 전류를 흐르게 한다. 전류의 방향은 도체의 운동방향과 자장의 방향에 따라 달라진다. 전류의 방향은 오른손 법칙으로 알 수가 있다(그림 1.28).

1.10.2 오른손 법칙

손바닥을 말굽자석의 N극을 보도록 하여 N극에서 나온 자속이 손바닥을 통과하게 하고 엄지손가락을 도체의 운동방향을 가리키게 하면 전류는 손가락이 가리키는 방향으로 흐른다.

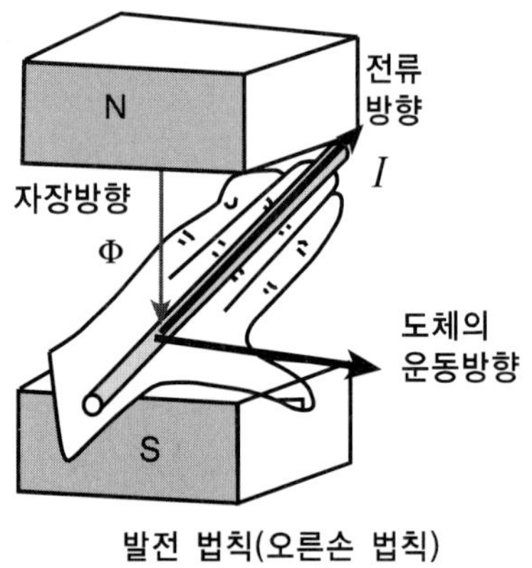

그림 1.28 오른손 법칙

유도에 의한 전압의 발생은 발전기에 응용되고 있다.

코일이 속도 V로 자속 밀도 B인 자장 내에서 운동하면 코일의 주위에 있는 자속 ϕ가 변화한다. 따라서 유도법칙에 따라 코일에 전압이 유도된다.

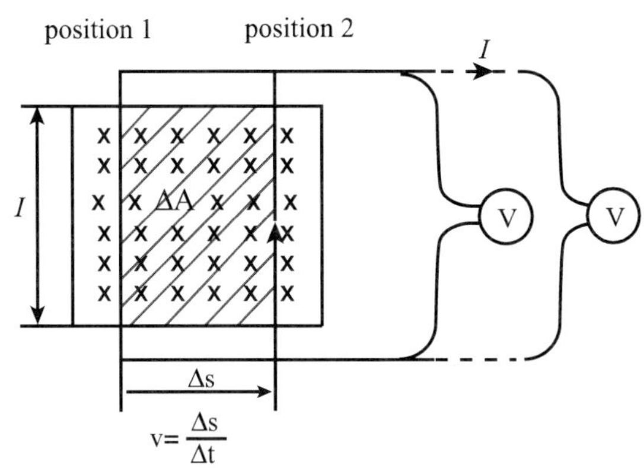

그림 1.29 자장 내에서 운동하는 도체

그림 1.29에서 하나의 자석을 그림으로 표현하였다. 그리고 유효 길이 lm을 갖는 하나의 코일 끝에 전압 측정기를 연결하였다. 코일은 하나의 권선을 갖는다.

이제 코일을 position 1에서 position 2로 이동하면 시간 Δt 동안에 거리Δs를 움직인다.

이때의 속도 $V = \dfrac{\Delta s}{\Delta t}$이고 코일의 주위에서 변화된 자속은 $\Delta\phi$이며 이것은 곧 자속 b에 코일의 길이 l과 움직인 거리 Δs를 곱한 것과 같다.

그림 1.29에서 $l\ \Delta s$의 곱은 빗금 친 넓이(ΔA)와 같고 $B\ \Delta A$의 곱은 자속의 변화 $\Delta\phi$와 같다.

따라서 코일의 유도법칙에 의하여 코일에 유기된 전압은 다음과 같은 공식으로 표현된다.

$$V_i = \frac{\Delta\phi}{\Delta t} \text{ 또는 } V_i = B\ l\ V \qquad (1\text{-}7)$$

B : 자속밀도 [T]
l : 도체의 유효길이 [m]
V : 속도 [m/s]

코일의 권선이 하나이면 유기전압은 대단히 낮다. 코일을 여러 개의 권선으로 만들면 높은 전압을 얻을 수가 있다. 이때에는 하나하나의 코일에 유기된 전압을 합한 것이 총 전압이 된다.

또한 총 전압은 하나의 권선에 유기된 전압을 권선수로 곱한 것과 같다. 높은 전압을 얻는 방법은 자속 밀도 B를 크게 하는 방법과 권선의 유효 길이 l을 길게 하는 방법 그리고 속도를 빨리하는 방법이 있다.

예제 도체의 유효 길이가 20cm이고 권선수가 400인 코일이 40cm/s의 속도로 0.6T의 자계를 통과하여 움직였다. 발생된 전압을 계산하시오.

$$V_i = BlNV = 0.6\frac{Vs}{m^2}\ 0.2m\ \ 400\ \ 0.4\frac{m}{s} = 19.2\,V$$

예제 유효 길이 25cm 권선수 1000의 코일에 125V의 전압을 발생시키고자 하며 코일의 이동 속도는 0.5m/s이다. 자속 밀도를 계산하시오.

$$B = \frac{V_i}{l\ N\ V} = \frac{125\,V}{0.25m\ \ 0.5\frac{m}{s}\ 1000} = 1T$$

1.10.3 Lenz 법칙

발전기(예를 들면 자전거 바퀴의 발전기) 모터를 이용하여 돌린다. 그리고 발전기의 단자 양단에 램프를 연결한다. 부하가 걸린 발전기는 모터의 회전을 크게 방해할 것이다.

자장 내에서 운동하는 도체에는 전압이 유도된다. 그리고 유도된 전압은 전류를 흐르게 한다. 이 전류는 자장을 형성하고 그림 1.30과 같이 원래의 자장과 겹치게 된다. 도체 주위의 자장은 도체가 운동하는 방향이 밀도가 높게 형성된다. 따라서 도체를 반대방향으로 밀고자 하는 힘이 생기게 된다(그림 1.30).

도체에서 생기는 자장의 방향은 도체 내에 흐르는 전류의 방향에 의하여 결정된다.

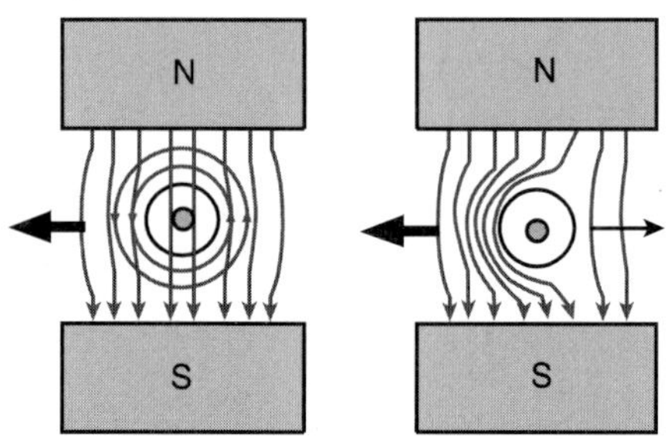

그림 1.30 극 자장과 도체의 자장

◆ **Lenz 법칙**

유도전압에 의하여 흐르는 전류는 항상 전압을 유도하는 원래의 조건에 반대가 되도록 작용한다.

1.10.4 변압기 원리

권선수가 같은 두개의 코일(예를 들면 600권선)을 그림 1.31과 같이 나란히 놓는다. 그리고 첫 번째 코일에 배터리와 가변저항을 연결하거나 전원을 연결한다. 두 번째 코일에는 미세한 전압을 측정할 수 있는 0점이 중간에 있는 전압 측정기를 연결한다. 그리고 가변저항을 조정하여 전류의 흐름을 크게 그리고 작게 한다.

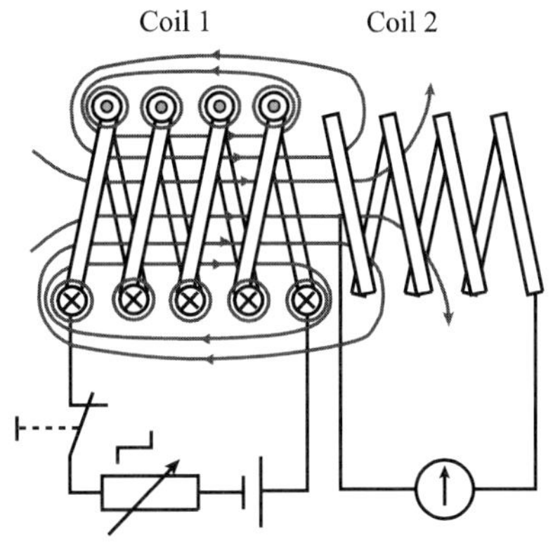

그림 1.31 변압기 원리

전류가 강하게 흐를 때 전압 측정기가 세게 움직이는 것을 볼 수가 있을 것이다. 그러나 같은 크기의 전류가 계속 흐르면 전압계의 바늘이 0점을 가리킬 것이다. 다시 전류를 작게 하면 전압계의 바늘이 반대로 움직이는 것을 알 수가 있을 것이다.

코일 1은 자장을 만들고 이 자장은 코일 2를 통과한다(그림 1.31). 코일 1의 자장의 변화에 따라 코일 2에 유도전압이 발생한다. 코일에 자속수가 변화하면 코일에 유도전압이 유기된다.

그림 1.31에서 두 코일을 하나의 철심에 끼우고 앞의 실험을 반복한다. 이때에는 전압계를 범위가 큰 것을 사용한다. 유도전압이 처음 실험에서 보다 매우 클 것이다. 철심을 통하여 자장이 강하여 지고 자장의 변화도 커진다.

윗 실험을 반복하면서 처음에는 코일 1에 흐르는 전류를 급격히 그리고 나중에는 천천히 변화시킨다. 전류를 급격히 변화시킬 때 큰 유도전압이 유기된다. 자장의 변화가 빠르면 빠를수록 유도전압은 커진다.

코일 1에 전류를 보내는 스위치를 켰다 껐다를 반복한다. 켰다 껐다 하는 중에 자장의 변화가 급격하고 이에 따라 코일 2에 큰 유도전압이 발생한다. 코일의 스위치를 켜서 코일에 전류가 흐르는 동안 알루미늄 링에는 코일의 자장과 반대가 되는 자장이 형성된다(Lenz 법칙). 따라서 링은 밀려나게 되고 전류 스위치를 끌 때 자장의 방향이 같게 되어서 링은 당겨진다.

하나의 철심에 감긴 두 개의 권선수가 같은 코일중 하나를 단락시키고 다른 코일을 교류 전원에 연결하면 아주 강한 힘이 작용한다. 이 힘은 두 개의 코일을 떼어놓으려 작용하며 따라서 변압기의 코일은 기계적으로 철심에 견고하게 제작되어야 한다. 그렇지 않으면 단락 시 변압기는 파괴되고 말 것이다.

권선수가 같은 두 개의 코일을 Yoke가 있는 U자형의 철심에 끼우고 코일 1에 **정류자**를 통하여 직류 전원에 연결한다. 코일 2에는 0점이 중앙에 있는 전압계를 연결한다. 그리고 정류자를 처음에는 천천히 그리고 빠르게 회전시킨다.

정류자를 돌릴 때마다 코일 2에는 전압이 발생할 것이다. 정류자를 통하여 코일 1에는 교류가 공급되고 교류 자장이 형성된다. 자장이 생기고 소멸하는 과정을 통하여 코일 2에는 코일 1과 같은 크기의 주파수를 갖는 전압이 유도된다.

하나의 코일에 교번자계가 통과하면 같은 크기의 주파수를 갖는 교류가 유도된다. 권선수가 같은 두 개의 코일을 Yoke가 있는 U자형의 철심에 끼우고 코일 1에 교류 전압을 연결한다. 그리고 두 코일의 전압을 비교한다. 코일 2에는 코일 1과 거의 같은 전압이 유도될 것이다.

◆ **계철(Yoke)**

극과 극 사이를 이어주는 철심으로 자속이 흐르는 통로 역할을 한다.

두 개의 코일을 하나의 철심에 감은 형태를 변압기라고 부른다. 코일 1은 입력 측 또는 1차 측 권선이라고 부르고 코일 2를 출력 측 또는 2차 측 권선이라고 부른다.

위와 같은 경우에서 코일 2의 권선수를 코일 1의 권선수보다 2배 많게 한다. 그리고 두 코일의 전압을 비교한다. 출력 측 코일에 입력 측 코일의 2배에 달하는 전압이 발생할 것이다.

각 권선에는 똑같은 크기의 전압이 유기된다. 각 권선을 직렬 연결하면 각 권선의 전압이 더해지므로 총 전압은 권선수에 비례한다.

유도전압의 크기는 권선수에 비례한다.

윗 실험을 반복하면서 그림 1.32와 같이 전류를 변화시킨다. 처음에는 천천히 그리고 차츰 빠르게 변화시킨다. 전류의 변화가 빠르면 빠를수록 전압은 커진다.

전류가 변화하면 자속이 변화하고 빠른 자속의 변화는 큰 유도전압을 발생시킨다.

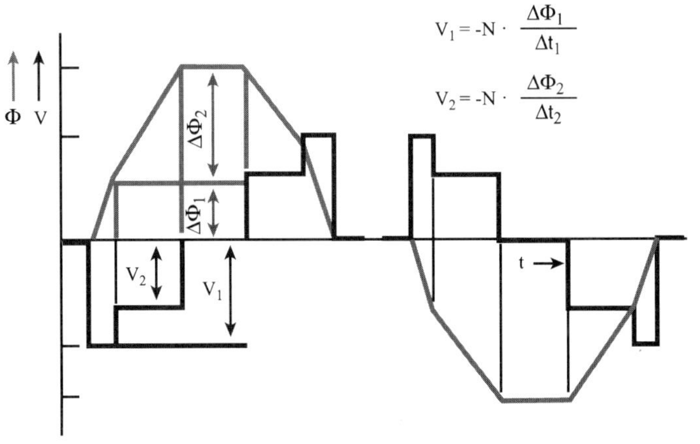

그림 1.32 자속 변화에 따른 전압발생

코일에 발생되는 유도전압의 크기는 권선수에 비례하고 짧은 시간에 변화하는 자속량에 비례한다.

유도법칙

$$V_i = -N\frac{\Delta\Phi}{\Delta t} \tag{1-8}$$

V_i : 유도전압
N : 권선수
$\Delta\Phi$: 자속의 변화율
Δt : 시간

공식에서 - 표시는 Lenz 법칙에 따라 붙여진다. 유도전압은 그 전압을 유도하는 원인에 반대로 작용한다.

예제 600회의 권선수를 갖는 코일에 0.3s 동안 2.5mWb의 자속이 흘렀다. 코일에 유도된 전압은 얼마인가?

$$V_i = -N\frac{\Delta\Phi}{\Delta t} = -600\frac{-2.5\text{mVs}}{0.3\text{s}} = \frac{600 \cdot 2.5 \cdot 10^{-3}\text{Vs}}{0.3\text{s}} = 5\text{V}$$

연습문제

1. 그림 1.6과 같은 자화 곡선에서 다음의 자계 세기에서 투자율을 구하시오.
   100A/m, 200A/m, 600A/m, 1600A/m

2. 그림 1.33과 같은 철심이 적층률 0.9이고 Anker는 순철로 되어 있다. 철심의 자속 밀도가 0.67T이고 공극의 누설률이 10%로 가정하고 권선수가 4,000이면 전류의 크기는 얼마인가?

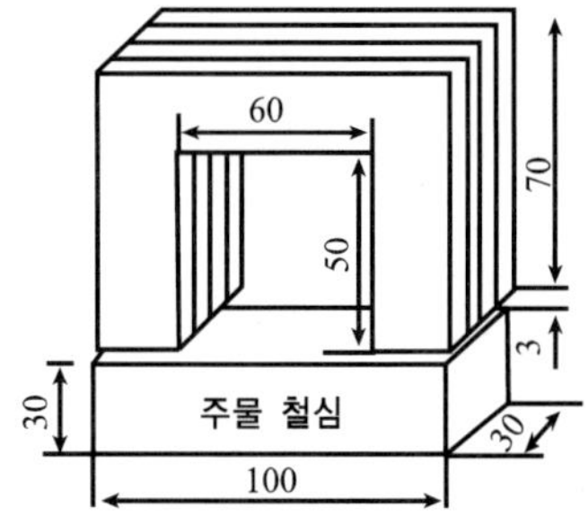

그림 1.33 자기회로의 철심(주어진 크기의 단위 : mm)

3. 그림 1.34(a), (b), (c)와 같은 자속의 변화 곡선이 있다. 유기전압의 크기와 변화를 그리시오.

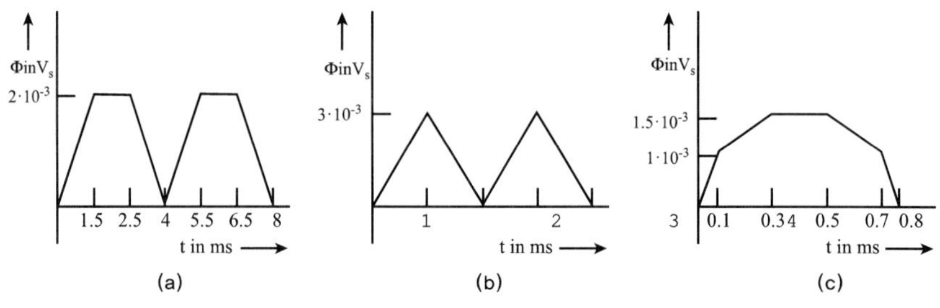

그림 1.34 자속의 변화곡선

4. 권선수가 1,000인 권선에 500V의 전압을 유기시키고자 한다. 권선에는 최대자속밀도 1.1T의 교번자계가 통과하며 철심의 단면적은 12cm^{2}이다. 교번자계의 주파수는 얼마이어야 하는가?

5. 도체가 4cm/s의 속도로 3cm 나비의 자장을 통과하는데 10Ω의 저항을 갖는 전류계를 연결하고 전류를 측정하니 0.1mA의 전류가 흘렀다. 자속밀도는 얼마인가?

6. 코일을 통과하는 자속이 그림과 같이 시간에 따라 변하고 있다. 코일에 유기되는 전압의 시간에 따른 변화는 어떻게 되겠는가?

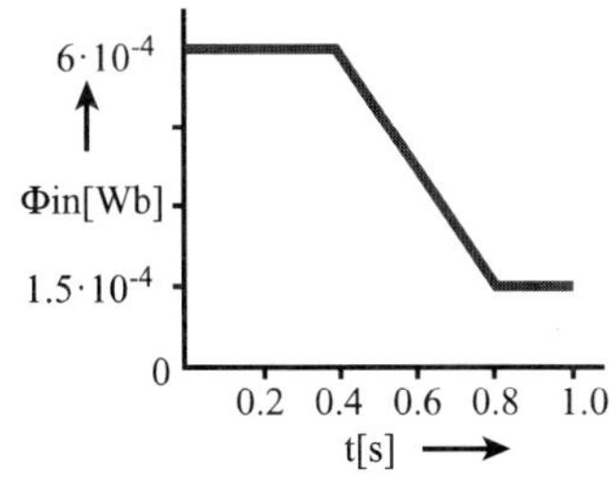

7. 코일을 통과하는 자속이 그림과 같이 시간에 따라 변하고 있다. 코일에 유기되는 전압의 시간에 따른 변화는 어떻게 되겠는가?

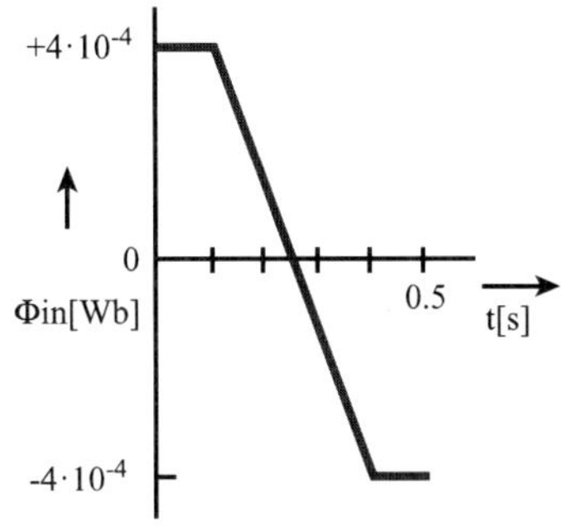

8. 그림과 같이 반지름 12cm의 동판이 $25\frac{1}{s}$의 속도로 회전하고 있다. 이때 자속 밀도 $B=0.3T$의 자속이 그림과 같이 동판을 통과한다면, 전압계에는 얼마의 전압이 측정되겠는가?

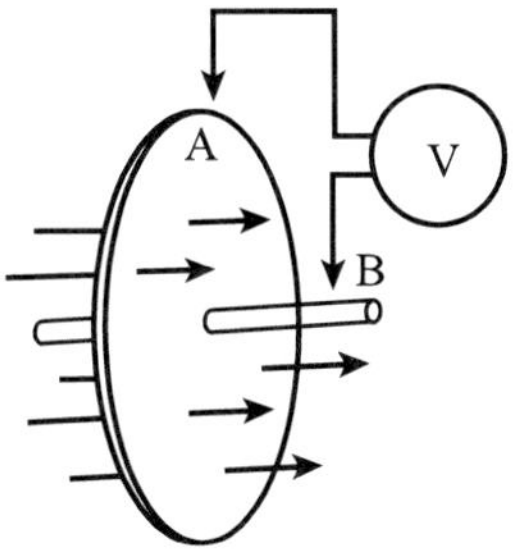

9. 4cm 길이의 도체가 $8\frac{Cm}{s}$의 속도로 0.5T의 자장을 통과할 때 도체에 유기되는 전압은 얼마가 되겠는가?

CHAPTER 02

직류기

2.1 직류 발전기

발전기는 전자 유도 현상을 이용하여 기계 에너지를 전기 에너지로 변화시키는 장치를 말한다. 단상과 삼상 발전기의 교류 발전기와 직류 발전기로 구분된다. 직류 발전기는 현대에 반도체의 발달과 더불어 간단히 직류를 얻을 수 있게 됨으로 해서 직류 발전기의 역할을 잃게 되었다. 그러나 발전기의 원리를 터득함으로써 직류기의 제어를 잘 할 수가 있으므로 직류 발전기의 원리를 배우고자 한다.

2.1.1 직류 발전기의 원리

직류기의 구조는 그림 2.1과 같이 자석의 N극과 S극 사이에 회전이 가능한 원통형의 회전자(rotor)가 있다. 회전자 권선 a와 b는 slot에 있으며 권선의 시작과 끝은 c와 d로 정류자의 정류자편과 연결되어 있고 브러시 e와 f를 통하여 권선에 전압을 공급하기도 하고 전압을 외부로 전달하기도 한다.

전자의 경우에 기기는 전동기로 일을 하고 후자의 경우에는 발전기로 일을 한다.

회전자가 회전을 하면 - 전동기로 회전을 하거나 또는 외부의 구동기기로 인하여 발전기로 회전을 하거나 - 회전자의 도체 a-b 사이에는 전압이 발생하며 전압의 크기는 공식 (1-7)에 의하여 계산할 수가 있다.

● 직류기의 운전

회전자가 그림 2.1에 그려진 것과 같은 상태에서 반 바퀴를 회전하면 코일의 한편 a는 S극에 b는 N극에 다다르게 된다. 정류자편 c, d는 이때 함께 회전하도록 되어 있다.

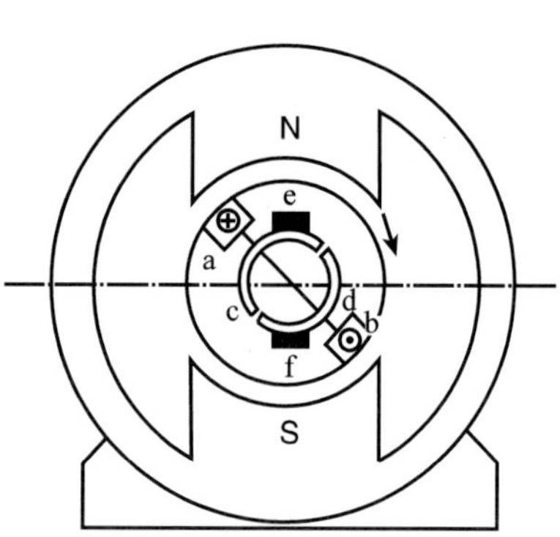

그림 2.1 직류기의 구조

회전자 코일의 각 단의 전류 방향은 바뀌게 되는데 a는 ⊖, b는 ⊗의 기호를 갖게 된다.

회전자 권선의 전류는 회전자가 계속하여 회전하면 반 회전마다 방향이 바뀌게 된다. 따라서 회전자 권선에는 전동기이든, 발전기이든 교류가 흐르게 된다.

정류자(Collector, commutator)는 직류 발전기에서는 발전된 교류를 직류로, 직류 전동기에서는 인가된 직류 전압을 교류로 바꾸어 주는 역할을 한다. 이때 유기되는 전압은 ripple이 크기 때문에 여러 개의 코일을 회전자에 만든다.

그림 2.2(a)는 90° 위치를 달리한 권선의 구성을 그리고 그림 2.2(b)는 각권선의 유기전압과 발전기에서 브러시에서 측정할 수 있는 총 전압을 보여준다.

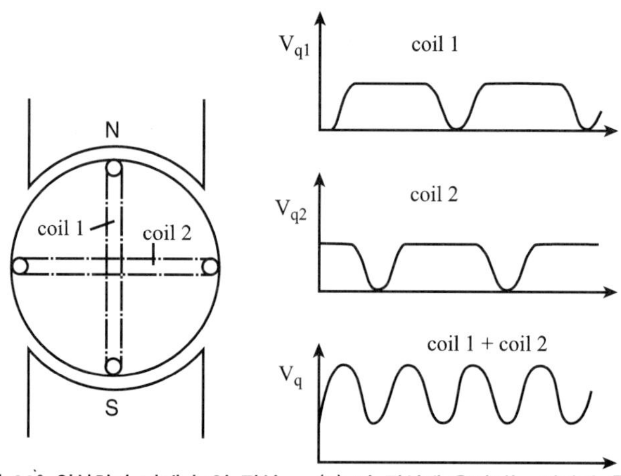

(a) 각 90° 위상차가 나게 놓인 권선 (b) 각 권선에 유기되는 전압과 총 전압

그림 2.2 자계 내의 코일

발전기 : 저항 R을 갖고 있는 전기자의 권선에 전류의 흐름으로 인하여 전압강하 IR이 일어난다. 발전기의 단자전압은 따라서 권선에 유기된 전압보다 IR만큼 작다.

발전기의 단자전압은

$$V = V_i - I\,R \tag{2-1}$$

이 공식을 전류 I에 따라서 바꾸어 보면 $I = \dfrac{(V_i - V)}{R}$이 되며 이로부터 전류 I는 에 $V_i - V$에 의한다는 것을 알 수가 있다.

발전기에서 유기전압과 단자전압의 차이를 작게 하고 큰 전류를 보내려면 가능한 저항 R을 작게 하여야 한다. 이것은 다른 전원에도 적용이 된다.

2.1.2 직류기의 구성

직류기는 고정자와 전기자로 구성된다. 전기자는 전압이 유도되는 부분이며 회전을 하도록 구성되거나 고정되도록 구성되어 있다. 예를 들면 직류기에서 고정자에 자극이 있는 경우에는 전기자는 회전을 하도록 구성되어 있고 동기기의 경우에는 전기자는 고정되어있고 자극이 회전하도록 구성되어 있다.

직류기에서 고정자는 자극, 여자 권선, 보극, 브러시, 브러시 지지대, 베아링, 베아링 지지판, 단자함으로 구성되어 있고 전기자는 전기자 권선, 축, 정류자, Fan으로 구성되어 있다.

1. Housing, 2. 전기자, 3. 브래킷, 4. 브러시 홀더, 5. 단자함

【 그림 2.3 】 직류기의 구성

● 고정자

고정자는 회전기의 정지하여 있는 부분으로 강철 또는 주물로 되어 있으며 하나 또는 여러 부분을 용접을 하여 사용하고 있다.

요크는 자속의 통로로 사용됨 기기의 안쪽으로 주자극이 있고 주자극에 계자 권선이 감겨져있다. 중대형의 기기에는 주자극 사이에 보극이 있으며 보극에는 굵은 권선이 전기자 권선과 반대가 되도록 감겨 있다.

와류손을 방지하기 위하여 자극은 규소 강판을 적층하여 사용하고 계자 권선과 전기자 권선은 단자함으로 인출되어 기기의 종류에 따라 연결할 수 있게 되어 있다.

직류기의 고정자

◆ **보극**

전기자 반작용을 억제하기 위하여 주자극 사이에 있는 극 전기자 전류가 작은 소형 직류기에는 없다.

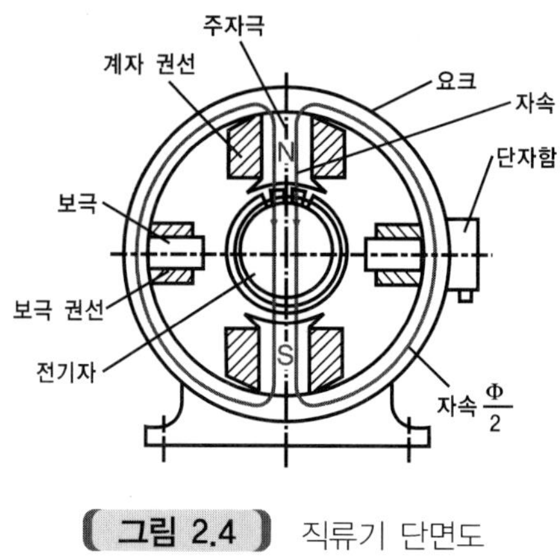

[그림 2.4] 직류기 단면도

● 극철심과 자극 편부

여자 권선을 작게 하기 위하여 철심은 자기적으로 높은 값을 갖는 철심을 사용한다. 자극 편부는 자속이 나오는 면을 넓게 하여 주며 따라서 기기의 극호비를 크게 하여준다. 대부분의 자극 편부는 각각 절연이 된 철판을 적층하여 사용한다. 전기자의 slot으로 인하여 자속이 pulse형이 되기 때문에 자극편에 유기전압이 발생하기 때문에 이에 대한 대책이 요구된다.

자극 편부를 적층하지 않으면 와류로 인하여 큰 손실이 발생한다. 자극 철심에는 자속의 변화가 크지 않기 때문에 큰 기기에서 적층을 하지 않고 사용한다. 그러나 소형기기에서는 적층을 하여 사용하는데 이것은 자극 편부를 적층하고 자극을 적층하지 않으면 자극에 부착하기가 곤란한 생산성의 이유에서이다. 극은 극철심에 여자 권선을 감기 위하여 Housing과 분리한다.

● 여자 권선

각 철심의 여자 권선은 일반적으로 극수에 관계없이 N극과 S극이 번갈아 오도록 직렬로 연결되어 있다. 기기의 고정된 부분에는 그 외에 Bracket, Brush holder, Brush, Brush 조임나사 등이 있다.

● 전기자

slot이 있는 전기자는 고정자 자극과 마찬가지로 와류손을 방지하기 위하여 규소강판을 적층하여 사용한다. 전기자는 원심력에 의하여 권선이 손상되는 것을 방지하기 위하여 slot 입구를 단단한 플라스틱으로 막고 권선 Head 부분은 테이프로 감아서 사용한다. 전기자 권선은 정류자에 연결되어 납땜되어 있다.

직류기의 회전자와 정류자

그림 2.5 직류기 전기자

전기자는 직류기의 회전하는 부분이다. 고정자의 자극 편부와 전기자 표면 사이의 공극을 작게 하기 위하여 전기자 권선은 특별한 경우를 제외하고는 slot에 삽입되어 있다. 전기자가 자계 내에서 회전하면 전기자 철심의 자속이 변화한다. 철심에는 따라서 전압이 유기된다. 와류손을 작게 하기 위하여 전기자 역시 철판을 적층하여 사용한다. 자극 편부에서와 같이 각 철판은 서로 절연이 되어 있다. 철판의 두께는 0.5mm-0.35mm이다. 이보다 얇은 철판은 가격이 비싸고 작업성이 떨어져서 사용하지 않는다. 각 철판을 적층하기 위하여 slot을 한 장씩 찍어서 만든다. 전기자에는 와류손 외에 Hysteresis손이 발생한다. 이것은 전기자가 회전할 때 각 철심이 변여자 되기 때문이다.

Hysteresis손은 회전수에 따라서 증가한다.

● 전기자 slot

전기자 slot은 대형 기기에서는 일반적으로 개방형으로 이미 만들어진 권선의 삽입이 쉽도록 되어 있다. 소형기기에서는 일반적으로 그림 2.6과 같이 반폐형으로 권선을 가닥권선으로 삽입한다. 권선을 slot에 삽입한 후에는 쐐기를 박아 slot을 밀폐시킨다.

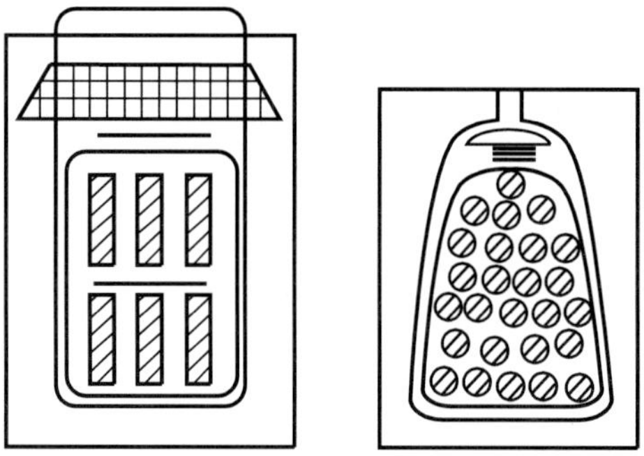

그림 2.6 개구 slot과 반 개구 slot의 단면도

● 전기자 권선(Armature winding)

전기자 권선(armature winding)은 많은 도체가 전기자 표면에 등 간격으로 축과 평행으로 슬롯 안에 배치되어 있으므로 위상과 시간에 따라 서로 다른 방향의 유기기전력이 발생되고 서로 상쇄됨이 없이 완전히 이용될 수 있도록 접속되어야만 한다. 이러한 방법을 전기자 권선법이라 한다.

전기자 권선에는 고전압을 필요로 하는 경우와 저전압 대전류를 필요로 한 경우에 따라 그 접속법이 여러 가지로 고려되어야 한다.

1) 환상권과 고상권

환상권(ring winding)은 그림 2.7(a)에 나타낸 바와 같이 환상 철심을 사용한 권선법으로 권선을 환상 철심 내부와 외부에 감아 놓은 방법으로 철심 표면의 도체만이 자속을 절단하고 철심 내부의 도체는 자속을 절단하지 못한다.

또한, 전류가 흐르는 도체는 인덕턴스가 크고 정류가 어렵게 되며, 권선을 손으로 감아야 된다는 등의 문제점 때문에 현재 거의 사용하지 않고 있다.

환상권의 제반 문제들을 해결한 권선법이 고상권(drum winding)으로 그림 2.7(b)에 나타낸 바와 같이 원통형의 철심 표면에만 권선을 배치하는 방법이다. 이러한 고상권은 다음과 같은 장점을 갖고 있다.

- 도체를 유효하게 사용할 수 있다.
- 브러시로 단락된 위치에 있는 코일의 리액턴스가 적어지므로 정류가 비교적 쉽게 된다.
- 형권코일을 사용할 수 있다.
- 권선을 슬롯에 감아 넣기가 쉽다.

이러한 장점이 있기 때문에 현재 극히 특수용 기기를 제외한 전기기기들의 권선은 전부 고상권을 사용하고 있다.

2) 코일의 모양

(1) 이층권과 단층권

고상권의 경우에 그림 2.8(a)와 같이 하나의 슬롯에 1개의 코일 변을 넣은 방법을 **단층권**(single layer winding)이라 하고 그림 2.8(b)와 같이 하나의 슬롯에 코일 변을 상하로 넣은 방법을 **2층권**(double layer winding)이라 한다. 2층권은 코일의 제작과 권선 작업이 쉽기 때문에 직류기에서는 전부 2층권을 사용하고 있다.

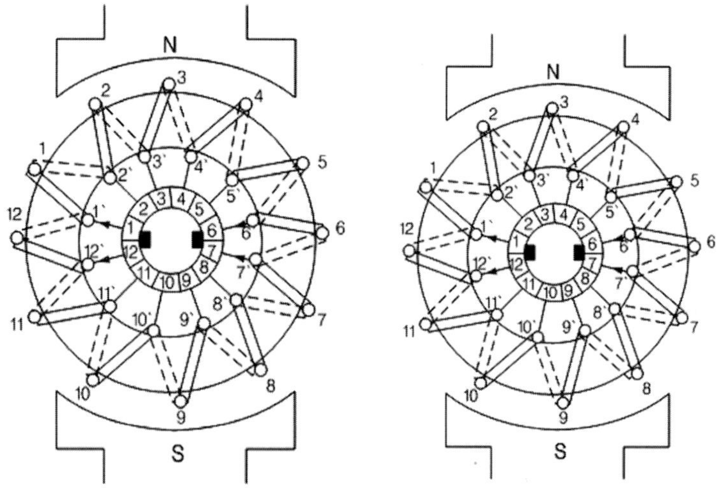

(a) 환상권 (b) 고상권

그림 2.7 전기자 권선의 종류

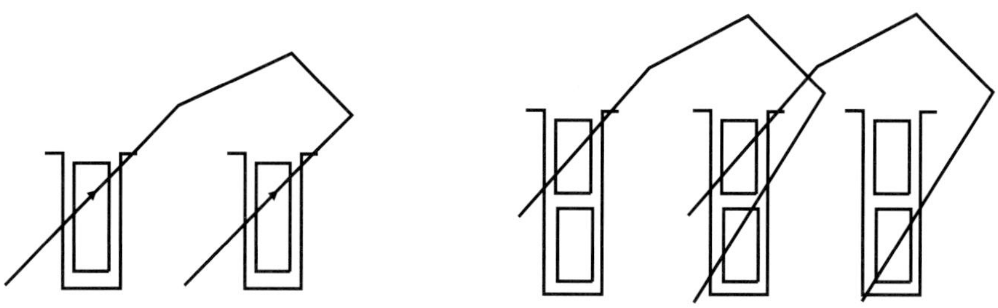

(a) 단층권 (b) 2층권

그림 2.8 단층권과 2층권

(2) 중권과 파권

고상권에서는 각 도체의 유기기 전력이 서로 더해지도록 코일을 접속하며 접속법으로는 중권(lap winding)과 파권(wave winding)의 두 방법이 있다. 이러한 권선법을 기초로 전기자 권선법에 대하여 알아보기로 한다.

- **중권 권선**

① **권선도** 그림 2.9(a)와 같이 간단한 중권 권선(lap winding)의 배치의 한 일례를 표시한 것이다. 그림 2.9(a)는 권선 각 부의 관계 위치를 방사상으로 전개하여 묘사한 것으로 이것을 방사선도라 부른다.

그림 2.9(b)는 동일한 것을 축 방향으로 절단하여 전개한 것으로 이것을 전개도라 부른다. 그림 2.9(a) 및 그림 2.9(b)의 두 선도를 권선도라 부른다.

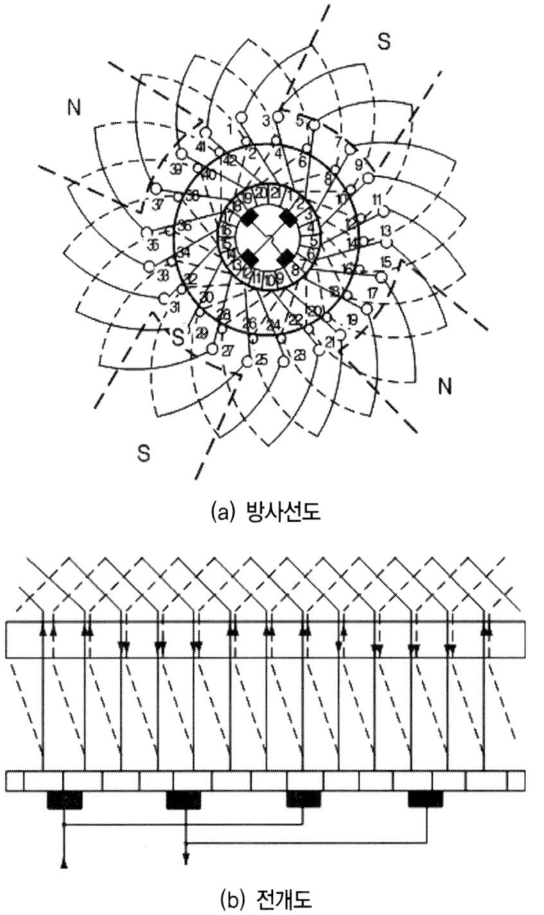

(a) 방사선도

(b) 전개도

그림 2.9 중권의 방사선도와 전개도

권선법은 개개의 코일 권수에 따라 변화되지 않으므로 권선도에서 모든 코일의 각 코일 변을 그림 2.10과 같이 굵은 실선으로 표시한다. 또한 권선의 접속을 고려하여 편의상 그림 2.11과 같이 2층권의 동일 슬롯의 상·하에 있는 코일 변에 동일 번호를 정하고 상·하층을 구분하기 위하여 하층 변의 번호에는 위첨자를 표시한다.

② **권선 간격**(winding pitch) 1개의 코일 변과 권선의 진행방향 다음 코일 변 사이의 간격을 **권선 피치**(winding pitch)이라 하고 이를 예시하면 그림 2.10과 같이 표시되며 이것을 정류자의 반대쪽에서 관측한 것을 **뒤 피치**(back pitch), 정류자 측에서

관측한 것을 **앞 피치**(front pitch)라 한다. 뒤 피치 y_b, 앞 피치 y_f라 하면 식 (2-2)와 같이 표시되며 y을 **합성 피치**(resultant pitch)라고 한다. 이것은 각 slot 사이에 감겨진 코일 수를 표시한다.

$$y = y_b - y_f \tag{2-2}$$

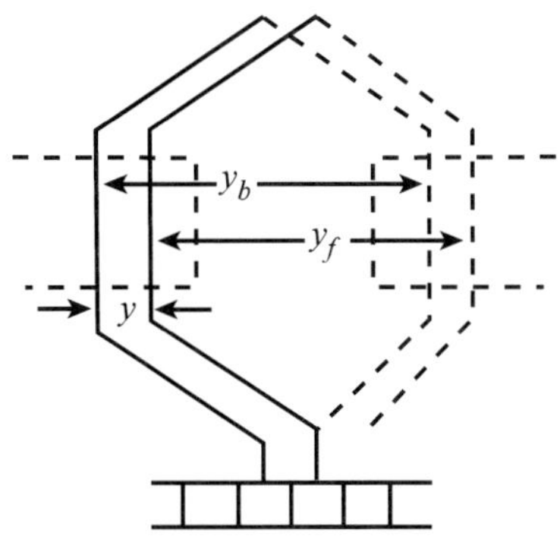

그림 2.10 중권의 권선 피치

③ **단중권과 다중권** 위에서 서술한 바와 같이 중권에서는 어느 한 점에서 권선을 따라가면 전기자를 일주하여 처음 시발점으로 돌아와 하나의 폐회로를 구성하게 된다. 이와 같은 권선법을 **단중권**(simple winding)이라 하고 가장 간단한 권선법의 하나이다. 이외의 권선에는 전기자를 2~3주로 한 개의 폐회로가 구성된다. 또한 1주 1회의 독립된 권선이 2~3개 있는 것도 있다. 이것을 **다중권**(multiplex winding)이라 부른다. 중권에서는 일반적으로 다음의 관계가 성립되고 $m = 1$때는 단중권, $m \geq 2$때는 단중권이라 한다. 이들 관계를 표시하면 식 (2-3)과 같이 주어진다.

$$y = y_b - y_f = \pm m \tag{2-3}$$

④ **중성축** 그림 2.9에서 각 코일 변의 접속에 따라서 그 유기기 전력의 방향이 바뀌는 점이 4개소가 있다. 이처럼 유기기 전력이 바뀌는 개소를 **중성축**(neutral axis)이라 하고 이 위치에 있는 코일변과 접속된 정류자편에 접속하도록 브러시를 두어 $+B_1$과 $+B_2$, - B_1과 -B_2을 접속하여 외부로 전류를 흐르게 한다.

⑤ **브러시수와 자극수** 전기자에서 외부로 흐르는 전류를 I_a라 하면 전기자의 각 병렬회로를 흐르는 전류 i_a는 식 (2-4)과 같이 주어진다.

$$i_a = I_a / 2p(A) \tag{2-4}$$

브러시는 중성점에 있는 코일 변과 연결되는 정류자편에 접촉되도록 놓아야 한다. 이러한 것을 브러시를 중성점에 놓는다고 하고 브러시는 중성점마다 놓을 수 있으므로 중권에서는 브러시수와 자극수가 같게 된다.

⑥ **균압 결선** 중권과 같이 다극기에서는 각 병렬회로의 발생 기전력은 그림 2.11에 표시한 바와 같이 각각 다른 자극에 의해서 기전력이 유도되기 때문에 재료의 불균질, 공작 상의 오차 등에 의해서 각 자극의 자기저항에 차가 발생하고, 공극의 불균일 등의 원인에 의해서 정·부 브러시 사이의 각 회로의 발생 기전력에 차가 발생하는 것을 피할 수 없다.

이와 같은 경우 전기자 권선의 저항은 매우 적지만 적은 기전력의 차에 의해서 전기자회로 사이의 브러시를 통하여 큰 국부 전류(local current)가 흐르고 이 큰 전류는 브러시에 불꽃을 발생시키고 전기자가 국부적으로 가열된다.

다극기(multi-polar machine)에서는 이와 같은 현상을 방지하기 위해서 그림 2.11과 같이 각각의 권선이 등전위가 되도록 코일을 저항이 적은 도선으로 접속하여 여기에 국부 전류를 흐르게 한다. 이와 같은 접속을 균압 결선(equalizing connection) 또는 균압환(equalizing ring)이라 한다.

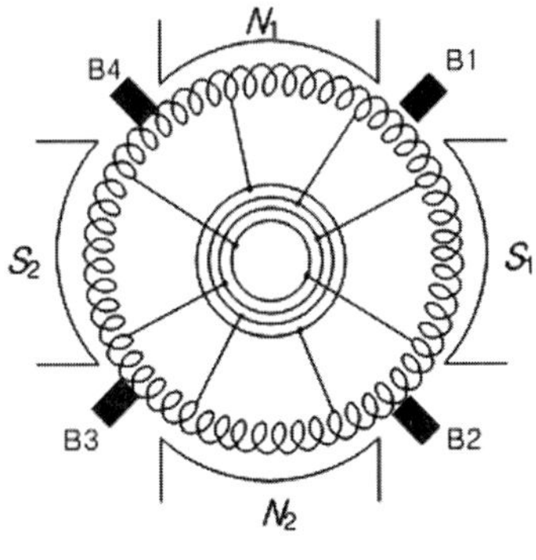

그림 2.11 균압 결선

- **파권 권선**

① **파권의 접속법** 그림 2.12는 파권 권선(wave winding)에서 전기자의 방사선 및 전개도를 표시한 일례이다. 코일 1-6′은 약 2자극 피치되는 곳에 있는 코일 12-17′에 접속되고 다시 약 2자극 피치 되는 곳에 있는 코일 2-7′로 접속되고 있다. 이 경우도 중권일 때와 동일하게 되며, 그림 2.12의 굵은 실선을 따라서 권선의 접속을 살펴보면 1-6′ → 12-17′ → 2-7′ → ……와 같이 차례로 접속되어 있으며, 최종적으로 코일 변 16′에서 코일 변 1로 되돌아와서 하나의 폐회로를 구성하고 있다.

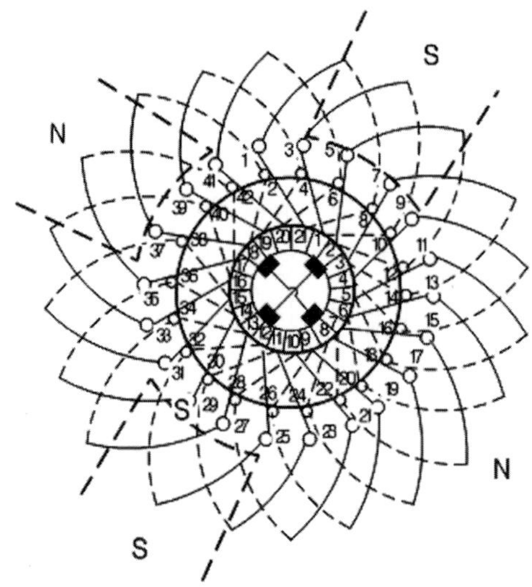

(a) 방사선도

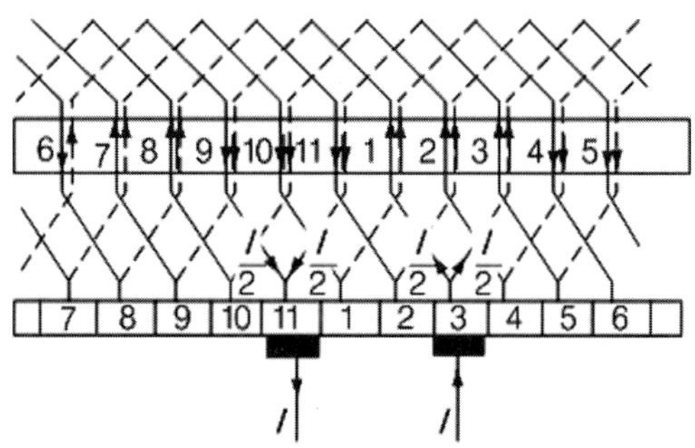

(b) 전개도

그림 2.12 파권 방사선도와 전개도

② **권선 간격** 파권에서도 중권에서와 같이 1자 극수 $2p$, 정류자편수 k, 전기자 회로수 $2a$, 권선 피치 y, y_b, y_f 사이에는 일정한 관계가 유지되어야 한다. 그림 2.13은 파권의 권선 피치(winding pitch)를 표시한 것이며, y, y_b, y_f의 관계를 표시하며 식 (2-5) 및 식 (2-6)과 같이 주어진다.

$$y = y_b + y_f \tag{2-5}$$

$$y = \frac{k \mp m}{p} = \text{정수} \tag{2-6}$$

여기서 m은 임의의 정수이고, $(-m)$의 경우는 비교차, $(+m)$의 경우는 교차로 되고, $m=1$일 경우는 단중권, $m \geq 2$일 경우는 다중권이라 한다. 또한 y_b나 y_f도 거의 한 자극 피치와 같게 된다.

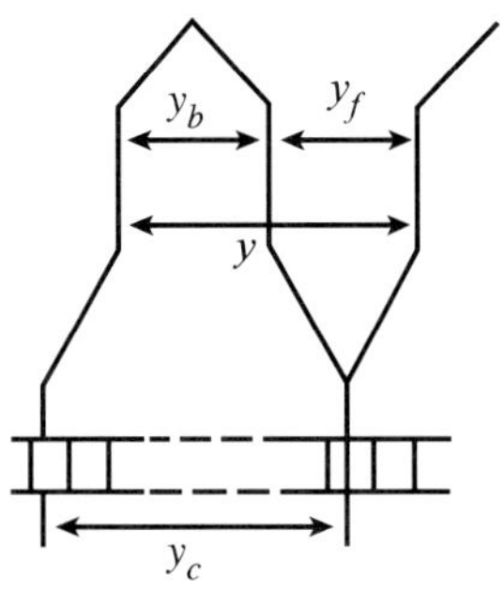

그림 2.13 파권의 권선 피치

③ **놀림코일** 파권에서는 k 및 p의 값이 식 (2-6)을 만족하지 못하는 경우가 발생할 수 있다. 이와 같은 경우에는 코일을 1~2개 놀리게 하는데 이렇게 하면 권선이 성립하게 된다. 이와 같은 코일을 놀림코일(dummy coil)이라 하고, 이 코일은 정류자로 인출선을 연결하지 않고 절연하여 둔다.

④ **브러시와 자극수** 파권에서는 각 코일의 접속을 따라 살펴보면 중권 권선과는 다르다는 것을 알 수 있으며, 도중에 유기기 전력의 방향이 2개소에서 변화된다는 사실을 알 수 있다.

따라서 브러시는 정·부 브러시 한 쌍으로도 가능함을 알 수 있으며, 또한 각 중성 축에 극수만큼 브러시를 두어도 상관없다. 전기자에서 외부로 흐르는 전류를 I_a라 하면, 전기자의 각 병렬회로를 흐르는 전류 i_a는 파권에서는 다음 식 (2-7)과 같이 주어진다.

$$i_a = I_a/2(A) \tag{2-7}$$

⑤ **직렬권** 파권에서는 전기자 내부의 회로가 정·부 브러시 사이에 연결된 각 분로회로는 각각 전체의 자극을 직렬로 접속하여 통하고 있으며, 각극의 영향을 동시에 받게 되므로 분로회로 사이에 발생하는 유기기 전력의 불평형은 발생하지 않게 된다. 그러므로 중권과는 달리 균압결선이 필요하지 않다.

• **파권과 중권의 비교**

직류기의 전기자 권선법은 중권과 파권으로 구분하며, 그림 2.9(a)에 표시한 중권 권선의 전개도를 따라가 보면 정·부 브러시 사이에 코일 변을 오른쪽으로 따라가는 회로와 왼쪽으로 따라가는 회로에 2개의 병렬회로가 있으므로 정 브러시를 한데 묶은 정단자와 부 브러시를 한데 묶은 부단자 사이에는 극수와 동일한 수의 병렬회로가 생긴다. 일반적으로 중권으로 하면 p극의 경우는 브러시 수 및 정·부 브러시 사이에 직렬로 연결된 코일 변수는 Z_c/p가 된다. 그림 2.12에 표시한 바와 같이 파권 권선에서는 어떤 정 브러시에서 출발하면 전부의 코일 변을 차례차례 직렬로 이어서 브러시에 연결되므로 병렬회로 수는 극수에 관계없이 정·부 회로뿐이다. 이것은 정의 브러시는 정의 브러시끼리, 부의 브러시는 부의 브러시끼리 서로 중성 축에 있는 코일 변으로 연결되기 때문이다. 병렬회로 수 k 이상과 같으므로 전기자 권선을 파권으로 하면 중권의 $p/2$배의 전압을 낸다.

따라서 고전압, 저전류를 필요로 하는 기기는 파권이 적당하고, 반대로 저전압, 대전류를 필요로 하는 기기는 중권 권선이 적당할 것이다. 또한 중권에서는 공극이 균일하지 않아서 각 자극의 자속이 균일하지 않게 되어 각 병렬회로의 유기기 전력의 차가 발생하게 되고, 이로 인하여 큰 국부 전류가 흐르고 이 전류에 의해서 정류가 양호하지 않게 되어 브러시의 불꽃 및 마모가 발생한다. 이러한 관계를 표 2.1과 같이 주어진다.

표 2.1 중권과 파권의 차이점

비교 항목	단중 중권	단중 파권
전기자 회로 수	극수 $2p$와 동일	극수에 상관없이 2개
브러시 수	극수와 동일	정·부 2개
전기자 도체의 굵기, 권수, 극수가 동일한 경우	저전압, 대전류	고전압, 저전류
유기기 전력에 따른 문제점	전기자 회로의 분로수가 많아 기전력의 불균일이 발생하여 브러시를 통하여 큰 국부전류가 흐르고, 정류가 불량함. 균압결선이 필요함	전기자 회로의 분로수가 2개, 각 분로의 도체는 전부 자극면을 통하고, 그 영향을 동시에 받기 때문에 분로 간에는 기전력의 불균일이 발생하지 않음. 균압 결선이 불필요함

- **유기전압**

회전 속도 n과 그에 따른 도체의 운동 속도 v는 일정하다고 하면 공식은 다음과 같이 변형을 할 수가 있다.

전기자 도체 하나에 유기되는 기전력은

$$e = Blv[\mathrm{V}] \tag{2-8}$$

전기자의 직경을 D[m], 회전수를 n[rps]라고 하면 전기가의 주변 속도 $v = D\pi n$ [m/s]가 되므로 이 식을 식 (2-9)에 대입하면 $e = BlD\pi n[\mathrm{V}]$이 된다.

여기에서 극 면적은 $A = \tau_p \cdot l = l\dfrac{D\pi}{p}[\mathrm{m}^2]$이며, 여기에 자속을 극 면적으로 나누면 자속 밀도 B가 되므로

$$e = BlD\pi n = \frac{\Phi}{\dfrac{lD\pi}{P}} lD\pi n = P\Phi n[\mathrm{V}] \tag{2-9}$$

브러시 사이의 직렬 도체수는 $\dfrac{z}{a}$이므로 총 유기기 전력은

$$V_i = \frac{z}{a}e = \frac{P}{a}z\phi n = C\phi n[\mathrm{V}] \tag{2-10}$$

($C = \dfrac{P}{a}z$ 극수와 병렬회로 수 그리고 도체수는 제작 시 결정되는 일정한 값이므로)

예제 지름 D(m), 길이 l(m)되는 전기자에 권선을 감은 직류 발전기가 있다. 자극수 p, 각 자극의 자속수 $\phi(Wb)$일 때 전기자 표면의 자속 밀도(Wb/m^2)는?

풀이 : 전기자 주변의 면적 $\pi Dl(\mathrm{m}^2)$ 총 자속수 $B\pi Dl$(Wb) 자극수 p,

한 극당의 자속수 ϕ(Wb) 한 극당의 면적 $\dfrac{\pi Dl}{p}(\mathrm{m}^2)$,

자속 밀도 $B = \dfrac{\phi}{\dfrac{\pi Dl}{p}} = \dfrac{p\phi}{\pi Dl}(\mathrm{Wb/m^2})$

예제 직류 분권 발전기가 있다. 극수 6, 전기자 총 도체수 600, 각 자극의 자속 0.02(Wb)이고, 그 회전수가 900(rpm)일 때 중권 권선일 경우와 파권 권선일 경우에 대해 각각 전기자에 유기되는 기전력은 몇(V)인가?

풀이 : $p=6,\ Z=600,\ \phi=0.02,\ N=900$

유기기 전력 공식 $V_i=\dfrac{pz}{60a}\phi N(V)$

중권 권선일 때 :

$$a=p=6,\ V_i=\frac{pz}{60a}\phi N=\frac{6\times600}{60\times6}\times0.02\times900=180(V)$$

파권 권선일 때 :

$$a=2,\ V_i=\frac{pz}{60a}\phi N=\frac{6\times600}{60\times2}\times0.02\times900=540(V)$$

연습문제

1. 직류기의 권선법 중 중권 권선과 파권 권선의 특징에 대해 각각 서술하시오.
2. 직류 발전기의 극수가 6, 전기자 도체수 800이며 매극의 자속수가 0.04(Wb)이면 1000(rpm)일 때의 유기기 전력은 몇 (V)인가? 단, 단중파권일 때 단중 중권일 때 각각에 대해서 구하시오.
3. 파권 권선법에서 균압 결선이 필요한 이유를 설명하시오.
4. 자극수 4, 슬롯 내부 코일 변수 4인 단중 중권 직류기의 정류자 편수는 몇 개인가?

◆ **정류자(Commutator)**

축(shaft)에는 전기자 철심 외에 정류자가 부착되어 있다. 정류자는 단단한 구리편으로 되어 있으며 Glimmer로 각각 절연이 되어 있다. 정류자는 발전기에서는 유기된 전압을 외부로 전동기에서는 전원전압을 내부로 전해주는 역할을 하고 있다. 정류자는 기계적으로 대단히 큰 견고성을 갖추어야 한다. 이것은 원심력과 각각의 물질 즉 철, 구리, 절연물의 열 팽창력이 다르고 정류자가 운전 중 원형이 변형될 수도 있기 때문이다. 이것은 편심과 brush와의 접촉 불량으로 불꽃을 유발한다. 정류자편간 절연물은 대단히 단단하여 brush를 빨리 손상시키기 때문에 기기의 정류자는 보수를 자주하여야 한다. 정류자편간 절연물을 0.5-1mm 정도 깊게 하면 브러시의 마모를 방지하고 정류자와 브러시의 마찰을 부드럽게 할 수가 있다.

◆ **브러시(Brush)**

전기를 받거나 전해주는데 필요한 브러시는 brush holder와 spring으로 정류자에 밀착이 되게 하고 있다. 브러시는 탄소질, 흑연질, 전기흑연질, 금속흑연질이 있으며 전류 밀도는 단단한 경우 $8A/cm^2$, 연한경우 $15A/cm^2$이다.

◆ **탄소질 브러시**

탄소질 브러시는 피치콕스를 원료로 하여 질이 치밀하고 단단하며 다소 연마성이 있다. 저항률 마찰 계수가 크고 허용 전류는 작다. 소형 저속기에 적합하다.

◆ **흑연질 브러시**

천연 흑연을 원료로 하여 만든다. 질은 부드럽고 윤활성이 풍부하며 저항률 접촉 저항이 작고 허용 전류가 크다. 중전압 이하의 고속 대전류기에 사용된다.

◆ **전기 흑연질 브러시**

피치콕스, 카아본 블랙 등을 고온 전기로에서 구어서 흑연화한 것을 사용한다. 불순물의 함량이 적고 접촉 저항이 크며 정류 능력이 높다. 마찰 계수가 적고 허용 전류가 크다. 일반 직류기에 사용한다. 브러시는 압력 $2\text{-}2.5N/cm^2$으로 정류자에 접촉된다.

2.1.3 직류기의 여자 방식

오늘날 일반적인 기기는 전자석으로 주자계를 형성한다. 영구자석에 의한 자계는 새로운 영구자석이 개발되므로 영구자석을 이용하여 대용량 전동기와 발전기를 제작하고자 하는 연구가 진행 중이며 소형 전동기에서는 영구자석이 많이 사용되고 있다.

여자 권선을 다른 전원에 연결하면 타 여자, 전기자 권선과 병렬로 연결하면 분권 그리고 전기자 권선과 여자 권선을 직렬로 연결하면 직권 직류기기가 된다. 또한 이를 복합적으로 만든 기기를 복권 직류기기라 한다.

여자자계 또는 주자계의 흐름은 간단히 설명할 수가 있다. 전기자에 slot이 없이 평편하다고 가정하면 N극에서 나온 자속은 그림 2.18과 같이 자속선이 흐르며 자극 편부와 전기자 철심에서는 radial, 즉 직각으로 공극 중에 가장 짧은 거리를 지나 나오고 들어간다.

전기자 내에서 자속선은 직선을 이루지 않는데 이것은 철심의 자기 전도도가 shaft의 자기 전도도 보다 높기 때문이다.

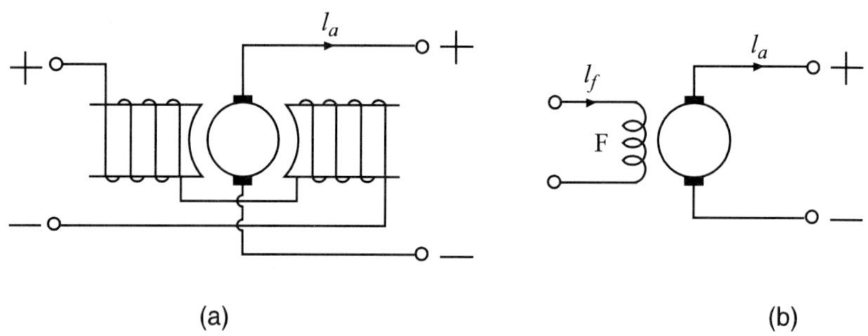

그림 2.14 타 여자 방식

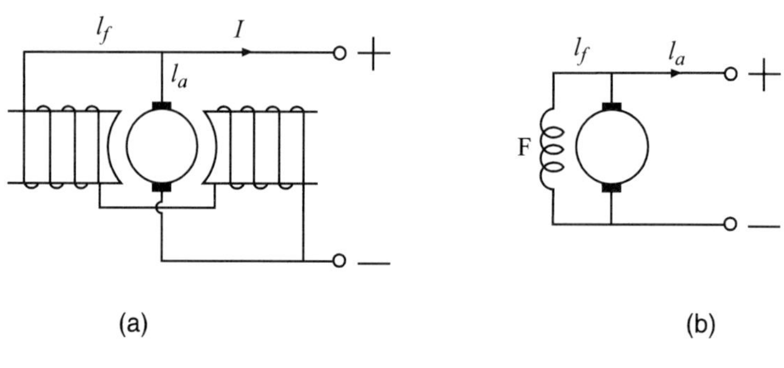

그림 2.15 분권 여자 방식

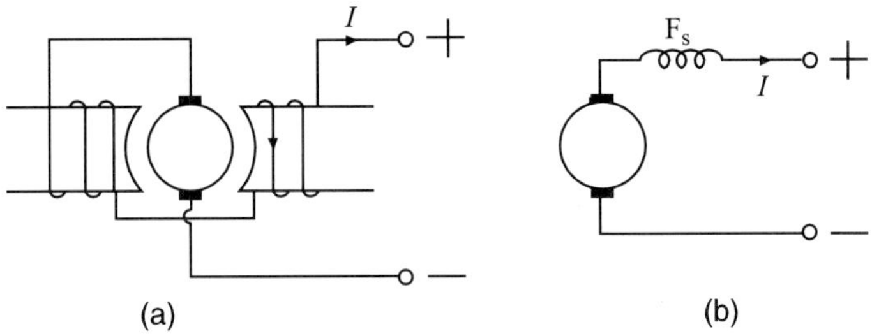

[그림 2.16] 직권 여자 방식

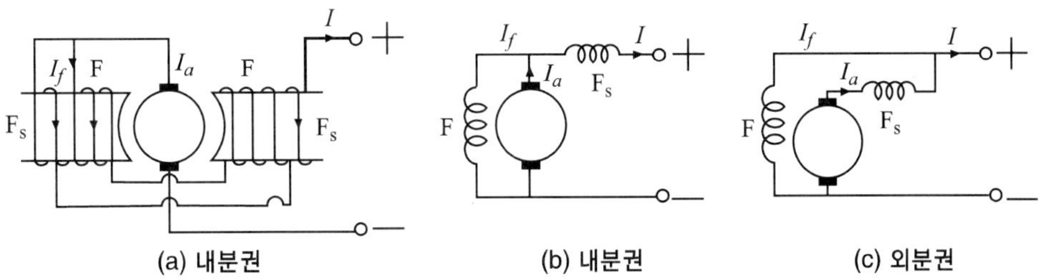

[그림 2.17] 복권 여자 방식

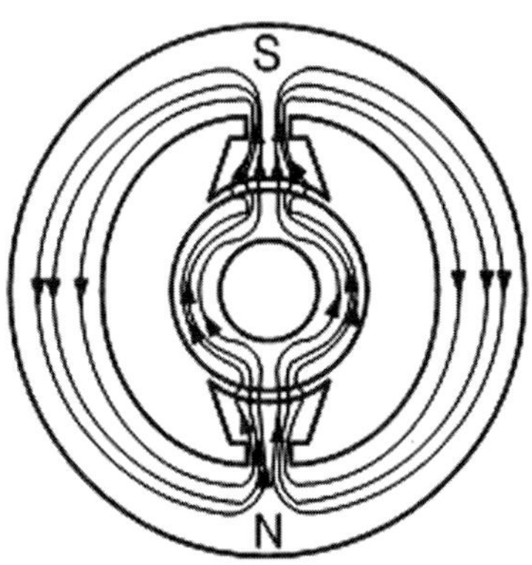

[그림 2.18] 2극기의 자속 흐름

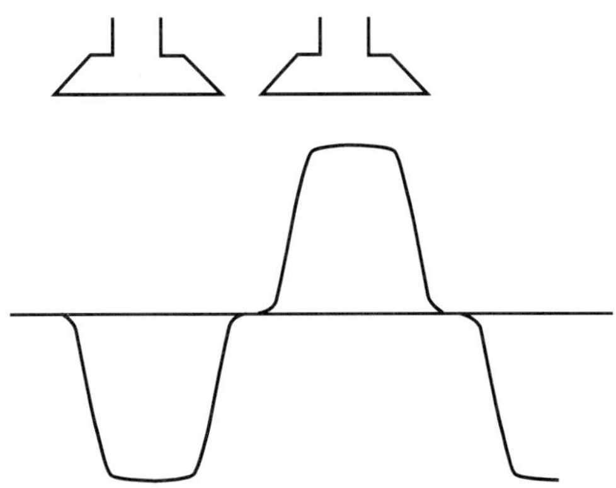

[그림 2.19] 자속의 흐름

자속 밀도는 극하에서 가장 큰 값을 갖고 있으며 극 사이에서는 0이 된다. 이 범위를 중성점(neutral point)라고 한다. 2극기에 비하여 다극기가 자기적 단면적이 작은데 이것은 극과 Yoke에 자속이 분할되어 지나기 때문이다.

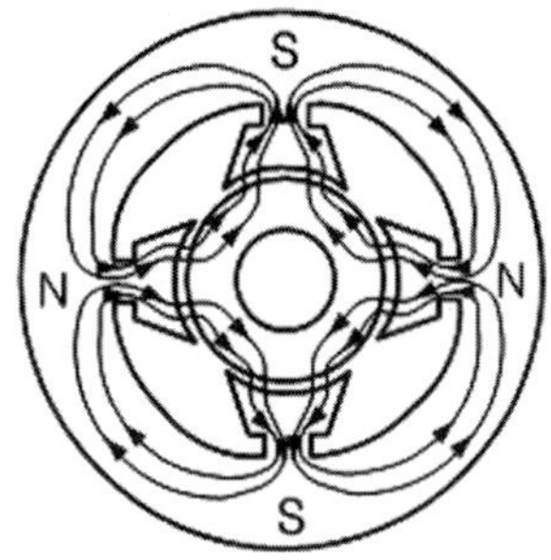

그림 2.20 4극기의 자속의 흐름

2.1.4 자계

1) 전기자 자계

전기자 자계는 주자계보다 복잡하다. 각 전류가 흐르는 도체는 자계를 유발하는데 나란히 놓인 도체에 같은 방향의 전류가 흐르면 같은 방향의 자계가 생긴다. 때문에 전기자 권선은 부하가 있을 경우 주 자속을 가로지르는 자계를 만든다.

● **전기자 자계의 흐름**

일정하게 분포된 전기자 도체를 평면으로 펼치면 그림 2.22에서 보는 것과 같이 a와 같은 삼각형의 자계 분포가 나타난다. 그러나 실제로는 b와 같은 흐름이 생긴다. 이것은 전기자 자계의 최대 자속 밀도가 주자극의 중간에 생기는데 이곳이 앞서 설명한 중성점(neutral point)으로 브러시가 놓이는 점이 된다. 이곳에는 주 자극편이 없기 때문에 투자율이 작고 자기 저항이 크다. 따라서 그림 2.22와 같은 흐름이 나타난다.

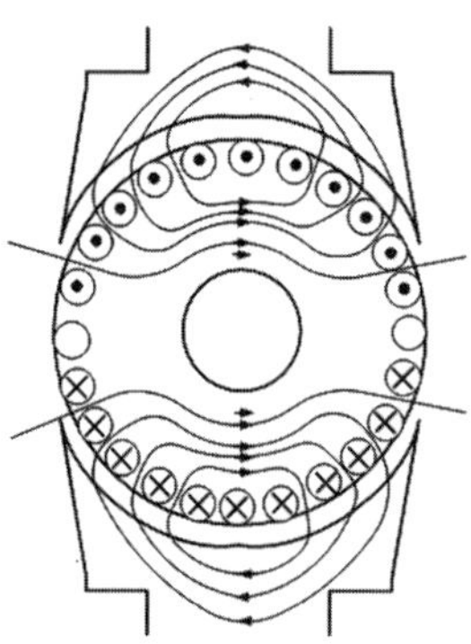

그림 2.21 전기자 자계

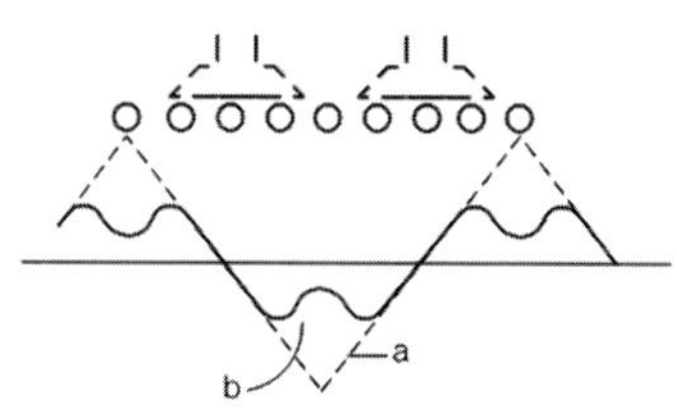

그림 2.22 전기자 자계의 흐름

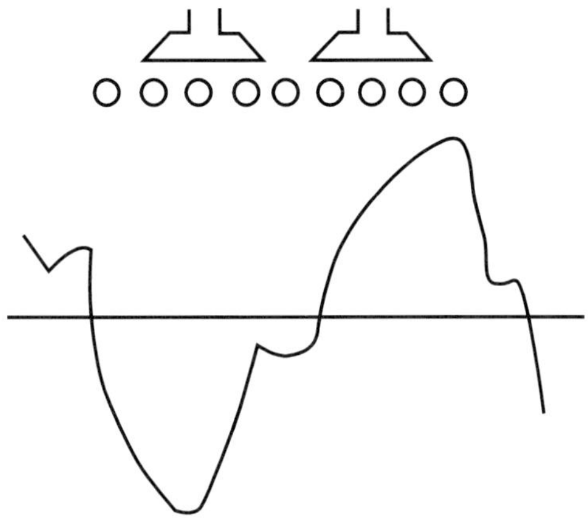

그림 2.23 주 자속과 전기자 자속

2) 총 자속

기기의 주 자속과 전기자 자속은 함께 총 자속을 만든다. 이것은 그림 2.23과 같다. 여기서 확실히 알 수가 있는 것은 주자극 하에서 자속 밀도가 일정하지 않다는 것이다. 전기자 자계에 의하여 자속 밀도의 커브가 일그러진 것뿐만이 아니라 중성점(neutral point)로 밀려있는 것을 알 수가 있다.

2.1.5 전기자 반작용

1) 전기자 반작용의 발생

a) 포화가 되지 않은 기기

앞장에서 설명한 것과 같이 주 자속과 전기자 자속은 함께 극 사이로 밀리는 것을 알 수가 있었다. 무 부하시 기기의 주 자속은 그림 2.19와 같은 대칭이 된다.

기기에 부하가 걸려 전기자에 전류가 흐르고 전기자 자속이 발생되면 전기자의 회전에도 불구하고 전기자 자계는 주 자계에 90° 횡축의 자계가 발생된다.

그림 2.23에서 보는 바와 같이 발전기로 가정하면 자계의 변형은 회전방향에 따라 지나가는 극부에는 자계가 강해지고 돌아오는 극부에는 자계가 약해지는 현상이 발생한다.

전기자 기자력은 여자 전류가 작아 자기적으로 포화가 되지 않은 상태에서는 극의 한편에는 자속을 증가시키고 한편으로는 자속을 약하게 만든다. 이 경우에 자속이 증가한 쪽의 극 편에 특히 좋지 않은 현상이 일어난다. 증가된 자속은 브러시의 전

류밀도를 증가시킨다. 이것은 브러시 불꽃을 유발하고 따라서

- 브러시가 타는 경우
- 브러시가 나쁜 위치에 놓이게 되며
- 정류자와 브러시간의 접촉 저항의 증가
- 높은 열 손실의 발생

b) 포화된 기기

기기가 포화된 상태에서(일반적인 경우에 해당) 운전을 한다면 이 경우에는 전기자 반작용으로 자속이 약해지는 결과가 된다. 이 경우에 자속이 높아지는 쪽이 포화로 인하여 약해지는 쪽의 자속만큼을 보상하여 주지 못하기 때문에 자속이 약해지는 결과가 되고 기기에 부하가 증가하면 할수록 주 자속의 변화는 심해진다. 이것을 전기자 반작용이라 부르며 직류기의 운전에는 다음과 같은 결과를 초래한다.

a) 전기자 반작용으로 브러시는 중성점(neutral point)에 있지 않게 된다. 이것은 기기의 총 자계에 90°의 각도를 유지하지 못하게 된다. 이 때문에 발전기에서는 가능한 최대전압을 발생하지 못하고 전동기에서는 발생 가능한 최대 토크를 발생하지 못한다.

b) 정류 시 정류가 되는 전기자 코일이 neutral point에 위치하여 전압이 유기되지 않은 상태에서 정류기 되지 않고 전압이 유기된 상태에서 정류가 되므로 단락이 일어나 불꽃이 발생하여 기기를 파손하는 결과를 초래한다.

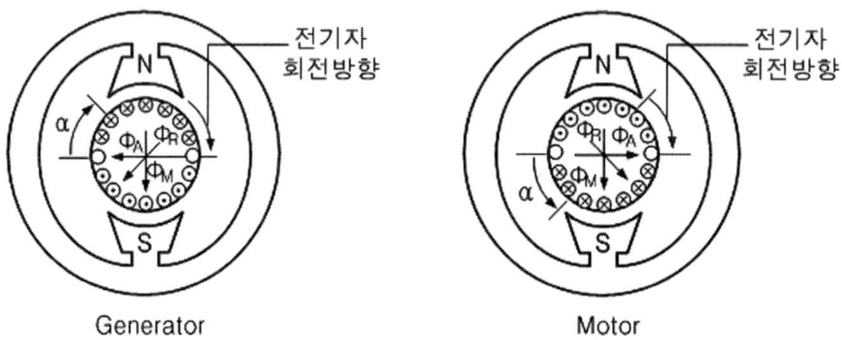

그림 2.24 중성점(neutral point)의 이동

각 부하 전류의 크기에 따라 발전기에서는 회전방향으로 브러시를 옮긴다. 그러나 이것은 실제로는 불가능하다. 전기자 반작용은 전동기에서도 일어난다. 전동기의 경우에는 회전의 반대방향으로 브러시를 이동하면 된다. 그러나 이것도 실제로는 사용이 불가능하다.

부하가 걸린 직류기의 전기자 횡축자계는 중성점을 움직이며 주 자속을 약하게 만든다. 이 두 가지 현상을 전기자 반작용이라고 한다.

2.1.6 전기자 반작용의 방지

a) 보극

전기자 반작용으로 인하여 생기는 나쁜 결과는 neutral point에 보극을 설치하는 간단한 방법으로 방지할 수가 있다. 보극은 그림 2.22와 같이 전기자 횡축자계와 같은 크기의 자속을 반대방향으로 만든다. 이로써 전기자 횡축자계와 보극은 부하 전류의 크기에 따라 변하여야 하므로 보극 권선은 전기자 권선과 직렬로 연결한다. 이 방법으로 전기자 횡축자계는 정류 범위에서 보상이 되므로 브러시를 이동할 필요가 없어진다.

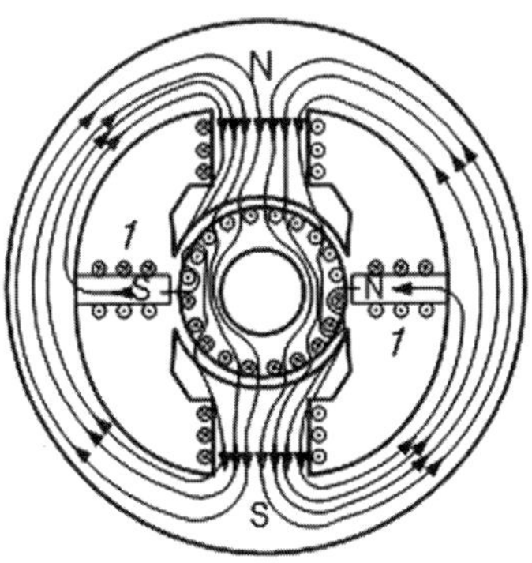

【그림 2.25】 보극

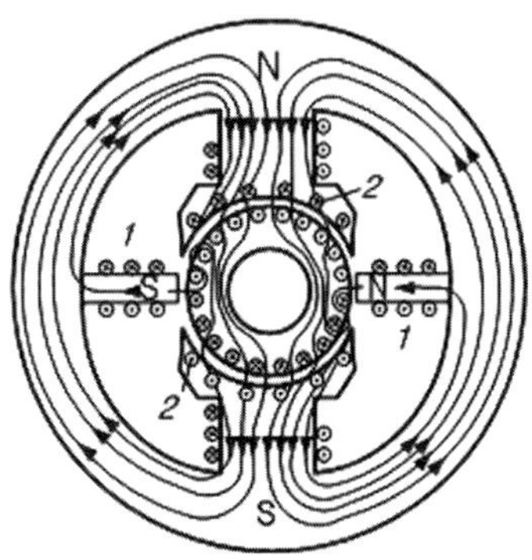

【그림 2.26】 보극과 보상 권선

b) 보상 권선

보상 권선은 고속으로 회전하는 대형기기의 경우 보극만으로는 정류 문제를 쉽게 해결할 수가 없기 때문에 전기자 주위의 자속이 일그러짐과 전기자 반작용을 방지하여야 한다. 이때에는 그림 2.26과 같이 자극에 보상 권선을 삽입한다.

보상 권선도 보극, 전기자 권선과 함께 직렬로 연결한다. 전류 방향은 자극 아래에 위치한 전기 자도체에 흐르는 전류의 방향에 반대가 되도록 한다.

전류의 방향이 잘못되면 더 큰 전기자 반작용을 유발한다. 그림 2.28은 주 자극의 자속, 전기자 횡축자계, 보극과 보상 권선의 총 자계를 나타내었다. 자계의 일그러짐은 이미 설명한 방법으로 많이 개선되어 있다.

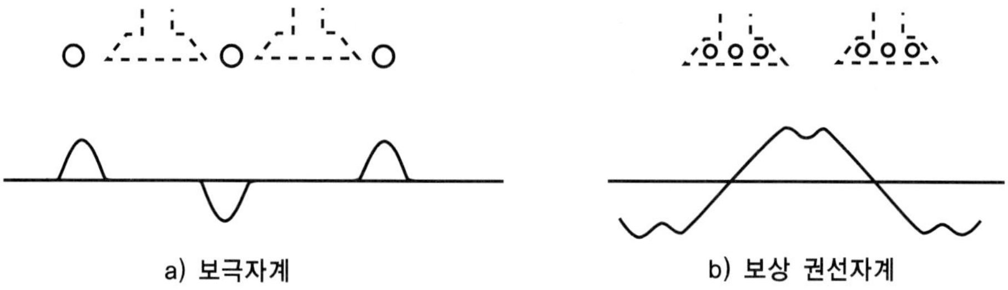

그림 2.27 자계곡선

보극은 중성점(neutral point)에서 전기자 자계를 교정하고 보상 권선은 주 자극의 범위에서 전기자 자계를 보상한다.

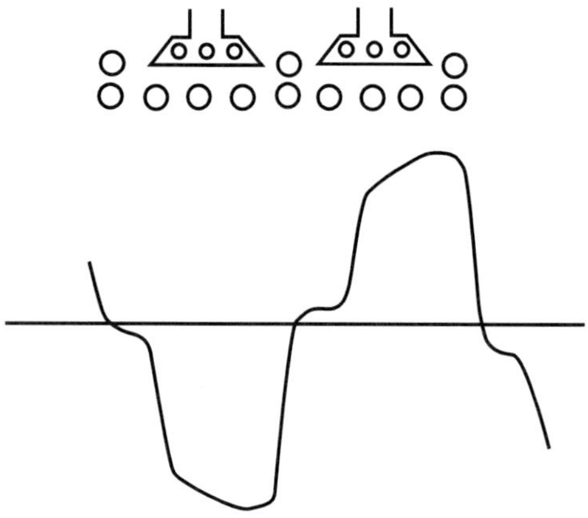

그림 2.28 주 자극, 전기자, 보극, 보상 권선의 총 자계

연습문제

1. 왜 직류기는 층 간 절연된 철심을 적층하여 사용하는가?

2. 직류 발전기와 직류 전동기에서 정류자의 역할은 무엇인가?

3. 전기자 권선의 조건을 열거하시오.

4. 왜 Hysteresis손은 회전수에 비례하는가?

5. 왜 큰 출력의 기기에서는 다극기를 사용하고 소형기기에서는 2극기를 사용하는가?

6. 직류기의 자극 하에 공극의 크기가 일정하지 않다. 어떤 결과를 초래하는가?

7. 직류기의 전기자 반작용은 왜 일어나는가?

8. 직류 발전기와 전동기에서 전기자 횡축자계는 어떤 작용을 하는가?

9. 보극과 보상 권선의 역할에 대하여 기술하시오.

10. 왜 보극 권선과 전기자 권선은 직렬로 연결하는가?

11. 어떤 직류기에서 보극을 사용하여야 하는지 설명하시오.

12. 보극의 권선을 잘못 연결하면 어떤 결과를 초래하는지 설명하시오.

2.1.7 정류

1) 브러시에 불꽃이 발생하는 원인

브러시에서 불꽃이 생기는 이유는 이미 몇 가지 원인에 대하여는 설명을 하였다.

● 기계적인 원인

- 정류자가 원래 섬세하고 약하여 운전 중 일그러진 경우
- 브러시와 정류자의 접촉이 절연물로 인하여 좋지 않은 경우
- 브러시가 정류자에 압력이 작은 경우
- 브러시 holder가 잘못 제작된 경우
- 기기 전체 또는 브러시 볼트가 흔들리는 경우

● 전기적인 원인

- 브러시가 중성점(neutral point)에 있지 않은 경우
- 브러시 밑에 전류 밀도가 너무 높은 경우
- 정류자 편간 전압이 너무 높은 경우

● 정류 시간

전기적인 원인을 보면 이미 여러 번 설명한 것과 같이 전기자 권선에는 교류가 흐른다. 이것은 전류의 방향이 전기자 도체가 중성점(neutral point)을 지날 때 변하는 것을 의미한다.

전류의 방향이 바뀌는 것은 즉 정류를 의미한다. 전기자코일에 전류가 바뀌는 것은 전기자코일이 단락되므로 해서 가능하다. 그림 2.29에서 정류자편 1에서 전류의 분류를 본다. 코일 1에서 전류는 그림에 표시한 방향으로 흐른다.

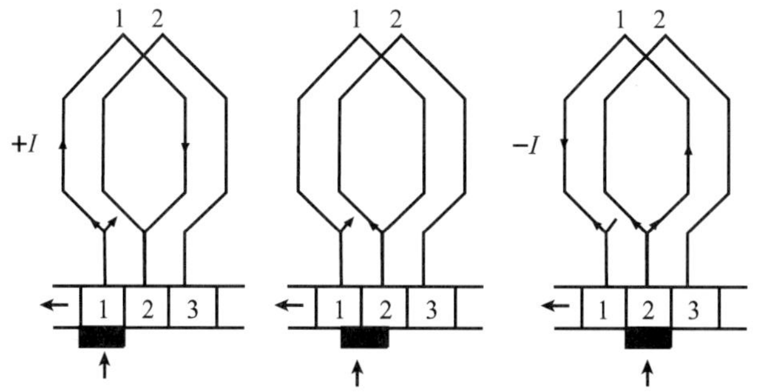

(a) 정류자편 1에서 전류 (b) 코일의 단락 (c) 정류자편 2에서의 전류

그림 2.29

그림 2.30은 단락된 코일을 보여준다. 브러시는 정류자편 1과 2를 단락시키고 이때 코일에는 전류가 흐르지 않는다. 그림 2.30에는 단락이 해제되고 브러시는 정류자편 2 위에 놓여 있다. 이때 전류는 정류자편 2에서 나누어지며 코일의 전류방향은 바뀌어 있다.

이 과정을 그림 2.30에서 좀 더 정확히 분석을 해보면 코일 1은 브러시에 의하여 단락되어 있으며 전류는 흐르지 않는다. 회전자가 회전함에 따라서 단락은 해제되고 이제 코일 2가 브러시가 지나갈 동안 단락이 된다.

이상적인 전류 방향의 바뀜은 그림 2.30에서 a)커브이다. 이때 전류의 변화는 직선이 된다.

● 정류전압

그림 2.30(a)와 같은 직선적인 전류의 변화는 단락된 코일에 전압이 유기되지 가능하다. 그러나 전류의 방향의 변화는 전기자코일에 전압을 유기시고 이것은 Lenz의 법칙에 따라 그의 원인에 반대가 되게 작용하게 된다. 이 리액턴스 전압 또는 정류전압은 큰 값으로 가정한다. 이것은 전류가 +I에서 0이 되는 시간을 지연한다.

정류 시간 t = 단락 시간으로 전기자 회전시간에 의하여 확정되므로 전류는 빨리 0에서 -I로 변화하여야 한다. 특별한 대책을 세우지 않는 경우 정류는 커브 b)와 같다.

정류 과정이 빨리 지나감으로 인하여 브러시의 한쪽에 전류밀도가 증가하게 되고 이것은 브러시 불꽃을 유발한다.

● 여러 가지 대책

a) 보극

이 경우 중성점에서 보극자계를 통하여 단락된 코일에 보극전압이 유기된다. 이것은 리액턴스 또는 정류전압과 방향이 반대가 되어 그림 2.30(c)와 같이 정류를 빠르게 한다. 이때 브러시의 전류 밀도는 일정하게 분포된다.

b) 정류 과정의 시간을 연장하는 방법

이것은 브러시의 나비를 tangential 방향으로 크게 하여 중성점에서 여러 개의 코일이 단락되게 하는 방법이다.

c) 브러시를 이동하는 방법

정류 시간은 변하지 않고 브러시를 보극을 사용하는 방법에서와 같이 기하학적 중성점에서부터 자계가 없는 이미 단락된 코일이 전압이 유기되는 점으로 이동한다.

이 방법은 기기의 회전방향이 변하지 않고 부하가 일정한 경우에만 가능하다. 그렇지 않으면 정류전압은 증가한다. 이 때문에 브러시는 항상 회전방향과 부하에 따라서 이동되어야 한다.

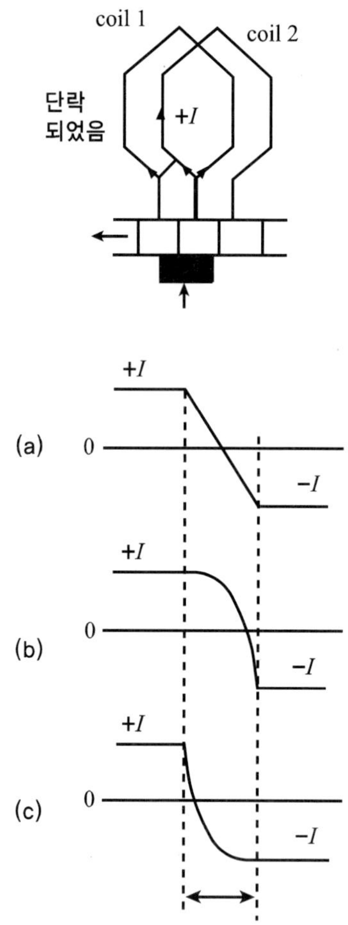

그림 2.30 전류의 정류 과정

d) 코일의 Inductance를 저감하는 방법

정류전압을 감소시키기 위하여 복잡한 정류 특성을 개선하기 위하여 단락된 damping winding을 slot에 삽입하는 경우가 있다. 이것은 전기자 코일의 inductance를 줄여주는 효과가 있다.

이러한 관계로 보극의 의미에 대해 다시 한 번 정리하면 보극과 보상 권선이 전기자 권선과 항상 정확히 기기가 발전기이건 전동기이건 또는 오른편 또는 왼편으로 회전하건 간에 연결되어 있어야 한다. 따라서 이 권선은 단자함에 나와 있지 않고 내부에 결선되어 있다. 단자함에는 단지 두 개의 선이 있는데 하나는 전기자 권선이며 다른 하나는 보극 또는 보상 권선이다.

직류기의 브러시에서 생기는 불꽃은 보극, 정류 시간의 지연, 브러시의 이동, 코일의 inductance를 작게 하여 방지할 수가 있다.

2) 정류자 전압

앞 절에서 설명한 것과 같이 브러시의 불꽃은 높은 정류자편간 전압에 기인한다. 여기서 정류자편간 전압은 두 개의 정류자 사이의 전압을 의미한다.

이것은 기기의 전압과 정류자 수에 의하여 결정된다. 기기의 총 전압이 일정하게 각 정류자에 나누어져 있다면 다음 공식으로 간단히 계산할 수가 있다.

$$V_s = \frac{2p\ V}{K} \qquad (2\text{-}11)$$

$2p$: 극수
V : 총 전압
K : 정류자 편수
이때 정류자에 의하여 단락된 정류자수는 고려하지 않았다.

정류자편간 전압이 너무 놓으면 정류자 사이에 불꽃이 일어나게 되며 전체 정류자 주위로 넓어지는 경우가 있다. 이러한 불꽃은 몇 mm에 달하기 때문에 각 정류자간의 절연은 의미가 없다. 단지 정류자편간 전압을 너무 높게 하지 않아야 한다.

- 보극과 보상 권선이 없는 경우 16V
- 보극과 보상 권선이 있는 경우 20V

공식 (2.11)에서 보는 바와 같이 전압이 큰 기기에서는 정류자 편수를 많게 하여야 한다. 이로써 앞서 제시한 전압을 넘지 않게 하여야 한다. 높은 전압의 기기는 권선을 다시 감는 경우에도 항상 다시 계산을 하여야 한다.

예제 220V 4극 직류기가 24slot, 48 정류자편을 갖고 있다. 전기자에 중권으로 권선이 되어 있다면 정류자편간 전압은 얼마인가?

$$V_s = \frac{2p\ V}{k} = \frac{4 \cdot 220}{48} = 18.33\,V$$

> **예제** 440V 6극 직류기가 있다 정류자편간 전압을 20V 이하로 하고자 한다. 정류자편수를 얼마로 하여야 하는가?
>
> $k = \dfrac{2p\,V}{V_s} = \dfrac{6 \cdot 440}{20} = 132$

2.1.8 발전기 운전 특성

1) 발전기

직류 발전기는 공용의 Grid에는 사용하지 않는다. 직류를 필요로 하는 기기의 구동을 위하여 교류를 정류하여 사용한다. 그러나 아직 현장에서는 삼상 발전기의 여자 전원으로 또는 레오나드 방식의 제어용 발전기로 직류 발전기를 사용하는 경우가 많이 있으므로 직류 발전기의 운전 특성에 대하여 설명하고자 한다.

- 분권 직류기기의 단자 연결 A1 - A2 - E1 - E2
- 직권 직류기기의 단자 연결 A1 - A2 - D1 - D2
- 복권 직류기기의 단자 연결 A1 - A2 - D1 - D2 - E1 - E2
- 타 여자 직류기기의 단자 연결 A1 - A2 - F1 - F2
- 이상의 직류기기의 combination(예를 들면 직권 발전기에 타 여자 권선의 추가)
  보극의 단자 표시 B1 - B2
  보상 권선의 단자 표시 C1 - C2

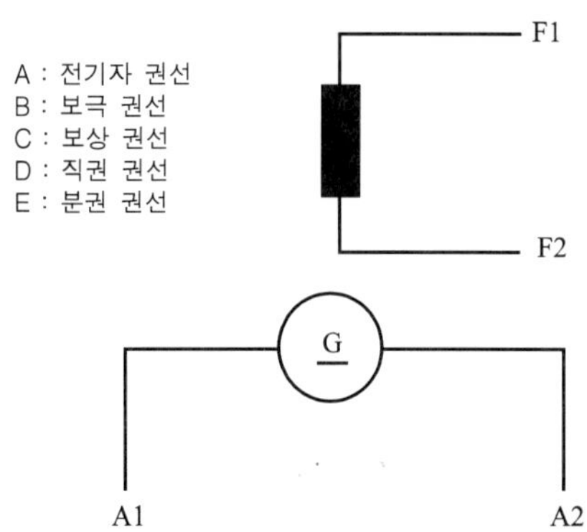

(a) 타 여자 발전기

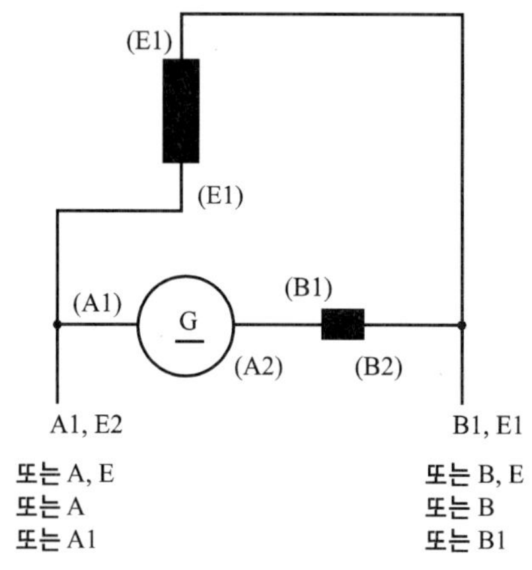

(b) 보극이 있는 분권 발전기

그림 2.31

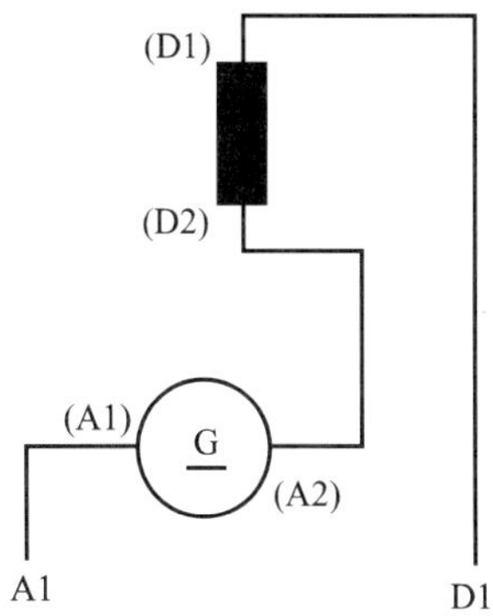

그림 2.32 직권 발전기

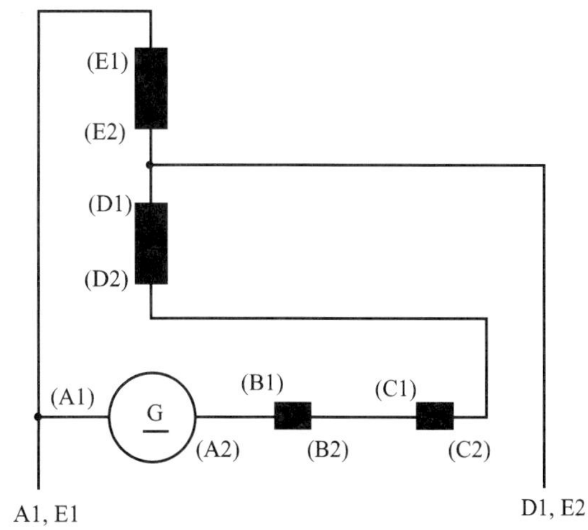

그림 2.33 보극과 보상 권선이 있는 복권 발전기

● 무 부하전압

먼저 하나하나의 발전기의 무 부하 시의 특성을 생각하면 공식 (1-6)에 의하여 전기자 권선에 유기되는 전압은 자속 밀도 B와 그에 따른 자속 ϕ에 비례한다.

회전 속도 n과 그에 따른 자속의 변화속도 v는 일정하다고 하면 공식은 다음과 같이 변형을 할 수가 있다.

하나의 타 여자 발전기, 분권 발전기 또는 복권 발전기의 분권 권선의 여자 권선에 가변할 수 있는 직류 전압을 인가하고 여자 전류 I_f를 0에서 부터 증가시키면 실험적으로 발전기의 무 부하 특성 곡선을 구할 수가 있다.

이때 횡축에 여자 전류를 그리고 종축에 전기자 권선에 유기되는 전압을 취하여 측정된 값을 도표에 그리고 이들을 서로 연결하면 철심의 자화 곡선과 유사한 곡선이 된다.

이미 철심이 한 번 여자된 적이 있으면 여자 전류 $I_f=0$에서 작은 전압이 유기된다. 이때의 전압을 기기의 잔류 전압(remanence voltage)라고 한다.

발전기의 단자 연결을 올바로 하였다면 그림 2.34와 같은 무 부하 특성 곡선을 얻을 수가 있다. 그러나 직권 발전기에서는 전기자 권선과 여자 권선이 직렬로 연결되어 있기 때문에 항상 잔류 전압만이 발생된다.

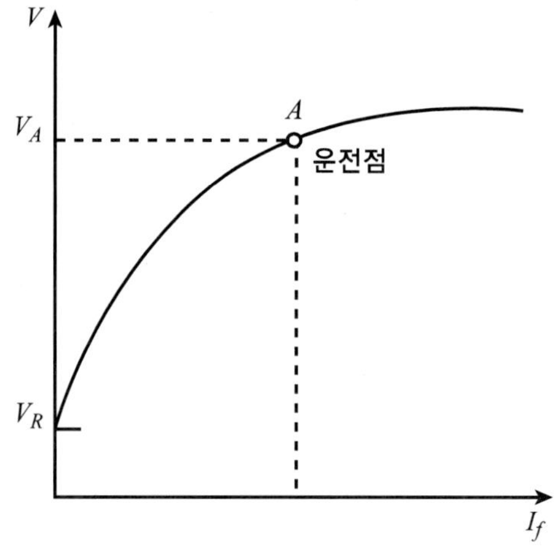

그림 2.34 무 부하 곡선(타 여자, 분권 발전기)

● 자기 발전 현상(Self generate)

1866년 siemens는 직류 발전기가 스스로 여자된다는 것을 확신하였다. 이것은 발전기가 전압을 발생하기 위하여 다른 여자전원이 필요하지 않다는 것을 의미한다. 이 자 여자의 원리는 dynamo electrical principle로 알려져 있다. 자 여자의 과정은 분권 전동기에서 더욱 확실하다.

전기자 권선에 부하가 없는 무 부하 시에 전기자 권선에 전류가 흐르고 또한 여자 권선에도 흐른다. 철심이 한 번 여자된 적이 있으면 작은 잔류자속으로 전기자 권선에 잔류전압을 유기시키기에 충분하다. 이것은 여자 권선에 전류를 흐르게 하고 자속을 증가시켜 유기전압을 증가시킨다. 자 여자의 과정은 계속하여 전압이 최대치에 도달할 때까지 반복된다.

유기전압 V_i와 여자 전류 I_f 사이에는 다음과 같은 두 가지 관계가 존재한다.

- 기기의 특성을 통한 무 부하 특성 곡선(그림 2.34)
- ohm의 법칙에 따른 관계 $V = I_f R_f$

  R_f :여자 권선의 총 저항

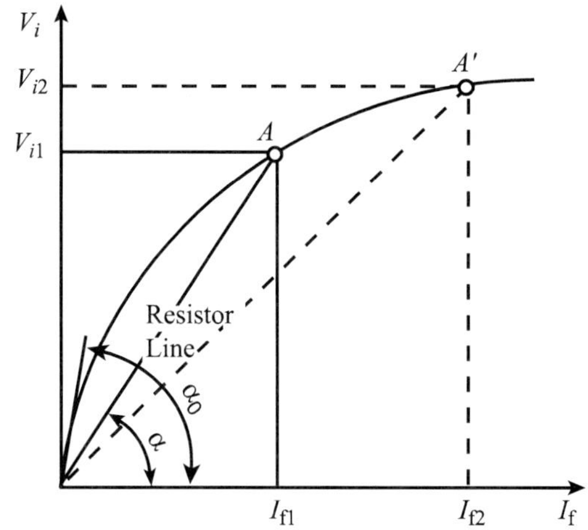

그림 2.35 유기전압과 여자 전류와의 관계

상기 두 가지 관계는 저항 직선을 통하여 설명이 가능하다.

유기전압 V_i가 두 가지 관계에 따른다면 그림 2.35에 그려진 분권 발전기의 무부하 특성 곡선의 점 A를 지나야 한다. 직선의 경사도는 각도 α로 표시되며 다음과 같다.

$$\tan\alpha = \frac{V_{i1}}{I_{f1}} = R_f \tag{2-12}$$

여자 권선의 저항 R_f를 작게 하는 것은 운전점을 A에서 A'로 이동하게 한다. 전압이 V_{i1}에서 V_{i2}로 변화하는 과정을 연결하면, 여자 저항의 증가는 저항 직선의 경사를 한계 각도 α_0가 될 때까지 급하게 한다. 자 여자가 가능한 저항 값이 저항의 최대값이 된다. 이러한 결과를 종합하면 포화가 없이 발전기는 안정된 운전점이 없다는 것을 알 수가 있다.

여자 권선의 결선을 반대로 하여 잔류자기의 소멸로 전류 효과가 없이 만들 수가 있는데 이때에 자 여자가 되지 않는다. 그러나 다시 전류를 가하면 잔류자기가 되살아나서 발전기로 사용할 수가 있다. 직권발전기는 부하가 있어 전기자 권선과 여자 권선에 전류가 흐를 때 최대전압이 발생한다.

● 부하의 영향

발전기에 부하가 걸리면 전기자에는 부하 전류 I_A가 흐른다.

이때 단자전압이 변하는데 다음의 두 가지 이유가 있다.

- 전기자 전류는 전기자 횡축자계를 발생하여 전기자 반작용을 유발하고 자계를 약화시킨다.
- 전기자 전류는 전기자 권선에 전압강하 $V_A = I_A R_A$를 유발한다.

발전기의 부하 곡선을 그리기 위하여 그림 2.36을 보자.

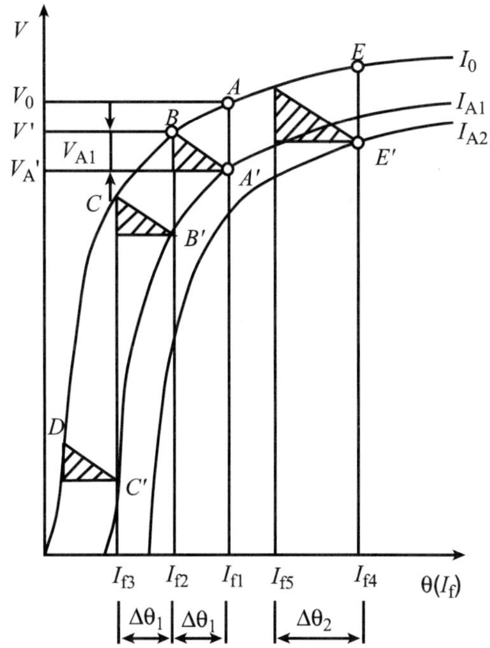

그림 2.36 전압 곡선의 결정

어떤 특정 여자 전류 I_{f1}에서 발전기는 무 부하 전압 V_0(점 A)을 발전하도록 여자된다.

발전기가 일정 전기자 전류 I_{A1}이 흐르는 부하가 걸리면 전기자 반작용의 영향으로 기자력이 $\Delta\theta_1$만큼 감소하며 기자력의 감소는 단자전압을 V'로 감소시킨다. 발전기에서 발생된 전압 V'에서 또한 전압강하 $V_A = I_A R_A$가 발생한다.

이때의 부하 전류는 단자전압을 V'에 고정시킨다. 점 A'는 부하 전류 I_{A1}에서 발전기 전압 곡선이다.

다른 여자 전류 I_{f2}는 같은 부하 전류에서 전압 곡선상의 점 B'에 운전된다.

이때 그림 2.36에서 보여주는 빗금 친 삼각형의 면적이 같은데 이유는 똑같은 전류 I_{A1}에 의한 전압강하와 기자력 $\Delta\theta_1$의 변형이 같기 때문이다.

발전기전압 V에서 전기자 반작용의 영향은 기기의 여자 기자력이 작으면 작을수록 크다. 그것은 그림에서 $A-A'$보다 $B-B'$와 $C-C'$가 큰 것을 보면 알 수가 있다.

전기자 전류가 크면 $I_{A2,}$ $\Delta\Theta_2$와 전압강하 V_{A2}가 크다.

- 전기자 전류가 크면 무 부하시보다 곡선이 같은 형태로 오른쪽 아래로 내려간다.

이 방법으로 여러 가지 단자전압을 구할 수가 있다.

● 타 여자 발전기

타 여자 권선에 일정전압을 가하면 일정한 여자 전류가 흐른다. 이때에 온도 상승으로 인한 저항의 증가는 무시한다.

이미 배운 바와 같이 전기자 전류가 증가하면 전기자 권선에 전압강하가 증가하고 전기자 반작용에 의한 영향도 증가한다. 발전기의 단자전압은 부하 전류의 증가에 따라 감소한다. 전압-전류 곡선 : (외부 특성 곡선이라고도 함)을 그리기 위하여 그전에 발전기의 부하 특성 곡선을 그린다(그림 2.37).

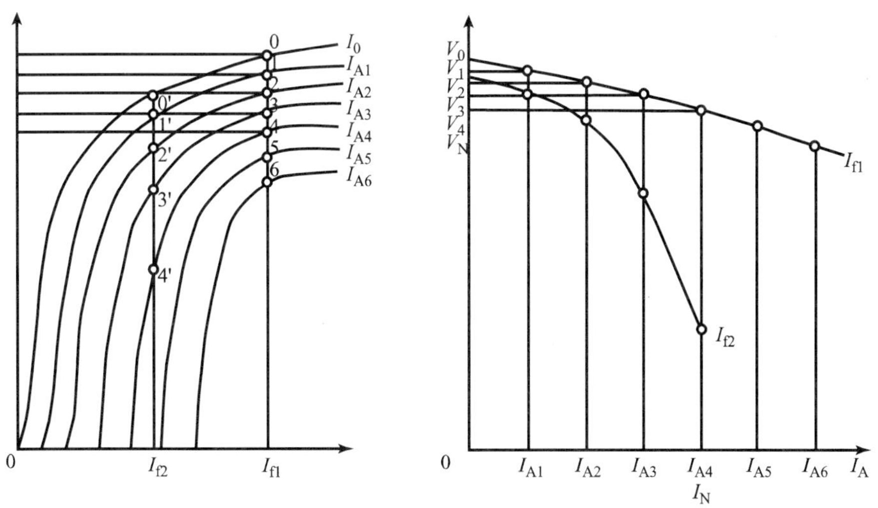

그림 2.37 타 여자 발전기의 부하 특성 곡선

타 여자 발전기에서 여자 전류 I_{f1}은 불변이며 전압-전류 곡선을 찾기 위하여 점

I_{f1}에서 직각으로 횡축에 수선을 내린다. 이 선은 부하 전류 I_0에서 I_{A6}까지를 지나 점 0에서 6까지를 만든다. 타 여자 발전기는 부하의 변동에 따라 비슷한 형태로 일정전압을 공급한다. 예를 들어 다른 여자 전류 I_{f2}를 공급하면 다른 특성 곡선이 나타난다.

- 타 여자 발전기는 무 부하와 정격 부하 사이에 기기의 크기에 따라 10%-2%의 전압 변동률을 갖는다.

앞서 만든 특성 곡선으로 부터 제어 곡선을 만든다. 이 곡선은 발전기의 회전수가 일정할 때 부하의 변동에 따라 단자전압을 일정하게 유지하기 위하여 얼마나 큰 여자 전류가 흘러야 하는지를 이야기한다.

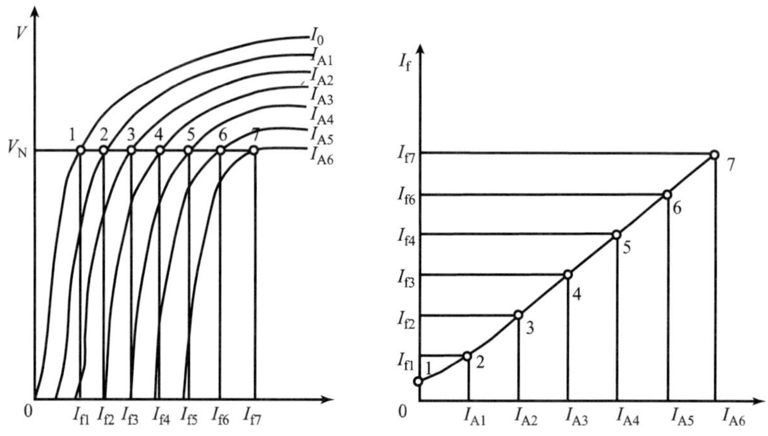

그림 2.38 타 여자 발전기의 제어 특성 곡선

특성 곡선에서 전압(예를 들어 V_N)을 가정하여 횡축에 평행하게 여자 전류 I_f를 잡는다. 부하 전류 I_{A0}에서 I_{A6}과 만나는 점 1-7은 전압 V_N을 유지하기 위한 여자 전류를 알려준다. 여자 전류를 각각의 부하 전류에 표시하면 발전기의 제어 특성 곡선이 된다. 부하 전류 I_A에 따라 전압 강하와 전기자 반작용을 보상하기 위하여 여자 전류가 증가하며 이로써 전압은 일정하게 유지된다.

분권 발전기

여자 권선이 전기자 권선과 병렬로 연결되어 있기 때문에 여자 권선에 전압은 일정하지가 않다. 타 여자 발전기에 비하여 여자 전류는 전압에 따라 변한다. 따라서 부하 변동률은 타 여자 발전기보다 크다.

전압 변동률은 기기의 크기에 따라서 무 부하와 정격 부하 사이에서 20%-8%이다.

분권 발전기에서도 전압 - 전류 특성 곡선을 작도하는데 여자 전류 $I_f = \dfrac{V}{R_f}$에 비례하기 때문에 그림 2.39와 같이 하나의 저항 직선이 생긴다. 저항 곡선과 전기자 전류 I_A가 만나는 점은 단자전압이 된다.

전기자 전류 곡선은 저항 곡선과 두 번 만나게 되는데 이때에 무 부하와 정격 부하 사이에 사용되는 점은 위에서 만나는 점들이다.

최대 전류(그림에서 I_{A4})는 타 여자전동기에서와 같이 단락 시가 아니고 그 반대이다. 분권 전동기의 단자 단락은 위험하지가 않다. 단락 전류는 단지 작은 잔류자기에 의한 잔류전압만 발생되기 때문에 단락 전류$\left(I_K = \dfrac{V_R}{R_f}\right)$로 대단히 작다.

분권 전동기의 특성 제어 곡선은 타 여자 발전기와 그리는 과정이 같기 때문에 설명은 생략하기로 한다.

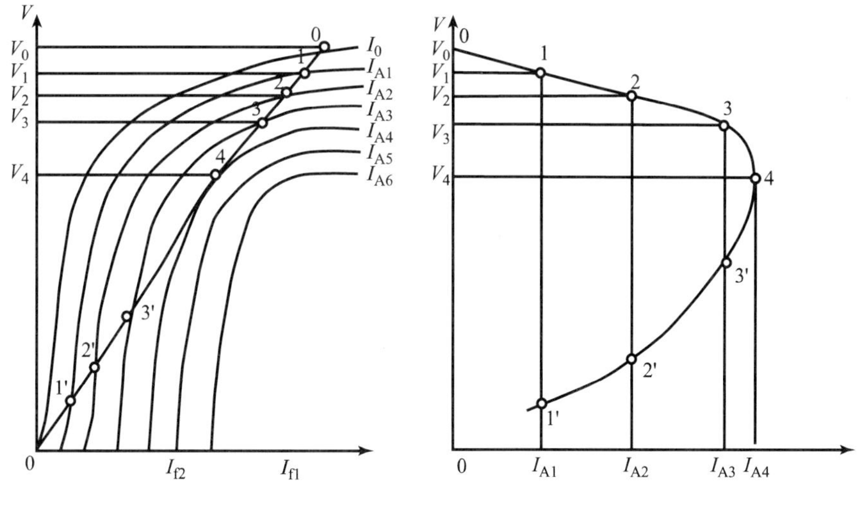

그림 2.39 분권 발전기의 부하 특성 곡선

지금까지 설명한 두 개의 전동기와 복권 전동기에서 다음을 생각할 수가 있다. 갑자기 여자 전류를 중단시키면 여자 권선의 높은 Inductance 때문에 큰 self inductance Voltage가 발생된다. 이로 인하여 아크가 발생하여 스위치의 접점이 소손되고 권선의 절연이 파괴되어 권선의 단락이 발생할 수가 있다. 때문에 여자 권선을 off 시키면 즉시 권선을 단락시켜야 한다. 여자 조정 저항에는 단락을 위한 접점이 붙어 있다.

직권 발전기

직권 발전기의 여자 권선은 전기자 권선과 직렬로 되어 있다. 이로써 전류 $I = I_A = I_f$가 된다.

분권 전동기보다 여자 전류가 대단히 크기 때문에 같은 기자력을 발생시키기 위하여 직권 발전기의 여자 권선은 권선수가 작고 권선의 단면적이 크다. 여자 권선의 전압강하는 단자전압에 비하여 작기 때문에 생략한다. 직권 발전기의 여자는 단지 외부에 부하가 연결되어 있을 때만 가능하다. 이때 직권 발전기는 분권 발전기와 같이 스스로 여자가 되어 발전이 가능하다.

부하 전류는 여자 전류가 되고 부하의 증가에 따라 여자가 증가하며 단자전압도 증가한다. 전기자 반작용과 전압강하를 무시하면 발전기의 특성 곡선은 여자 곡선과 같다. 그러나 전기자 반작용과 전압강하를 고려하면 전압-전류 특성 곡선은 그림 2.36과 비슷하게 된다. 차이가 있다면 여기에서는 전압강하가 전기자 권선과 여자 권선에 동시에 일어나며 동시에 고려하여야 한다는 것이다.

전기자 전류와 여자 전류가 같기 때문에 총 전압강하는 $V_{Af} = I(R_A + R_f)$가 된다. 부하 전류의 증가에 따라 전기자 반작용도 커진다.

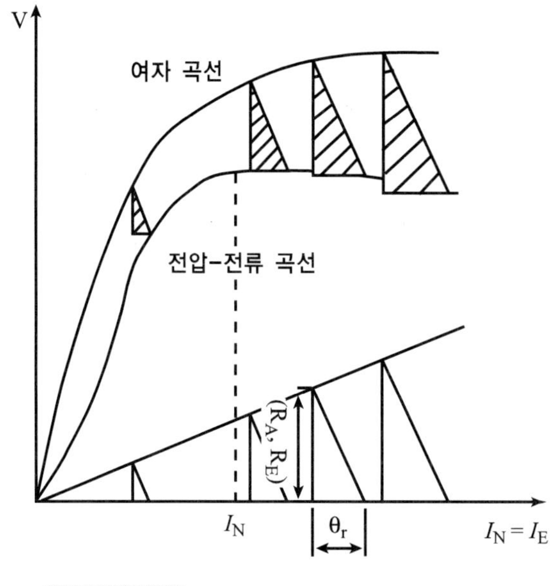

그림 2.40 직권 발전기의 부하 특성 곡선

부하 특성 곡선에서 보는 바와 같이 직권 발전기의 단자전압은 최대값까지 증가한 후 다시 감소한다. 그림에서는 나타내지 않았지만 단자가 단락이 되어 최대 전류가 흐르면 전압은 0이 되어 횡축과 만나게 된다.

부하와 함께 단자전압이 급히 상승하므로 직권 발전기는 큰 의미가 없다.

전압 변동률이 대단히 크다.

직권발전기는 전압 변동률이 무관한 곳 예를 들면 시험회로 등에 사용된다.

직권 발전기는 전철의 제동 시에 사용된다.

직권 전동기가 제동 시에는 직권발전기로 작동된다.

● 복권 발전기

그림과 같이 복권 발전기는 하나의 철심에 두 개의 여자 권선이 감겨져 있다. 하나는 전기자 권선과 직렬로 다른 하나는 병렬로 연결되어 있다. 만약 직권 여자 권선을 단락시키면 분권 발전기가 된다. 이때 그림 2.41의 특성 곡선 N이 된다.

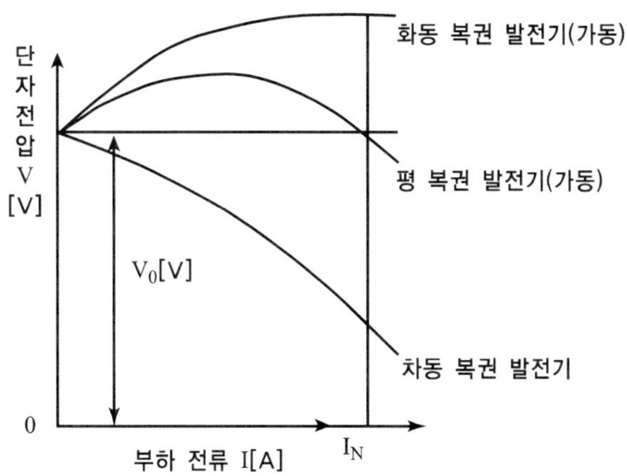

그림 2.41 복권 발전기의 부하특성 곡선

단락선을 떼어내면 전기자 전류는 직권 여자 권선을 통하여 흐르며 분권 권선의 전압강하는 직권 권선의 전압상승으로 보상된다. 특별한 경우 두 권선을 반대로 접속시키면 분권 권선의 전압강하는 커진다. 이것은 용접기용 발전기로 사용된다.

직권 권선의 연결에 따라서 복권 전동기는 차동, 화동(가동) 복권으로 불린다.

가동 복권 발전기(cumulative compound generator)는 직권 계자 권선에 의한 기자력이 분권 권선과 더해지도록 설계되어 부하가 증가되어 전기자 전류가 증가하면 유기기전력을 증가시키고 전기자 반작용에 의한 자속의 감소와 전기자 저항에 의한 전압 강하를 보상한다.

가동 복권 발전기에는 평 복권 발전기와 과 복권 발전기가 있다.

- 평 복권 발전기 : 전부하에서 전기자 반작용에 의한 전압 강하, 전기자 저항에 의한 전압 강하, 직권 권선에 의한 전압 강하의 합이 직권계자 권선에 의하여 유기기전력이 같아지도록 설계되어 있다. 따라서 그림 2.41에서 보는 바와 같이 무 부하 단자 전압과 전 부하 단자 전압이 같다.
- 과 복권 발전기 : 직권 계자 권선의 기자력을 평 복권보다 크게 설계해서 전 부하 전압이 무 부하 전압보다 높게 나타나는 특성을 갖고 있다. 부하의 증가에 따라 직권 권선이 전압이 상승하는 쪽으로 작용한다. 과 복권 발전기는 거의 사용하지 않는다.
- 차동 복권 발전기(differential compound generator) : 직권 여자 권선이 분권 여자 권선과 반대로 연결되어 분권 계자력이 직권 계자력을 상쇄시키도록 설계되어 있어 부하의 증가에 따라서 전압이 크게 작아진다.
- 복권 발전기는 단지 분권 발전기로 사용이 가능하다 이유는 직권 권선은 단지 약하게 작용하고 보조 역할만 하기 때문이다. 복권 발전기를 직권 발전기로 사용하면 최대전압을 얻지 못한다.

● 타 여자 발전기

이 발전기는 전압강하가 적고 계자전압은 전기자 전압과 관계없기 때문에 시험용 등, 특히 고전압의 발전기, 전기화학용의 저전압 대 전류의 발전기 및 단자전압을 광범위하고 상세히 조정하는 용도에 사용되고 있다.

- 분권 발전기
  - 부하에 관계없이 일정 전압 유지
- 직권 발전기
  - 부하의 변동에 따라 전압 변동이 큼
- 복권 발전기
  - 부하 변동에 전압 일정(평 복권)
  - 부하 증가에 따라 전압 상승(화동 복권)
  - 부하 증가에 따라 전압 감소 (차동 복권)

● 외부 특성 곡선

발전기에 부하를 걸면 단자전압이 변화한다. 발전기의 회전수 n[rps]와 계자 전류 I_f를 일정하게 유지하고 부하 전류 I[A]를 점점 증가시켰을 때 단자전압 V[V]가 어떻게 변화하는가를 나타내는 곡선을 외부 특성 곡선이라고 한다.

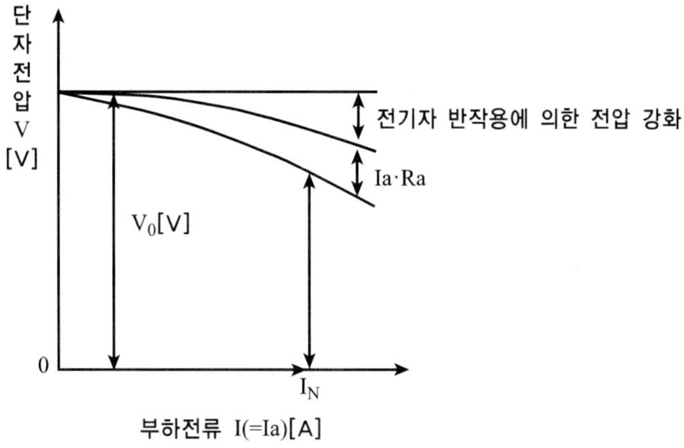

그림 2.42 외부 특성 곡선

● 전압 변동률

발전기를 정격 속도로 돌려 정격 전류를 흘렸을 때 정격 전압을 내도록 계자 저항을 조정해 놓고 갑자기 무 부하로 하면 단자전압은 변화한다. 이때 무 부하 전압 V_0와 정격 전압 V와의 차를 정격 전압의 백분율로 표시한 것을 **전압 변동률**(Voltage regulation)이라 한다.

$$\epsilon = \frac{V_0 - V}{V} \times 100[\%] \tag{2-13}$$

연습문제

1. remanence Voltage에 대하여 설명하시오.

2. 직류 발전기는 왜 포화가 없으면 안정된 운전점이 없는가 설명하시오.

3. 직류 발전기는 왜 부하의 증가에 따라 단자전압이 감소하는가?

4. 직류 분권 발전기의 전압 특성 곡선을 그리고 설명하시오.

5. 타 여자 직류 발전기의 제어 특성 곡선을 그리고 설명하시오.

6. 분권 직류 발전기의 여자 전류를 갑자기 차단하면 어떤 현상이 발생하겠는가? 또 원인을 설명하시오.

7. 직류 발전기가 여자가 되지 않는다. 이것은 전압이 발생되지 않는 것을 의미한다. 최소 5가지 이유를 들어보시오.

8. 유효 도체 길이 20cm 권선수 400인 Coil이 40cm/s의 속도로 0.6T의 자속 밀도가 있는 자장을 통과한다. 코일에 유기되는 유기전압을 구하라.

9. 권선수 1000, 유효 도체 길이 25cm의 코일이 속도 0.5m/s로 움직여 125V의 유기전압이 발생하였다. 자속 밀도를 구하라.

10. 길이 30cm의 도체에 10A의 전류가 흐르고 0.9T의 자속 밀도가 있는 자장 내에 존재한다면 도체가 받는 힘은 얼마인가?

11. 어떤 직류기에 공극의 평균 자속 밀도 $0.8\,V_s/\mathrm{cm}^2$
    전기자 길이 24cm
    전기자 지름 40cm
    전기자 총 도체수 180이고 2개의 병렬회로를 구성한다.
    정격 전류 = 전기자 전류 10A이며 회전수 1400rpm일 때 정격 토크 $T=F\cdot r$을 계산하라.

12. 직류기를 구성하는 가장 중요한 부분 3개를 열거하고 그 역할을 간단하게 설명하라.

13. 직류기에서 전기자 반작용의 원인에 대하여 설명하라.

14. 보극과 보상 권선의 역할에 대하여 설명하라.

15. 보극 권선은 왜 전기자 권선과 직렬로 연결하는가?

2.2 직류 전동기

전동기는 전기적 에너지를 받아 기계적 에너지로 변환하는 기기이다. 기기의 분류는 발전기와 마찬가지로 교류 삼상, 단상 전동기와 직류 전동기로 분류된다. 직류 전동기의 역할은 반도체의 발달과 더불어 손실이 없는 속도 제어가 가능하기 때문에 응용 분야가 대단히 많아졌다.

2.2.1 직류 전동기 일반

직류 전동기의 고정자는 여자 전류(계자 전류) 또는 영구자석을 통하여 고정자자계를 만들고 있다. 그림 2.43과 같이 2극의 직류기의 전기자(Armature)를 놓고 여자전류를 흘리고 나침판의 바늘로 극성을 테스트한다. 전류가 흐르는 2극의 전기자(Armature)는 N극과 S극으로 구성되어 있다.

전류가 흐르는 전기자(Armature)를 돌리며 극의 변화를 관찰한다. 자극이 변화하지 않는 것을 알 수가 있을 것이다.

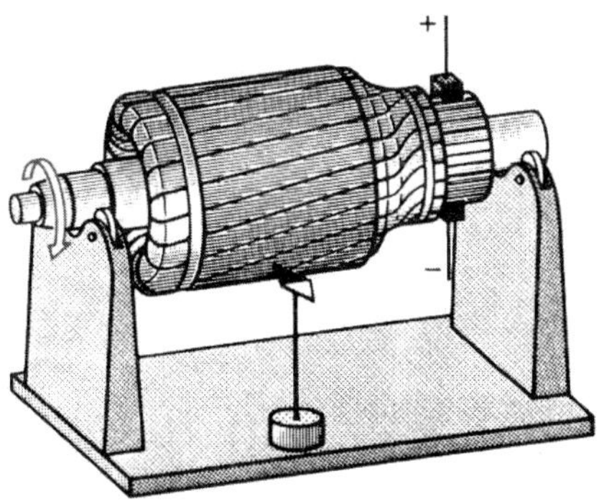

그림 2.43 정류자의 작용

2극기의 정류자 전동기의 전기자는 회전 시에도 전자기적으로 변하지 않는 극으로 작용한다. 회전 시 코일은 돌아가지만 정류자에 의하여 전기자의 극이 위치적으로 변하지 않도록 되어 있다. 고정자의 자계와 전기자의 자계가 작용하여 회전자를 회전하게 하는 힘을 만든다. 전기자의 회전 시 전기자 자계는 고정자 자계와 같은 방향으로 회전하고자 한다.

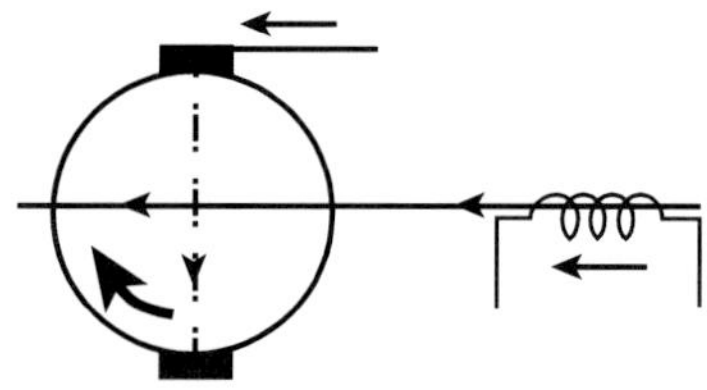

그림 2.44 고정자 자계와 회전자 자계로 인하여 발생하는 토크

항상 다른 전기자의 코일에 전류가 다시 흐르게 되므로 전기자 자계는 항상 원래의 방향을 유지한다. 정류자 전동기에 고정자의 자계가 흐르는 곳에 전기자에 전류가 흐르면 회전력이 발생한다. 정류자 전동기의 회전력(Torque)의 방향과 회전방향은 전기자에 공급되는 전류의 극성을 바꾸거나 고정자의 계자 권선의 전류의 극성을 바꾸어 계자의 방향을 바꾸면 바뀐다.

일반적으로 직류 전동기의 회전방향을 바꾸고자 할 때는 전기자와 보극에 흐르는 전류의 바꾸어 회전방향을 바꾸고 계자의 전류 방향은 바꾸지 않는다.

2.2.2 회전력 방정식

전기기기에는 토크 $T = F \cdot r$가 발생하는데 힘 F는 자장 내에서 전류가 흐르는 도체의 길이 l로 $F = B \cdot l \cdot I$과 도체수 그리고 회전자의 반지름 r이다(그림 2.2).

B : 자속 밀도

I : 전류

도체의 일부분이 자장 내에 존재하므로 극호율 α를 고려하여 회전력은 다음과 같이 계산한다.

$$T = B \cdot I \cdot l \cdot z \cdot r \cdot \alpha \text{ [Nm]} \tag{2-14}$$

Z : 총 도체수

$B = \dfrac{\phi P}{\pi D l}$

$r = \dfrac{D}{2}$

$I = \dfrac{I_a}{a}$

이 공식으로부터 회전력은 회전자의 전류, 자속 밀도 그리고 기계의 크기에 따라 달라지는 것을 알 수가 있다.

따라서

$$T = \frac{\Phi P}{\pi D l} \cdot \frac{I}{a} \cdot l \cdot z \cdot \frac{D}{2} \cdot \alpha = \frac{\alpha P z}{2\pi a} \Phi I_a [\mathrm{N \cdot m}]$$

$$T = C_m \cdot I \cdot \Phi [\mathrm{N \cdot m}] = \frac{1}{9.8} \mathrm{Cm} \cdot I_a \cdot \Phi [\mathrm{kg \cdot m}]$$

T : 토크

C_m : 기계 정수 $= \dfrac{\alpha P z}{2\pi a}$

I : 회전자 전류

Φ : 극 자속

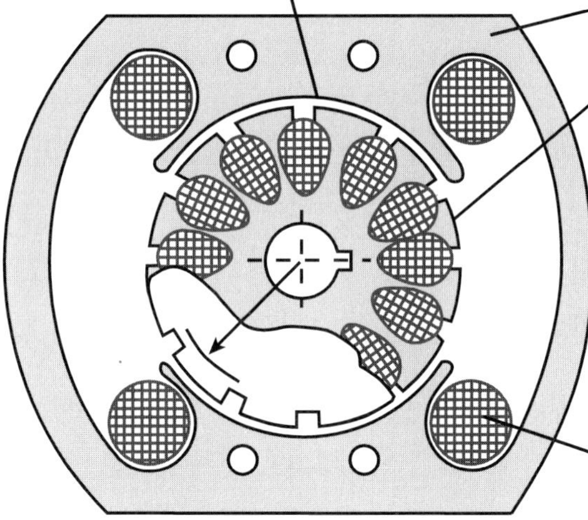

그림 2.45 전기기기의 구성

예제 직류 전동기가 정격 부하에서 20Nm의 토크를 발생하고 있다. 회전자 전류를 1.2배 크게 하고 자속을 1.5배 크게 하면 토크는 얼마인가?

$T = C_m \cdot I \cdot 1.2 \cdot \Phi \cdot 1.5 = 20 \cdot 1.2 \cdot 1.5 = 36 N_m$

전동기의 토크는 자속과 전류의 증가에 따라 선형으로 증가한다. 그리고 기기의 종류와 크기에 따라 달라진다.

◆ **극호율**

극 본래의 나비보다 자속이 통과하는 면적이 좁으면 원래 자극의 면적으로 자속이 통과하는 면적을 나눈 값이다.

2.2.3 전압 방정식

전기기기는 운전 중 도체가 자장을 끊으므로 유도전압이 발생한다. 유도전압은 발전기뿐만 아니라 전동기에서도 발생한다.

유도전압 V_i는 각 도체에 발생하는 전압 $v_i = B \cdot l \cdot v$ 그리고 도체수 z 그리고 극호율 α따라 달라진다.

B : 자속 밀도

l : 자장 내 유효 도체 길이

v : 회전자의 회전 속도

$$V_i = B \cdot l \cdot v \cdot z \cdot \alpha = B \cdot l \cdot 2\pi \cdot n \cdot r \cdot z \cdot \alpha$$

여기에서

n : 회전자의 회전수 rps

r : 회전자의 반지름

이 공식으로부터 유도전압은 자속 밀도, 회전수 그리고 기기의 크기에 따라 달라지는 것을 알 수가 있다. 기기의 크기는 기계 정수로 표시한다.

$$V_i = C_v \cdot n \cdot \Phi$$

토크의 기계 정수와 유도전압의 기계 정수는 다르다.

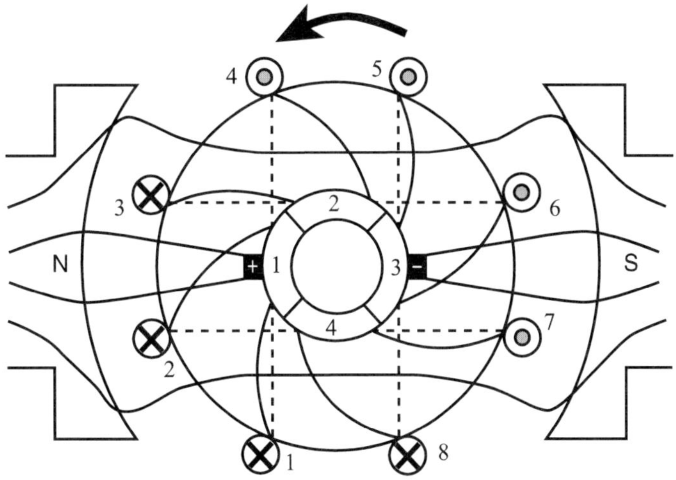

그림 2.46 직류 전동기의 자장

예제 직류 발전기가 여자 전류 $I_f = 5A$에서 240V를 발전하고 있다. 이때 회전수는 1,800rpm이라고 한다. 전압을 220V로 낮추고자 한다.

a) 여자 전류를 변화하지 않으면 회전수를 얼마로 하여야 하는가?

b) 회전수를 변화하지 않으면 여자 전류를 얼마로 하여야 하는가?

답 a) 여자 전류가 변하지 않으므로 자속 Φ는 일정하다. 따라서 전압은 회전수에 비례한다.

$$V_{i1} : n_1 = V_{i2} : n_2$$

$$n_2 = n_1 \cdot \frac{V_{i2}}{V_{i1}} = 1,800 \cdot \frac{220}{240} = 1,650\text{rpm}$$

b) 회전수가 변하지 않으므로 자속이 변해야 한다. 자속은 여자 전류에 따라 선형으로 변하므로

$$I_{f1} : V_{i1} = I_{f2} : V_{i2}$$

$$I_{f2} = I_{f1} \cdot \frac{V_{i2}}{V_{i1}} = 5 \cdot \frac{220}{240} = 4.58A$$

예제 자속 밀도 B=0.8T이고 유효 도체 길이 l=260mm인 도선에 I=12A의 전류가 흐른다. 이때 발생하는 힘은 얼마인가?
$F = B \cdot l \cdot I = 0.8\,T \cdot 0.26m \cdot 12A = 2.5N$

● 직류 전동기

그림 2.1에서 브러시 e와 f에 전원전압이 걸리면 전류 I가 흐르는데 전류 I의 크기는 Ohm의 법칙 $I = \frac{V}{R}$에 따라서 계산된다. 작은 전기자 저항 R과 큰 전원전압으로 인하여 기동 시 대단히 큰 전류가 흐르게 된다.

전원전압을 인가한 후 전기자의 회전수는 증가하고 전기자 내의 역기전력 e도 증가한다. 이 전압은 Lenz의 법칙에 따라 전원전압의 방향에 반대가 된다. 전기자의 증가하는 회전수로 인하여 $V-e$와 전류 I는 작아진다.

전류의 크기는 다음 공식으로 구한다.

$$I = \frac{V-e}{R} \tag{2-15}$$

여기에서도 역시 두 전압의 차이가 전류의 크기에 영향을 미치는 것을 알 수가 있다. 공식을 전압에 따라서 바꾸어 보면

$$V = e + IR \tag{2-16}$$

저항 R

직류기기의 저항은 전기자 권선의 저항만으로 이루어지지 않고 전기자 저항 R_A, 브러시와 정류자 사이의 저항 R_b, 복권 전동기와 직권 전동기의 직권 권선 저항 R_R, 보극 권선의 저항 R_H, 보상 권선(Compensation winding)의 저항 R_c가 있는데 이들은 모두 직렬로 연결되어 있으므로 기기의 내부 저항은

$$R_i = R_A + R_B + R_R + R_H + R_c \tag{2-17}$$

이다.

복권 전동기와 분권 전동기에서 저항이 큰 분권 권선의 영향은 총 저항에 병렬로 연결되어 큰 영향을 미치지 않으므로 고려하지 않는다.

각 권선의 역할은 후에 자세히 설명하기로 한다. 그러나 여기서 부언할 것은 내부 저항은 온도에 따라서 변하므로 저항은 일정한 값이 아니다.

● 전류에 의한 손실

직류 발전기의 단자에 보내지는 출력 $P = VI$는 전류에 의한 손실 $P_v = I^2R$ 만큼 발생된 전력 $P_i = V_iI$ 만큼 작은 값이다. 그리고 전류에 의한 손실 외에 철손도 있다. 높은 효율을 유지하기 위하여 특히 전류에 의한 손실을 작게 하여야 한다. 이것은 역시 저항 R을 작게 하여 내부의 전압강하 IR_i를 작게 하여야 한다.

직류기에서는 기기가 크면 클수록 내부의 전압강하는 작다.

예제

기기 출력	정격 시 내부 전압 강하
1kw – 5kw	8% – 5%
5kw – 20kw	5% – 3%
20kw – 100kw	3% – 2%
100kw 이상	2% – 1%

예제 직류 발전기의 단자전압이 500V이다. 정격 전기자 전류는 명판에 25A, 전기자 저항 0.5ohm, 브러시와 정류자 사이의 저항을 0.3ohm으로 가정하면 전기자 권선의 유기전압은 얼마인가?

$V_i = V + IR_i = 500 + 25 \; 0.8 = 520\,V$

예제 직류 발전기의 정격 출력과 정격 전압이 각 50kW, 460v이다. 정격 전압에서 전기자 권선의 전압강하가 3%이면 전기자 권선의 저항과 전류로 인한 손실은 얼마인가?

$$I = \frac{P}{V} = \frac{50,000}{460} = 109A$$

전압강하 460×0.03=13.8V

$$R_A = \frac{13.8}{109} = 0.127\Omega$$

$$P_v = I^2 R_A = 109^2 \, 0.127 = 1509\,W$$

예제 직류 발전기의 정격이 각 120kW, 500V, 240A이며 무 부하 시 전압이 506.5V이다. 기기의 내부 저항은 얼마인가?

$$R_i = \frac{V_i - V}{I} = \frac{560.5 - 500}{240} = 0.027\Omega$$

2.2.4 직류 전동기의 회전 원리

1) 자장 내에 전류가 흐르는 도체

이미 1장에서 설명한 바와 같이 자장 내에 전류가 흐르는 도체에는 힘이 발생한다. 이때 힘의 방향은 왼손 법칙(모터 법칙)에 따라 정하여진다. 그리고 힘의 크기는 회전력 방정식에서 설명한 바와 같다.

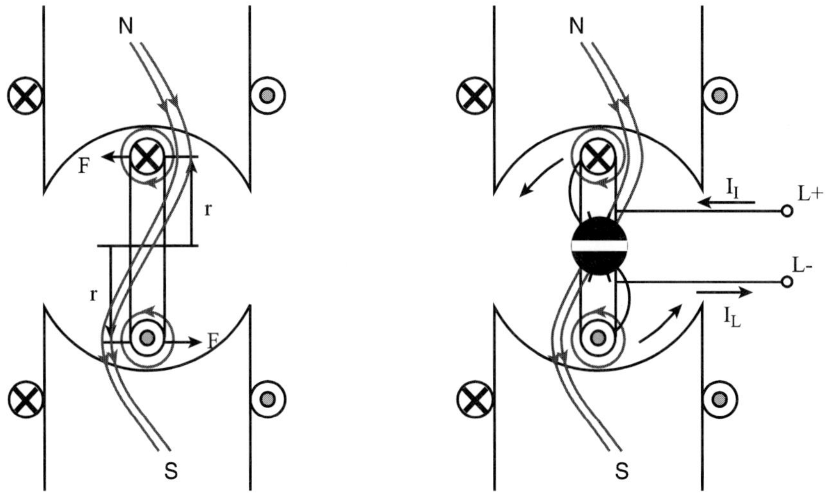

a) 자장 내에 전류가 흐르는 도체 b) 자장 내에 전류가 흐르는 도체와 정류자

그림 2.47 직류기 회전 원리

정류자는 일정한 자극 하에서 항상 같은 방향의 전류가 흐르도록 하는 역할을 한다.

2.2.5 Torque의 발생

자계 내의 전류가 흐르는 도체가 받는 힘은 $F = Bl\,I$이다. 회전하는 전기자에 여러 개의 코일을 감으면 극하의 코일에는 항상 일정한 방향의 전류가 흐르는 도체가 오게 된다. 따라서 항상 전기자는 일정하게 회전하게 된다.

전동기의 출력은 다음 공식으로 계산된다.

$$P = Fv \tag{2-18}$$

회전력 F의 단위는 Newton(N), 전기자의 주변 속도 v(m/s)로

출력 P는 Nm/s이다. 1Nm/s = 1W

축으로부터 r만큼 떨어져 있는 전기자 도체의 주변 속도는 회전수로부터

$$v = d\pi n \text{ 또는 } v = 2r\pi n$$

이것을 공식 (2-5)에 대입하면

$$P = Fr\,2\pi n$$

Fr을 토크라고 하며 T로 표시한다.
$2\pi n$은 각속도 ω로 부른다.

$$P = T\,2\pi n = T\omega$$

이 공식을 T에 따라 변경하면

$$T = \frac{P}{2\pi n} = \frac{P}{\omega} \tag{2-19}$$

전동기는 항상 이 Torque를 이용할 수 있게 한다. 항상 전동기의 토크와 부하 토크 사이에는 평형을 유지하며 이때 전동기의 회전수는 일정하게 된다.

발전기에서 발생하는 Torque는 브레이크로 작용한다.

예제 전동기의 정격 출력이 5kW이고 정격 회전수가 1200rpm이다. 정격 torque는 얼마인가?

$$T = \frac{P}{2\pi n} = \frac{5000\frac{\mathrm{Nm}}{\mathrm{s}}\,60\frac{s}{\mathrm{min}}}{2\pi\,1200\frac{1}{\mathrm{min}}} = 39.8\mathrm{Nm}$$

Torque는 다른 방법으로도 계산이 가능한데, 1.4절에서 자계 내의 전류가 흐르는 도체가 받는 힘 $F = B\,l\,I$로 계산하였다. 전기자 도체가 축에서 r만큼 떨어져 있다면 Torque는

$$T = B\,l\,I\,r \tag{2-20}$$

공식에 자속 밀도 $B\left[\frac{Vs}{m^2}\right]$, 유효 도체 길이 l[m], 축에서의 거리 r[m]과 전류 $I\left[\frac{Nm}{Vs}\right]$를 대입하면 Torque의 단위 Nm가 나온다.

Torque는 자계 내에 여러 개의 도체를 연결하면 커진다.

$$\therefore [T] = \left[\frac{Vs}{m^2}\right] = \left[\frac{Wb}{m^2}\right]$$

$$[A] = \left[\frac{Nm}{Vs}\right]$$

예제 직류기의 공극의 자속 밀도 $0.8T$, 유효 도체 길이 30cm, 전류 $10A$, 전기자 도체의 축에서의 길이가 20cm이면 Torque의 크기는 얼마인가?

$$T = B\,l\,I\,r = 0.8\frac{Vs}{\mathrm{m}^2}\,0.3\,\mathrm{m}\,10\frac{\mathrm{Nm}}{Vs}\,0.2\mathrm{m} = 0.48\mathrm{Nm}$$

예제 직류기의 공극의 자속 밀도 $1.1T$, 유효 도체 길이 40cm, 축에서 도체의 거리 10cm, 유효 도체수 120이다. Torque를 40Nm를 내기 위한 전류의 크기는 얼마인가?

$$I = \frac{T}{B\,l\,r\,z} = \frac{40\ \mathrm{Nm}}{1.1\frac{Vs}{\mathrm{m}^2}\ 0.4\mathrm{m}\ \ 0.1\mathrm{m}\,120} = 7.5\frac{\mathrm{Nm}}{Vs} = 7.5\mathrm{A}$$

2.2.6 직류 전동기 종류

1) 분권 전동기

그림 2.9와 같은 분권 전동기는 계자 권선 E1-E2가 전기자 권선 A1-B2와 병렬로 연결되어 있다. 두 권선은 전원단자 전압이 걸리고 전기자 권선은 전기자 전류 I_A를 제한하는 기동 저항과 직렬로 연결되어 있다. 계자 권선(분권 권선)은 기동시 전원 전압이 걸려 충분히 여자되고 있다. 기기의 자계는 부하 전류와 회전수와 무관하다. 따라서 분권 전동기는 기동 시 일정한 자계로 최고의 토크를 발생한다.

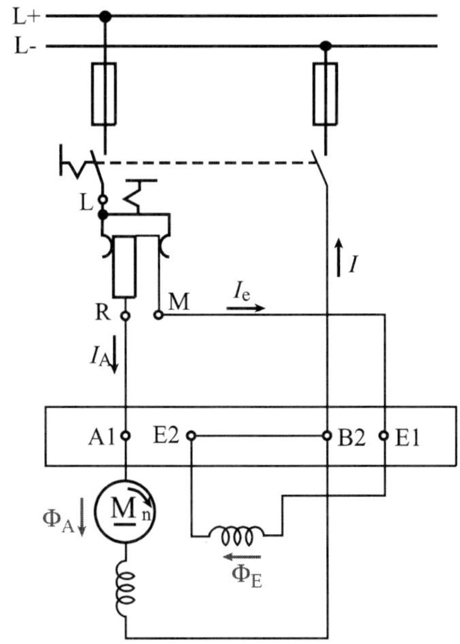

【그림 2.48】 분권 전동기 결선

분권 전동기의 토크는 전류와 비례한다. $T \approx I_A$

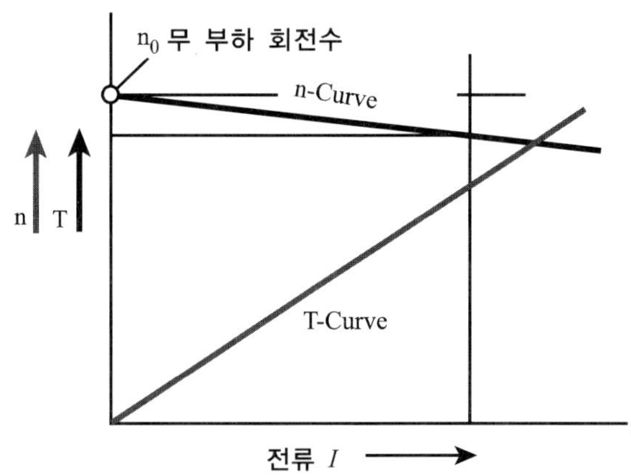

【그림 2.49】 분권 전동기 부하 곡선

직권 전동기의 토크는 전류의 제곱에 비례하여 증가한다.

기동 토크는 기동 저항을 연결하고 자계는 어떠한 영향도 미치지 않기 때문에 최대한으로 여자된 상태이다. 전기자에는 전원 전압이 기동 저항과 전기자 권선 내부 저항에서의 전압강하를 뺀 전압이 공급된다.

전압 방정식 $V_i = C_v \cdot n \cdot \Phi$에서 회전수는 $n = \dfrac{E}{C_v \cdot \Phi}$ 공식으로부터 자속 Φ가 일정한 경우 회전수는 역기전력 E에 비례한다.

$$n \sim E$$

따라서 기동 저항으로 전동기의 회전수는 정격 회전수까지 제어할 수가 있다.

이 제어 방식의 단점은 기동저항에 큰 손실이 발생하여 기기의 효율이 나빠지는 것이다. 정격 운전 시 전기자에는 전 전압이 걸린다.

회전수는 다음 공식에 의하여 계산할 수 있다.

$$n = \frac{V - I_A \cdot R_A}{\Phi} \tag{2-21}$$

전동기 회전수는 전원 전압과 전기자 권선 내부 저항의 전압강하와 차이 $V_i = V - I_A R_A$로 결정된다.

무 부하 회전수와 정격 회전수 사이의 전기자 권선 전압강하 $I_A R_A$는 일정한 전원 전압 하에서 아주 작은 값이다. 분권 전동기의 회전수는 전 영역에서 거의 일정하다(그림 2.49).

하나의 경제성이 있는 회전수 제어는 분권계자를 계자 조정기를 통하여 자속을 약하게 하여 회전수를 증가시키는 방법이다. 일정한 전원 전압과 일정한 전기자 전류에서 회전수 공식 $n \sim \dfrac{1}{\Phi}$이다. 회전수는 자속 Φ의 역수에 비례한다.

계자를 약하게 하면 역기전력은 순간적으로 낮아진다. 전원 전압과 유기전압의 차이 $\Delta V = V - E$는 전기자에서 큰 전류를 흐르게 하여 토크의 증가를 유발한다. 그리고 회전수는 전기자 전류가 모터토크가 부하 토크와 같게 되도록 감소할 때까지 증가한다.

자속의 감소는 항상 토크의 감소로 이어진다. 출력의 감소는 회전수의 증가로 평행이 되고 무 부하로 회전하는 분권 전동기의 계자를 아주 약하게 하면 회전수가 이에 상응하여 증가하게 된다. 특별한 경우에 전기자 반작용에 의하여 불안정한 회전수의 증가를 방지하기 위하여 보조 직권 권선을 설치하기도 한다.

예제 다음과 같은 직류 분권 전동기가 있다.

전원 전압 V=220V

전류 I=2.5A

출력 P=0.4kW

회전수 n=1470rpm

a) 계자 권선의 저항 $R_f = 680\Omega$이라면 전기자 전류 I_A는 얼마인가?

b) 전기자 권선의 저항 $R_A = 2\Omega$이라면 전기자 권선의 역기전력 V_i는 얼마인가?

c) 정격 효율

d) 기동 전류를 정격 전류의 1.4배로 제한하기 위한 기동 저항 R_s는 얼마인가? 계자 전류는 무시한다.

답 a) $I_f = \dfrac{V}{R_f} = \dfrac{220\,V}{680\Omega} = 0.324A$

$I_A = I - I_f = 2.5A - 0.324A = 2.18A$

b) $V_i = V - I_A R_A = 220\,V - 2.18A \bullet 2\Omega = 215.64A$

c) $\eta = \dfrac{P_{out}}{P_{IN}} = \dfrac{400\,W}{220\,V \bullet 2.5A} x100\% = 72.7\%$

d) $V = 1.4 \bullet I(R_A + R_s)$

$R_s = \dfrac{V}{1.4I} - R_A = \dfrac{220\,V}{1.4 \bullet 2.5A} - 2\Omega = 60.86\Omega$

✔ 정리

분권 전동기의 회전수는 부하에 무관하게 거의 일정하다. 분권 전동기의 회전수 특성은 매우 안정적이다. 따라서 엘리베이터, 공작기계 등에 많이 사용한다. 회전수 제어 범위는 정격 회전수 이상과 이하의 범위 모두 가능하다. 회전방향의 변경은 전기자 권선의 단자를 스위치를 이용하여 바꾸어주어 행한다.

2) 직권 전동기

직권 전동기는 계자 권선과 전기자 권선이 직렬로 연결되어 있다. 따라서 각 권선에는 같은 전류 I가 흐르는데 이 전류는 전기자 권선에 흐르는 전류 I_A 그리고 계자 권선에 흐르는 전류 I_f와 같다. 무 부하운전 시에는 토크가 작기 때문에 흐르는 전류 I도 대단히 작으며 다음 공식으로 계산할 수 있다.

$$I = \frac{V - E}{R_A + R_H + R_f} \tag{2-22}$$

R_A : 전기자 권선 저항

R_H : 보극 권선 저항

R_f : 계자 권선 저항

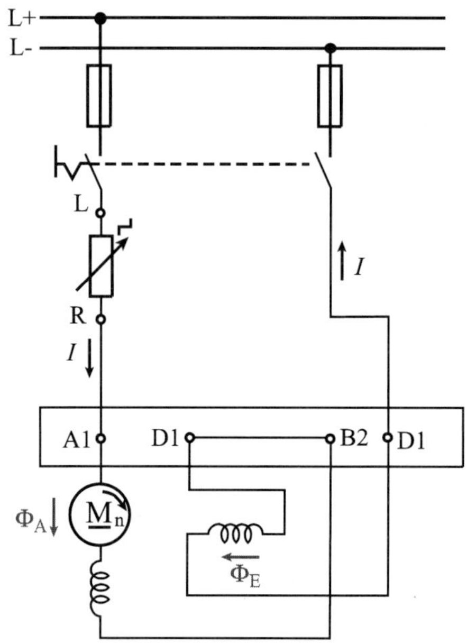

그림 2.50 직권 전동기 결선

무 부하 시 흐르는 작은 전류는 약한 자속을 만들고 저항에서 전압강하가 작기 때문에 역기전력은 전원 전압보다 약간 작다. 따라서 무 부하 회전수는 대단히 높다.

$$E \sim \Phi \cdot n$$

$$n \sim \frac{E}{\Phi}$$

회전수는 단자전압이 일정할 때 자속에 반비례한다. 따라서 직권 전동기는 무 부하시 아주 높은 회전수에 도달하기 때문에 원심력에 의하여 회전자가 변형되거나 베아링에 손상이 올 수 있기 때문에 주의하여야 한다. 이러한 것을 방지하기 위하여 직권 전동기는 항상 부하가 연결되어 있는 상태에서 운전하여야 한다.

기동 시에는 계자 권선에 큰 전류가 흐르기 때문에 큰 자속을 발생시킨다. 토크가 일정한 계자 자속으로 전류의 증가에 따라 직선으로 증가하는 분권 전동기와 달리 직권 전동기는 철심이 포화되지 않는 범위에서 전기자 전류의 제곱에 비례한다.

$$T \sim I^2$$

왜냐하면 계자 자속이 전류에 비례하여 변화하기 때문이다.

$$T \sim \Phi \cdot I,\ \Phi \sim I,\ T \sim I \cdot I,\ \ T \sim I^2$$

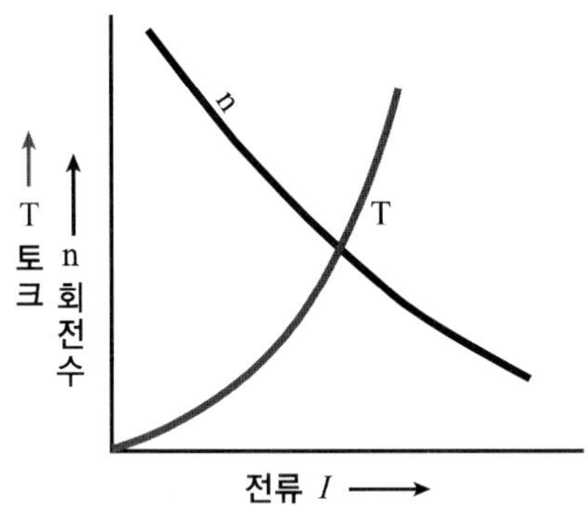

그림 2.51 직권 전동기 특성

따라서 기동 토크는 매우 크다. 전류가 정격 전류의 2배가 흐르면 토크는 정격 토크에 4배가 된다.

따라서 직권 전동기는 아주 큰 토크를 필요로 하는 경우에 사용한다. 기동 시에는 분권 전동기와 같이 기동기를 사용하며 회전수는 정격회전수까지 제어가 가능하다.

예제 5.5KW의 정격 출력 직류 직권 전동기가 있다.
단자전압 220V, 회전수 1250rpm, 내부 저항 0.18Ω
내부 저항 중 계자 권선 저항 0.04Ω
전동기의 총 손실은 정격 출력의 16%라고 한다.
다음을 계산하시오
a) 입력
b) 정격 운전 시 전류
c) 직권 계자 권선의 전압강하
d) 역기전력

e) 전기자에서 발생되는 전력

f) 축에서 발생하는 기계적 출력

답

a) $P_{in} = \frac{P_{out}}{\eta} = \frac{5.5\text{kW}}{0.84} = 6.55\text{kW}$

b) $I = \frac{P_{in}}{V} = \frac{6.55 \cdot 10^3 w}{V} = 29.8A$

c) $V_R = I \cdot R_f = 29.8A \cdot 0.04\Omega = 1.19A$

d) $V_i = V - I \cdot R_i = 220V - 29.8A \cdot 0.18\Omega = 214.64V$

e) $P_A = V_i \cdot I = 214.64V \cdot 29.8A = 6.4\text{kW}$

f) $T = \frac{P_{out}}{\omega} = \frac{P_{out}}{\frac{2\pi \cdot n}{60}} = \frac{5.5 \cdot 10^3 w}{\frac{2 \cdot \pi \cdot 1250\text{rpm}}{60\frac{s}{\text{min}}}} = 42\text{Nm}$

✔ 정리

a) 전기자와 계자 권선은 직렬로 연결되어 있어 전류 I가 흐른다.
계자 권선은 큰 부하 전류가 흐르기 때문에 권선수가 작고 단면적이 크다.

b) 회전수는 부하에 따라 변화가 대단히 심하다. 무 부하 시 회전수가 대단히 높게 증가하여 원심력에 의한 회전자의 변형이 생길 수 있기 때문에 항상 부하와 연결하여 운전한다. 기동 시 큰 기동 토크를 발생한다.

c) 회전수 제어는 회전수를 증가시킬 때 계자 권선과 병렬로 연결된 저항을 조정하거나 Tap을 이용한다. 회전수를 감소시킬 때는 저항을 이용하거나 두 대의 전동기를 직렬로 연결한다.

d) 직권 전동기는 전철 등 기동 시 큰 토크를 필요로 하는 곳에 사용한다.

3) 복권 전동기

복권 전동기의 구성은 그림 2.52와 같다. 직권 계자 권선은 일반적으로 자속이 계자 권선의 자속에 더해지도록 만들어진다(평 복권). 무 부하 운전 시에는 분권 전동기와 같이 일정한 자속을 유지한다.

부하가 있을 때에 직권 계자 권선은 부하에 따라 변화하는 전기자 전류가 흐르며 직권 계자에서 발생한 자속은 분권 계자 권선의 자속을 보완한다.

복권 전동기의 기동 토크는 분권 전동기에 비하여 크다. 회전수 특성은 분권 전동기처럼 일정하지 않으며 직권 전동기의 기동 토크보다 크지 않다. 여자 권선의 구성에 따라 특성을 변화시킬 수 있다.

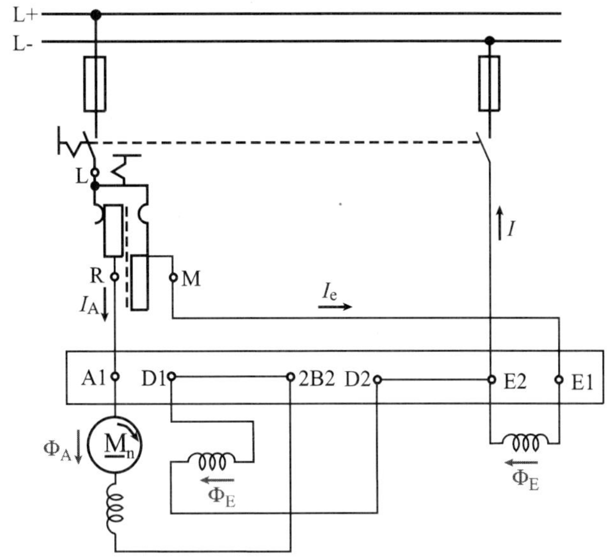

[그림 2.52] 복권 전동기의 결선

특별한 경우에 직권 권선의 자속이 분권 권선의 자속과 반대가 되도록 결선한다. 이 방법은 전동기가 변화하는 부하에 있어 일정한 회전수(정격 회전수까지)를 유지할 때 사용한다. 이 방법은 가능한 사용하지 않는데 이유는 만약 부하가 증가하면 주 권선의 자속이 약해져 전동기의 토크가 감소하기 때문이다.

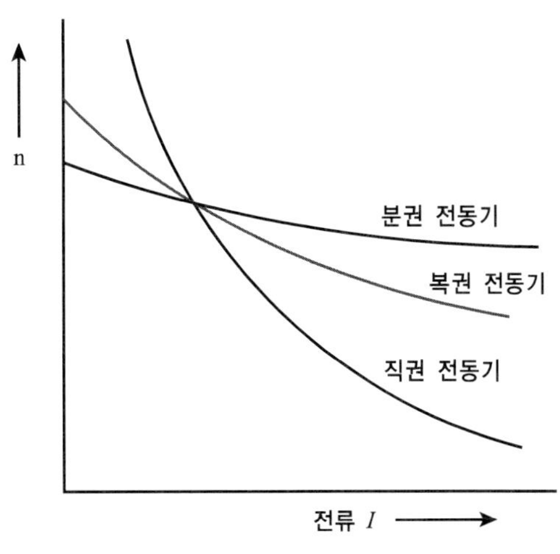

[그림 2.53] 직류 전동기의 전류에 따른 회전수 특성

예제 복권 전동기의 명판에 다음과 같이 쓰여 있다.
출력 P=10kW, 전압 V-220V, 전류 I=54.6A, 회전수 n=1610rpm
직권 계자 권선은 전기자 전류가 흐르며 권선의 저항은 0.05Ω이다.
전기자 권선의 저항은 0.02Ω이고 분권 계자 권선 저항은 102Ω이다.
다음을 계산하시오.

1) 입력
2) 효율
3) 분권 계자의 여자 전류
4) 전기자 전류
5) 역기전력
6) 내부 출력
7) 총 동손
8) 토크

답

1) $P_{in} = V \cdot I = 220\,V \cdot 54.6A = 12\text{kW}$

2) $\eta = \dfrac{P_{out}}{P_{in}} = \dfrac{10\text{kW}}{12\text{kW}} = 0.833 \Rightarrow 83.3\%$

3) $I_f = \dfrac{V}{R_f} = \dfrac{220\,V}{102\Omega} = 2.16A$

4) $I_A = I - I_f = 54.6 - 2.16 = 52.44A$

5) $V_i = 220\,V - 52.44(0.02\Omega + 0.05\Omega) = 216.3\,V$

6) $P_A = V_i \cdot I_A = 216.3\,V \cdot 52.44A = 11.34\text{Kw}$

7) $P_{cu} = (52.44A)^2 \cdot (0.02\Omega + 0.05\Omega) + (2.16A)^2 \cdot 102\Omega$
$= 192.5\,W + 476\,W = 668.5\,W$

8) $T = \dfrac{P}{\omega} = \dfrac{10000\,W}{\dfrac{2\pi \cdot 1610\text{rpm}}{60s/\text{min}}} = 59.34\text{Nm}$

4) 타 여자 전동기

타 여자 전동기는 전기자 권선의 전압과 계자 권선의 전압이 분리되어 있다.

타 여자 전동기의 기계적 구성은 분권 전동기와 같으나 단지 E1-E2를 F1-F2로 바꾸었다. 명판에는 여자 전압과 여자 전류가 추가로 표시되어 있다. 타 여자 전동기는 소형전동기에서 여자 권선은 영구자석으로 대체되어 있다. 전기자와 여자 권선이 따로 되어 있기 때문에 전기자에 전압강하가 있어도 여자 자속은 일정하다.

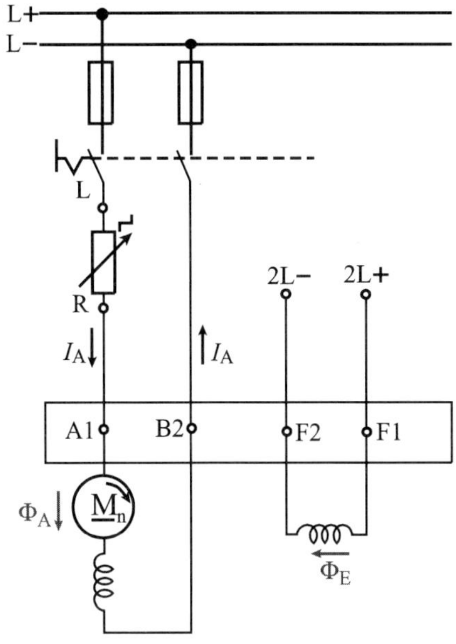

그림 2.54 타 여자 전동기 결선

이러한 이유로 타 여자 전동기의 회전수는 분권 전동기보다 안정적이다.

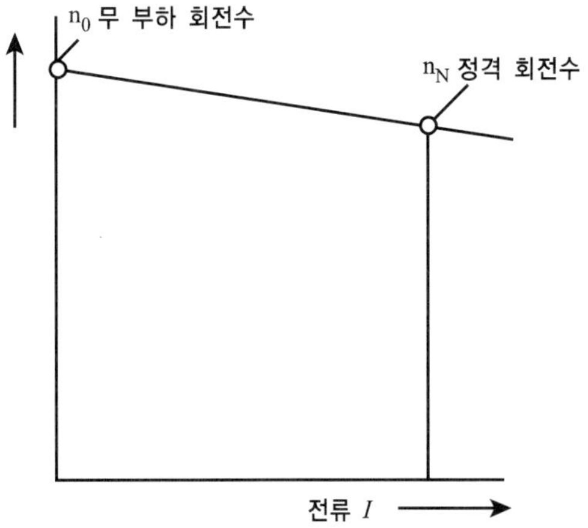

그림 2.55 타 여자 전동기 회전수 특성

전동기의 토크 증가에 따른 회전수 변화가 분권 전동기에 비해서 작다.

회전수 제어는 전기자와 계자권선 모두를 통해서 가능하다. 타 여자 전동기는 일정한 정격 토크에서 무 부하 회전수와 정격 회전수 사이의 변화가 작아야 하는 곳에서 사용되고 있다.

예제 명판에 다음과 같이 쓰여 있다.

전기자	계자 권선
출력 P = 100kW	전압 V = 220V
전압 V = 440V	전류 If = 3.4A

전기자 전류 $I_A = 250A$

회전수 n = 1460rpm

다음을 계산하시오

1) 전기자 권선의 전압강하
2) 유기전압이 420V일 때 전기자 권선회로의 총 저항
3) 토크
4) 기동 전류를 정격 전류의 1.3배로 제한할 수 있는 기동 저항
5) 여자회로의 손실을 무시한 효율
6) 여자 권선의 저항

답

1) $V_R = V - V_i = 440\,V - 420\,V = 20\,V$

2) $R_i = \dfrac{V - V_i}{I_A} = \dfrac{V_R}{I_A} = \dfrac{20\,V}{250A} = 0.08A$

3) $T = \dfrac{P}{\omega} = \dfrac{P}{\dfrac{2\pi \cdot n}{60}} = \dfrac{100000\,W}{\dfrac{2\pi \cdot 1460}{60}} = 6.54Nm$

4) $R_s = \dfrac{V}{1.3I_N} - R_i = \dfrac{440\,V}{1.3 \cdot 250A} - 0.08\Omega = 1.27\Omega$

5) $\eta = \dfrac{P_{out}}{P_{in}} = \dfrac{100000\,W}{440\,V \cdot 250A} = 0.91$

6) $R_f = \dfrac{V_f}{I_f} = \dfrac{220\,V}{3.4A} = 64.7\Omega$

연습문제

1. 직류 타 여자 전동기 전압 240V, 전류 50A, 전기자 권선 저항 0.5Ω, 회전수 1,400rpm이다. 전기자 권선에 직렬로 0.3Ω의 저항을 연결하였다 회전수가 얼마로 변화하겠는가?

저항 연결 전 역기전력

$$E = V - I_A \cdot R_A = 240\,V - 50\,A \cdot 0.5\,\Omega = 215\,V$$

저항 연결 후 역기전력

$$E = V - I_A \cdot (R_A + R_s) = 240\,V - 50\,A \cdot (0.5 + 0.3)\,\Omega = 200\,V$$

215:200=1400: 변화될 회전수

회전수 $n = \dfrac{200 \cdot 1400}{215} = 1302\text{rpm}$

2.2.7 직류 전동기의 기동

큰 전동기(정격 출력 1kW 이상)를 직접 기동을 하게 되면 전기자 권선에 손상이 오거나 전원의 케이블 등에 손상을 줄 수가 있다.

기동시 큰 전류가 흐르는 원인은 기동 시에는 전기자가 회전을 시작하지 않아서 역기전력이 발생하지 않기 때문이다. 정지하고 있는 전동기에 전압을 가하면 전류는 전기자 권선의 아주 작은 저항에 의하여 억제되므로 큰 전류가 흐르게 된다. 이러한 문제점 때문에 직류 전동기를 기동할 때에는 전기자 회로에 기동 저항, 기동회로를 통하여 기동 전류를 제한하여야 한다.

1) 만능 전동기의 기동

만능 전동기(Universal motor)는 직류기의 직권 전동기와 동일하다. 직권 전동기는 전기자와 계자에 인가되는 전압이 같기 때문에 직류와 교류겸용이다. 만능전동기라는 이름도 직류와 교류 모두에 사용 가능하기 때문에 붙여진 이름이다. 여기서는 교류에 사용되는 예를 들어 기동회로를 설명한다.

소형 단상 직권 전동기는 기동 시 문제가 없다. 이 전동기는 전전압 기동을 하는데 문제가 없지만 아주 부드러운 기동을 하기 위하여 기동 시 전압을 낮추어 준다.

전압을 저감시키는 방법은 저항을 사용하거나 변압기를 사용한다. 근래에는 그림

2.56의 오른편과 같이 전자회로를 사용하여 기동을 한다.

이 기동 제어기의 원리는 다음과 같다.

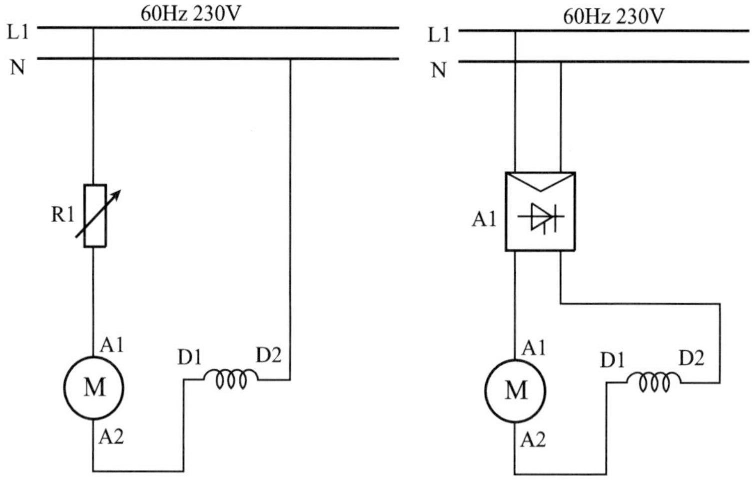

【그림 2.56】 직권 전동기 기동 방식

무 부하 시에 흐르는 작은 전류는 약한 자속을 만들고 저항에서 전압강하가 작기 때문에 역기전력은 전원전압보다 약간 작다. 따라서 무 부하 회전수는 대단히 높다.

그림 2.57에서 콘덴서 C1은 가변 저항 R1을 통하여 충전된다. 저항 R1의 크기에 따라 다이악 V1을 트리거 하는데 필요한 콘덴서 C1에 전압을 충전하는 시간은 각 반파에서 빠르거나 늦어진다. 다이악은 하나의 다이오드로 일정 전압(30V 정도)을 넘으면 도통하게 된다.

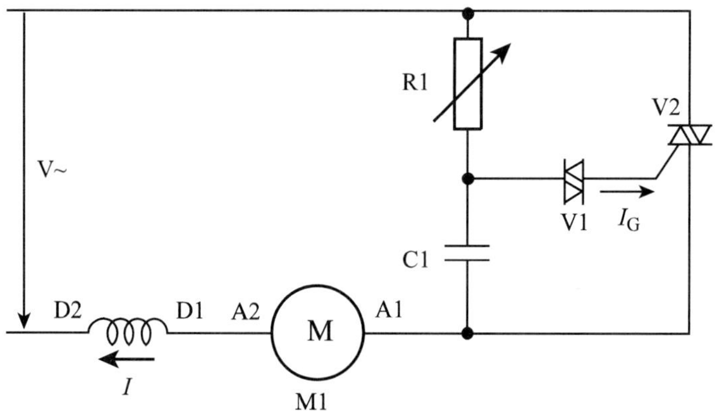

【그림 2.57】 만능 전동기 제어회로

이로써 전류 IG는 각 반파 안에 R1의 크기에 따라 정하여지며 다음 그림 2.58과 같이 부하 전류가 작거나 크게 제어된다. 따라서 전동기의 평균 단자전압은 낮아진다.

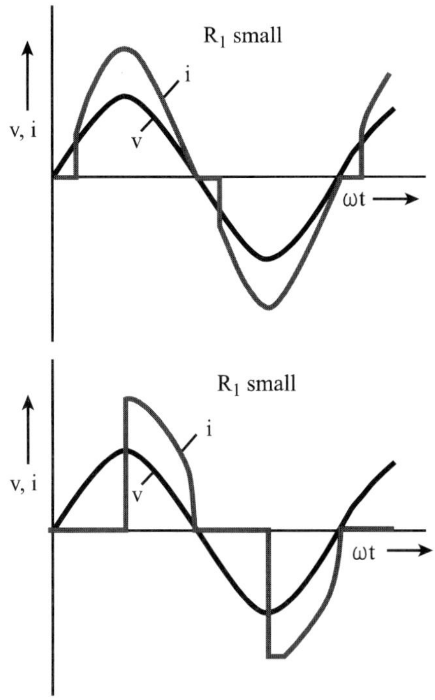

그림 2.58 만능전동기 위상각제어에 따른 전류의 흐름

● 직류 직권 전동기 기동

소형 직류 직권 전동기는 직접 기동하는 방법을 사용한다. 예를 들면 자동차의 시동모터 경우, 대형 직류 직권 전동기는 단상 직권 전동기와 같이 전압을 낮추어 기동하는 방법을 사용한다. 이 경우에는 저항을 이용하며 변압기나 리액터는 사용하지 않는다.

근래 사용되는 감압기회로는 Thyrister를 이용한 위상각 제어법(phase angle control)이 이용되고 있다. 정류회로에서 다이오드를 Thyrister로 대체하였다. Thyrister는 점화된 후 다이오드와 같은 특성을 갖는다.

점화되기 전에 Thyrister에는 전류가 흐르지 않는다. 트리거 전류 I_G는 다음 그림과 같이 pulse 형태의 전류를 사용한다.

전압이 positive가 되고 점화를 언제 하는가에 따라 전류의 흐름이 달라진다.

전압이 positive가 되는 순간에서 점화하는 순간까지의 각을 점호각(firing angle)이라고 한다. 점호각(firing angle)이 작을 때에 전류는 다이오드와 같고 점호각이 크면 전류는 늦게 흐른다. 점호각은 5도에서 180도까지 조정할 수 있다.

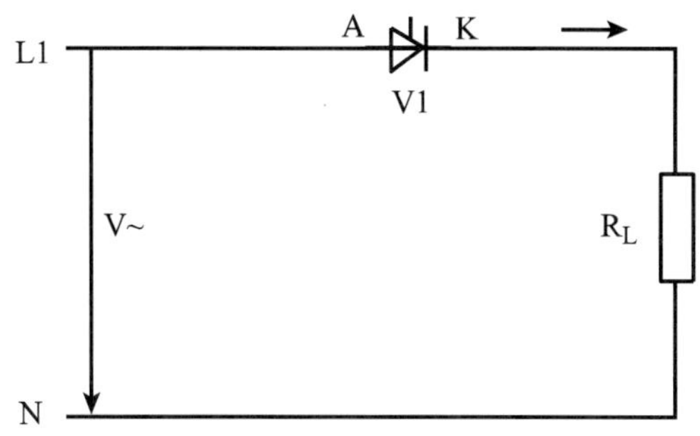

그림 2.59 정류 제어회로

전압을 조정하는데 모든 chopper 회로에 Thyrister가 사용된다. Bridge 회로의 다이오드 대신 Thyrister를 사용할 수 있다. 이러한 회로를 전파 정류회로라고 한다.

Bridge 회로는 교류를 직류로 바꾸어 주는 정류기로 사용되며 또한 직류를 교류로 바꾸어 주는 inverter로 사용된다. 전동기를 제어할 때 전파 정류회로는 직류 전동기를 회생 제동할 때 사용하는데 이러한 경우는 아주 드물다.

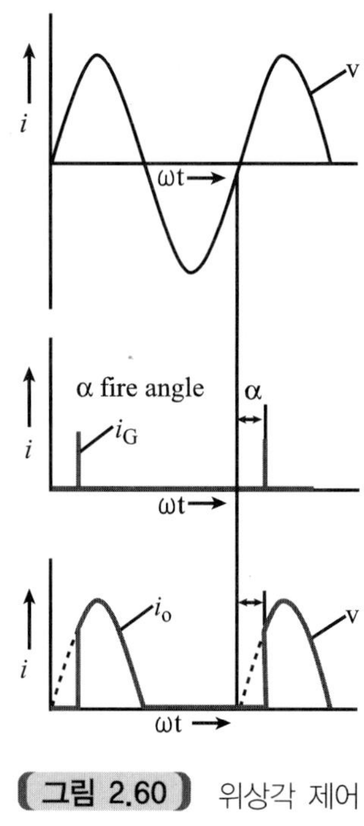

그림 2.60 위상각 제어

일반적으로 전동기 제어는 정류기 역할로 충분하기 때문에 Bridge 회로의 반은 그림 2.61과 같이 다이오드를 사용하고 반은 Thyrister를 사용한다. 이런 형태의 회로를 반파 정류회로라고 한다.

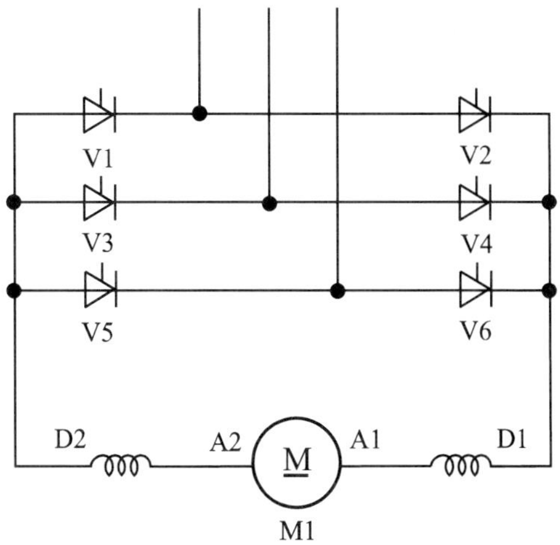

그림 2.61 직권 전동기 제어용 반파 정류회로

대형 직류 직권 전동기는 회로에 저항을 삽입하거나 그림 2.61의 회로를 이용하여 기동 시 전압을 낮추어 기동시킨다.

● 타 여자 전동기의 기동

타 여자 직류 전동기는 전동기의 특성 때문에 거의 모든 경우 기동기를 필요로 하는데 이때 여자전압은 전 전압을, 전기자 전압은 그림 2.62와 같이 저항을 이용하여 낮추어 사용한다.

교류 전원에 사용할 때는 그림 2.62 오른편 그림과 같이 정류회로를 이용하는데 전기자 전압은 위상각 제어를 이용하여 전압을 낮추어 사용한다.

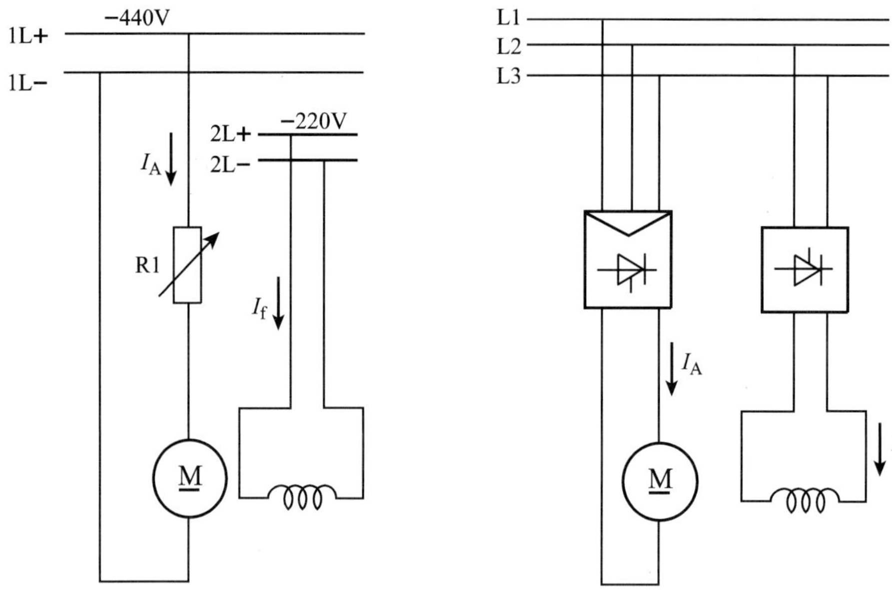

그림 2.62 타 여자 전동기 기동회로

● 직류 전동기 기동 저항 계산법

기동 전류는 직류 전동기의 저항과 Ohm의 법칙에 따라 결정된다.
기동 저항이 없는 경우 기동 전류

$$I_s = \frac{V}{R_A}$$

V : 단자전압
R_A : 전기자 권선 저항

기동 저항이 있는 경우의 기동 전류

$$I_s = \frac{V}{R_A + R_s} \tag{2-23}$$

R_s : 전기자 권선에 직렬 연결된 기동 저항

전기자가 회전하기 시작하면 역기전력이 발생한다. 기동 저항은 이때 단자전압과 역기전력의 차이를 작게 하는 역할을 하며 단계별로 제거한다.

예제 정격 전압 220V인 직류 분권 전동기가 회전하고 있을 때 역기전력이 215V라고 한다. 전기자 권선의 저항이 0.5Ω이고 기동 저항이 4.5Ω이라고 할 때 다음을 계산하시오.

a) 직접 기동 시 기동 전류, 기동 저항을 이용할 때 기동 전류, 정격 전류

b) 전 부하 기동 시 필요한 기동 저항은 얼마인가? 단 계자권선의 영향은 없다고 한다.

답 a) 정지하고 있는 전동기에 직접 전 전압을 인가하였을 때 기동 전류

$$I_s = \frac{V}{R_A} = \frac{220\,V}{0.5\Omega} = 440A$$

기동 저항 4.5Ω을 연결하고 기동할 경우 기동 전류

$$I_s = \frac{V}{R_A} = \frac{220\,V}{0.5\Omega + 4.5\Omega} = 44A$$

정격 운전 시 흐르는 정격 전류

$$I_N = \frac{V-E}{R_A} = \frac{220\,V - 215\,V}{0.5\Omega} = 10A$$

b) 규정에 정한 바에 의하면 전 부하 기동 시 기동 전류는 정격 전류의 1.5배를 넘지 않도록 규정되어 있다. 따라서 a)에서 4.5Ω을 연결하여 기동하는 경우를 계산하면

$\frac{I_s}{I_N} = \frac{44A}{10A} = 4.4$로 규정에 정한 바보다 대단히 크다.

$V = E + 1.5 \cdot I_N(R_A + R_s)$

$R_s = \frac{V-E}{1.5 \cdot I_N} - R_A$ (기동 시 $E=0$)

$R_s = \frac{V}{1.5 \cdot I_N} - R_A = \frac{220\,V}{1.5 \cdot 10} - 0.5\Omega = 14.7\Omega - 0.5\Omega = 14.2\Omega$

필요한 기동 저항 $R_s = 14.2\Omega$

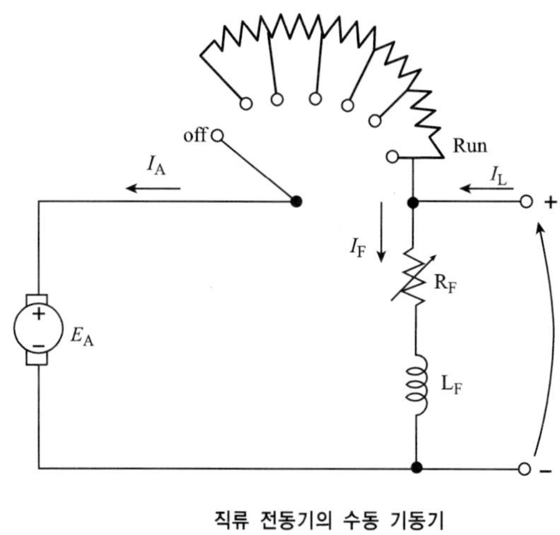

그림 2.63 수동 기동기

직류 전동기의 수동식 기동기는 그림 2.63에서 보는 바와 같다.

그림에서 1-5는 스위치를 돌릴 때마다 저항이 단계별로 낮아지기 때문에 최대 전류를 제한하면서 필요한 토크를 발생시키기 위하여 회전수 증가에 따라 단계별로 스위치를 절환한다.

● **기동 시 전기자 전류의 범위**

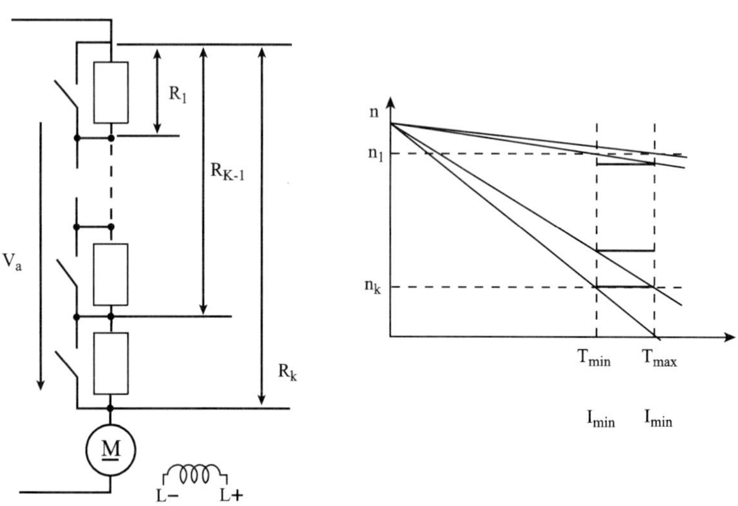

그림 2.64 기동 저항기의 계산

$$\triangle I_a = I_{max} - I_{min}$$

그리고 전류의 변화에 따라 변화하는 토크의 범위

$$\triangle T = T_{max} - T_{min}$$

그림 2.64로부터 n_K를 위한 전압 방정식은

$$V_a = C\Phi n_K + I_{min} R_K = C\Phi n_K + I_{max} R_{k-1} \qquad (2\text{-}24)$$

공식으로부터

$$I_{min} R_k = I_{max} R_{k-1} \text{이고}$$

스위치 비율 λ

$$\lambda = \frac{R_k}{R_{k-1}} = \frac{I_{max}}{I_{min}} = \frac{T_{max}}{T_{min}} = \frac{R_1}{R_a} \qquad (2\text{-}25)$$

전기자 저항의 단계는 공식 $R_k = R_a \cdot \lambda^k$ 으로 부터

$$k = \frac{\lg\left(\frac{R_k}{R_a}\right)}{\lg\lambda} \qquad (2\text{-}26)$$

예제 다음과 같은 타 여자 직류 전동기가 있다.
출력 P=2.5kW, 단자전압 220V, 정격 전류 13.2A,
전기자 저항 $R_a = 0.833\Omega$
$I_{max} = 2I_N,\ I_{min} = 1.5I_N$
스위치 비 λ와 단계수 k를 구하고 단계별 필요한 저항의 크기를 구하시오.

$$\lambda = \frac{I_{max}}{I_{min}} = \frac{2}{1.5} = 1.333$$

$$k = \frac{\lg\left(\frac{R_k}{R_a}\right)}{\lg\lambda} = \frac{\lg\left(\frac{8.33}{0.833}\right)}{\lg 1.333} = 8$$

계산한 저항 값은 다음과 같다.

K	λ^K	$R_K[\Omega]$	$R_a[\Omega]$
1	1.33	1.11	0.27
2	1.77	1.47	0.64
3	2.37	1.9	1.14
4	3.16	2.63	1.80
5	4.21	3.51	6.24
6	5.62	4.68	3.85
7	7.49	2.67	5.41
8	9.99	8.33	7.50

2.2.8 직류 전동기 회전수 제어

● 직류 전동기의 회전수 특성

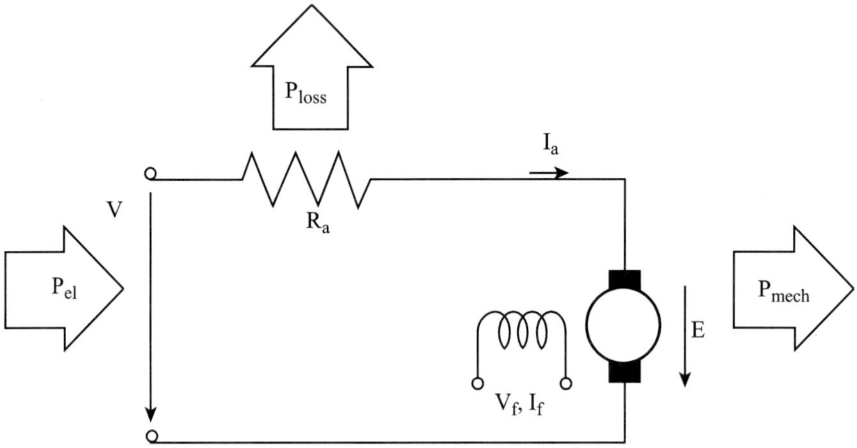

[그림 2.65] 직류 전동기 등가회로

그림 2.65로부터

전압 방정식

$$V = I_a \cdot R_a + E = I_a \cdot R_a + C \cdot \Phi \cdot n$$

$$E = C \cdot \Phi \cdot n$$

회전수

$$n = \frac{V - I_a \cdot R_a}{C \cdot \Phi} \tag{2-27}$$

직류 전동기의 회전수를 변경하기 위하여 우리는 윗 공식에서 세 가지 요소를 변경할 수가 있다.

세 가지 요소는

- 전기자 저항 R_a
- 자속 Φ
- 단자전압 V

이다.

1) 전기자 저항 제어

전기자에 저항을 증가시키면 공식 (2-27)에서 보는 바와 같이 분자가 감소하므로 회전수가 감소한다. 그러나 무 부하 회전수는 바꿀 수 없다.

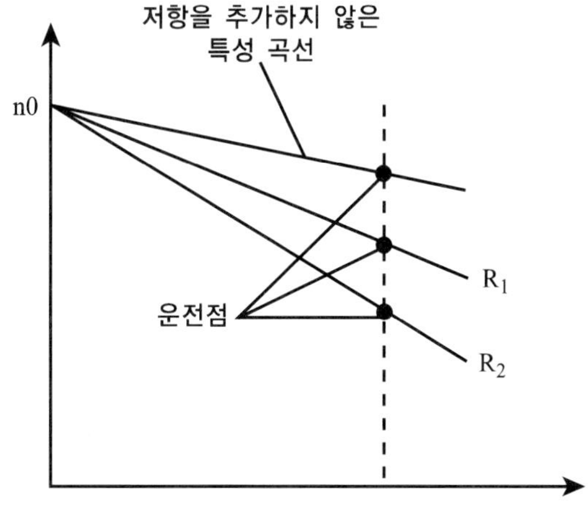

그림 2.66 저항 변화에 따른 회전수 변화

그림 2.66은 전기자 회로의 저항 변화에 따른 회전수-토크 곡선이다. 이 제어 방법의 장점은 아주 간단하고 값이 싸다는데 있다. 그러나 이 방법은 그림 2.66에서 보는 바와 같이 몇 가지 특징이 있다.

1) 전기자회로에 저항을 삽입하면 저항을 삽입하지 않는 경우에 비해서 항상 회전

수가 낮다.

2) 무 부하 회전수를 변경할 수가 없다.

3) 저항을 추가하면 저항에서 손실($I_a^2 \cdot (R_a + R_s)$)가 증가한다. 따라서 회전수가 감소하는 비율만큼 저항의 증가로 인한 손실이 증가한다.

4) 일정한 회전수 특성이 없어진다. 이 제어 방법으로 정격 회전수의 50%까지로 회전수 제어가 제한된다.

예제 직류 분권 전동기가 전압 V=240V에서 900rpm으로 회전하고 있다. 이때 전기자 전류가 60A이고 전기자 권선 저항 $R_a = 0.2\Omega$이다. 전기자에 저항을 직렬로 연결하여 회전수를 700rpm으로 하려면 얼마의 저항을 전기자 권선과 직렬로 연결하여야 하겠는가? 이때 전기자 전류는 40A라고 한다.

900rpm 회전 시 역기전력

$$E = 240\,V - 60A \cdot 0.2\Omega = 228\,V$$

계자자속이 일정하므로 700rpm에서 역기전력은

$$E = 228\,V\frac{700}{900} = 177.33\,V$$

필요한 저항에서 전압강하는

$$V_{R_s + R_a} = 240\,V - 177.33\,V = 62.66\,V$$

전기자 회로의 총 저항

$$R_s + R_a = \frac{62.66\Omega}{40A} = 1.567\Omega$$

직렬로 연결해야 하는 저항

$$R_s = 1.567\Omega - 0.2\Omega = 1.367\Omega$$

2) 자속 제어

직류 전동기 속도 제어의 2번째 방법은 자속을 변경하여 회전수를 제어하는 것이다. 이를 위하여 우리는 계자 권선의 회로에 직렬로 저항을 연결하는 방법을 사용한다. 계자회로에 저항을 직렬로 연결하면 전류가 감소한다. 전류가 감소하면 자속이 감소하고 공식 (2-67)에서 분모가 작아지기 때문에 회전수는 증가한다.

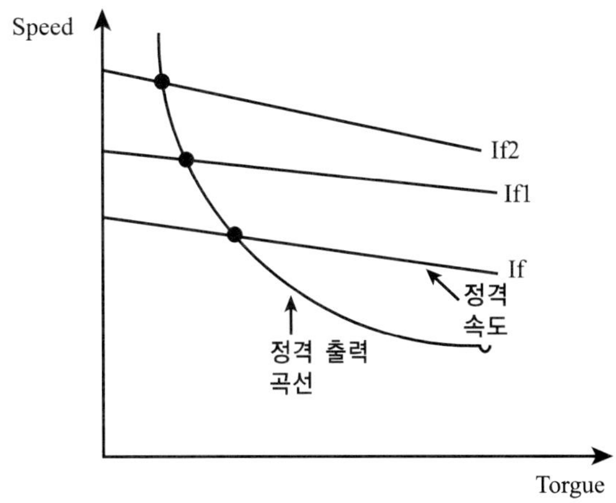

그림 2.67 자속 제어에 따른 회전수 변화

그림 2.67에서 보는 바와 같이 자속이 감소하면 정격 회전수보다 회전수가 증가한다. 반면 자속이 감소하기 때문에 출력이 감소하게 된다. 이 제어 방법은 다음과 같은 특징이 있다.

1) 전동기의 회전수가 증가함에 따라 출력이 감소하므로 부하를 감소시켜야 한다.
2) 부하를 적정히 감소하지 않고 회전수를 증가시키면 과부하가 된다. 부족 부하, 무 부하시 회전수는 정격 회전수의 300%까지 증가할 수 있다.

예제 직류 분권 전동기가 전압 V=240V에서 900rpm으로 회전하고 있다. 이때 전기자 전류가 60A이고 전기자 권선 저항 $R_a = 0.2\Omega$이며 계자 권선 저항 $R_f = 20\Omega$이다. 이때 계자회로에 저항 10Ω을 직렬로 연결하였다. 회전수는 얼마가 되겠는가? 단 자속은 계자 전류에 비례한다고 한다.

답 저항 $R_f = 20\Omega$일 때의 계자 전류 $I_{f1} = \frac{240\,V}{20\Omega} = 12A$

저항 10Ω을 직렬 연결하였을 때 계자 전류 $I_{f2} = \frac{240\,V}{30\Omega} = 8A$

자속은 전류에 비례하므로 $\frac{8}{12}$로 감소

$n = \frac{V - I_a \cdot R_a}{C \cdot \Phi}$에서 자속이 $\frac{8}{12}$로 감소하였으므로

$n = 900 \times \frac{12}{8} = 1350[\text{rpm}]$이 된다.

3) 전압 제어

세 번째 제어 방법은 단자전압을 바꾸어 주는 방법이다. 이 방법은 가장 많이 사용되는 방법으로 저항 제어법에서 나타난 단점이 없다. 전압의 변화에 따라 무 부하 회전수가 변하며 무 부하 회전수와 전부하 회전수는 요구에 따라서 0까지 제어가 가능하며 손실도 적다. 이 제어법의 특징은 제어 범위가 넓고 손실이 적은 것이다.

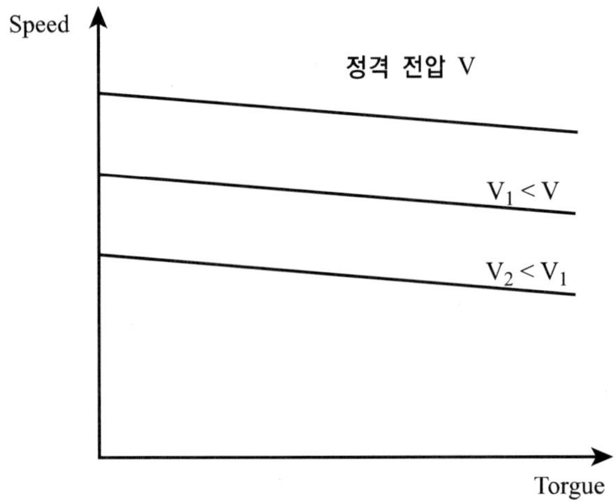

그림 2.68 전압 변화에 따른 회전수 특성

전동기 단자전압을 제어하는데 최근에는 반도체를 이용한 제어기를 많이 사용하고 있다. 정격 회전수보다 높거나 낮은 회전수를 원할 때에는 전압 제어와 계자 제어를 병행하여 사용할 수 있다.

전압 제어법(voltage control Methode)은 전동기에 인가되는 단자 전압 V를 변화시켜 속도를 제어하는 방법으로 제어 범위가 광범위하고, 연속적으로 원활하게 정밀한 속도를 제어할 수 있으며, 또한 응답 속도가 빠른 제어법으로 고도의 제어성이 요구되는 분야에 광범위하게 이용되고 있다.

가변전압 전원으로 종래에는 전용의 직류 발전기가 이용되어 왔으나, 최근에는 사이리스터 변환 장치나 직류 초퍼 장치가 전용으로 이용되고 있다. 전압 제어의 대표적인 방식으로 다음과 같은 방법이 있다.

이러한 방법은 **워드레오나드 방식**(Ward-Leonard system), **일그너 방식**(Ilgner system), **직류 초퍼 방식**(DC chopper systen) 등이 있다.

a) 워드레오나드 방식

워드레오나드 방식(Ward-Leonard system)은 전압 제어법의 하나로 가장 오래 전부터 이용되고 있는 제어법으로써 그림 2.69에 나타낸 바와 같이 타 여자 전동기 M에 타 여자 발전기 G을 부착하고, G의 전압을 조정함에 따라 M의 속도를 자유롭게 변화시킬 수 있다.

G는 타 여자 발전기인데 전압을 0에서부터 정격 전압까지지 정(+) 또는 부(-)로 변화하여 전압을 얻을 수 있으므로 이러한 전압에 따라 전동기 M도 정지 상태에서 정격 속도까지 연속적으로 정·역 운전이 가능하게 된다.

이러한 경우 계자 전류 I_f를 일정하게 하므로 정격 전류에 대한 토크는 속도에 관계없이 일정하게 되며, 이것을 정 토크 구동(constant torque drive)이라 한다.

또한 전동기가 부하에 따라 반대로 구동하게 되면 그때 속도가 상승하게 되므로 전기자 전류 I_a의 전류방향이 반대가 되고, 발생 토크도 부(-)가 되어 제동 상태로 된다. 이때 전동기 M은 발전기에 따라 전력을 G에 환원하게 되므로 이때 발전기 G는 전동기로 작용하여 구동 전동기 DM을 통하여 전원 측으로 전력을 반환하게 된다. 이와 같은 제동 작용을 회생제동(regenerative braking)이라 한다. 그러나 워드레오나드 방식은 보조의 전동기나 발전기가 필요하므로 설비비가 고가인 것이 결점이다. 이러한 제어법은 종래에 제철용 압연기, 권상기, 제지기, 신문윤전기, 엘리베이터, 특수용 공작기계 등의 대형 직류기의 응용분야에 광범위하게 이용되어 왔지만 최근에는 이 방보다 정지 레오나드 방식이 많이 이용되고 있다.

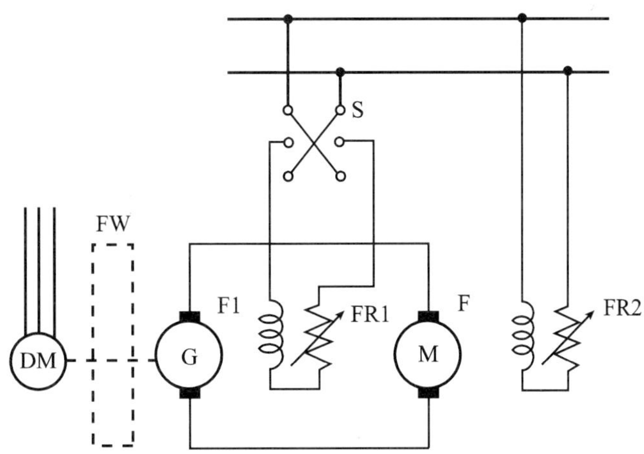

DM: 발전기 구동용 3상 전동기, G: 직류 발전기, M: 직류 전동기 FW; Fly wheel

그림 2.69 워드레오나드 방식

b) 정지 레오나드 방식

직류 전동기를 타 여자로 하여 전기자에 가변 직류 전압을 인가하여 속도를 제어하는 방법을 일반적으로 레오나드 방식이라 하지만, 이 경우 가변 직류 전원에 사이리스터나 트랜지스터 등의 **정지형 변환기**를 이용하는 경우 이것을 정지 레오나드 방식이라 한다. 또한 사이리스터를 이용한 정지 레오나드 방식을 사이리스터 레오나드 방식, 트랜지스터를 이용한 것을 트랜지스터 레오나드 방식이라 한다.

정지 레오나드 방식의 장점

- 제어 전력이 적다. 제어의 정밀도가 높다. 응답 속도가 빠르다.
- 전력 손실이 적다. 효율성이 높다.
- 전동 발전기보다 유지 보수가 쉽다.
- 정지기 등의 기초 작업이 간단하다.

정지 레오나드 방식의 단점

- 위상 제어를 하므로 역률이 나쁘다.
- 전원 및 부하에 대해서 고주파를 발생한다.
- 가역 운전의 경우 2조의 변환기가 필요하다.

c) 일그너 방식

그림 2.69에 나타낸 바와 같이 전동기 DM에 3상 유도 전동기를 사용하고 전동발전기 축에 큰 플라이휠(flywheel) FW을 부착하면 주전동기 M에 급격한 부하가 증가해도 DM의 부하가 증가하면, 속도가 감소하게 되고 FW에 축적된 기계적 에너지가 방출되고, 전원에서 유도 전동기에 공급되는 전력의 변동을 완화하여 안정된 운전을 행하는 것이다. 이 방식을 일그너 방식이라 한다. 이 방식은 제철 공장의 대형 압연기용 주 전동기로 주로 이용되고 있다.

d) 직병렬 제어

두 대의 동일한 정격의 전동기를 이용하는 경우에는 이것을 직렬 또는 병렬로 하여 한 대의 전동기에 인가되는 단자전압을 1대 2로 변화시켜서 그 속도를 2단 제어하는 것이다. 이것을 **직병렬 제어**(series-parallel control)라 하며, 주로 전기철도용의 직권 전동기에 저항을 조합하여 이용하는 방식이다. 그림 2.70은 전차용 직권 전동기의 속도 제어 일례를 나타낸 것이다.

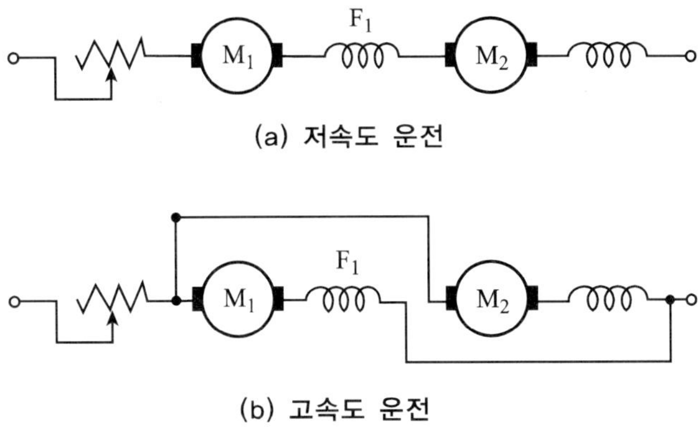

그림 2.70 직류 전동기 직병렬 운전

e) 반도체 소자 이용 직류 전동기 제어

앞서 설명한 바와 같이 전기자회로에 저항을 연결하여 회전수를 제어하는 방법은 여러 가지 단점이 있으므로 최근에는 반도체 소자를 이용한 전압 제어를 많이 이용하고 있다.

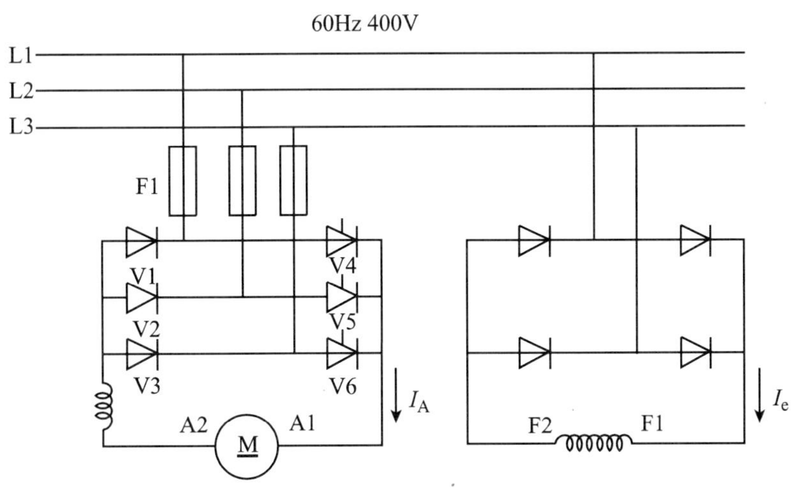

그림 2.71 타 여자 전동기 제어회로

그림 2.71은 전기자 회로는 반파 정류회로를 사용하고 계자회로는 전압제어를 하지 않고 있다. 그림 2.71에서 사용한 회로는 전동기가 단지 한 방향으로 회전할 때 사용된다.

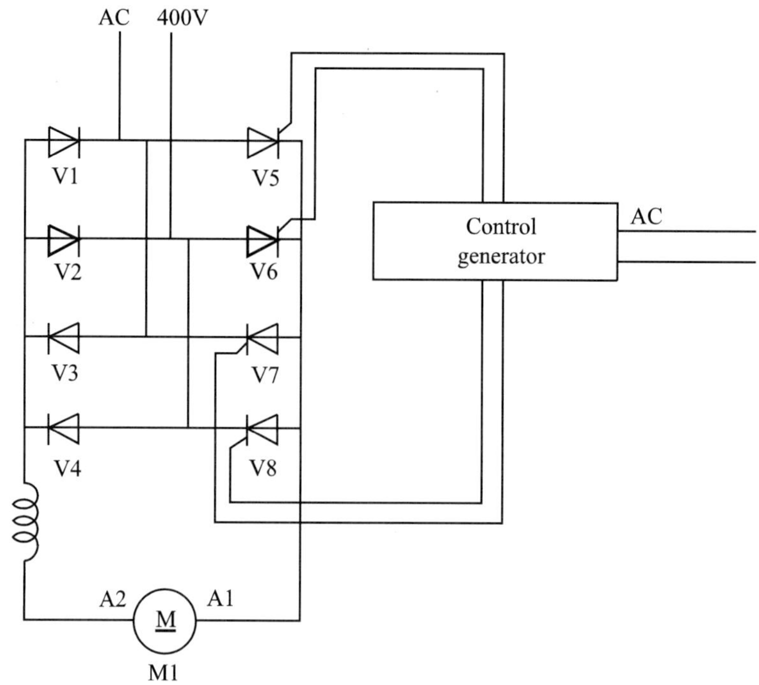

【그림 2.72】 양방향 운전회로

회전방향을 변경하기 위하여 전기자회로나 계자회로에 변환 스위치를 사용하기도 하며 그림 2.72와 같은 회로를 사용한다. 그림에서 control generator는 위상각을 제어하기 위한 신호를 보내며 오른쪽으로 회전할 때는 Thyristor V5와 V6을 사용하고 왼쪽으로 회전할 때는 V7과 V8을 사용한다.

5) 전기기기의 4상한 제어

전기기기의 운전은 그림 2.73과 같이 4상한으로 구별된다. 그림에서 횡축은 회전수이며 종축은 토크를 나타낸다.

1상한은 오른편으로 회전하는 전동기 운전을 나타내고 3상한은 왼편으로 회전하는 전동기 운전이다.

2상한과 4상한 운전은 회전방향과 토크 방향이 반대이다. 이 경우는 제동 즉 brake 운전 방식이다.

이때에 에너지가 발생하는데 발생한 에너지를 에너지원으로 되돌려줄 수가 있기 때문에 회생 제동이라고 한다. 이때 사용되는 제어회로는 Inverter로 작동하고 전동기는 발전기로 동작한다. 이러한 운전 방식은 DC 모터를 정회전, 역회전, 정지 및 속도제어를 신속하게 행하기 위한 회로로 공작 기계, 산업용 로봇 등에 광범위하게 사용되고 있다.

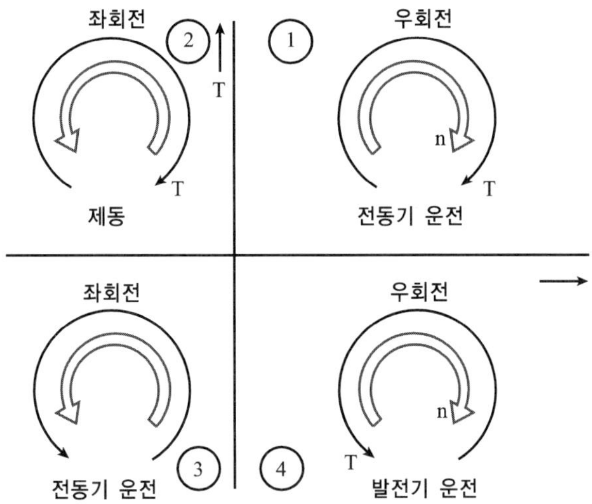

그림 2.73 4상한 운전

6) chopper를 이용한 회전수 제어

Inverter로 운전하는 경우는 전파 정류회로에서 가능하다. 그림 2.71과 같이 구성된 전파 정류회로는 1상한과 2상한 운전이 가능하다.

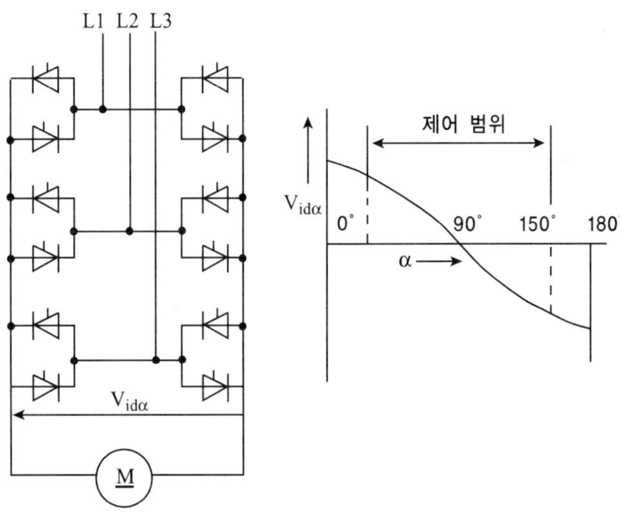

그림 2.74 양방향 정류회로

chopper 회로와 inverter 회로의 변화는 점화각의 조정으로 가능하다.

점화각 0-90°까지는 chopper로 운전하고 90-180°는 inverter로 운전된다.

Inverter로 작동할 때는 전동기가 발전기로 동작되어 발전된 에너지를 전원으로 되돌려 준다.

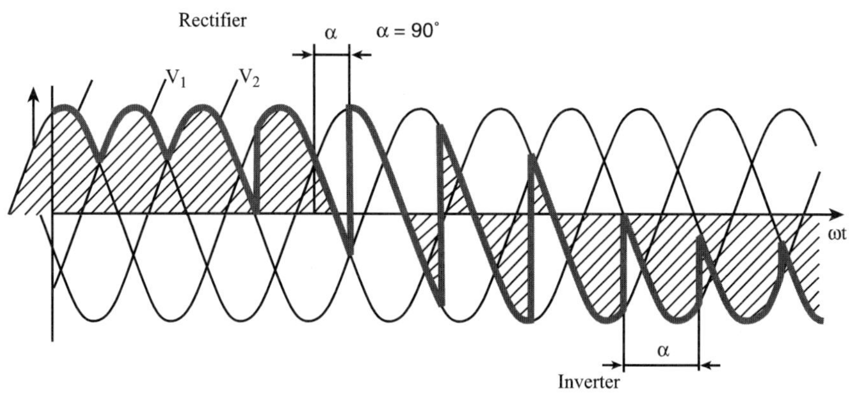

그림 2.75 점화각에 따른 양방향 운전 시 전압 변화

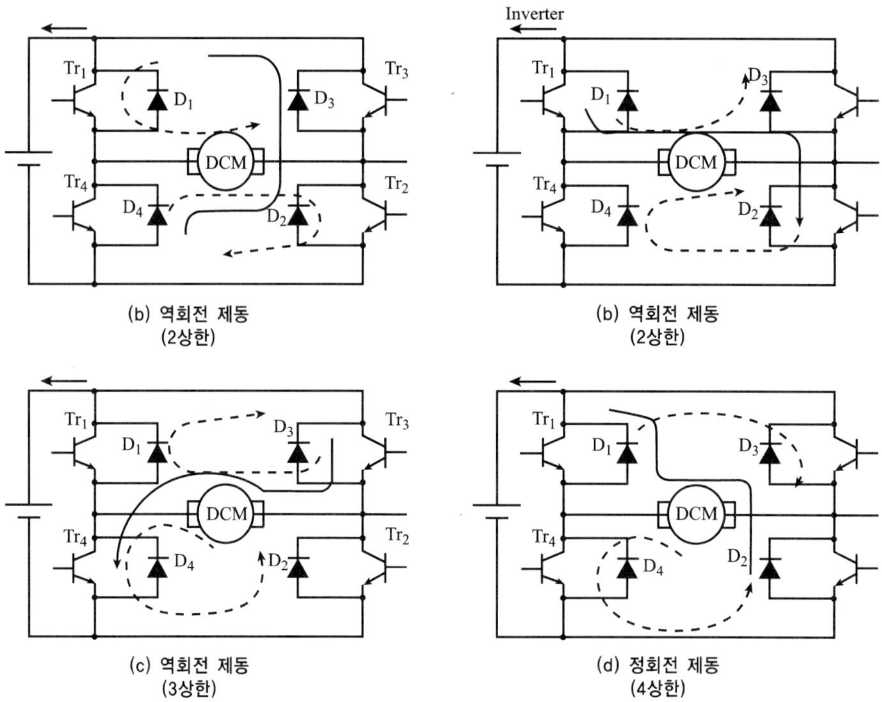

그림 2.76 직류 전동기 4상한 제어시 전류 흐름

정회전 시 트랜지스터 Tr1과 Tr2가 도통되어 모터에 전류를 공급한다. 이때 회전수는 Tr1의 도통 시간을 조정하여 전류가 흐르는 시간을 변화함으로써 이루어진다.

Tr1과 Tr2 중 어느 한쪽이 닫혀 있는 경우에는 도통되어 있는 트랜지스터와 대칭되어 있는 free wheeling diode를 통하여 전류가 흐른다.

정회전 제동 시에는 직류모터의 역기전력에 의하여 역회전 시와 반대방향으로 전원에 전력이 회생되는 경우이다. Tr4가 도통하고 있을 때 DCM-Tr4-D2-DCM의 모터의 역기전력에 의한 순환 전류가 흐르고 Tr4가 꺼지면 DCM-D1-전원-D2-DCM의 순으로 전류가 흘러서 전원으로 전력이 되돌려진다.

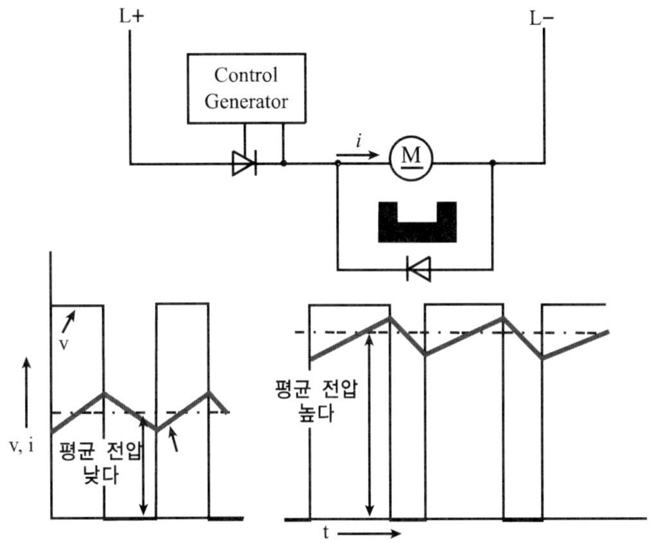

그림 2.77 chopper를 이용한 전압 제어

Tr이나 Thyrister가 꺼져 모터에 전압이 가해지지 않을 경우에는 전동기 권선에 축적된 에너지가 그림에서 보는 바와 같이 모터에 병렬로 연결된 다이오드를 통하여 흐른다. 이 다이오드를 free wheeling diode라고 부른다.

chopper를 이용한 전압제어는 저항을 이용한 전압제어보다 손실이 작다. 왜냐하면 그림 10.11에서 보는 바와 같이 전전압이 걸리던가 아니면 전압이 걸리지 않기 때문이다. 평균 전압의 크기는 Tr이나 Thyrister를 도통시키는 시간 또는 쉬는 시간에 따라 달라진다.

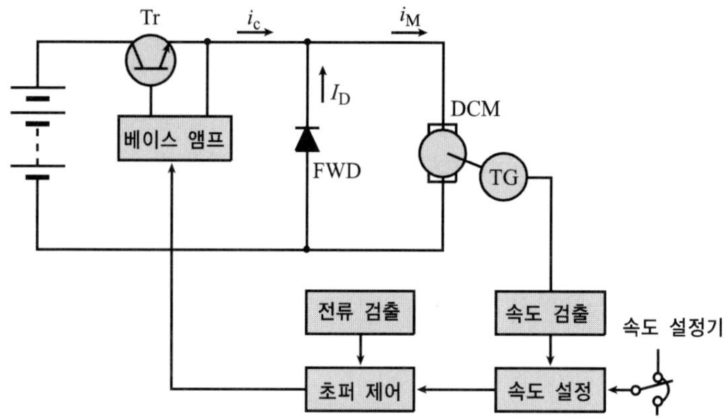

그림 2.78 직류 전동기 제어 개념도

그림 2.78에서 보는 바와 같이 TG(Tacho Generator : 속도검출기)를 이용하여 모터의 속도를 검출하고 필요한 속도를 속도 설정기를 이용하여 설정한다. 설정된 속도값에 의하여 초퍼 제어기가 작동하여 트랜지스터의 도통 시간을 조정하여 모터에 인가되는 전압의 평균값을 제어하는 것이다.

2.3 손실과 효율

모든 기기에는 할 수 없는 손실 때문에 항상 출력이 입력보다 작다. 입력과 출력의 비를 효율이라 한다.

2.3.1 손실의 종류

기계적 손실(마찰손)

모든 회전기기 즉 전동기와 발전기는

- 베아링에 의한 마찰
- 정류자와 브러시에 의한 마찰
- 회전자와 공기에 의한 마찰이 있다

이러한 마찰손에 기어에 의한 손실, Belt에 의한 손실은 포함시키지 않는다. 공기에 의한 마찰은 예전에 만든 기계는 냉각 Fan을 달지 않았기 때문에 대단히 작다. 자체 냉각 Fan이 있는 전동기는 회전수의 증가에 따라 2~3% 손실이 증가한다. 그러나 이것은 전체 손실에 비하면 대단히 작다.

자기적 손실은 철손이라 부른다.

철손은 회전자에 생기는

- 와류손

$$W_e = \eta_e (f\, B_m)^2\, V\,[\mathrm{W}] \tag{2-28}$$

- Hysteresis손

$$W_h = \eta_h f\, B_m^{1.6}\, V[\mathrm{W}] \tag{2-29}$$

B_m : 최대 자속 밀도[T], V : 철심의 용적 [m^3], f : 주파수

을 말하며 **와류손(Eddy current loss)**은 자장 내에 회전하는 철판에 전압이 유기되어 이로 인한 전류가 흘러서 생긴다. 와류손의 크기는 자기 저항에 의한다. 회전자에 생기는 전압은 회전수가 증가하면 증가한다. 따라서 와류손은 회전수의 제곱 $(R_m * I_{wi}^2)$에 비례하고 Hysteresis 또는 여자손은 회전수의 증가에 따라 증가하여 철손과 마찰손을 무 부하손에 포함시킨다.

동손(copper loss) 전류에 의한 손실 때로 저항 손실(구리 또는 권선 손)이라 부르며 여자 권선과 전기자 권선에 발생한다. 전기자 권선 손실에는 보극, 보상 권선에 의한 손실과 브러시와 정류자 사이에 생기는 손실도 포함시킨다. 여기서는 마찰손이 아닌 부하가 걸렸을 때 Brush-정류자 사이의 저항에 의한 손실을 말하며 모든 전류에 의한 손실은 부하 전류의 제곱 $P = I^2 R$에 비례한다.

- 전기자 권선
- 분권계자, 직권계자, 보극 권선
- 브러시 접촉면

직권 전동기에는 또한 여자 권선에 의한 손실을 포함시켜야 한다. 분권 전동기는 일정 전압 하에 여자 권선이 병렬로 있으므로 여자 권선 전압이 일정하고 따라서 전류도 일정하다. 온도 변화에 따른 저항의 변화도 고려하여야 한다.

● 표유 부하손

부가적인 손실은 계산 또는 측정하기가 대단히 곤란하며 기기의 여러 부위에 발생한다. 예를 들면 권선 내의 와류손 등이며 부가 손은 기기의 정격 출력의 1% 정도로 추산한다.

- slot을 지나는 주자속에 의하여 전기자 도체에서 발생하는 와류손
- 단락코일에 발생하는 동손
- 정류자편의 와류손
- 바인드 선에서 발생하는 철손

무 부하손과 부하손

무 부하손 - 분권계자 동손
- 철손
- 기계손

부하손 - 부하 전류의 제곱에 비례하는 손실- 가변손

2.3.2 효율

이미 설명한 것과 같이 효율은 출력과 입력의 비이다. 기기의 효율은 1 또는 100%보다 작다. 그것은 손실 때문에 항상 많은 입력은 요하기 때문이다. 발전기의 출력은 전압과 전류의 곱 $P= V*I$ 입력은 $P_{ab}+P_V$ 전동기 입력은 $P_{anf} = V*I$이다.

$$\text{출력 } P_{ab}= P_{input}-P_V$$

$$\text{발전기 효율 } n_G = \frac{V*I}{V*I+P_V} \tag{2-30}$$

$$\text{전동기 효율 } n_M = \frac{VI-P_V}{V}*I \tag{2-31}$$

효율은 두 가지 방법 즉 제동 방식과 손실법을 적용한다.

● 제동법

측정기기에 부하를 걸고 제동을 한다. 제동에는 와류 브레이크를 사용한다. 와류 브레이크는 금속판을 강하고 조절이 가능한 자계 내에 움직이게 한다. 이때 금속판에는 전압이 유기 되고 큰 전류가 발생하여 기기를 제동하게 되다. 제동력은 자장의 세기를 조절하여 제어한다. 기기의 기계적 출력은 힘 F와 회전자의 주변 속도 V의 곱 $P= F*V$이다. 이 공식에 V 대신 $d\pi n$을 대입시키면

$$P= F*d\pi n \text{ 또는}$$

d : 전기자 지름 m

n : 회전수 rpm

$$P = F * 2\pi r n \text{ 또는 } P = T * n \frac{2\pi}{60}$$

$$P = T * n * 0.105 \tag{2-32}$$

피 측정기기는 제동 시 내는 토크 $F * r = T$로 측정된다. 기기가 정격 값에 제동되면(정격 전류, 정격 회전수) 출력과 정격 출력은 V와 I로부터 효율이 계산된다.

예제 어느 직류기가 제동 시 토크 50.3Nm이다. 정격 회전수 1,420min^{-1} 기기는 제동 시 220V에 42.6A의 정격 전류를 취했다. 효율은 얼마인가?

출력 $P = T * n * 0.105 = 50.3 * 1420 * 0.105 = 7500\text{W}$

입력 $P = V * I = 220 * 42.6 = 9327\text{W}$

$\eta = \dfrac{7500\text{W}}{9372\text{W}} = 0.8$

측정은 피 측정 전동기를 발전기와 연결하여(모든 부하에 의한 효율은 알고 있는) 할 수 있다. 이 경우를 발전기의 출력은 알고 있는 효율로 나누어야 한다. 발전기 출력은 전동기 출력이다. 반대의 경우 전동기의 전 부하에 대한 효율을 알고 있으면 발전기의 효율을 측정할 수가 있다.

● 손실법

손실법은 손실을 확정하여 효율을 계산하는 방법이다. 일반적으로 마찰손, 여자손, 철손, 동손의 비는 정격부하의 경우 1 : 1 : 2 : 4로 가정한다. 간단히 무 부하 손실을 측정한다. 무 부하 손실은 마찰손과 철손의 합이다.

전동기를 무 부하로 운전하고 입력을 측정한다. 이때 주의하여야 할 것은 무 부하 운전 속도를 정격 운전 속도로 하여야 한다. 또한 정확한 철손 측정을 위하여 여자 전류도 부하가 있을 때와 같이 맞추어야 한다. 모든 손실을 더하면 총 손실이 되며 이로부터 효율을 계산할 수가 있다.

● 출력과 효율과의 관계

발전기의 단자 전압을 V[V], 전류를 I[A], 불변 손실을 W_k[W], 부하 손실을 kI^2[W]라고 하면 발전기 효율은

$$\eta_G = \frac{VI}{VI + (kI^2 + W_k)} = \frac{1}{1 + \left(\frac{kI}{V} + \frac{W_k}{VI}\right)} \tag{2-33}$$

전동기 효율은

$$\eta_M = \frac{VI-(kI^2+W_k)}{VI} = 1-\left(\frac{kI}{V}+\frac{Wk}{VI}\right) \quad (2\text{-}34)$$

위 두 식에서 알 수 있는 바와 같이 $\left(\frac{kI}{V}+\frac{Wk}{VI}\right)$의 값이 적을수록 효율이 좋다. 따라서 일정한 단자전압에서 효율이 최대가 되는 전류의 값이 있을 것이다.

$y=\left(\frac{kI}{V}+\frac{Wk}{VI}\right)$에서 y가 최소가 되는 조건은 $\frac{dy}{dI}=0$이므로

$$\frac{dy}{dI}=\frac{1}{V}\left(k-\frac{W_k}{I^2}\right)=0$$

$$kI^2-W_k=0$$

$$kI^2=W_k$$

이 되고 가변손과 불변손이 같을 때 효율은 최대가 된다.

● 일정치 않은 부하에서의 효율

기기의 크기는 설계자에 의하여 결정된다. 설계자는 하나하나의 손실을 계산 결정하여 효율을 확정할 수 있다. 기기는 가능한 경제적으로 일을 하고 또한 가장 효율이 높은 곳에서 운전하게 되는데 이 점을 운전점이라 한다. 운전점은 정격점이 된다. 계속 부족 부하로 운전하는 기기는 좋지 않은 효율을 갖게 된다,

정격점에서

마찰손, 여자손 : 철손 : 저항손 = 1 : 1 : 2 : 4

가 된다.

● 분권 전동기

아는 바와 같이 모든 부하에 회전수가 일정하다. 따라서 마찰손, 여자손과 철손은 부하에 관계없이 일정하다. 부하에 따라 변하는 것은 저항손으로 전류의 제곱에 비례한다. 그림 2.79에는 손실을 출력에 비례하여 그렸다. 여기에 출력에 손실을 더하여 입력을 계산하고 출력비에 따라 효율을 계산하였다. 효율은 정격점에서 최대가 된다. 그러나 반부하 또는 과부하에서도 차이를 보이지 않는다. 분권 전동기는 타 전동기(부족 부하 시 효율이 나쁜) 비하여 장점으로 작용한다.

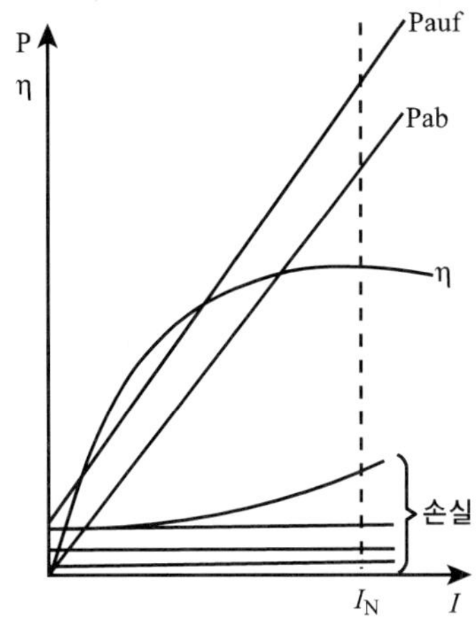

【그림 2.79】 분권 전동기의 전류에 따른 손실

● 직권 전동기

마찰손은 일정하지가 않고 부하가 감소하면 증가한다. 그것은 회전수가 증가하기 때문이다. 철손은 와류손과 Hysteresis손으로 분류된다. 와류손은 회전수의 제곱에 자속에 비례한다. 회전수의 증가와 자속의 감소는 거의 같다. 따라서 와류손은 일정하다. Hysteresis손을 회전수에 비례하고 자속의 제곱에 비례한다. 이것은 부하가 작아지면 감소한다. 따라서 철손은 일정하다고 할 수가 있다. 여자손과 저항손은 부하의 제곱에 따라 증가한다. 그림 2.80과 같이 효율은 분권 전동기와 다른 형태이다. 효율의 최대치는 정격보다 낮은 점에 위치한다. 이것은 마찰손, 여자손, 저항손 등 변하는 손실이 일정한 철손보다 크기 때문이다.

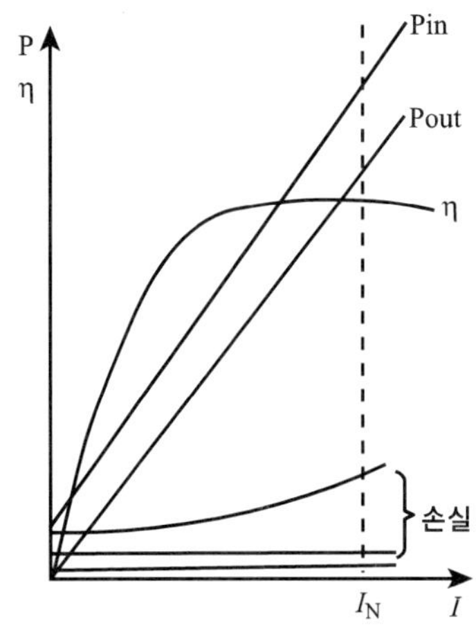

【그림 2.80】 직권 전동기의 전류에 따른 손실과 효율

연습문제

1. 직류 전동기가 230V의 전원에서 28A를 받으면서 1680rpm으로 운전하고 있다. 전기자 저항이 0.25Ω이다. 무 부하에서 I_A=0이면 이때의 무 부하 속도를 계산하라(모든 손실은 무시한다).

2. 1번 문제에서 다음을 계산하시오.
   a) 부하 조건 하에서 발생 전력
   b) 주어진 부하 아래서 발생된 torque

3. 직류 분권 전동기의 정격 전류의 150%로 기동 전류를 제한하기 위해서 4단계 기동기에 대한 요구되는 저항을 계산하여라. 모든 4단계의 저항은 같은 값을 갖는다. 이 전동기는 25Hp, 240V, 860rpm이고 0.08Ω의 전기자 저항을 갖으며 효율이 89%이다. 어느 속도에서 고정자 저항체가 제거되어야 하고 기동하는 동안 전류가 정격값이나 그 위 값에 머물게 된다. 계자 전류는 정격 전기자 전류에 비하여 무시될 만큼 적고 일정하다고 가정한다.

4. 단자전압 240V 직류 분권 전동기가 960rpm으로 운전될 때 22.4A의 부하 전류를 취한다(단 전기자 저항은 0.2Ω이고 계자저항은 100Ω이다). 손실이 없다고 가정할 때 무 부하 속도는 얼마인가?

5. 만일 무 부하에서 전기자 전류가 1A라고 가정하면 문제 1에서 무 부하 속도는 얼마인가?

6. 입력 120V 분권 전동기가 다음과 같은 파라미터를 갖는다. $R_A = 0.4\Omega$, $R_F = 120\Omega$ 그리고 회전 손실이 240W이다. 전부하에서 선전류는 19.5A이다. 그리고 이전 동기는 1,200rpm으로 운전된다. 다음을 정하라.
   a. 발생 출력
   b. 축 출력
   c. 출력토크
   d 전 부하에서 효율

7. 정격 전류의 140%로 기동 전류를 제한하기 위하여 3단계 기동기에 대한 요구되는 저항을 계산하라. 전동기는 25Hp, 240V, 860rpm이고 0.08Ω의 전기자 저항을 갖으며 효율이 89%이다. 각 단계에서 전동기 속도와 최종 정상 상태 속도를 정하라.

8. 460V 직류 분권 전동기가 900rpm에서 50Hp 부하를 구동한다. 분권 계자 저항은 230Ω이고 전기자 저항은 0.24Ω이다. 만일 전동기 효율이 88%일 때 다음을 정하라.

a. 회전 손실

b. 속도 변동률

9. 직류 분권기가 1200rpm에서 개방회로 시 230V를 발전한다. 전기자 저항은 0.5Ω이고 계자 저항은 115Ω이다. 이 기계가 전동기로서 운전될 때 무 부하 시, 230V에서 3.6A를 취한다. 이 기계의 속도와 효율을 계산하라. 이 부하에서 전기자 반작용은 계자를 6% 약화한다고 가정한다.

10. 직권 전동기가 6m/s에서 한 부하를 들어 올리는 동안 460V에서 40A를 취한다. 전기자 저항과 계자 저항을 합한 것이 0.48Ω이다. 들어 올리는 속도를 4m/s로 낮추기 위하여 전동기와 직렬로 넣어야 할 저항을 계산하시오. 자화 곡선은 선형이라 가정한다.

11. 120V 타 여자 전동기가 환풍기를 구동한다. 그 토크는 속도의 제곱에 비례한다. 600rpm으로 운전될 때 28A를 취한다. 전동기 속도를 400rpm으로 줄이기 위하여 전기자에 직렬로 추가될 저항을 구하여라.

CHAPTER 03

변압기

변압기는 전원으로부터 공급되는 전기 에너지를 같은 주파수의 원하는 전압으로 변압기에 공급한다. 이때에 입력 측 단자전압은 V_1 출력 측 단자전압(유기전압) V_2 로 표시한다.

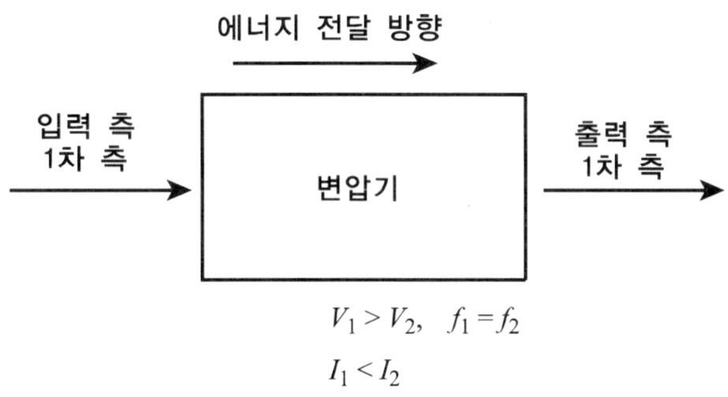

【 그림 3.1 】 전기 에너지 전달 장치로서의 변압기

전기적 에너지가 들어가는 쪽의 권선을 입력 또는 1차 측 권선이라 하고 나오는 쪽을 출력 측 또는 2차 측이라 한다. 권선은 공극이 없는 철심에 감겨 있으며 철심은 두 권선을 교번자계로 연결한다.

3.1 변압기의 구조

변압기는 자기회로인 철심과 전기회로인 권선이 쇄교한 것이 본체를 이루며, 구조는 철심과 권선에 따라 다음과 같이 두 가지로 나눈다.

3.1.1 내철형

내철형은 철심이 내측에 있으며 권선이 그림 3.2(a)와 같이 두 개로 된 철심에 감겨진 것이다.

3.1.2 외철형

외철형은 권선이 그림 3.2(b)와 같이 내측에 있으며 철심으로 둘러싸인 모양이다. 변압기의 철심은 단책형으로 절단한 얇은 규소 강판을 겹친 것이 일반적이나 권철심형이라고 하여 그림 3.2(c)와 같이 권선 주위에 방향성 규소강대를 감아서 철심으로 한 것도 있다.

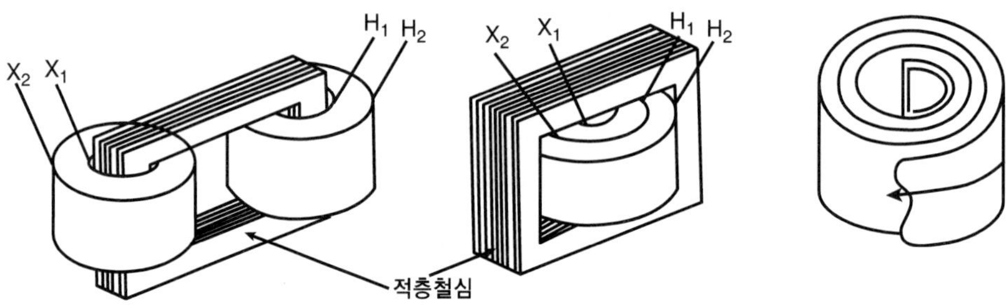

(a) 내철형 (b) 외철형 (c) 권철심

그림 3.2 내철형과 외철형 철심

내철형은 외철형에 비하여 철심의 평균 단면적이 적고 권선의 평균 길이가 길다. 외철형은 대형기에서 단락 시 권선의 변형이 잘 생기지 않아서 유리하다.

3.2 변압기의 재료

3.2.1 철심

철심에는 비 투자율과 저항률이 크고 히스테리시스손이 적은 규소 강판을 사용한다. 규소 강판의 규소 함유량은 약 4[%]이며 두께는 전력용이 보통 0.35[mm]이다.

3.2.2 도체

권선 도체에는 둥근 동선이나 평각 동선 등을 사용하며 전류가 적은 경우에는 주로 둥근 동선을 사용한다.

3.2.3 절연

변압기의 절연은 철심과 권선 사이의 절연, 권선 상호 간의 절연, 권선 층 간의 절연으로 나눈다.

3.2.4 절연의 종류

전기기기의 권선이나 그 밖의 도전 부분에 한 절연은 그 내열 특성에 따라 Y종, A종, E종, B종, F종, H종 및 C종으로 구별되며, 표 3.1은 그 종별에 따라 허용 최고 온도를 나타낸 것이다.

- **Y종 절연** : 목면, 천, 종이 등으로 구성되며 바니시를 함침시키지 않고, 또 기름에 담그지 않은 것
- **A종 절연** : 목면, 천, 종이와 같은 자연식물성 및 동물성섬유 재료로 구성되며 함심시키고 또는 기름에 담근 것을 말한다.
- **E종 절연** : 면, 또는 종이를 적층시킨 것을 합성수지, 바니시 등으로 담근 것
- **B종 절연** : 운모, 석면, 유리섬유 등의 재료를 접착 재료와 함께 사용한 것을 말한다.
- **F종 절연** : 운모, 석면, 유리섬유 등의 재료를 실리콘 알키드 수지 등의 접착 재료와 함께 사용하여 구성한 것
- **H종 절연** : 운모, 석면, 유리섬유 등의 재료를 규소수지 또는 이와 동등한 성질을 가진 재료로 된 접착 재료를 함께 사용해서 구성한 것
- **C종 절연** : 생운모, 석면, 자기 등을 단독으로 사용하여 구성한 것

표 3.1 각종 절연의 허용 최고 온도

절연의 종류	허용 최고 온도[°C]	절연의 종류	허용 최고 온도[°C]
Y	90	F	155
A	105	H	180
E	120	C	180을 초과
B	130	-	-

3.3 철심

3.3.1 내철형 철심

내철형 변압기의 철심은 규소 강판을 단책형으로 절단하고, 필요에 따라 볼트 구멍을 뚫은 다음 겹쳐서 내열성 절연을 한 볼트로 체결하여 성층 철심으로 한다. 양쪽 끝은 계철로 연결하여 자기회로를 형성한다.

3.3.2 외철형 철심

외철형 변압기에서는 권선을 조립한 다음, 이것을 하부지지 프레임 위에 코일 면이 수직이 되도록 세우고, 세로로 된 두 변의 주위에 단책형의 철판을 1장씩 정(#) 모양으로 쌓아 상부 지지 프레임을 얹어서 로드로 체결한다.

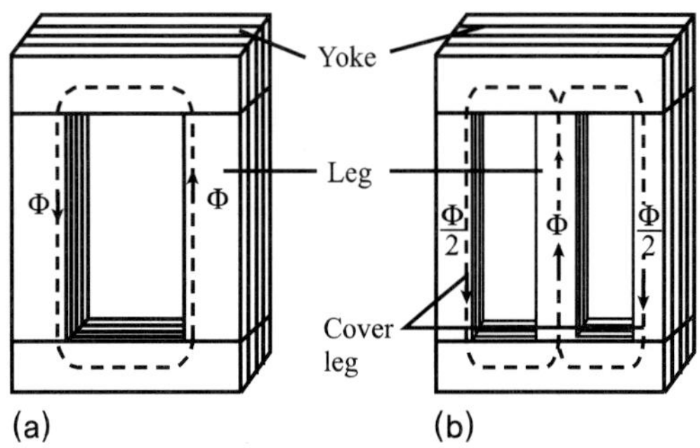

그림 3.3 내철형과 외철형 철심 단면

3.3.3 권철심형 철심

이 모양은 권선 주위에 방향성 규소 강대로 구성된 철심을 그림 3.4(a)와 같이 감은 것으로, 자속을 방향성 규소 강대의 압연방향으로 통하게 해서 그 특성을 유효하게 이용하고 있다.

권철심 변압기는 동일한 용량으로 된 적철심 변압기와 비교하면 다음과 같은 장점이 있다.

- 철손이 적다(약 65[%]가 된다).
- 여자 전류가 적다(약 40[%]가 된다).
- 소형 경량이다(중량은 약 80[%], 체적은 약 90[%]가 된다).

이 모양으로 된 조립 방식에는 여러 가지가 있는데, 그림 3.4(b)와 같이 거의 직사각형으로 감아서 접착제로 고착시킨 것을 상하 두 조각으로 C형과 같이 절단하여 권선을 조립하는 방식(C형 철심 : 30[kVA] 정도)과 그림 3.4(c)와 같이 거의 직사각형으로 감은 것 중 한 곳을 절단하여 코일에 끼우는 방식(lap 철심 : 50~200[kVA]) 등이 있다.

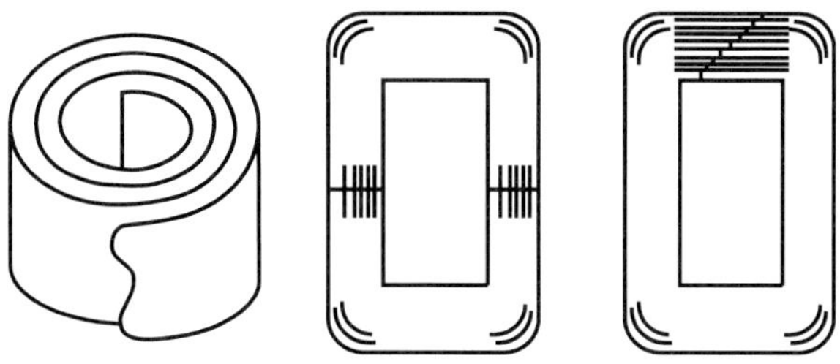

(a) (b) C형 철심 (c) Lap 철심

그림 3.4 권철심

3.4 권선

변압기의 권선법은 직권과 형권 등 두 가지 종류로 크게 나눈다.

3.4.1 직권코일

철판을 겹쳐 철심을 구성하고 철심을 절연한 후 그 위에 저압 권선을 감는다. 저압 권선을 절연하고 그 위에 고압 권선을 감는다. 권선을 한 후 절연하고 계철의 철판을 조립한다. 직권은 권선과 철심 사이 및 권선 상호간의 공극이 적고, 누설 자속이 적다. 그러나 철심, 도선이 큰 것에는 적당하지 않고 권선의 절연처리가 쉽지 않아서 고압용에는 적당하지 않다. 소용량의 내철형 주상 변압기에 많이 사용한다.

3.4.2 형권코일

나무로 권형을 만들거나 절연통 위에 코일을 감고 절연처리를 한 다음 조립하는 것이며 일반적으로 널리 사용하고 있다. 코일은 원통코일, 원판코일, 직사각형 코일이 있으며 원통코일과 원판코일은 주로 내철형에 사용하고 직사각형 코일은 내철형과 외철형에 사용하고 있다.

그림 3.5는 대용량 변압기의 코일을 나타낸 것이다. 그림 3.5(a)는 원통코일을 나타낸 것이며 권형 위에 한쪽 끝부터 밀접시켜서 솔레노이드 모양으로 감는다.

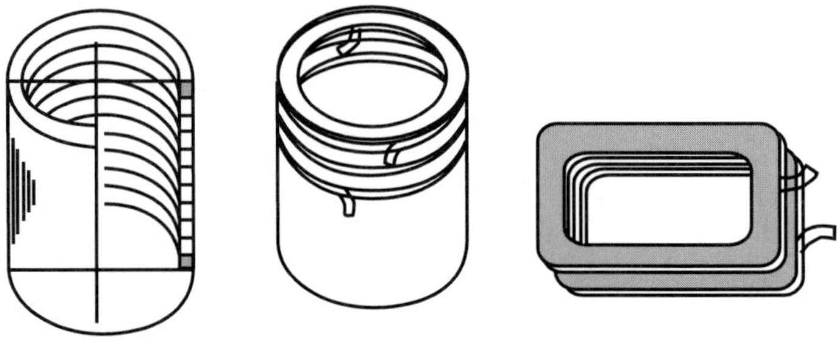

(a) 원통코일 (b) 원통코일 (c) 직사각형 판코일

그림 3.5 형권코일

그림 3.5(b)는 원판코일을 사용한 권선이며 절연통의 외주에 세로로 간격 편을 부착시키고, 외측에 평각 도체의 평권 2개를 합쳐서 내측으로 접속하여 쌍자 코일로 한다. 이것을 각 코일 사이에 간격 편을 끼워서 소요되는 수만큼 겹치고, 구출선을 차례로 접속하여 직렬로 해서 권선을 조립한다.

그림 3.5(c)는 직사각형판 코일이며 판 모양으로 제작하여 절연 처리를 한 것이다.

3.5 외함과 부싱

3.5.1 외함

변압기 본체와 절연유를 넣은 외함은 주철제나 강판을 용접해서 만든다.

3.5.2 부싱

변압기의 구출선은 외함을 관통하여 외부로 나오며, 외함은 철심과 함께 대지와 같이 전위가 0이기 때문에, 구출선과 외함은 변압기의 사용 전압에 견디도록 충분히 절연되어야 한다.

이처럼 절연에 사용하는 것을 부싱이라고 한다. 또, 부싱은 구출선과 외함 사이에 누설전류가 생기지 않도록 충분히 연면 거리를 갖고 이상 전압 상승, 또는 전압에 대하여 안전하도록 적당한 플래시오우버 전압 값을 갖는 형상으로 한다.

1) 단일형 부싱

간단한 모양의 자기체로 된 애자관을 부싱으로 사용하고, 연면 거리를 증가하기 위하여 표면 핀을 설치한다.

2) 콤파운드 부싱

자기제 애자관과 중심 도체 사이에 절연 콤파운드를 채워서 공기가 남지 않도록 하여 절연 내력을 증가시킨 부싱이며 77[kV]급까지 사용된다.

3) 유입 부싱

전압이 66[kV] 이상이 되면 보통 유입 부싱 및 콘덴서형 부싱을 사용한다.

4) 콘덴서 부싱

콘덴서 부싱의 본체는 그림 3.6(b)와 같이 중심 도체의 주위에 절연종이와 금속박을 교대로 동일한 축에 감아서 가장 외층에 있는 금속박을 접지하고, 각 층을 각각 같은 정전 용량으로 된 여러 개의 원통형 콘덴서로 형성시켜서, 절연 종이에 걸리는 전압을 각층마다 균등화하여 절연물의 이용률을 향상시키는 구조인 것이다.

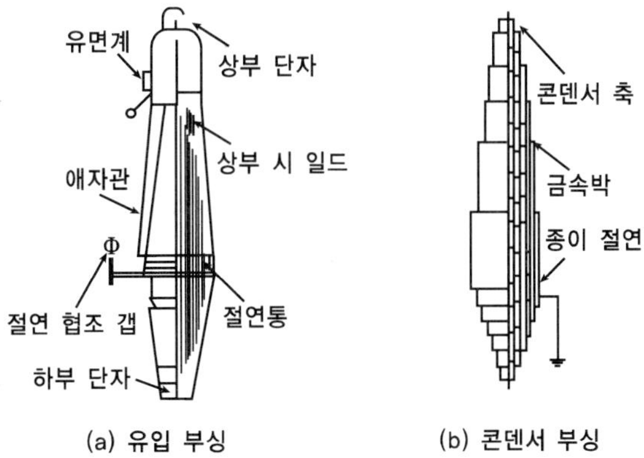

그림 3.6 부싱

3.6 변압기유와 열화 방지

3.6.1 변압기유

광유는 공기에 비해 수배의 절연내력이 있고, 비열이 공기보다도 크며 냉각 매체로 유효하기 때문에, 변압기의 절연 및 냉각 작용을 시키기 위하여 광유를 사용하고 있다. 변압기에 사용하는 절연유는

(1) 절연 내력이 클 것
(2) 절연 재료 및 금속과 접촉해도 화학 작용을 미치지 않을 것
(3) 인화점이 높을 것
(4) 유동성이 풍부하고 비열이 커서 냉각 효과가 클 것
(5) 고온에서도 석출물이 생기거나 산화하지 않을 것

등의 성질을 가지고 있어야 한다.

3.6.2 오일의 열화 방지

변압기의 외함은 밀폐되어 있으나 외부 공기의 온도 변화나 부하의 변동에 따라 외함 내의 오일 온도가 변화하고 따라서 용적이 변화하기 때문에 외함 내의 기압과 대기압에 차이가 생겨서 공기가 출입한다. 이것을 변압기의 호흡 작용이라고 한다. 이 때문에 변압기 안에 습기가 들어와서 오일의 절연내력이 저하하고, 또 열을 받은 오일이 공기와 접촉하기 때문에 산화 작용으로 오일을 열화시키고 불용해성 침전물이 생긴다. 이러한 작용을 방지하기 위하여 그림 3.7과 같이 **콘서베이터**를 설치한다.

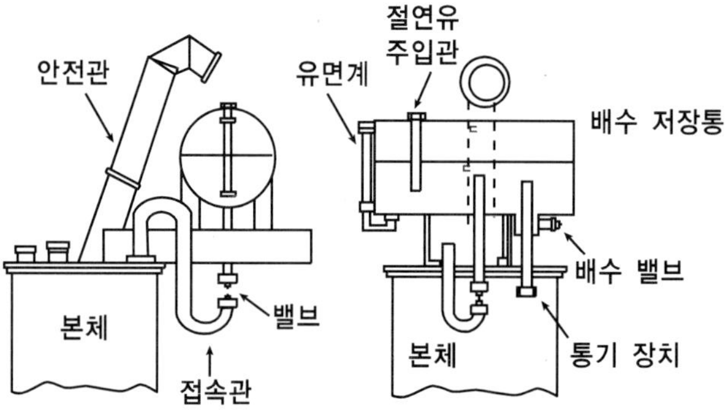

그림 3.7 콘서베이터

침전물이나 수분은 콘서베이터의 하부에 고이므로 가끔 배수 밸브를 열어서 배출한다. 화학적 방법을 사용하여 콘서베이터 안에 들어가는 공기로부터 수분 및 산소를 제거하면 오일의 열화는 한층 방지된다.

3.7 냉각 방식

1) 건식 자냉식

극히 소용량의 변압기는 전력 손실에 의한 발생 열량에 대하여 냉각 면적이 크기 때문에 공기 중에서 그대로 사용하고 공기의 대류에 의하여 냉각한다. 22[kV] 정도 이하의 계기용 변압기나 저압 변압기에 사용한다.

그림 3.8 건식 자냉식

2) 건식 풍냉식

이것은 건식 변압기에 송풍기로 강제 통풍을 하므로 냉각 효과를 크게 한 것이나 절연유를 사용하지 않기 때문에 22[kV] 정도 이상의 고압에는 사용하지 않는다. 오일에 의한 화재를 특히 방지할 필요가 있는 장소나 지하실의 변전소, 또는 전기로용 변압기 등에 사용한다.

3) 유입 자냉식

이것은 절연유를 충만시킨 외함 내에 변압기를 수용하고, 오일의 대류작용에 의하여 철심 및 권선에 발생한 열을 외함에 전달하며, 외함의 방산이나 대류에 의하여 열을 대기로 방산시키는 방식이다.

그림 3.9 유입 자냉식 변압기

4) 유입 풍냉식

유입식에 강제로 외함을 냉각하는 방식

이것은 방열기를 부착한 유입 변압기에 송풍기를 설치해서 강제 통풍으로 냉각효과를 높이는 방식이며 대용량에 널리 사용한다. 수냉식에 비하여 보수가 간단하다.

그림 3.10 유입 풍냉식 변압기

5) 유입 수냉식

이것은 외함 상부의 오일 속의 냉각관을 설치하고 냉각수를 순환시켜서 냉각하는 방식이다. 즉, 손실에 의하여 생긴 열은 오일의 대류에 의하여 상부로 이동하고 오일 속의 냉각관을 지나는 물에 전달되어서 없어진다. 양질의 물을 풍부하게 얻을 수 있는 장소에서 쓰는 경우가 있으나 물을 순환시키는 펌프가 있어야 하고 관이 부식하거나 결빙되는 등 보수가 까다롭다.

6) 유입 송유식

유입자 냉식 및 송유 풍냉식은 오일의 자연 대류를 이용하여 냉각을 하므로 대용량(30[MVA] 정도 이상)에는 부적당하다. 유입 송유식은 오일을 펌프로 외부에 있는 냉각기로 보내고 냉각된 오일을 외함의 밑 부분에서 공급하는 방식이다.

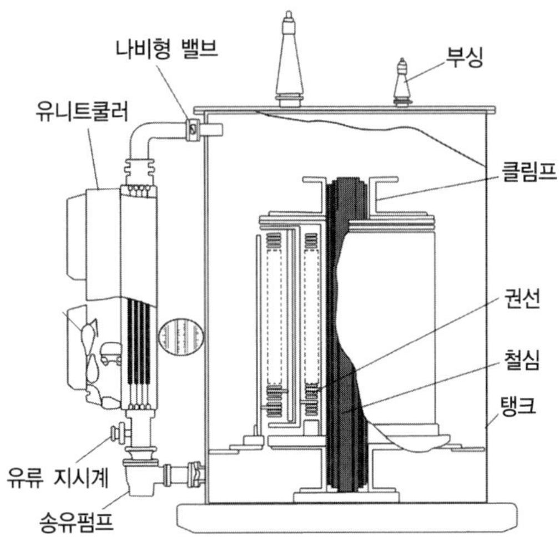

그림 3.11 송유풍냉식 변압기

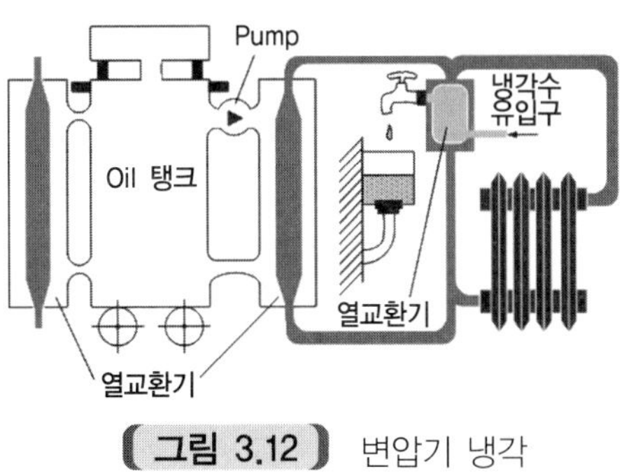

그림 3.12 변압기 냉각

3.8 이상 변압기

변압기의 권선에는 전류로 인한 손실 I^2R이 발생하고 철심에는 여자손과 와류손이 발생한다.

변압기에서 손실이 없다고 가정하고 이상적인 변압기로 생각한다면 변압기의 분석은 간단해질 수가 있다. 변압기에 사용되는 재질이 다음과 같은 특성을 갖는다면 이상적인 변압기가 될 수가 있다.

- 권선의 전기 저항 $R_{cu} = 0$
- 철심의 전기 저항 $R_{Fe} = \infty$
- 철심의 투자율 $\mu_{Fe} = \infty$
- 주위 공기의 투자율 $\mu_0 = 0$
- 권선의 저항 $R_{cu} = 0$이기 때문에 권선에는 자기회로의 기자력에 필요한 무효 전류만 흐르게 된다. 따라서 이상적인 변압기의 권선에는 열이 발생하지 않는다.
- $R_{Fe} = \infty$이기 때문에 자기회로 내에서 와전류가 발생하지 않고 그에 따른 손실은 없다.
- $\mu_{Fe} = \infty$이면 기자력과 자기의 세기는 공급이 없는 자로에서 어디서나 일정하게 0이다.

이것은 자기의 세기가 0이기 때문에 자로에서 자기전압의 강하가 일어나지 않기 때문이다. 또한 Hysteresis손도 나타나지 않는다.

$\mu_0 = 0$이면 자기회로 이외로 통과하는 누설 자속이 생기지 않는다. 따라서 두 권선 사이에는 똑같은 자속이 흐르게 되며 그 밖에 누설 자속에 의한 손실과 부가 손실, 기타 손실이 없어진다.

이상적인 변압기는 손실과 누설이 없는 변압기의 출력 S_2는 입력 S_1과 같고 효율은 100%이다.

3.8.1 이상적인 변압기의 운전

● 무 부하 운전

N_1 권선수를 갖는 일차 측 권선에 교류 V_1을 연결하면 무 부하 전류 I_0가 흐른다.

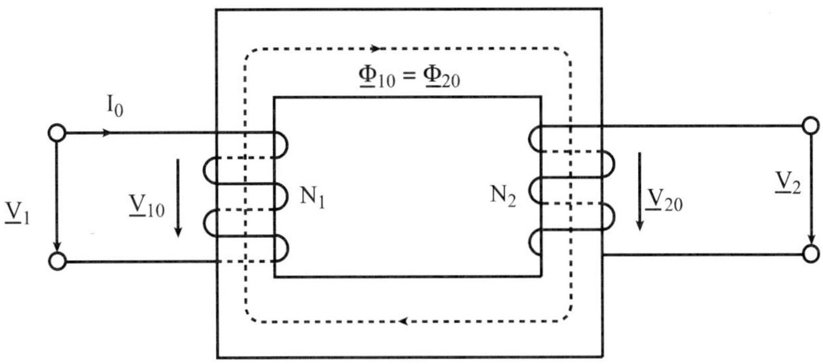

그림 3.13 이상적인 단상 변압기의 무 부하 시 각부의 크기

전류 I_0는 기자력 $\theta_0 = I_0 \cdot N_1$을 만들기 때문에 입력, 출력 권선에는 교번자계가 걸리게 된다. 또한 $\mu=0$이기 때문에 누설이 없고 각 권선에는 같은 크기의 자속이 흐른다.

$$\Phi_1 = \Phi_2 = \Phi \tag{3-1}$$

각 권선에 걸리는 자계는 전원의 주파수에 따라 변하기 때문에 각 권선에는 유도 법칙에 의하여 교류 전압이 유기된다.

Inductance$=L_1$이고 $R_1=0$인 입력 측 권선에는 유기전압 V_{10}이 발생하는데 이 유기전압은 전원전압 V_1에 Lenz의 법칙에 따라 상대적으로 작용한다.

1차 측 권선은 무 부하시 단순한 coil로 작용하며 inductive reactance $XL_1 = \omega L_1$이다. 이때의 vector도와 전류, 전압, 자속의 시간에 따른 그림은 그림 3.14와 같다.

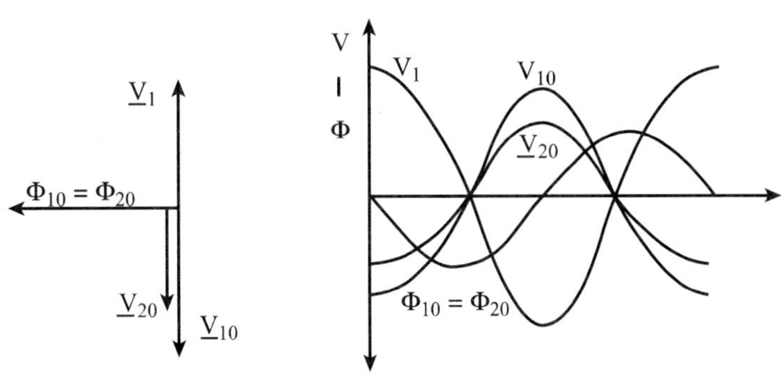

그림 3.14 이상적인 단상 변압기의 diagram과 vector도

유도 법칙에 의하여 유기전압의 순간치는

$$V_{1,0} = -N_1 \frac{\Delta\phi_{10}}{\Delta t} \quad (3\text{-}2)$$

유기전압 V_{10}은 자속의 변화율 $\frac{\Delta\phi_{10}}{\Delta t}$에 비례 하거나 무 부하 전류 I_0에 비례한다. 따라서 V_1의 주파수에도 비례한다. $R_1=0$이기 때문에 $I_1 R_1=0$이다. 따라서 이 상적인 변압기의 무 부하 운전에는 그림 3.14에서 입력 측은

$$V_1 - V_{10} = 0 \quad V_1 = V_{10} \quad (3\text{-}3)$$

유기전압과 전원전압의 차가 0이기 때문에 방정식 (3-3)은 무 부하 전류 I_0가 흐르지 않는다고 할 수도 있다.

$I_0=0$이면 $\mu F_e = \infty$ 라는 가정 하에 Φ_{10}를 만들기 위한 기자력이 $HF_e=0$이기 때문에 필요 없다고 할 수가 있다.

출력 측 권선은 Inductance가 L_2이고 권선 저항 $R_2=0$이다. 또한 $\Phi_{20}=\Phi_{10}\ V_{20}$가 유기된다.

출력 측 유기전압 V_{20}의 순간치는 유도법칙에 따라서

$$V_{20} = N_2 \frac{\Delta\phi_{20}}{\Delta t} \quad (3\text{-}4)$$

V_{20}은 출력 측 권선의 권선수와 자속의 변화 속도 $\frac{\Delta\phi_{20}}{\Delta t}$에 의한다.

V_{20}은 V_{10}과 방향이 같고 무 부하시 2차 측 권선에 걸리는 전압 V_2와 같다.

$I_2=0$이기 때문에 $I_2 Z$에 의한 전압강하가 없어서

$$V_2 = V_{20} \quad (3\text{-}5)$$

I_0가 Sine형의 교류 전류라는 가정 하에 자속 Φ_{10}도 Sine형으로 흐른다.

$$\phi_{10}(t) = \hat{\phi}_{10}\sin\omega t \quad (3\text{-}6)$$

공식 (3-2)와 (3-4)에서 V_{10}과 V_{20}의 최대치는 최대 negative 자속 변화 시

$-\frac{\Delta\phi_{10}}{\Delta t}$ 나타난다.

이것은 I_0 가 $\omega t = \pi$ 일 때이다.

한 주기를 보면 Sin형의 I_0 는 V_{12}, V_2 의 $-$COS 형태의 흐름을 나타낸다.

● 부하 운전

변압기의 2차 측에 어떤 부하를 연결하면 유기전압 V_{20} 에 의하여 부하 전류 I_2 가 흐른다.

이 전류 I_2 는 기자력을 발생시킨다.

$$\theta_2 = I_2 N_2 \tag{3-7}$$

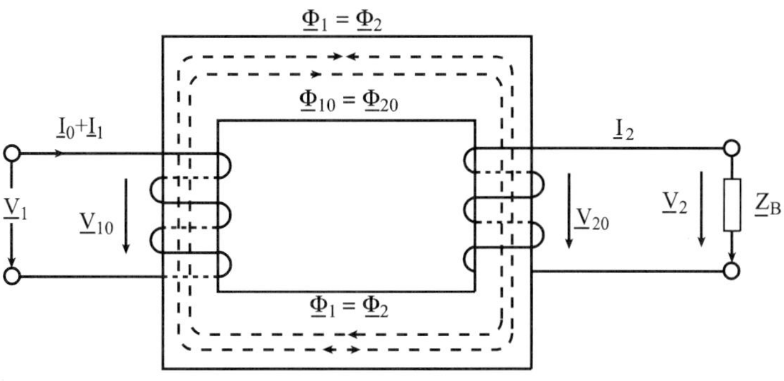

그림 3.15 이상적인 변압기에서 변압기 반작용

θ_2 는 교변자계 Φ_2 를 만드는데 이 교번자계는 Lenz 법칙에 따라 1차 측 권선의 주자속 Φ_1 에 반대로 작용하여 주 자속 Φ_1 을 약하게 하는 쪽으로 작용한다.

자기회로는 그의 차이만 흐르게 된다.

$$\theta_1 - \theta_2 = \theta_{res} \tag{3-8}$$

$\theta_1 = I_1 \cdot N_1 \quad \theta_2 = I_2 \cdot N_2$ 로

$$\theta_{res} = I_1 \cdot N_1 - I_2 \cdot N_2 \tag{3-9}$$

V_1 이 일정하면 $\mu F_e = \infty$ 인 이상적인 변압기에서 $I_1 N_1$ 은 일정하고 남은 기자력은 $I_0 = 0$ 이므로

$$\theta_{res} = I_1 \cdot N_1 - I_2 \cdot N_2 = 0 = Const \tag{3-10}$$

● **변압기 반작용**

앞의 공식으로 모든 부하에서 기자력은 등식을 이룬다. 부하가 증가하면 I_2와 I_1이 증가한다. 이것은 출력이 증가하고 따라서 입력이 증가한다.

일정 전압 V_1과 V_{10}의 차이가 0이 되지 않으므로 Φ_2로 인하여 Φ_1이 약해지기 때문에 I_1이 증가한다.

V_1과 V_{10}이 같지 않으면 같아질 때까지 I_1이 증가하게 되고 공식 10이 성립될 때까지 I_1이 증가한다. 부하가 없어지면 이 과정은 반대로 일어난다. 이러한 현상은 변압기의 반작용이라 한다.

3.9 기본 공식

3.9.1 전압비

공식 (3-1)에서 (3-5)까지는 이상적인 변압기의 동작을 나타낸다. 두 권선에 같은 자속 $\phi 1.0$이 지나기 때문에 유기전압의 실효치 V_{10}과 $V_{2.0}$은 식 (3-2)와 (3-4)에서부터

$$\frac{V1.0}{V2.0} = \frac{N_1}{N_2} \tag{3-11}$$

이다.

이상적인 변압기에서 유기전압은 권선 수에 비례한다.

공식 (3-11)에 $V_{10} = V_1$ 그리고 $V_{2.0} = V_2$로 대치하면 무 부하시 이상적인 변압기의 전압은

$$\frac{V_1}{V_2} = \frac{N_1}{N_2} \tag{3-12}$$

무 부하 시 단자전압은 권선 수에 비례한다.

실제 무 부하 변압기에서 $V_{2.0} = V_2$ 그리고 $V_{10} = V_1$ 따라서 변압 방정식 (3-12)는 근사치이다.

변압비 : 1차 권선의 정격 전압 $V_{1,N}$과 2차 정격 전압 $V_{2,N}$의 비를 변압비라고 한다.

$$a = \frac{V_{1,N}}{V_{2,N}} \tag{3-13}$$

대형 변압기에서 S_N > 16KVA에는 무 부하 전압

소형 변압기에서는 2차 측 저항만의 부하에서 정격 전압을 명판에 표시한다.

3.9.2 전류비

이상적인 변압기에서 공식 (3-10)에 의하여

$$I_1 N_1 = I_2 N_2 \tag{3.14}$$

이 공식으로 부터 이상적인 변압기의 전류 변환은

$$\frac{I_1}{I_2} = \frac{N_2}{N_1} \tag{3.15}$$

전류는 권선수의 역수에 비례한다.

전류의 변류비는 공식 (3.14)에 의하여

$$\frac{1}{a} = \frac{I_1}{I_2} \tag{3-16}$$

실제 부하가 있는 변압기는 공식 (3-16)은 정확하지 않은데 그것은 무 부하 전류 I_0 때문이다. 무 부하 전류는 I_1의 정격 전류의 2~10%를 차지하기 때문이다.

단지 예를 들면 큰 부하 또는 단락 시 전류비 $\frac{I_1}{I_2}$는 권선비의 역수에 비례한다.

3.9.3 저항의 변환

전류, 전압 외에 저항의 변환은 이상적인 변압기에서

$$\frac{V_1}{V_2} = \frac{I_2}{I_1} \tag{3-17}$$

$$I_1 = \frac{V_1}{Z_1} \qquad I_2 = \frac{V_2}{Z_2} \tag{3-18}$$

$$\frac{V_1^2}{V_2^2} = \frac{Z_1}{Z_2} \tag{3-19}$$

$$a = \sqrt{\frac{Z_1}{Z_2}} \tag{3-20}$$

변압기회로에서 저항은 전압의 제곱에 비례한다.

예제 정격 피상 전력 $S_N = 315\text{KVA}$, $a = 5\text{KV}/400\text{V}$이다.
입력 측 임피던스 $Z_1 = 9.51\,\Omega$일 때
출력 측 임피던스는 얼마인가?

$$Z_2 = \frac{Z_1 V_{2,N}^2}{V_{1,N}^2} = \frac{9.51\ 400^2}{(5\ 10^3)^2} = 0.0609\Omega$$

3.9.4 변압기의 전압 방정식

출력 측 $V_2 = V_{20}$

$$|V_{10}| = \text{IoXL}_1 \text{ 또는 } V_{1,0} = i\,\omega\,L_1 \tag{3-21}$$

$$\omega = 2\pi f \qquad L_1 = N_1 \frac{\Phi_{1,0}}{i_1} \tag{3-22}$$

공식 (3-22)으로 부터

$$|V_{10}| = 2\pi N_1 f \Phi_{1.0} \tag{3-23}$$

$\Phi_{1,0} = B_1 A$이기 때문에

$$|V_{10}| = 2\pi N_1 f B_1 \cdot A \tag{3-24}$$

V_1는 Sine형의 교류전압으로 실효치 V_{10}은

$$V_{10} = \frac{2\pi}{\sqrt{2}} N_1 f \cdot B_1 \cdot A \tag{3-25}$$

$$\frac{2\pi}{\sqrt{2}} = 4.44 \tag{3-26}$$

$$V_{10} = 4.44 N_1 f \cdot B_1 \cdot A \tag{3-27}$$

$$V_{20} = 4.44 N_2 f \cdot B_1 \cdot A \tag{3-28}$$

예제 삼상 변압기의 주파수가 50HZ S_N=50KVA이고 $A=1.15 \cdot 10^{-2} \mathrm{m}^2$, $B=$ 1.37T이다.
권선은 $N_1=1660$, $N_2=66$이며 Y 결선이다.
출력 측 유도전압과 정격 전압을 구하라.

$V_{1,0} = 4.44 N_1 f \hat{B} A = 4.44 \ 1660 50 \ 1.37 \ 1.1510^{-2} = 5806\, V$

$V_{2,0} = 4.44 N_2 f \hat{B} A = 4.44 \ 66 \ 50 \ 1.37 \ 1.1510^{-2} = 230.84\, V$

상 전압

$V_{1N} = \sqrt{3}\, V_{1,0} = \sqrt{3}\, 5806 = 10056\, V$

$V_{2N} = \sqrt{3}\, V_{2,0} = \sqrt{3}\, 231 = 400\, V$

3.10 운전

3.10.1 변압기의 등가회로

그림 3.16은 변압기의 부하가 있는 그림이다.

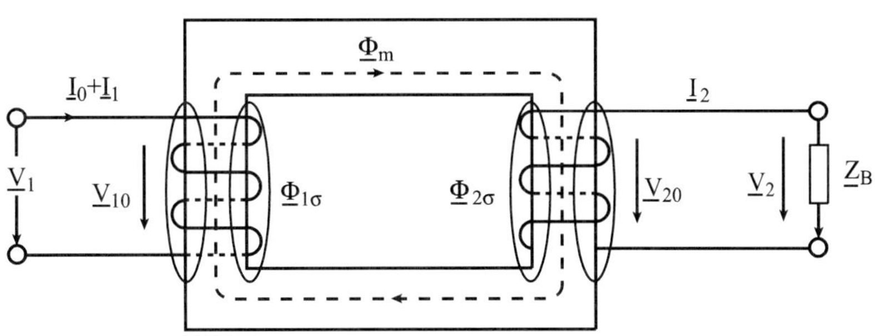

그림 3.16 부하가 있는 변압기의 주 자속과 누설 자속

1. Step : 회로를 간단히 하가 위하여 $N_1 = N_2$의 단상 변압기를 전제로 한다.

2. Step : 두 권선의 저항 R_1과 R_2는 변압기에서 빼내어 입력, 출력 측에 별도의 저항으로 생각하고 권선의 Coil은 순수한 Inductance로만 생각한다.
3. Step : 실제적인 변압기에서 공기의 투자율은 0보다 커서 각 권선 사이에 누설 자속 Φ_σ가 생긴다. 특별한 경우 각 권선에는 같은 크기의 주 자속 Φ_m 통과하고 각각의 전류에 의해 발생하는 누설은 총 누설 Φ_σ에서 1차 누설 $\Phi_{1,\sigma} \sim I_1$, 2차 누설 $\Phi_{2,\sigma} \sim I_2$로 나눈다. 이 조건은 단지 각 권선이 다른 철심에 감겨 있을 때는 만족한다. 서로 떨어진 두 개의 누설 자속은 Coil 내에 역기전력을 유기하기 때문에 1차 누설 Inductance $L_{1,\sigma}$와 2차 누설 Inductance $L_{2,\sigma}$를 만든다.

$$L_{1,\sigma} = L_{2,\sigma} \qquad N_1 = N_2 \text{일 때} \tag{3-29}$$

4. Step : 두 누설 Inductance는 저항과 같이 변압기에서부터 떼어내어 입력 선에 Inductive resistance로 생략할 수가 있다. 이로써 Φ_m(주 자속)를 나눌 수가 있고 주 자속 Φ_m는 여자 전류 I_μ에 비례한다. 주 자속은 철심에 유일하게 각 권선에 똑 같은 크기로 흐르는 자속이다.

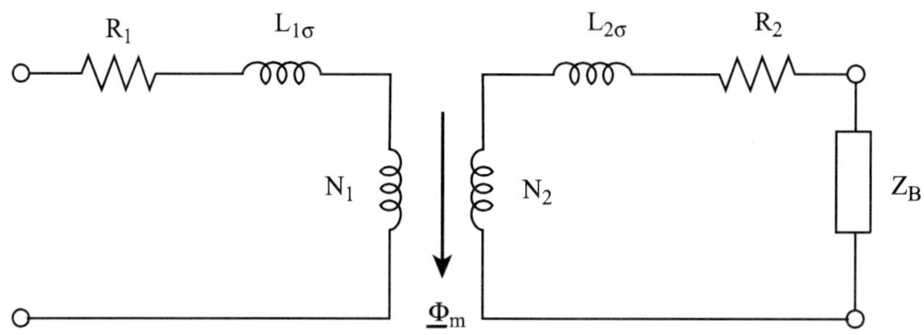

그림 3.17 $N_1 = N_2$인 변압기의 등가회로(분리된 권선)

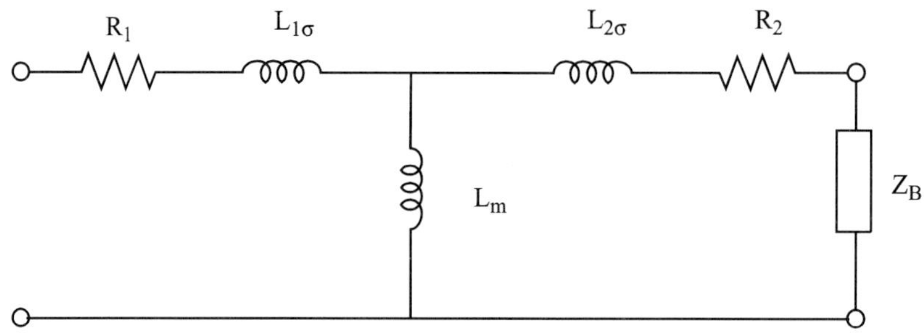

그림 3.18 $N_1 = N_2$인 변압기의 등가회로(공용 권선)

저항이 없는 Coil로 이상적인 에너지 변환 장치로 보면 Coil은 서로 위아래로 감겨 있는 것으로 생각할 수가 있다. 이 Coil에 권선 수 N_1과 N_2가 같기 때문에 주 자속 Φ_m가 생기고 Φ_m는 같은 크기의 V_m를 유도시키는데 V_m가 두 권선에 같은 크기로 유기되기 때문에 두 권선의 끝을 연결해도 문제가 없다.

두 병렬 권선에 여자 전류 $I_\mu = I_1 - I_2$가 흐르는 Coil이 형성된다. 이 권선에 main inductance L_m가 Φ_m로부터 생긴다.

5. Step Coil은 자속 Φ_h가 흐르는 철심에 main inductance L_m가 있다. 실제 변압기의 철심은 철손(여자손, 와류손)이 발생한다. 손실의 크기에 따라 main inductance와 병렬로 되는 철손 저항 R_{fe}를 그린다.
6. Step 변환된 크기를 도입하면 등가회로를 $N_1 = N_2$를 기본으로 하고 있으나 N_1과 N_2가 있기 때문에 Vector Diagram을 그리기가 쉽지가 않다. 따라서 이제까지 생각한 등가회로는 $N_1 \neq N_2$에 사용할 수가 있어야 한다. 이 두 가지 이유로 변환비에 따라 2차 측의 변환된 크기는 1차 측에 변환되어야 한다. 2차 측의 1차 측 환원 값은 (1)로 표시한다.

변환된 2차 측 저항은

$$R_2{}' = R_2\left(\frac{N_1}{N_2}\right)^2 \qquad R_2{}' = R_2\, a^2 \tag{3-30}$$

Inductance는 권선수의 제곱에 비례하므로 2차 측 누설 inductance는

$$L_{2\sigma}{}' = L_2\,\sigma\left(\frac{N_1}{N_2}\right)^2 \tag{3-31}$$

또는 누설 Reactance

$$X_{2\sigma}{}' = X_{2\sigma}\, a^2 \tag{3-32}$$

2차 측 권선의 전류

$$I_2{}' = I_2\frac{N_2}{N_1} \text{ 또는 } I_2{}' = I_2\frac{1}{a} \tag{3-33}$$

전압은

$$V_2{}' = V_2\frac{N_2}{N_1} \text{ 또는 } V_2{}' = V_2\, a \tag{3-34}$$

부하 임피던스

$$Z_2{}' = Z_2\left(\frac{N_2}{N_1}\right)^2 \text{ 또는 } Z_2{}' = Z_2 \cdot a^2 \tag{3-35}$$

$N_1 \neq N_2$이면 전압은 a_1 전류는 $\frac{1}{a}$ 그리고 저항은 a^2로 $N_1 \neq N_2$와 1차 측으로 그 크기와 변환된다.

따라서 지난 Step들은 다음 등가회로로 표시한다.

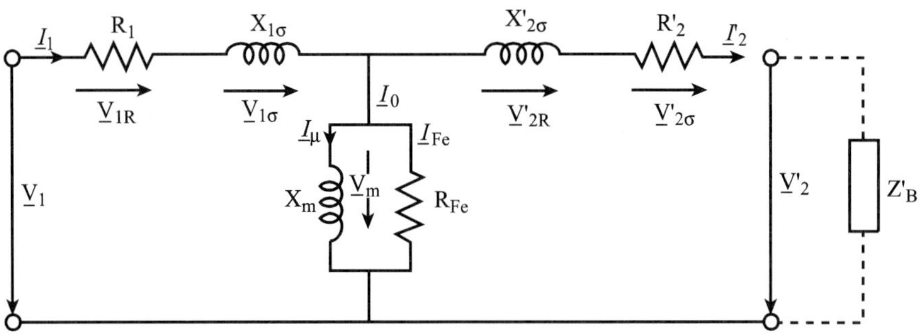

(a) 등가회로

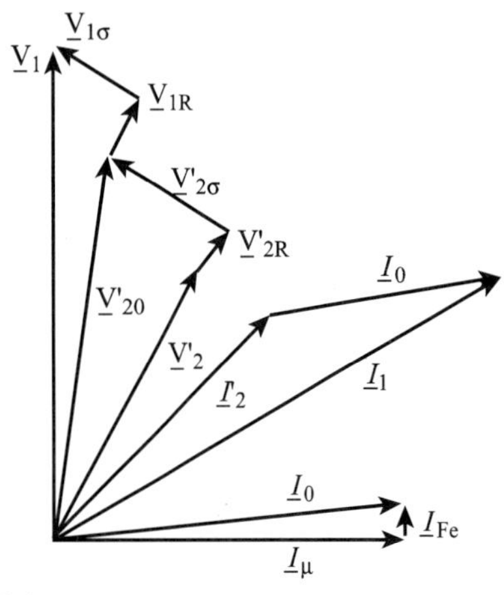

(b) Vector Diagram

그림 3.19 변압기의 등가회로

3.10.2 무 부하 운전

무 부하 시험은 변압기의 무 부하 특성을 구한다.

정격 전압의 V_{1N}, 무 부하 전류 I_{0N} 그리고 무 부하 시의 입력 P_{ON}을 측정한다.

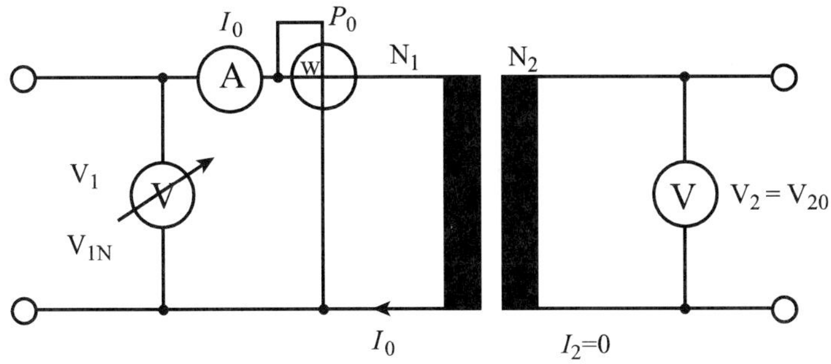

그림 3.20 무 부하 시험을 위한 회로(입력 측 가변 전압)

시험은 정격 주파수로 한다. 전압은 정격 전압이나 때에 따라 전압을 변화시킨다. W meter는 P_{ON}을 가능한 정확히 측정하기 위하여 1차 측에 직접 연결한다. 아주 작은 변압기에서는 계측기 자체의 소비 전력을 고려하여야 한다.

3.10.3 무 부하 특성

무 부하 입력 S_{ON} 무 부하시 1차 측에는 무 부하 전류 I_{ON}이 흐르고 무 부하 입력 S_{ON}이 생긴다.

$$S_{ON} = I_{ON} \cdot V_{1N} \tag{3-36}$$

이것은 $I_2 = 0$이기 때문에 2차 측 출력은 없고 1차 측에서 소멸된다. 이때의 유효 전력은 변압기에서 열로 변환되는 손실 전력이다. 변압기의 Capacitor를 무시하면 무효 전력은 Φ_{10}을 만드는 전력이다.

무 부하 시 역률 $\cos\phi_0$는 무 부하 시 측정한 $P_{0,N}$과 $I_{0,N}\ V_{1,N} = S_{0,N}$으로부터 계산한다.

$$\cos\phi_0 = \frac{P_{0N}}{I_{oN}\ V_{1N}} \tag{3-37}$$

이 공식으로부터 정격 전압과 무 부하 전류 사이의 위상각 ϕ_0를 확정한다.

실제로 $\cos\phi_0 = 0.1 \sim 0.4$ 정도이다.

무 부하손 : 무 부하 시의 유효 전력 P_o는 전선 저항 R_1 자기회로에서 생기는 Hysteresis손, 와류손 등을 발생한다.

$$P_0 = P_{0,cu} + P_{Hy} + P_w \tag{3-38}$$

한 주기 동안에 생기는 Hysteresis손 P_{hy}는 변압기 철심에서 열로 변환되는 Hysteresis의 한 주기 동안 입력되는 Energy와 같다. 따라서 이것은 자속 밀도 B와 주파수 f에 비례한다.

$$P_{Hy} \simeq f B^2 \tag{3-39}$$

와류손은 철손 (P_{Fe})의 60~70%이다.

변압기의 자기회로는 자기 교변자계가 흐른다. 그로 인하여 전압에 유기되고 교변자계에 직각으로 작용하는 와류가 형성된다. 이것은 철심이 하나의 단락된 전기회로를 형성하기 때문이다.

$$P_W \sim f^2 B^2 \tag{3-40}$$

$$P_0 = P_{0,cu} + P_{Fe} \tag{3-41}$$

$$P_{0,cu} << P_{Fe} \tag{3-42}$$

무 부하 동손($P_{0,cu}$)는 철손 (P_{Fe})에 비하여 대단히 작기 때문에 공식 (3-41)은 무 부하 손실은 철손만 있는 것으로 보아도 무방하다.

$$P_0 = P_{Fe} \tag{3-43}$$

3.10.4 무 부하 전류

무 부하 손은 변화하는 입력 전압과 V_1에 의한 무 부하 전류 I_o로부터 여자 곡선에 따라 증가한다. 무 부하 전류는 대형 기기에서 2%~25% 소형 기기에서 15% 정도의 정격 전류에 해당한다.

철손 전류$-I_{Fe}$는 무 부하 시 권선의 손실은 생략할 수가 있기 때문에 $I_{Fe} = \cos\phi_0$이다.

$$R_{Fe} = \frac{V_{1N}^2}{P_{ON}} \qquad R_{Fe} = \frac{P_{ON}}{I_{Fe}^2} \tag{3-44}$$

여자 전류

$$I_\mu = I_{oN} \sin\phi_o \tag{3-45}$$

3.10.5 부하 운전 특성

1) 정격 단락 전압

단락 시험으로 변압기의 부하 운전 특성을 시험한다. 입력 측 전원 전압 V_1, 전류 I_1 그리고 유효 전력 PK를 측정한다. 전압 V_2는 2차 측이 단락되어 있으므로 0이다. 일반적으로 1차 측 권선에 정격 전류 I_{1N}이 흐르는 운전점이 관심의 대상이 된다. 이러한 운전점에 도달하기 위하여 전압 V_1를 0에서부터 $I_1 = I_{1N}$이 증가시킨다. 이때 1차 측 권선에 걸리는 전압을 정격 단락 전압(임피던스 전압) V_{KN}이라 한다.

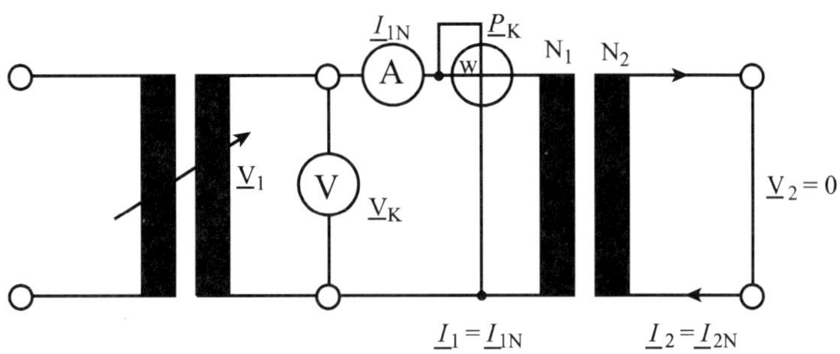

그림 3.21 단상 변압기의 단락 시험을 위한 회로

◆ **정격 단락 전압**

V_{KN}은 단락된 2차 측의 입력 측에 놓여야만 하는 입력 측 전압의 부분과 같다. 이로써 정격 전류 I_{1N}이 흐른다.

◆ **정격 단락 전압률**

v_{KN}은 정격 단락 전압을 정격 전압으로 나눈 값이다. 이것은 (%임피던스) 변압기의 명판에 정격 전압 V_{1N}의 %로 표시한다.

$$v_{kN} = \frac{V_{KN}}{V_{1N}} \cdot 100\% \tag{3-46}$$

소형·중형 변압기는 $v_{KN} = 3\sim6\%$ 대형은 8~12%이다.

단락 안정 변압기(초인종, 용접기용)의 $v_{KN} > 50\%$이다.

소형의 급전 선로에는 전압강하를 막기 위하여 $v_{KN} = 4\%$ 이내의 변압기를 사용한다.

산업용 배전 선로 등 대용량에서는 $v_{KN}=6\%$의 변압기를 사용하는데 이유는 단락 전류를 $v_{KN}<6\%$의 변압기 보다 크게 제한하기 위하여서이다.

대용량 변압기에서 단락에 충분히 대응하기 위하여 $v_{KN}>6\%$를 선택한다.

단락 전압을 변압기의 정격 출력으로 나누면 그 크기는 정격 전류에 의하기 때문에 출력에 비례한다. 예를 들면 100kVA의 $v_{KN}=4\%$이면 60kVA의 부하 시 $V_K=$ 0.6 4%=2.4%가 된다. 이 관계는 변압기의 병렬 운전에 큰 의미를 갖는다.

2) 단락 손실 : P_k

단락 시 출력 측 전압 $V_2=0$이기 때문에 변압기는 Energy를 취하지 않는다. 따라서 취하여진 Energy는 모두 열로 변환된다. 이때의 손실은 권선의 동손, 철손 그리고 누설로 인한 손실이다.

이미 전류의 변환 공식에서 증명되었듯이 부하가 걸린 변압기는 전류 측에서 보면 거의 이상적이다. 이것은 1차 측 전류 $I_1=I_{1N}$이 흐르면 2차 측에서 정격 전류 I_{2N}(변압기 반작용)이 흐른다.

단락 시험에서 취해진 유효 전력 P_K의 한 부분은 $I_1=I_{1N}$, $I_2=I_{2N}$이기 때문에 정격 운전 시 총 동손 P_{cuN}

$$P_{cuN}=I_{1N}^2R_1+I_{2N}^2R_2 \tag{3-47}$$

이다.

단락 전압 V_{KN}은 정격 전류 I_{1N}을 유발한다.

$V_{KN}=V_{1N}$이기 때문에 철심에는 그에 상응하는 작은 자장을 형성한다. 따라서 P_K에 들어 있는 철손은 생략할 수 있으며 정격 운전 시에도 대단히 작다.

$$P_K\approx P_{cuN}=I_{1N}^2R_1+I_{2N}^2R_2 \tag{3-48}$$

이로써 총 손실의 2번째 부분은 직접 측정으로 가능하다.

단락 시험의 측정 결과로 V_{KN}과 I_{1N}의 위상차를 확정 할 수가 있다.

$$\cos\phi_K=\frac{P_K}{S_{KN}}\ \text{or}\ \cos\phi_K=\frac{P_K}{I_{1N}\cdot V_{KN}} \tag{3-49}$$

단락 전압 V_K와 정격 전류 I_{1N}간의 위상차는 단락 전압의 유효 분과 무효 분으로도 확정된다.

$$V_R = V_K \cos\varphi_K = \frac{(R_1 + R_2')I_{1N}}{V_{1N}} \times 100 \tag{3-50}$$

또는 **백분율 저항 전압강하**

$$v_R = v_K \cos\phi_K\% \tag{3-51}$$

리액턴스 분의 전압 강하는 다음 공식으로 계산한다.

$$V_\sigma = V_K \sin\phi_K \tag{3-52}$$

백분율 리액턴스 강하

$$v_\sigma = v_k \sin\phi_K\% \tag{3-53}$$

3) 누설 전압 강하

V_σ는 누설로 인한 전압 강하를 표시한다. 누설 자속 $\Phi_{1,\sigma}$와 $\Phi_{2,\sigma}$를 Coil을 감싸기 때문에 여기서 전압이 발생하고 발생한 전압은 Lenz의 법칙에 의하여 V_1과 V_{20}에 반대하는 방향으로 작용한다.

3.10.6 변압기의 3상 결선, 상 변환 및 병렬 운전

교류의 송배전은 3상식이므로 변압기도 3상 변압기 또는 단상 변압기를 세 대 또는 두 대를 3상으로 결선하여 사용할 때가 많다.

변압기의 용량이 부족할 경우에는 병렬로 연결하여 병렬 운전을 한다. 이러한 경우에는 정격 및 특성이 일치한 변압기를 조합하여 사용하는 것이 원칙이다.

1) 변압기의 극성

2대 이상의 변압기를 결선하여 사용하는 경우 유기 기전력의 방향을 알고 일정하게 연결하여야 한다. 변압기의 극성은 어떤 순간에 1차, 2차 단자에 나타나는 유기 기전력의 상대적인 방향을 표시한 것이다. 변압기를 단독으로 사용하는 경우에는 문제가 없지만 3상 결선을 하거나 병렬 운전을 할 경우에는 각 변압기의 극성을 알고 결선을 하여야 한다.

그림 3.22(a) 변압기의 1차, 2차에 유도되는 기전력이 어떤 순간에 그림의 (-)에서 (+)로 향하는 방향으로 되어 있을 때, 각각의 단자에는 그림 3.22(a)와 같은 단자 기

호를 붙인다. 여기서 U, V는 고전압 측, u, v는 저전압 측을 나타내나 U와 u, V와 v가 같은 쪽에 놓여 있다.

이것에 반하여 그림 3.22(b)의 변압기에서는 같은 순간에 1차, 2차에 유도되는 기전력의 방향이 반대로 되어 있다. 이 경우에 단자 기호는 그림 3.22(b)와 같이 되어 U와 u, V와 v는 대각선상에 있다.

그림 3.22(a)의 경우를 감극성(subtractive polarity)이라 하고, 그림 3.22(b)의 경우를 가극성(additive polarity)이라고 구별한다. 우리나라에서는 감극성이 표준으로 되어 있다.

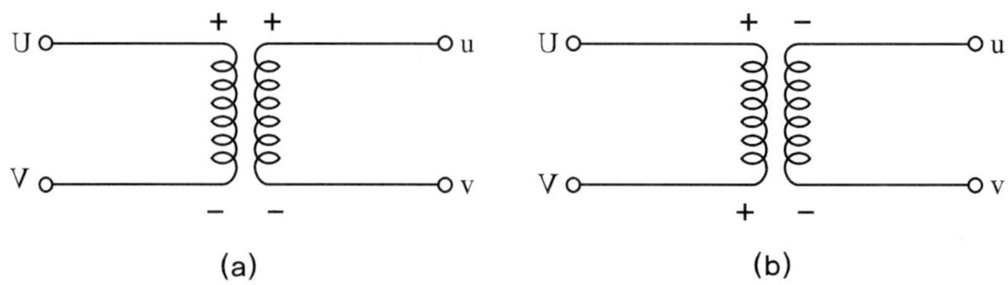

그림 3.22 변압기의 극성과 단자 기호

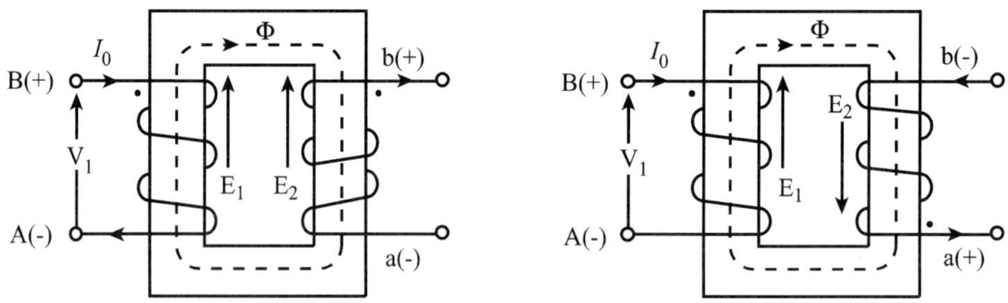

그림 3.23 감극성, 가극성 변압기

● 극성의 결정 방법

감극성의 경우는 그림 3.24에 나타내는 바와 같이 고전압 단자 U와 저전압 단자 v를 단락하고 다른 쪽의 고전압, 저전압 단자 U, v 사이에 전압계 Ⓥ를 접속하여 고전압 권선에 전압 V_1을 가했을 때, 전압계의 지시를 V라 하면 V는 고전압 권선 전압 V_1과 저전압 권선 전압 V_2의 차를 지시한다.

$V = V_1 - V_2$이면 감극성 변압기

$V = V_1 + V_2$이면 가극성 변압기이다.

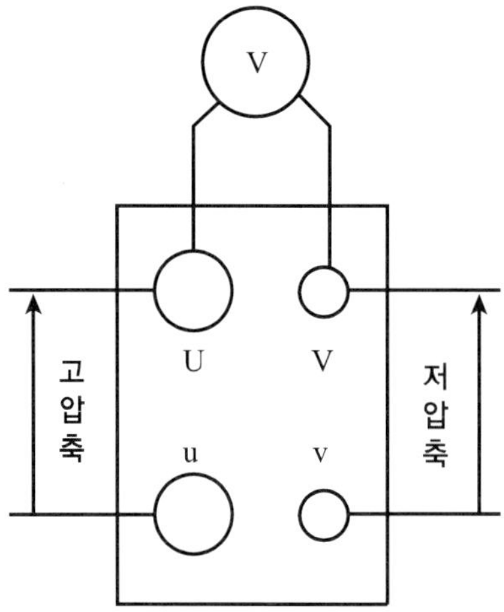

그림 3.24 극성의 시험

2) 여러 가지 3상 결선

3상 결선(three phase connection)에는 세 대의 변압기를 사용하는 것으로 $Y-Y$ 결선, $\Delta-Y$ 결선, $\Delta-\Delta$ 결선, $Y-\Delta$ 결선의 네 종류가 있으며, 두 대의 변압기를 사용하는 것에 V 결선과 T 결선이 있다.

이때에 변압기는 용량, 전압, 주파수 등의 정격이 동일하며 권선의 저항, 누설 리액턴스, 여자 전류 등이 똑같아야 한다.

(1) $Y-Y$ 결선(star-star connection, $Y-Y$ connection)

이것은 그림 3.25(a)와 같이 3개 변압기의 1차 및 2차를 각각 Y 결선으로 한 것으로 위상 관계를 조사하는 데에는 그림 3.25(b)와 같이 그리면 편리하다. 이와 같은 변압기의 1조를 **뱅크**(bank)라고 한다.

각상의 변압기 등가회로를 그림 3.25(a)에 표시하면 $Y-Y$ 결선의 등가회로는 그림 3.25(b)와 같이 된다.

변압기의 선간전압은 상 전압의 $\sqrt{3}$ 배가 된다. 또한 선 전류=상 전류의 관계가 되는 것을 알 수가 있다. 또한 3상 출력은 각 변압기 출력의 3배가 되며, 변압기의 용량을 VI라 하면 3상 뱅크의 용량은 $3VI$가 된다.

임피던스 강하를 무시하면 1차와 2차의 선간 전압은 위상이 일치한다.

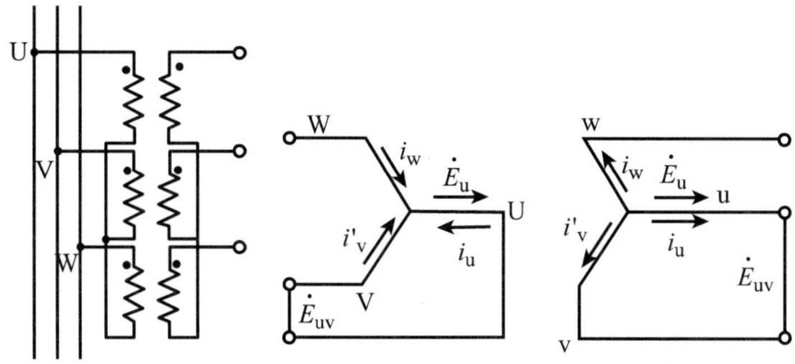

(a) 결선도 (b) 등가회로

그림 3.25 $Y-Y$ 결선과 등가회로

(2) $\Delta-\Delta$ **결선**(delta-delta connection)

결선은 그림 3.26(a)와 같고, 등가회로는 그림 3.26(b)와 같이 표시한다. 변압기의 정격 전압은 선간 전압과 같게 선택하여야 한다. 3상 출력은 각 변압기 출력의 3배가 되며, 변압기 1대의 용량을 VI라 하면 3상 뱅크의 용량은 $3VI$가 된다.

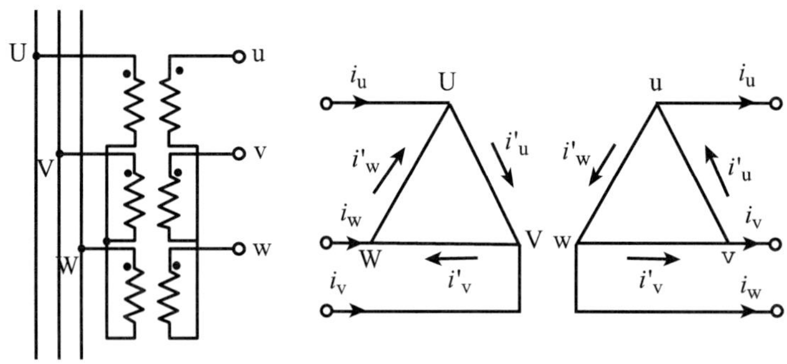

(a) 결선도 (b) 등가회로

그림 3.26 $\Delta-\Delta$ 결선

Δ 결선에서는 선간 전압 = 상 전압, 선 전류 = $\sqrt{3}$ 상 전류의 관계가 있다.

Δ 결선을 성형 결선(Y 결선)으로 환산하기 위해서는 $\Delta-Y$ 변환의 공식에 따라서 각상의 임피던스를 1/3배하고 어드미턴스를 3배하면 되므로 변압기 1대에 대한 등가회로는 그림 3.27(a)와 같이 되며, 3상 결선의 등가회로는 그림 3.27(b)와 같이 된다.

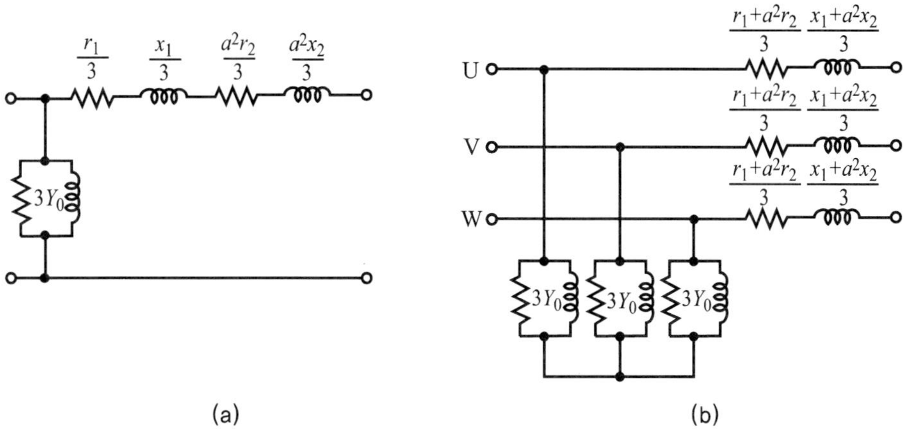

【그림 3.27】 등가회로에 의한 $\Delta - Y$ 변환

(3) $\Delta - Y$ **결선**(delta-star connection)

결선은 그림 3.28(a)와 같으며, 등가회로는 그림 3.28(b)로 표시한다. 전류의 관계는 1차 선 전류를 I_{l1}이라 하면 변압기의 1차 전류는 $I_1 = I_{l1}/\sqrt{3}$이 되며, 여자 전류를 무시하면 이것이 2차 전류 I_2를 1차로 환산한 것과 같다.

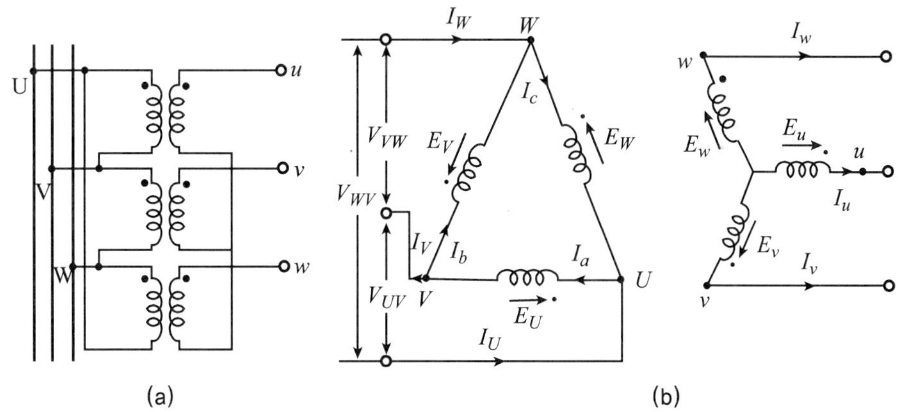

【그림 3.28】 $\Delta - Y$ 결선의 등가회로

또한 변압기의 1차, 2차 기전력은 동상이지만 2차 선간 전압은 무 부하일 때 2차 기전력의 $\sqrt{3}$ 배이고 위상이 $\frac{\pi}{6}$만큼 다르다. 따라서 1차, 2차 선간 전압에도 거의 $\frac{\pi}{6}$의 위상차가 있다.

등가회로에서 I_{l1}을 구했을 때, 변압기의 1차 전류는 $I_1 = I_{l1}/\sqrt{3}$으로 주어진다.

여자 전류를 고려하려면 각 변압기의 Y_0를 3배하여 성형으로 접속한 것을 부가하면 된다. 변압기 1개의 용량을 VI라 하면 3상 뱅크의 용량은 $3VI$가 된다.

(4) $Y-\Delta$ 결선(star-delta connection)

결선은 그림 3.29(a)와 같고 이것을 그림 3.29(b)로 표시한다. 변압기의 2차 상 전류를 I_2라 하면 2차 선 전류는 $I_{l2} = \sqrt{3}\, I_2$이다.

변압기의 1차, 2차 기전력은 동상이지만 1차 선간 전압은 무 부하일 때 1차 기전력의 $\sqrt{3}$배가 되며 위상은 $\frac{\pi}{6}$만큼 다르다. 따라서 1차, 2차 선간 전압에도 거의 $\frac{\pi}{6}$의 위상차가 있다.

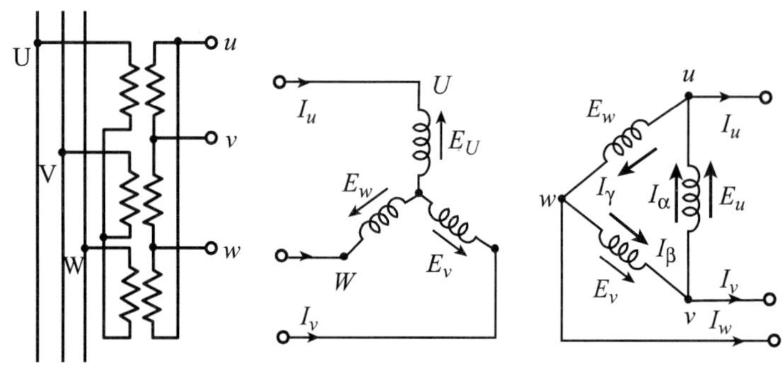

(a) (b)

그림 3.29 $Y-\Delta$ 결선

(5) V 결선(V connection)

그림 3.30과 같이 3상 전원에 2개의 변압기를 접속하여 3상 전력을 공급하는 결선을 V **결선**이라고 한다.

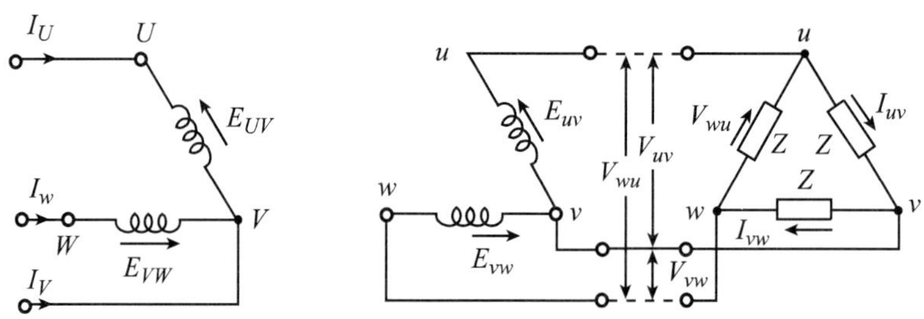

(a) 1차 측 (b) 2차 측

그림 3.30 V 결선

U, W상에서는 누설 임피던스에 의한 전압강하가 없으므로 2차에 평형 전류가 흐른 경우에도 2차 측의 3상 전압에는 불평형을 생기게 한다.

이 결선에서는 변압기의 전류 I와 선 전류가 같다. 따라서 변압기의 전압을 V라 하면 역률 1인 경우의 변압기 뱅크 출력, 즉 뱅크 용량은 $\sqrt{3}\,VI$가 된다. 이것에 대하여 $\Delta-\Delta$ 결선의 용량은 $3\,VI$이므로

$$\frac{V\text{ 결선 출력}}{\Delta\text{ 결선 출력}}=\frac{\sqrt{3}\,VI}{3\,VI}=0.577 \tag{3-54}$$

이 된다. 2개 변압기 용량 합계는 $2\,VI$이므로 V 결선인 경우의 변압기 이용률은 다음 식으로 주어진다.

$$\frac{\sqrt{3}\,VI}{2\,VI}=0.866 \tag{3-55}$$

즉, V 결선에서는 각 변압기 용량의 0.866배 밖에 유효하게 이용되지 않으므로 Δ 결선에 비하여 약 $\frac{1}{2}$ 정도(0.577배)의 출력만 얻을 수 있다.

이와 같이 V 결선은 불리하므로 $\Delta-\Delta$ 결선의 변압기가 1개 소손된 경우에 정전 시키지 않고 약간이라도 급전하는 경우라든가 경비의 관계로 변압기 2개만으로 이용할 경우 등에 사용된다.

● 3상 결선의 비교

$Y-Y$ 결선도 $\Delta-\Delta$ 결선도 1차, 2차의 전압이 동상인 것은 우수한 점이지만 $Y-Y$ 결선에는 다음과 같은 결점이 있으므로 송배전에는 사용되지 않는다.

$Y-Y$ 결선에서 중성점이 접지되어 있지 않는 경우에는 중성점으로 향하는 각상 여자 전류의 제3조파 i_3는 동위상이 되므로 그 합인 $3i_3$는 키르히호프의 법칙에 따라서 0이 된다. 다시 말하면 제3조파 i_3는 존재하지 않으므로 유도 기전력에 고조파가 포함하게 된다. 이 전압은 선간에는 상실되어 나타나지 않으나, 변압기 권선의 절연에는 바람직하지 못하다. 만일 중성점을 접지하면 선로에 제3조파를 포함한 여자 전류가 흘러서 부근의 통신선에 유도 장해를 준다.

$\Delta-\Delta$ 결선에서는 여자 전류의 제 3조파가 변압기의 순환 전류로서 존재하므로 선로에는 흐르지 않고, 그리고 유도 기전력은 정현파이다. 만일 1개의 변압기가 고장이라도 나면 남은 것을 V 결선으로 하여 정전을 피할 수 있는 장점도 있기 때문에 배전용으로서 잘 사용된다. 중성점의 접지가 필요할 경우에는 적합하지 못하다.

$\Delta - Y$ 결선과 $Y - \Delta$ 결선은 여자 전류의 제3조파는 Δ부분의 순환 전류로서 존재하고, Y의 부분에서는 중성점 접지를 할 수 있으므로 1차, 2차의 위상이 30° 변위하는 결점이 있는 데에도 불구하고 송배전 계통에 보통 사용된다. $\Delta - Y$ 결선을 송전단에 $Y - \Delta$ 결선을 수전단에 사용하면 높은 쪽의 전압을 Y에서 담당하게 되므로 절연의 점에서 유리하게 된다.

$V - V$ 결선에 대해서는 앞 절에서 설명한 바와 같다.

3.10.7 상수의 변환

1) 3상과 2상의 상변환

그림 3.31에서 나타내는 스코트 결선(Scott connection)을 사용하면 3상과 2상의 변환을 할 수 있다.

그림 3.31(a)와 같이 변압기 T_t의 1차 권선 일단을 다른 변압기 T_m의 1차 권선 중점 0에 접속하여 1차 측의 남은 3단자를 3상 전원에 접속하고, 2차 측은 동일 극성의 단자를 접속하여 중성점 O'라 하면 이것과 다른 2단자 u, v사이에 2상 교류가 얻어진다. 변압기 M을 주좌 변압기(main transformer), T를 T좌 변압기라고 한다.

T좌 변압기 T는 주좌 변압기 M과 동일한 변압기에 대해 1차 권선 권수 w_1의 $\sqrt{3}/2$인 곳에 구출 선을 설치한 것을 사용하여도 되고, 최초부터 1차 권수를 $(\sqrt{3}/2)$ w_1으로 한 것을 사용하여도 된다.

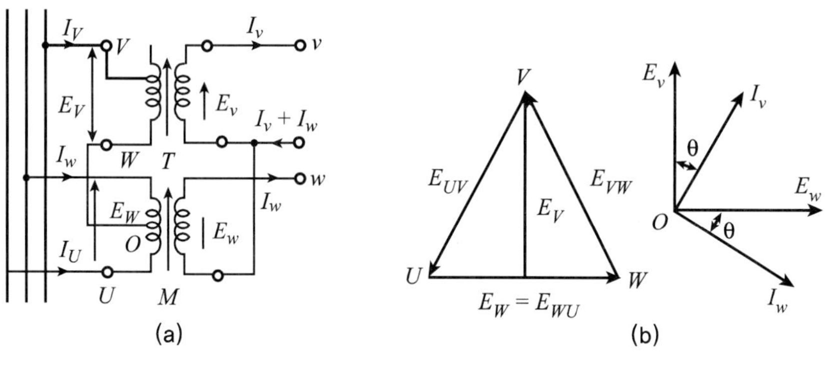

그림 3.31 스코트 결선

그림 3.31에 나타낸 바와 같이 $\triangle UVW$가 3상 전원 전압을 표시한다고 하면 T좌 변압기의 1차에 걸리는 전압 E_{WU}는 주좌 변압기의 1차 전압 E_{WU}, 즉 선간 전압

E_W과 $\frac{\pi}{2}$의 위상차가 있고 크기는 그 $\sqrt{3}/2$배이다.

$$E_V = j\frac{\sqrt{3}}{2}E_{WU} = j\frac{\sqrt{3}}{2}E_W \tag{3-57}$$

T좌 변압기의 1차, 2차 권수를 각각 $j\frac{\sqrt{3}}{2}w_{1,}w_2$라 하고, 주좌 변압기의 1차, 2차 권수를 각 각 $w_{1,}w_2$라 하면 T좌 변압기의 2차 유도기전력 $\dot{E}_v$와 주좌 변압기의 2차 유도 기전력 $\dot{E}_w$는 다음 식으로 주어진다.

$$\dot{E}_v = \frac{w_2}{\frac{\sqrt{3}}{2}w_1} \cdot E_V = \frac{2}{\sqrt{3}} \cdot \frac{w_2}{w_1}j\frac{\sqrt{3}}{2}E_W = j\frac{w_2}{w_1}E_W$$

$$\dot{E}_v = \frac{w_2}{w_1}E_W \tag{3-58}$$

$$\therefore \dot{E}_v = j\dot{E}_w \tag{3-59}$$

따라서 무 부하일 때, 2차 전압은 크기가 같고 90°의 위상차가 있다. 2차에 평형 부하 전류 $\dot{I}_v$, $\dot{I}_w$가 흘렀을 때, 1차에 유입하는 전류를 $\dot{I}_U$, $\dot{I}_V$, $\dot{I}_W$라 하면 다음의 여러 식이 성립한다.

$$\dot{I}_u = j\dot{I}_v \tag{3-60}$$

$$\frac{\sqrt{3}}{2}w_1\dot{I}_v = w_2\dot{I}_w \quad \frac{w_1}{2}\left(\dot{I}_V - \dot{I}_W\right) = w_2\dot{I}_v,\ \dot{I}_U + \dot{I}_V + \dot{I}_W = 0 \tag{3-61}$$

이것을 정리하여

$$\dot{I}_U = \frac{2w_2}{\sqrt{3}\,w_1}\dot{I}_u = j\frac{2w_2}{\sqrt{3}\,w_1}\dot{I}_v$$

$$\dot{I}_V - \dot{I}_W = \frac{2w_2}{w_1}\dot{I}_v = -j\sqrt{3}\,\dot{I}_U,\ \dot{I}_V + \dot{I}_W = -\dot{I}_U \tag{3-62}$$

$$\therefore \dot{I}_V = \frac{-1-j\sqrt{3}}{2}\dot{I}_U,\ \dot{I}_W = \frac{-1+j\sqrt{3}}{2}\dot{I}_U \tag{3-63}$$

따라서 $\dot{I}_U$, $\dot{I}_V$, $\dot{I}_W$는 평형 3상 전류이다.

주좌 변압기에서 2차 전류의 기자력을 상쇄하기 위하여 1차에 유입하는 전류를 $\dot{I}_1{}'$이라고 하면

$$w_1\dot{I}_1{}' = w_2\dot{I}_v \quad \therefore \dot{I}_1{}' = \frac{w_2}{w_1}\dot{I}_v = -j\frac{\sqrt{3}}{2}\dot{I}_U \tag{3-64}$$

$$\dot{I}_V = -\frac{1}{2}\dot{I}_U + \dot{I}_1{}', \quad \dot{I}_W = -\frac{1}{2}\dot{I}_U - \dot{I}_1{}' \tag{3-65}$$

즉, T좌 변압기의 1차 전류 $\dot{I}_U$가 $\frac{1}{2}$이 되어 주좌 변압기 1차 권선의 각 $\frac{1}{2}$부분에 흘러서 이것과 $\dot{I}_1{}'$와의 합성 전류가 $\dot{I}_V$, $\dot{I}_W$가 되는 것을 생각할 수 있다.

이때의 각 $\frac{1}{2}$부분의 $\frac{1}{2}\dot{I}_U$에 의한 기자력은 상쇄되어 주자속에 영향을 미치지 않는다.

스코트 접속에 대한 변압기 이용률은 다음과 같이 하여 구해진다.

(1) 주좌 변압기과 T좌 변압기의 용량이 같은 경우

2차 측 피상 출력 $P_2 = 2E_vI_v = 2\left(\frac{w_2}{w_1}V\right)\left(\frac{\sqrt{3}\,w_1}{2w_2}I\right) = \sqrt{3}\,VI$

3상 측 용량 $P_1 = 2VI$

$$\text{뱅크 이용률 } \frac{P_2}{P_1} = \frac{\sqrt{3}}{2} = 0.866 \tag{3-66}$$

(2) T좌 변압기의 용량이 주좌 변압기의 $\sqrt{3}/2$배인 경우

2상 측 피상 출력 $P_2 = \sqrt{3}\,VI$

3상 측 용량 $P_1 = VI + \frac{\sqrt{3}}{2}VI = 1.866\,VI$

$$\text{뱅크 이용률 } \frac{P_2}{P_1} = \frac{1.732}{1.866} = 0.923 \tag{3-67}$$

3.10.8 병렬 운전

변압기의 부하가 증대하여 새로운 변압기를 증설할 경우, 또는 경제적인 운전을 하는 점 등으로 보아 2개 이상의 변압기 1차 측과 2차 측을 각각 병렬로 연결하여 운전할 필요가 있게 된다. 이것을 병렬 운전이라고 한다.

1) 단상 변압기의 병렬 운전 조건

(1) 각 변압기의 극성이 일치할 것
(2) 각 변압기의 권수비가 같고, 1차 및 2차의 정격 전압이 같을 것
(3) 각 변압기의 백분율 임피던스 강하가 같을 것
(4) 각 변압기의 γ/χ 비가 같을 것

이 조건에 대하여 그 이유를 알아본다.

(1) 병렬 운전하는 경우에 가장 주의해야 할 것은 변압기의 극성을 맞추어야 한다. 즉, 그림 3.32(a)와 같이 1차 측에서는 U와 U, V와 V를 접속하고 2차 측에서는 u와 u를, v와 v를 접속한다.

만약, 극성이 틀려서 그림 3.32(b)와 같이 반대로 u와 v를 접속할 때에는 전압계에 2차 전압이 동상이 되어서 서로 가해지고 이것이 2차 권선으로 된 폐회로(점선으로 표시된 홀)에 작용하여 권선의 임피던스가 적기 때문에 대단히 큰 순환전류가 흘러서 권선을 소손한다.

(2) 권수비가 틀리면 2차 전압의 차이에 따라 2차권선 사이에 소용없는 순환 전류(횡류라고도 한다)가 흘러서 권선이 과열하는 원인이 된다.
(3) 백분율 임피던스 강하가 같지 않으면 부하의 분담이 부적당하게 된다.

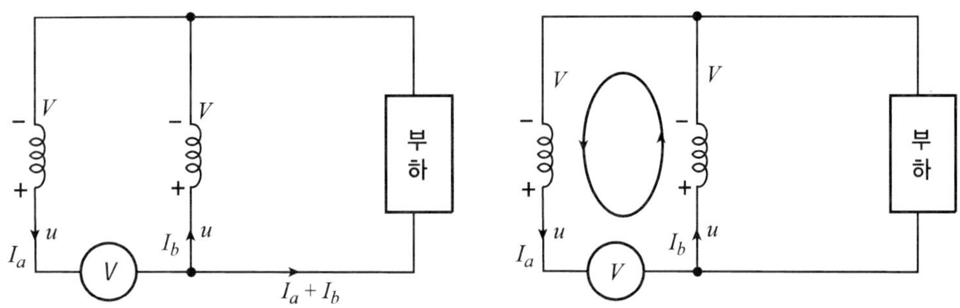

(a) 극성이 일치할 때 (b) 극성이 틀린 경우

그림 3.32 단상 변압기의 병렬 운전

부하의 분담 : 그림 3.33과 같이 T_a, T_b의 변압기 2대가 병렬 운전하고 있는 경우의 부하 분담에 대하여 1차로 환산한 간이 등가회로를 만들면 그림 3.34와 같이 된다.

1차 측이나 2차 측도 각각 동일한 선로 또는, 모선에 연결되어 있기 때문에 1차 및 2차 단자전압은 같고 각각 $V_1[V]$, $V_2[V]$로 된다. 또 각 변압기의 부하 전류를

각각 I_a, I_b라 하면

$$\dot{V}_1 = \dot{Z}_{21a}\dot{I}_a + \dot{V}_2{}'$$
$$\dot{V}_1 = \dot{Z}_{21b}\dot{I}_b + \dot{V}_2{}' \tag{3-68}$$

그리하여 여자 전류를 무시하면, 1차 전류 I_1은

$$\dot{I}_1 = \dot{I}_a + \dot{I}_b \tag{3-69}$$

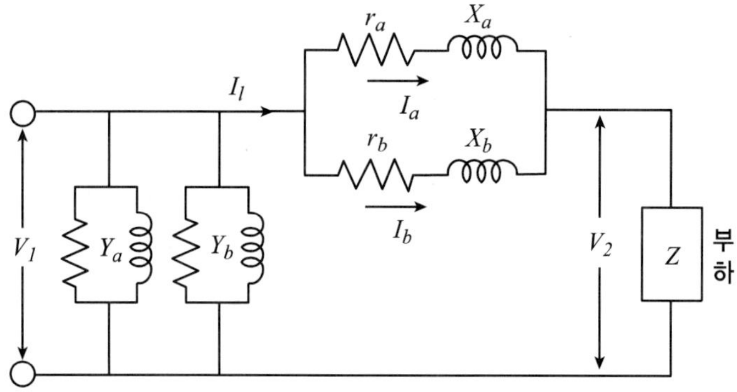

그림 3.33 병렬 운전의 간이 등가회로

또, $\dot{Z}_{21a}\dot{I}_a = \dot{Z}\,\dot{I}_b = \dot{Z}_1\dot{I}_1$ 단, $\dot{Z}_1 = \dfrac{\dot{Z}_{21a}\,\dot{Z}_{21b}}{\dot{Z}_{21a} + \dot{Z}_{21b}}$

$$\therefore \frac{\dot{I}_a}{\dot{I}_b} = \frac{\dot{Z}_{21b}}{\dot{Z}_{21a}} \tag{3-70}$$

$$\dot{I}_a = \dot{I}\,\frac{\dot{Z}_1}{\dot{Z}_{21a}},\ \dot{I}_b = \dot{I}_1\frac{\dot{Z}_1}{\dot{Z}_{21b}} \tag{3-71}$$

이상의 관계를 3개 이상의 경우에도 성립한다.

두 변압기 T_a, T_b의 1차 정격 전류를 $I_{an}[A]$, $I_{bn}[A]$로 하고, 1차 정격 전압을 $V_{n[V]}$라 하면 백분율 임피던스 강하 $\%z_a$, $\%z_b$는

$$\%z_a = \frac{Z_{21a}I_{an}}{V_n} \times 100 \qquad \therefore Z_{21a} = \frac{\%z_a V_n}{I_{an} \times 100} \tag{3-72}$$

$$\%z_b = \frac{Z_{21b}I_{bn}}{V_n} \times 100 \qquad \therefore Z_{21b} = \frac{\%z_b V_n}{I_{bn} \times 100}$$

식 (3.72)을 식 (3.70)에 대입하면

$$\frac{I_a}{I_b} = \frac{\%z_a V_n I_{an}}{\%z_b V_n I_{bn}} = \frac{\%z_a}{\%z_a} \times \frac{V_n I_{an}}{V_n I_{bn}} = \frac{\%z_b}{\%z_a}\frac{P_{an}}{P_{bn}} \tag{3-73}$$

여기서, $P_{an}[VA]$ 및 $P_{bn}[VA]$는 각 변압기의 정격 용량이다.

$$\therefore \frac{I_a}{I_b} = \frac{V_n I_a}{V_n I_b} = \frac{P_a}{P_b} \tag{3-74}$$

식 (3-73)와 식 (3-74)에서

$$\frac{P_a}{P_b} = \frac{\%z_b}{\%z_a}\frac{P_{an}}{P_{bn}} \tag{3-75}$$

두 변압기의 정격 용량이 같다면 (3-75)에서

$$\frac{P_a}{\%z_b} = \frac{P_b}{\%z_a} = \frac{P_a + P_b}{\%z_a + \%z_b} \tag{3-76}$$

변압기 T_a의 정격 용량을 변압기 T_b 용량의 m배라고 하면, $\frac{P_{an}}{P_{bn}} = m$, 식 (3-74)에서

$$\frac{P_a}{\%z_b} = \frac{P_b}{\%z_a}\frac{P_{an}}{P_{bn}} = \frac{P_b}{\%z_a}m \tag{3-77}$$

따라서 어떠한 부하에 대해서도 각 변압기가 분담하는 전류가 정격 용량에 비례하고 $I_a / I_b = m$로 되기 위해서는 식 (3-77)에서 두 변압기의 백분율 임피던스 강하 z_a와 z_b가 같아야 한다는 것을 알 수 있다.

일반적으로 두 변압기에 정격 용량의 비가 3 : 1 이내이고, 백분율 임피던스의 차이가 그 평균치의 10[%] 이내이면 병렬 운전을 해도 상관없다.

2) 3상 뱅크의 병렬 운전

단상변압기 3대를 조합 뱅크시켜서 서로 병렬 운전하는 경우에는 단상 변압기의 병렬 운전 조건 외에 **상회전**의 방향 및 1차, 2차 선간 유도기 전력의 **위상변위**가 같지 않으면 안 된다. 정격 1차, 2차 전압이 같으면 같은 위상 변위일 때 동일한 기호의 단자를 접속하여 병렬 운전을 할 수 있다.

3상 변압을 하는 경우에는 예를 들면, 같은 $Y-Y$ 결선이라도 그림 3.35와 같이 극성을 반대로 하는 두 가지 종류의 결선법이 된다. 따라서 보두 Y 결선 방식이라도 접속 방법에 따라 1차 측과 2차 측의 전압 벡터 관계가 그림 3.34(a), (b)와 같이 다르게 되며, 실제 결선도는 (c), (d)와 같은 차이점이 있다.

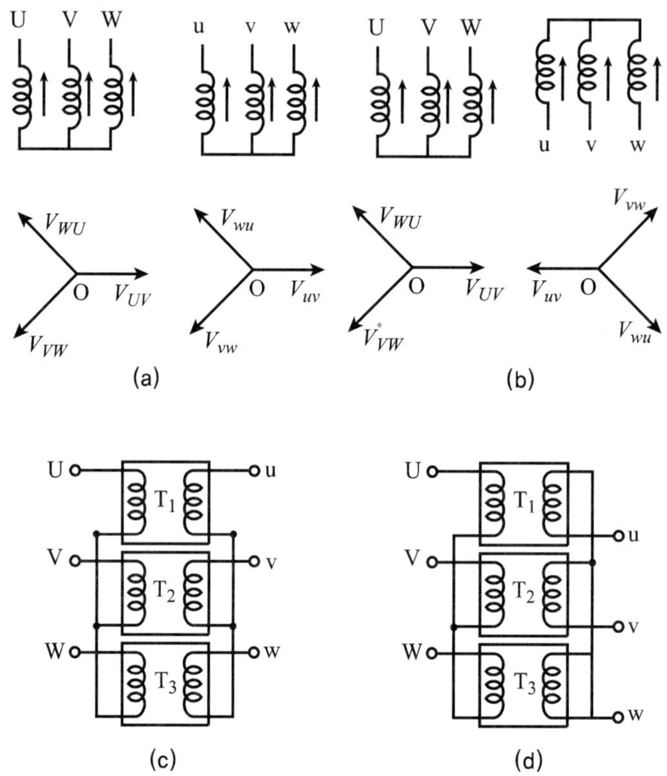

그림 3.34 3상 결선과 벡터도 및 실제 결선도

이 관계는 1차와 2차가 대응하는 유도전압 사이의 위상차로 표시되며 위상 변위라고 한다. 즉, 위상 변위란 그림 3.35의 전압 벡터도 중에서 1차 측 중성점에서부터 U와의 직선과 2차 측 중심점에서부터 u와의 직선 사이의 각도이며, 시계방향으로

측정한 각도를 (+)로 하고 반시계방향으로 측정한 각도를 (-)로 한다. 그림 3.35는 각종 결선에 대해서 위상 변위를 나타낸 것이다.

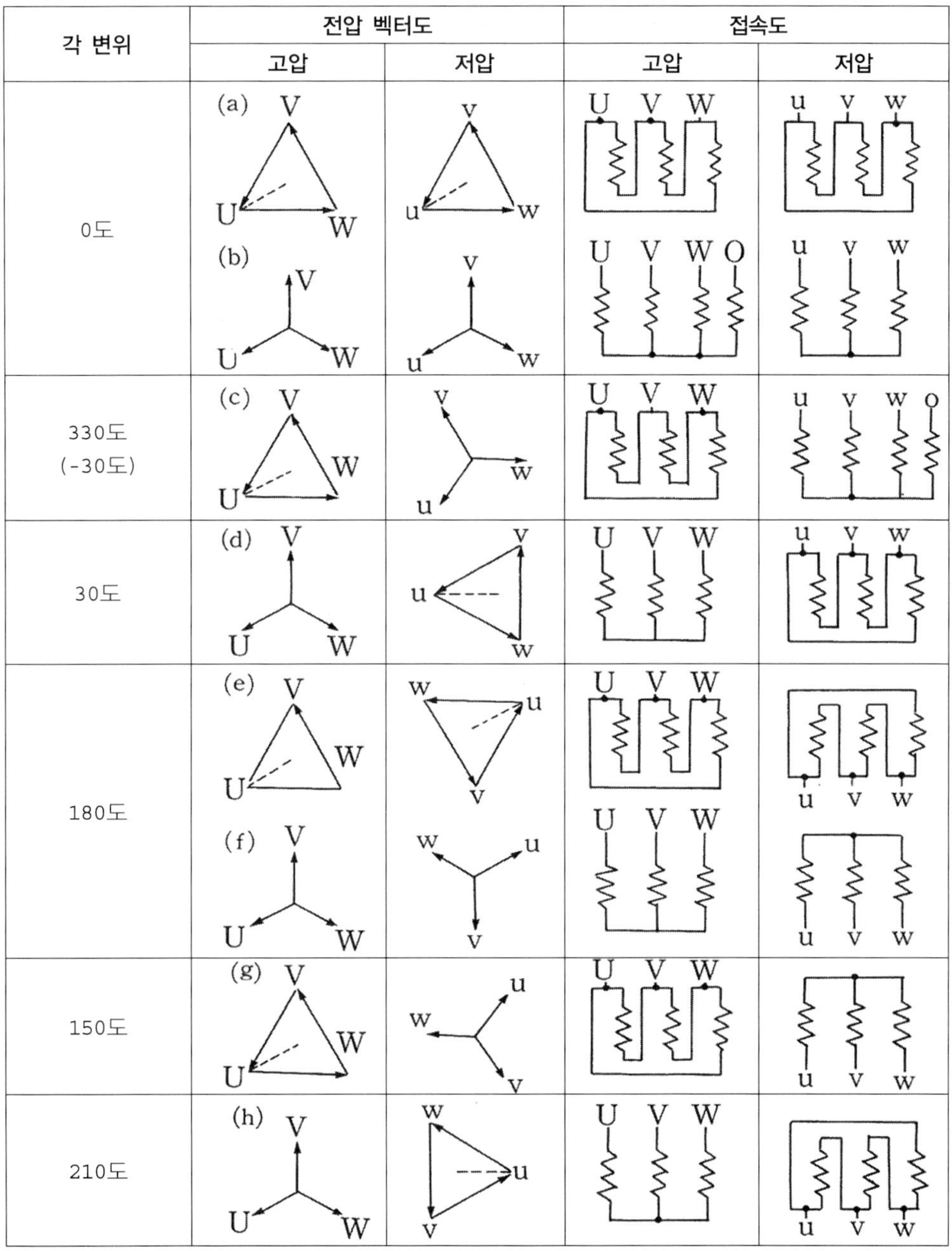

【그림 3.35】 3상 뱅크와 전압 위상 변위

▌표 3.2 ▌ 3상 변압기의 병렬 운전 결선 조합

가 능	불 가 능
$\Delta-\Delta$(0°)와 $\Delta-\Delta$(0°) $Y-Y$(0°)와 $Y-Y$(0°) $Y-\Delta$(30°)와 $Y-\Delta$(30°) $\Delta-Y$(-30°)와 $\Delta-Y$(-30°) $\Delta-\Delta$(0°)와 $Y-Y$(0°) $\Delta-Y$(-30°)와 $Y-\Delta$(210°)	$\Delta-\Delta$(0°)와 $\Delta-Y$(-30°) $\Delta-Y$(-30°) 와 $Y-Y$(0°)

병렬 운전이 가능한 결선과 불가능한 결선의 조합을 나타내면 표 3.2와 같다.

$V-V$는 $\Delta-\Delta$와 같이 취급해도 좋으므로 병렬 운전의 가능, 불가능은 $\Delta-\Delta$에 준한다.

3.11 각종 변압기

3.11.1 3상 변압기

3상의 경우에 3개의 단상 변압기를 조합하여 사용하는 대신에 그림 3.36(a), (b)와 같이 1개의 철심에 3상분의 권선을 감은 **3상 변압기**(three-phase transformer)를 사용하면 경제적이다. 그림 3.36(a)는 내철형(core type), 그림 3.36(b)는 외철형(shell type)이라고 부른다.

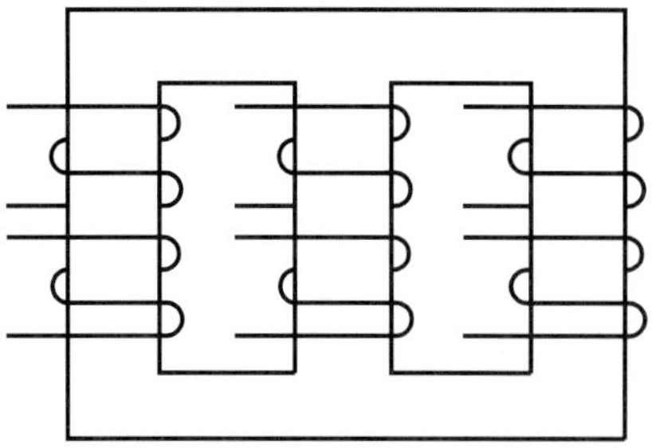

(a) 내철형

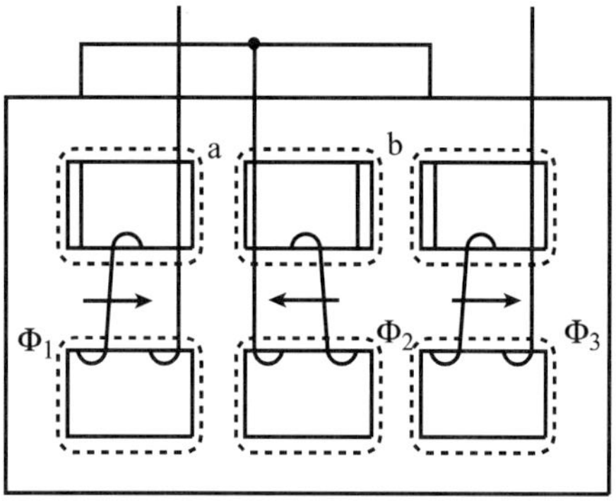

(b) 외철형

그림 3.36 3상 변압기

내철형의 3개 철심 다리(iron core leg) 부분을 통과하는 자속 Φ_a, Φ_b, Φ_c는 전원 전압이 대칭 3상 전압이라면 평형 3상 자속이 되므로

$$\Phi_a + \Phi_b + \Phi_c = 0 \tag{3-78}$$

가 되며, 공통의 귀로를 생략할 수 있으므로 철심 재료가 절약되고 철손이 적게 된다. 외측의 다리(leg)를 통과하는 자속의 자기회로는 중앙각에 비하여 길게 되며 여자 전류에 다소의 불평형이 생기지만 별 지장이 없다.

외철형에서는 중앙각의 b상 권선은 다른 각의 a상, c상 권선과 기자력이 반대가 되도록 감는다. 이것으로 계철 부분을 통과하는 자속은 주 자속의 $\frac{1}{2}$이 되고, 따라서 계철 부분 단면적도 철심 다리 부분 단면적의 $\frac{1}{2}$로 충분하고 철심 재료가 절약된다.

그림 3.37은 이것의 설명도로서, 예를 들면 그림 3.37(a)에서 계철 부분 2에는 $\dot{\Phi}_2 = \frac{1}{2}\dot{\Phi}_a + \frac{1}{2}\dot{\Phi}_b$가 통과하지만 그림 3.37(b)에 나타낸 바와 같이 $\dot{\Phi}_a, \dot{\Phi}_b$는 같은 크기로 위상차가 120°이므로 $\dot{\Phi}_2$의 크기는 $\frac{1}{2}\dot{\Phi}_a$와 같다.

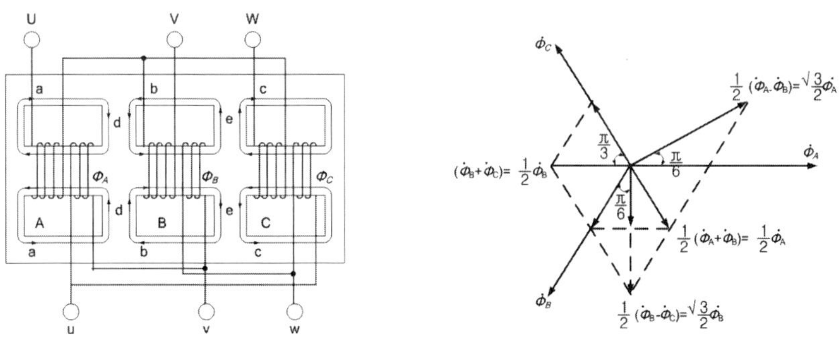

그림 3.37 3상 변압기(a)와 자속 분포도(b)

3상 변압기의 장점은

- 사용 철심량이 적고 철손도 적게 되므로 효율이 좋다.
- 전반적인 사용 재료가 경감되어 중량이 감소하고 가격이 저하하며, 바닥 면적이 절약된다.
- Y 또는 Δ의 고전압 결선이 외함 내에서 되므로 부싱의 절약도 되는 것 등이다.

결점은

- 1상에만 고장이 생길 경우에도 그 변압기가 사용할 수 없게 된다.

• 설치 뱅크 수가 적을 때에는 예비기가 비교적 많이 소요될 때가 있다.

이러한 결점이 있으나 경제적으로 우수하므로 많이 사용하게 되었으며, 특히 수은 정류기용의 변압기는 이 형의 것만을 사용한다.

3.11.2 3권선 변압기(Three-winding transformer)

이것은 그림 3.39와 같이 철심에 3개의 권선을 감고 이 중에서 1개를 1차 권선, 나머지를 2차 권선 및 3차 권선(tertiary winding)이라 하고 각각 다른 부하에 공급할 수 있게 한 변압기이다.

3상에 사용하여 1차, 2차 권선을 $Y-Y$ 결선으로 하고, 3차 권선을 Δ 결선으로 하면 3차 권선의 순환 전류에 제3조파를 포함하게 되어 정현파의 유도 기전력이 얻어진다.

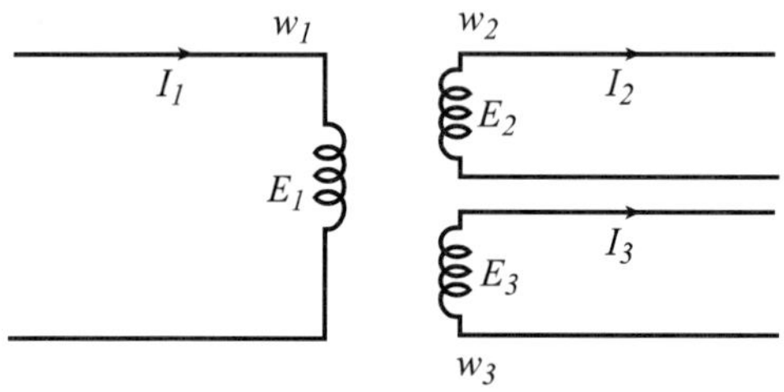

그림 3.38 권선 변압기

여자 전류를 무시하는 것으로 하여 1차, 2차, 3차의 권선을 w_1, w_2, w_3라 하고 전류 $\dot{I}_1$, $\dot{I}_2$, $\dot{I}_3$ 의 정방향을 그림 3.38과 같이 하면 다음 식이 성립한다.

$$w_1\dot{I}_1 + w_2\dot{I}_2 + w_3\dot{I}_3 = 0 \tag{3-79}$$

지금

$$\dot{I}_2 = \frac{w_1}{w_2}\dot{I}_2', \quad \dot{I}_3 = \frac{w_1}{w_3}\dot{I}_3' \tag{3-80}$$

라 놓으면 식 (3-79)은 다음과 같이 된다.

$$\dot{I}_1 + \dot{I}_2' + \dot{I}_3' = 0 \tag{3-81}$$

따라서 등가회로는 그림 3.40과 같이 생각하면 된다.

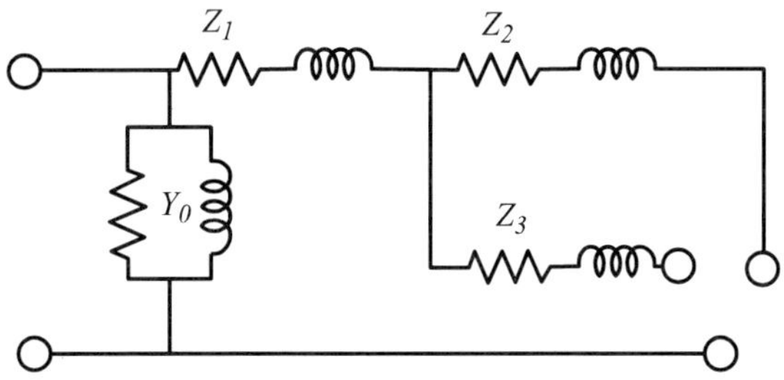

【그림 3.39】 3권선 변압기의 등가회로

3차 권선을 개방하고 1차, 2차만의 변압기로서 사용할 때에 1차로 환산된 등가 임피던스 $\dot{Z}_{12}$는

$$Z_{12} = \dot{Z}_1 + \dot{Z}_2 \tag{3-82}$$

이 되며 $\dot{Z}_{12}$는 실험에 의하여 결정된다. 다음에 2차 권선을 개방하고 1차, 3차만의 변압기로서 사용할 때에 1차로 환산된 등가 임피던스 $\dot{Z}_{13}$는

$$\dot{Z}_{13} = \dot{Z}_1 + \dot{Z}_3 \tag{3-83}$$

이 되며 $\dot{Z}_{13}$는 실험에 의하여 결정된다. 다음에 1차 권선을 개방하고 2차, 3차만의 변압기로서 사용할 때에 2차로 환산된 등가 임피던스 $\dot{Z}_{23}$는

$$\dot{Z}_{23} = \dot{Z}_2 + \dot{Z}_3 \tag{3-84}$$

이 된다. 먼저 2차 측에 전압을 가하여 시험하고 2차로 환산한 등가 임피던스 $\dot{Z}_{23}$가 된다.

식 (3-82), (3-83), (3-84)에서 $\dot{Z}_1$, $\dot{Z}_2$, $\dot{Z}_3$는 다음 식으로 계산된다.

$$\dot{Z}_1 = \frac{\dot{Z}_{12} + \dot{Z}_{13} + \dot{Z}_{23}}{2}, \quad \dot{Z}_2 = \frac{\dot{Z}_{12} + \dot{Z}_{23} - \dot{Z}_{13}}{2}, \tag{3-85}$$

$$\dot{Z}_3 = \frac{\dot{Z}_{13} + \dot{Z}_{23} - \dot{Z}_{12}}{2}$$

이들의 등가 임피던스는 부(-)가 되는 경우도 있다.

전압 변동률은 각 권선마다 전압 변동률 ε_1, ε_2, ε_3를 사용하여 다음 식으로 계산

할 수 있다.

$$1\text{차 } 2\text{차 사이의 전압 변동률 [\%] } \varepsilon_{12} = \varepsilon_1 + \varepsilon_2$$
$$1\text{차 } 3\text{차 사이의 전압 변동률 [\%] } \varepsilon_{13} = \varepsilon_1 + \varepsilon_3 \qquad (3\text{-}86)$$

3.11.3 단권 변압기

단권 변압기는 그림 3.40에 나타낸 바와 같이 1차 권선과 2차 권선의 일부가 공통으로 되어 있다. 공통 부분 ab를 분로 권선, 공통이 아닌 부분 bc를 직렬 권선이라고 한다.

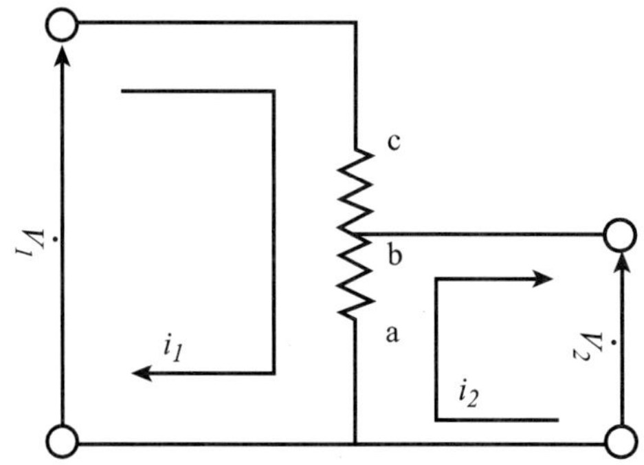

그림 3.40 단권 변압기

고전압 측 전압을 $\dot{V}_1$, 저전압 측 전압을 $\dot{V}_2$이라 하고 직렬 권선과 공통 권선의 유도된 기전력을 각각 $\dot{E}_1$, $\dot{E}_2$라고 놓으면 다음 관계가 있다.

$$\dot{V}_1 = \dot{E}_1 + \dot{E}_2, \qquad \dot{V}_2 = \dot{E}_2 \qquad (3\text{-}87)$$

고전압 측을 전원 측으로 하여 전류 $\dot{I}_1$가 권선 1, 2에 유입하고 저전압 측에 부하 전류 $\dot{I}_2$이 흐를 때, 권선 1, 2의 권수를 w_1, w_2로 표시하고 여자 전류를 무시할 수 있다고 하면 식이 성립한다.

$$\dot{I}_1(w_1 + w_2) = \dot{I}_2 w_2, \ \frac{\dot{I}_2}{\dot{I}_1} = \frac{w_1 + w_2}{w_2} = a \qquad (3\text{-}88)$$

여기서, a는 권수비이다.

또한 권선 1, 2에 유도된 기전력 $\dot{E}_1$, $\dot{E}_2$와 권선수의 관계는

$$\dot{E}_1 : \dot{E}_2 = w_1 : w_2 \tag{3-89}$$

권선 1, 2의 누설 임피던스를 $\dot{Z}_1$, $\dot{Z}_2$라 하면

$$\dot{V}_1 - (\dot{Z}_1 + \dot{Z}_2)\dot{I}_1 + \dot{Z}_2\dot{I}_2 = \dot{E}_1 + \dot{E}_2 \tag{3-90}$$

$$\dot{V}_2 - \dot{Z}_2\dot{I}_1 + \dot{Z}_2\dot{I}_2 = \dot{E}_2$$

전압 강하를 무시하면 전압의 비는 다음 식으로 주어진다.

$$\frac{\dot{V}_1}{\dot{V}_2} \fallingdotseq \frac{\dot{E}_1 + \dot{E}_2}{\dot{E}_2} = \frac{w_1 + w_2}{w_2} = a \tag{3-91}$$

식 (3-90)에서 아래쪽 식을 a배하고 위쪽의 식에서 빼고 식 (3-88), (3-91)를 이용하면

$$\dot{V}_1 - (\dot{Z}_1 + \dot{Z}_2)\dot{I}_1 + \dot{Z}_2\dot{I}_2 - a\dot{V}_2 + a\dot{Z}_2\dot{I}_1 - a\dot{Z}_2\dot{I}_2 = 0 \tag{3-92}$$

$$\dot{V}_1 - (\dot{Z}_1 + \dot{Z}_2 - a\dot{Z}_2 - a\dot{Z}_2 + a^2\dot{Z}_2)\dot{I}_1 = a\dot{V}_2$$

$$\therefore \dot{V}_1 - \{\dot{Z}_1 + (a-1)^2\dot{Z}_2\}\dot{I}_1 = a\dot{V}_2$$

따라서 그림 3.41과 같은 등가회로가 얻어진다.

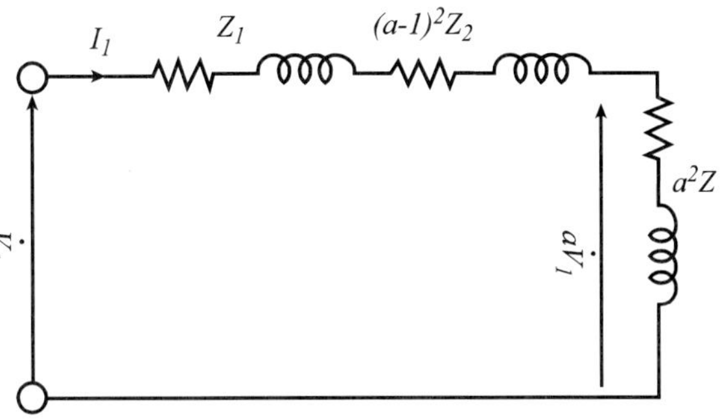

그림 3.41 단권 변압기의 등가회로(고전압 측 1차)

저전압 측을 1차, 고전압 측을 2차로 하여 사용할 경우에 대해서는 전류 $\dot{I}_1$, $\dot{I}_2$의 방향을 반대로 취하면 되므로 식 (3-92)은

$$a\dot{V}_2\{\dot{Z}_1 + (a-1)^2\dot{Z}_2\}\dot{I}_1 = \dot{V}_1 \tag{3-93}$$

이 된다. 이 경우의 권수비를

$$\frac{w_2}{w_1 + w_2} = \frac{1}{a} \tag{3-94}$$

이라 놓으면 식 (3-93)에 $\frac{1}{a}$을 곱하고 $\dot{I}_1 = \frac{1}{a}\dot{I}_2$이라 놓으면 다음 식이 얻어진다.

$$\dot{V}_2 - \left\{(\frac{1}{a})^2\dot{Z}_2 + (1-\frac{1}{a})^2\dot{Z}_2\right\}\dot{I}_2 = \frac{1}{a}\dot{V}_1 \tag{3-95}$$

그림 3.41은 이 경우의 등가회로이다.

단권 변압기의 저전압 측을 1차로 했을 때, 식 (3-87)의 $\dot{V}_1$ 중 $\dot{E}_1$의 부분만이 변압기 작용에 의한 것으로 $\dot{E}_2$의 부분은 $\dot{E}_1$이 그대로 나타나는 것이라고 생각된다. 단권 변압기는 $E_1I_1 = (V_1 - V_2)I_1$를 자기용량이라고 하며, $V_1I_1 = V_2I_2$를 선로 출력이라 한다.

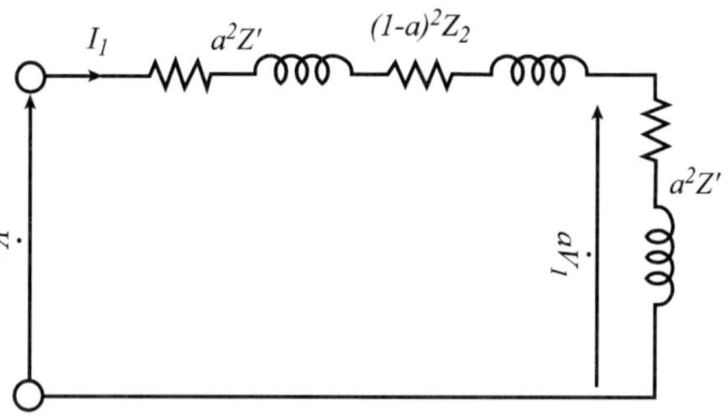

그림 3.42 단권 변압기의 등가회로 (저전압 측 1차)

양쪽의 비는 다음 식으로 주어진다.

$$\frac{\text{자기 용량}}{\text{선로 출력}} = \frac{(\dot{V}_1 - \dot{V}_2)\dot{I}_1}{\dot{V}_1\dot{I}_1} = 1 - \frac{\dot{V}_2}{\dot{V}_1} \tag{3-96}$$

자기 용량은 권선 1, 2를 분리하여 보통의 변압기로서 사용한 경우의 용량으로 단권 변압기의 크기는 자기 용량으로 정한다. 따라서 같은 자기 용량일 때, $\dot{V}_1$와 $\dot{V}_2$이 접근할수록 식 (3-96)의 비는 적게 되며, 단권 변압기로서의 선로 출력이 크게 되므로 단권 변압기로 하는 것이 유리하다.

단권 변압기의 결점은 고전압 측과 저전압 측이 절연되어 있지 않으므로 고전압 측에 발생한 이상 고전압이 저전압 측으로 파급할 때가 있다.

● 단권 변압기 용도

- 고압배전선의 전압을 약 10% 정도 상승시킬 수 있어 승압 변압기로 사용한다.
- 동기 전동기, 유도 전동기 등을 시동하는 경우 공급 전압을 낮추어 기동 전류를 낮추는데 기동 보상기로 사용한다.
- 형광등용 승압 변압기로 사용한다.

● 등가용량과 부하용량

단권 변압기는 분로 권선을 1차 권선, 직렬 권선을 2차 권선으로 하는 보통 변압기로 동작하기 때문에 변압기 자신의 용량은 직렬 권선의 출력$(V_2 - V_1)I_2$와 같으며 이것을 단권 변압기의 등가용량이라고 한다. 또한 이 변압기를 통하여 공급한 부하 $V_2 I_2$를 부하용량이라고 한다. 자기용량(등가용량)과 부하용량(선로 출력) 사이에는 다음과 같은 관계가 성립한다.

$$\text{자기용량} = I_2(V_2 - V_1) = I_2 V_2 \left(\frac{V_2 - V_1}{V_2} \right)$$

$$= \text{부하용량} \times \frac{\text{저압측 전압}}{\text{고압측 전압}} [\text{VA}]$$

● 단권 변압기의 3상 결선

단권 변압기의 3상 결선에는 Y 결선, Δ 결선, 변연장 Δ 결선, V 결선 네 종류가 있다.

1) Y 결선

이것은 그림 3.43과 같은 결선으로 다음의 관계가 성립한다.

$$\frac{V_1}{V_2} = \frac{w_1 + w_2}{w_2} \tag{3-97}$$

$$\text{선로 출력} = \sqrt{3}\, V_1 I_1 = \sqrt{3}\, V_2 I_2$$

$$\text{자기 용량} = 3\left(\frac{V_1}{\sqrt{3}} - \frac{V_2}{\sqrt{3}} \right) I_1 = \sqrt{3}\,(V_1 - V_2) I_1$$

$$\frac{\text{자기 용량}}{\text{선로 출력}} = \frac{\sqrt{3}\,(V_1 - V_2)}{\sqrt{3}\, V_1 V_2} = 1 - \frac{V_2}{V_1} \tag{3-98}$$

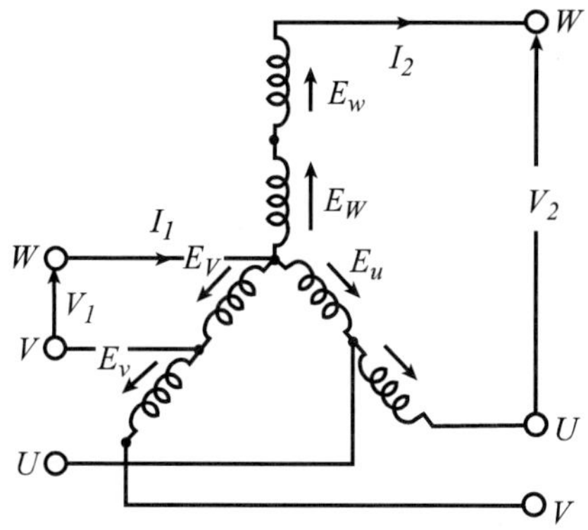

그림 3.43 단권 변압기의 Y 결선

2) Δ 결선

이것은 그림 3.44와 같은 결선으로 1차, 2차의 전압에서 위상차가 생기고 전압비는 권선비와 다르다

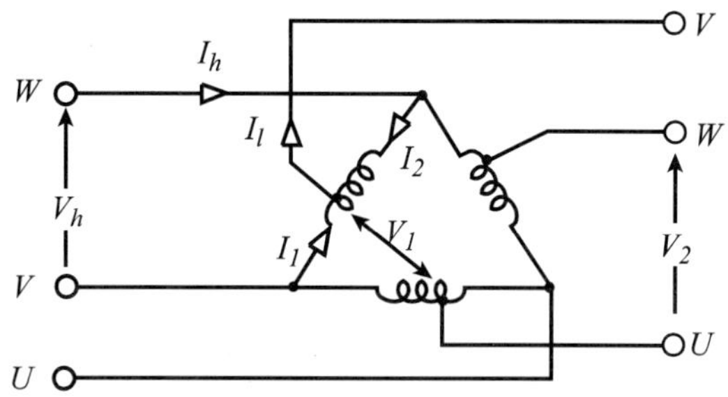

그림 3.44 단권 변압기의 Δ 결선

$$V_l^2 = V_1^2 + V_2^2 - 2V_1V_2\cos 60^\circ = V_1^2 + V_2^2 - V_1V_2 \tag{3-99}$$

$$= (V_1 + V_2)^2 - 3V_1V_2 = V_h^2 - 3V_1V_2 = V_h^2 - 3V_1(V_h - V_1)$$

$$\therefore V_1 = \frac{3V_h \pm \sqrt{3}\sqrt{4V_l^2 - V_h^2}}{6}, \quad V_2 = \frac{V_h^2 - V_l^2}{3V_1}$$

그림 3.44와 같이 전류 $\dot{I}_h$, $\dot{I}_l$, $\dot{I}_2$ 를 생각하면

$$\dot{V}_1\dot{I}_1 = \dot{V}_2\dot{I}_2 \quad \therefore \frac{\dot{I}_1}{\dot{V}_2} = \frac{\dot{I}_2}{\dot{V}_1} = \frac{\dot{I}_1 + \dot{I}_2}{\dot{V}_1 + \dot{V}_2} = \frac{\dot{I}_l}{\dot{V}_h}. \quad I_1 = \frac{\dot{V}_2\dot{I}_l}{\dot{V}_h} \tag{3-100}$$

이 뱅크의 자기 용량은 식 (3-99), (3-100)를 이용하여

$$\text{자기 용량} = 3V_1I_1 = 3\frac{V_1V_2I_l}{V_h} = \frac{V_h^2 - V_l^2}{V_h}I_l$$

$$\text{선로 출력} = \sqrt{3}\,V_lI_l$$

$$\therefore \frac{\text{자기 용량}}{\text{선로 출력}} = \frac{V_h^2 - V_l^2}{\sqrt{3}\,V_hV_l}$$

3) 변연장 3각 결선(extended–delta connection)

이것은 그림 3.45에 나타낸 바와 같이 단권 변압기의 공통 권선이 Δ로 접속된 결선이다.

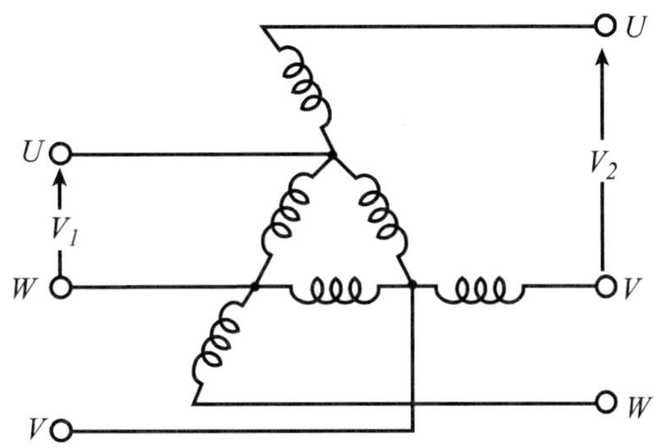

그림 3.45 변연장 3각 결선

4) V 결선

이것은 그림 3.46에 나타내는 결선이다.

$$\frac{\text{자기 용량}}{\text{선로 출력}} = \frac{2(V_h - V_l)I_h}{\sqrt{3}\,V_hI_h} = \frac{2}{\sqrt{3}} \cdot \frac{V_h - V_l}{V_h} \tag{3-101}$$

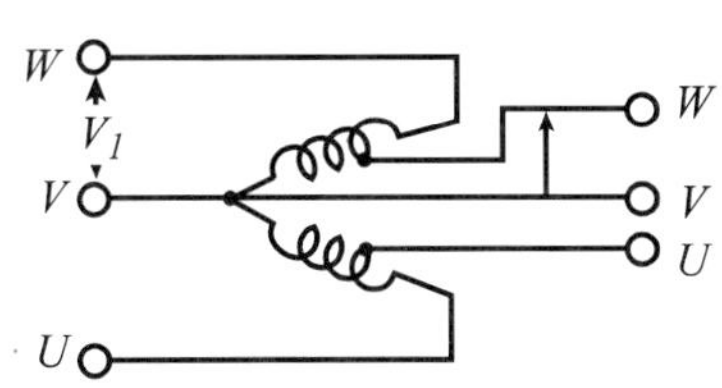

그림 3.46 단권 변압기의 V 결선

3.12 효율

3.12.1 손실

변압기는 전기 에너지를 전압과 전류를 다른 값으로 변화시킨다. 이때에 손실이 발생하는데 앞 절에서 얘기한 바와 같이 부하에 따라 변하는 권선의 동손(P_{cu})와 철손(P_{Fe})가 있다. 그 밖에 부가손이 있는데 이것은 변압기의 Housing에 나타나는 와류손과 유전체 손실로써 전선의 절연물에 발생한다.

변압기의 총 손실은

$$P_v = P_{cu} + P_{Fe} + P_r \tag{3-102}$$

실제로 P_r은 두 가지 요소를 갖는데 하나는 무 부하 시 측정하는 철손과 같은 형태로 전압에 따라 증가하고 또 하나는 부하에 따라 증가하는 P_{cu}와 같은 형태이다. 즉 단락 시 측정되는 유효전력 P_k와 상응한다.

이로써 정격 운전 시 나타나는 손실은

$$P_{VN} = P_{FeN} + P_{cuN} = P_{ON} + P_{KN} \tag{3-103}$$

일반적으로 경제성을 따질 때는 손실의 크기보다는 정격 피상 전력 S_N에 의한 손실률에 큰 관심을 갖는다.

정격 시 손실률은

$$P_{VN} = \frac{P_{ON}}{S_N} + \frac{P_{KN}}{S_N} = P_{ON} + P_{KN} \tag{3-104}$$

P_{0N}과 P_{KN}은 정격 운전시의 무 부하 손실과 단락 손실이다.

◆ **부하율**

변압기가 정격 전류의 부하로 걸리지 않았다면 전압은 $V_1 = V_{1N}$이 걸리고 전류에 따른 손실은 정격 전류의 비 $\left(\frac{I_1}{I_{1N}}\right)^2$에 따라 변화한다.

$V_1 = V_{1N}$이기 때문에 전압에 따른 손실은 불변이다.

$$P_V = P_{ON} + P_{KN}\left(\frac{I_1}{I_{1N}}\right)^2 \tag{3-105}$$

괄호 안의 분자와 분모에 V_{1N}을 곱하면 부분 피상 전력 S와 정격 피상 전력 S_N이 된다.

이 값이 부하율 $a = \frac{S}{S_N}$이 된다.

이로써 윗 공식은 (3-106)이 된다.

$$P_v = P_{oN} + a^2 P_{KN} = P_{FeN} + a^2 P_{cuN} \tag{3-106}$$

예 변압기의 피상 전력 $S_N = 315\text{KVA}$

$P_{KN} = 3900\text{W}$, $P_{0N} = 770\text{W}$이다.

250KVA에서 손실을 구하라.

$$a = \frac{S}{S_N} = \frac{250\text{KVA}}{315\text{KVA}} = 0.79$$

$$P_v = P_{FeN} + a^2 P_{cuN} = 770\text{W} + a^2 3900 = 3204\text{W}$$

◆ **효율**

변압기의 경제성을 따질 때는 손실의 크기를 따지지 않고 정격 출력에 의한 효율을 기준으로 삼는다.

효율은 출력과 입력의 비를 말하며 변압기에서도

$$\eta = \frac{P_{out}}{P_{in}} = \frac{P_{out}}{P_{out} + P_{\Sigma V}}$$

부하가 역률이 1이 아니고 Capacitive 또는 inductance Part를 갖고 있을 때 유효 전력

$$P_2 = S_2 \cdot \cos\phi \tag{3-107}$$

효율

$$\eta = \frac{S_{2N}\cos\phi_2}{S_{2N}\cos\phi_2 + \Sigma P_v} \tag{3-108}$$

는 변압기가 정격 부하로 운전을 하여도 정격 효율이다. 이것은 부하의 형태에 따라서 효율이 달라지기 때문이다.

예 $S_N = 315\text{KVA}$ $P_{KN} = 390\text{w}$ $P_{ON} = 770\text{w}$
$S = 250\text{KVA}$ $\cos\phi_2 = 0.75$
효율은 얼마인가?

$$\eta_a = \frac{315\ \ 0.75}{315\ \ 0.75 + 0.77 + 3.9} = 0.98 = 98\%$$

3.12.2 전일 효율

변압기는 나날이 그리고 계절에 따라 변화하는 부하를 갖고 있다. 따라서 항상 정격 부하로 운전하지 않고 정격 효율로 운전하지도 않는다.

변압기의 경제성을 따지기 위하여 전일 효율로 표시를 한다.

$$\eta_a = \frac{W_2}{W_2 + W_{cu} + W_{Fe}} \tag{3-109}$$

$$W_{cu} = P_{cu} \bullet t_{on}$$

$$W_{Fe} = P_{Fe}\, t_{all}$$

$W_2 = P_2 \bullet t_{on}$ 또는 $W_2 = S_2\, t_B \cos\phi_2$

$$\eta_a = \frac{P_2\, t_{on}}{(P_2 + P_{cu})\,t_{on} + P_{Fe}\, t_{all}} \tag{3-110}$$

예제 용량 20[kVA]의 어떤 변압기가 무유도 전 부하에서 철손이 1%, 동손은 2%라고 한다. 이 변압기를 무유도 전 부하로 6시간, 무 부하로 18시간 사용하였을 때 전일 효율과 최고 전일 효율을 구하시오.

$$\eta_d = \frac{6\times 20}{(6\times 20)+(6\times 20\times 0.02)+(24\times 20\times 0.01)}\times 100$$

$$= 94.3[\%]$$

최대 효율은 전일의 동손과 전일의 철손이 같을 때 생긴다.

$1\times 24 = 2\times x,\ x = 12$

즉 12시가 전 부하로 운전하고 12시간 무 부하로 운전하였을 때 최대 효율이 된다.

$$\eta_d = \frac{12\times 20}{(12\times 20)+(12\times 20\times 0.02)+(24\times 20\times 0.01)}\times 100$$

$$= 96.1[\%]$$

3.12.3 최대 효율

$$\eta = \frac{V_2 I_2 \cos\phi}{V_2 I_2 \cos\phi + P_{Fe} + I_2^2 r_i}\left(r_i = \frac{r_1}{a_2} + r_2\right) \tag{3-111}$$

위 식의 분자 분모를 I_2로 나누면

$$\eta = \frac{V_2 \cos\phi}{V_2 \cos\phi + \dfrac{P_{Fe}}{I_2} + I_2 r_i} \tag{3-112}$$

위식에서 V_2, $\cos\phi$, P_{Fe}, r_i는 일정하며 I_2만이 변화한다.

η가 최대가 되려면 분모가 최소가 되어야 한다. 즉 두 수의 곱이 일정하면 두 수가 서로 같을 때 두 수의 합은 최소이다.

따라서

$$\frac{P_{Fe}}{I_2} = I_2 r_i,\ P_{Fe} = I_2^2 r_i \tag{3-113}$$

즉 동손과 철손이 같을 때 최대 효율이 된다.

연습문제

1. 5[KVA], 3,000/200[V]인 변압기의 단락 시험에서 임피던스 전압=120[V], 동손=150[W]라 하면 % 저항 강하는 몇 %인가?

2. 변압기의 정격 전류에 대한 백분율 강하 1.5%, 백분율 리액턴스 강하가 4%이다. 이 변압기의 정격 전류가 흐를 때 전압변동률이 최대로 되는 부하 역률은 얼마인가?

3. 3,000/200V의 변압기를 2차를 단락하고 1차에 150V의 전압을 가할 때 1차 정격 전류가 흘렀다. % 임피던스(정격 단락 전압률)를 구하라.

4. 6,000/400V의 변압기를 2차를 단락하고 1차에 150V의 전압을 가할 때 1차 정격 전류가 흘렀다. % 임피던스 전압(정격 단락 전압률)을 구하시오.

5. 삼상 변압기의 1차는 Δ 2차는 Y결선이다.
   피상 전력=315KVA, 변압비=5KV/400V이다.
   무 부하 입력=770W
   무 부하 전류는 정격 전류 I_{1N}=36.4A의 2%이다.
   무 부하 역률은 얼마인가?

6. 변압기의 병렬 운전 조건에 대하여 설명하시오.

7. 50KVA, 2400/220V 변압기에서 철손과 동손이 각각 680W, 760W이다. 다음의 경우에 효율을 계산하시오.
   1) 전 부하 시
   2) 1/2 전 부하 시
   3) 최대 효율을 나타내는 부하

8. 이상적인 변압기의 조건은 무엇인가?

9. 변압기의 회로 정수를 결정하기 위한 시험의 종류와 방법을 설명하시오.

10. 3,300/220V, 15kVA, 60Hz 단상 변압기의 임피던스 전압 Vs = 99V, 임피던스 와트 Ps=261W이다.

1) 백분율 저항강하
2) 백분율 리액턴스 강하
3) 지상 역률 0.8에서 전압 변동률은 얼마인가?

11. Δ 결선으로 운전하다 1대의 변압기가 고장나 V 결선으로 운전하고 있다. 이때 Δ 결선과 V 결선 용량비와 이용률은 각각 얼마인가?

12. 병렬 운전하는 두 변압기의 단락비가 $v_{KNA} = v_{KNB}$ =4%이고 전압차 ΔV=3%이다. 전류는 $I_{2NA} = 20A$, $I_{2NB} = 25A$ 이다. 순환 전류는 얼마인가?

13. 변압비 3,000/200의 변압기 A, B의 용량은 200KVA,100KVA이고 % 임피던스 강하는 2.5%와 3%일 때 병렬 합성 용량은 몇 [KVA]인가?

14. 단상 변압기가 있다. 1차 전압 2200V, 1차측 무 부하 전류는 0.088A, 철손 110W이다. 자화 전류는 얼마인가?

CHAPTER 04

유도기

4.1 삼상 권선의 기초

유도기와 동기기의 고정자 권선은 근본적으로 같다. 그림 4.1에는 회전자계 발전기를 설명하기 위하여 간단한 2극기를 그렸다.

고정자 즉 stator에는 세 개의 똑같은 그러나 위치로는 120도 위상차가 나는 유도 권선이 있다.

그림 4.1(a)에는 고정자 slot에 하나의 권선을 그렸다. 그리고 권선은 두 개의 도체를 갖는다. 회전자의 여자 권선은 2개의 자기적인 극을 갖는데 이것은 극의 형상 때문에 sin 형태의 자속이 공극을 따라 분포한다.

sin 형태의 교번자계의 최대치 ϕ는 주파수 f_1, 권선수 N sine파 형태의 교번전압 $V_i = 4.44 \cdot f \cdot N \cdot \phi$를 유기한다.

이 공식은 시간적으로 변화하는 자속(변압기) 또는 회전자가 움직여서 변화하는(발전기)에서 똑같이 적용된다.

그림 4.1(b)에서 상 W에 유기전압 순시치가 위치가 서로 180° 떨어져 있다. 2극기에서 180°는 권선의 한편에 유기 되는 전압의 위상차를 의미한다.

W_1과 W_2는 서로 직렬로 연결되어 있기 때문에 권선의 W의 유기전압은 배가 된다. 권선 U, V 그리고 W는 위치적으로 120°의 차를 갖는다. 따라서 U와 V는 sine 형태의 자속 분포를 가정하면 W에 비하여 $\frac{1}{2}$의 전압을 유기한다.

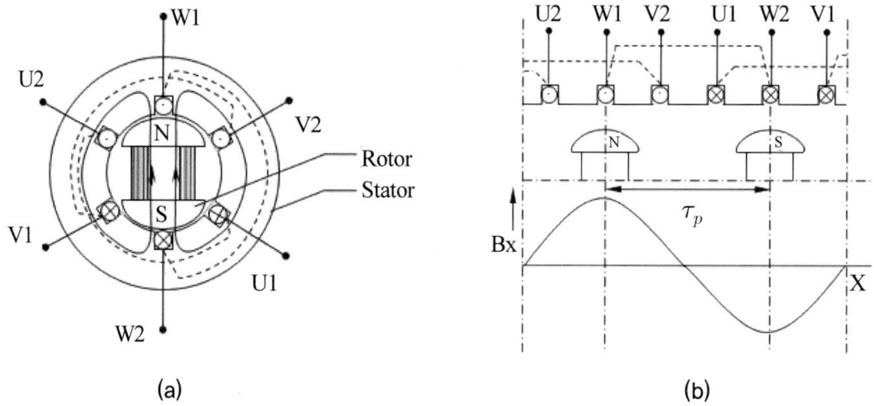

그림 4.1 권선의 분포와 자계

앞서 설명한 기기는 N극과 S극의 2극기이다. 자기적 극은 항상 쌍으로 존재하기 때문에 극수는 짝수이며 극쌍수 P로 표시하고 2극기에서 P=1이 된다.

고정자와 회전자 사이의 자속의 분포를 좋게 하기 위하여 교류기에서는 극수를 많게 한다.

● 극절(Pole Pitch)

$$\tau_P = \frac{D\pi}{2P} \tag{4-1}$$

극절 τ_p는 4극기에서

위치적으로는 $\alpha_r = \frac{360°}{2P} = 90°$ 이다.

전기적으로 $\alpha_{el} = 180°$ 이다.

일반적으로 $\alpha_{el} = P \cdot \alpha_r$로 표시한다.

그림 4.2에서 하나의 상은 교류 권선에서 2개의 도체로 이루어졌다.

같은 극에서는 위상이 같은 전압이 유기된다. 이 도체들은 직렬로 연결되어 각 도체에 유기된 전압이 합성된다.

비어 있는 slot에는 다른 상의 권선이 들어가게 되는데 여기에 권선의 시작 또는 끝은 전기적으로 $120° el = 60° r$(위치)의 위상차를 갖는다. 권선의 시작을 U_1, V_1, W_1 끝을 U_2, V_2, W_2라고 한다.

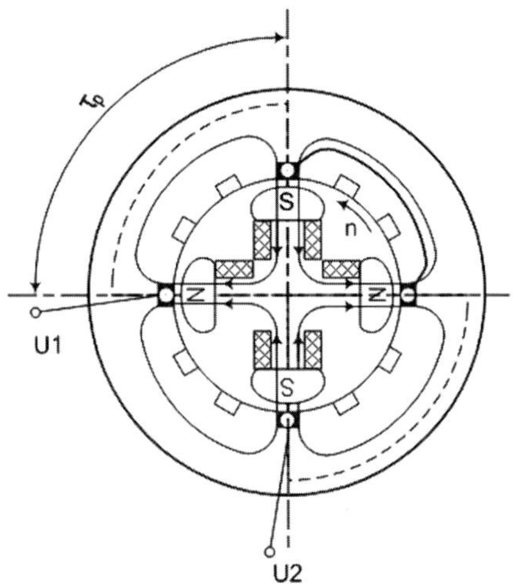

그림 4.2 4극 발전기

1) 권선 계수(Winding factor)

a) 분포권-분포권 계수

slot수 : 그림 4.1과 같이 극당 상당 slot수가 1인 권선은 대단히 드물다. 고정자에 여러 개의 slot을 갖는 분포권을 사용한다.

같은 상의 권선으로 옆 slot에 놓인 권선은 하나의 coil group으로 분류하며 상당 극당 slot수는 q로 표시하며 다음과 같은 공식으로 계산된다.

$$q = \frac{N}{P \cdot m} \tag{4-2}$$

N : slot수 P : 극수 m : 상수

q가 하나의 정수이면 정수권이라 부른다.

우리는 다음에서 이 권선에 한하여 알아본다.

예제 극수 4인 삼상 전동기의 slot이 36이다. 상당 극당 slot수를 계산하시오

$$q = \frac{N}{P \cdot m} = \frac{36}{4 \cdot 3} = 3$$

분포권 계수 : 그림 4.3에는 slot a, b, c에 분포되어 있는 교류 발전기의 한 상이 권선을 나타낸다.

2극의 회전자 회전자계는 회전자가 돌아갈 때 옆 slot에 놓인 권선에 약간의 시간차를 갖게 되며 따라서 세 개의 시간적으로 차이가 있는 유기전압이 발생한다.

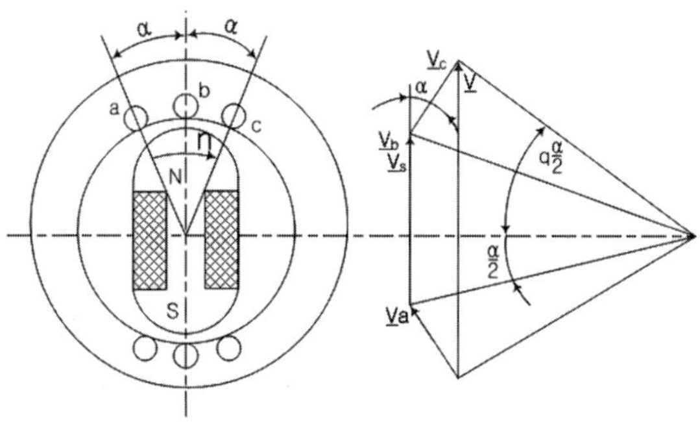

그림 4.3 분포권을 갖는 교류 발전기

각각의 전압은 하나의 위상이 아니기 때문에 각 전압은 기하학적으로 더해져야 한다. 기하학적합(geometric sum)은 대수합(algebraic sum)보다 작다

총 전압의 합은 전압의 대수합에 비하여 작아지는 계수를 말하며 분포권 계수라 한다.

$$f_z = \frac{\text{기하학적합}}{\text{대수합}} \leq 1 \tag{4-3}$$

따라서 이러한 coil group의 총 전압은 coil을 나누면 나눌수록 작아진다. 권선의 이용률은 상당 극당 slot수가 증가할수록 작아진다. 상당 극당 slot수 q가 아주 크고 필요한 slot이 아주 밀접하게 옆으로 놓이면 하나의 호를 이룬다. 이때의 권선의 이용률은 최하가 된다.

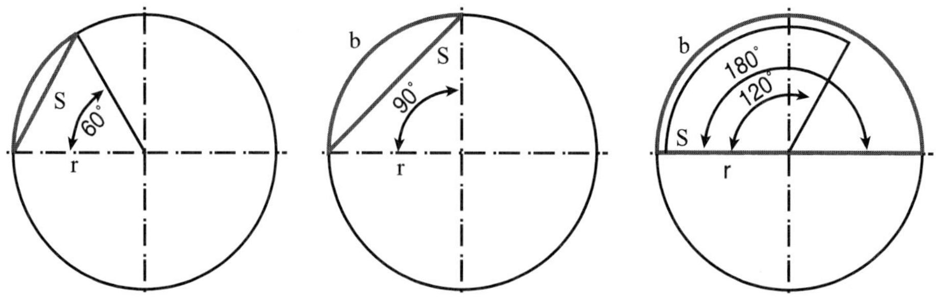

그림 4.4 분포권 계수의 계산

삼상기기의 각 코일 그룹은 지금까지의 설명으로 극의 $\frac{1}{3}$을 차지한다(60°).

2상기기에서는 90°r이 되며 단상기기에서는 180°r이다. 그림 4.4에서 세 가지 경우를 그림으로 볼 수 있으며 그림으로부터 분포권 계수를 확인할 수가 있다.

공식 4-3를 그림 4.4로부터 바꾸어 쓰면

$$f_d = \frac{\text{기하학적합}}{\text{대수합}} = \frac{\text{현}}{\text{호}} = \frac{S}{b} \tag{4-4}$$

이로부터 세 권선은 다음과 같은 분포권 계수를 갖는다.

(1) 삼상 권선 : 호는 총 둘레의 $\frac{1}{6}$($\frac{1}{6}$호의 현은 r이다.)

$$f_d = \frac{s}{b} = \frac{r}{\frac{2\pi r}{6}} = \frac{6r}{2r \cdot \pi} = \frac{3}{\pi} = 0.955$$

(2) 2상 권선 : 호는 총둘레의 $\frac{1}{4}$(현은 $\frac{1}{4}$호의 $\sqrt{2}\,r$이다.)

$$f_d = \frac{s}{b} = \frac{\sqrt{2}\,r}{\frac{2\pi r}{4}} = \frac{4\sqrt{2}\,r}{2r \cdot \pi} = \frac{2\sqrt{2}}{\pi} = 0.9$$

(3) 단상 권선 : 호는 둘레의 $\frac{1}{2}$현은 $2 \cdot r$이다.

$$f_d = \frac{s}{b} = \frac{2r}{\frac{2\pi r}{2}} = \frac{2 \cdot 2r}{2r \cdot \pi} = \frac{2}{\pi} = 0.637$$

상당 극당 slot수 q는 분포권 계수의 크기에 영향을 주지 않는다.

$q = 2$인 삼상 권선의 경우 분포권 계수 $f_d = 0.966$이다. 그로부터 3상 권선의 분포권 계수는 상당 극당 slot수에 관계없이 0.96으로 가정하는 것은 충분하다.

단상 권선의 경우

단상 권선의 분포권 계수는 비교적 좋지 않은(0.637)따라서 단상기기에서 주 권선은 총 slot수의 $\frac{2}{3}$ 즉 계산상 180°의 $\frac{2}{3}$인 120°만 주 권선으로 채운다.

단상기기의 분포권 계수는 호는 둘레의 $\frac{1}{3}$현은 $2 \cdot r\cos 30^\circ$

$$f_d = \frac{s}{b} = \frac{2r\cos 30^\circ}{\frac{2r \cdot \pi}{3}} = \frac{3 \cdot 2r \cdot \cos 30^\circ}{2r \cdot \pi} = 0.827$$

분포권 계수는 따라서 대단히 좋아진다.

2) 단절권, 단절권 계수

권선의 도체 간 거리 W가 극절 $\tau_p = 180°$ 와 같으면 전절권이라 한다. 그러나 권선의 간격이 극절보다 짧은 권선을 단절권이라 한다. 그림 4.5에는 단절권의 전압 Vector도를 나타낸다. 여기에서도 마찬가지로 각 도체에 유기되는 전압을 대수적으로 더해서는 안 된다.

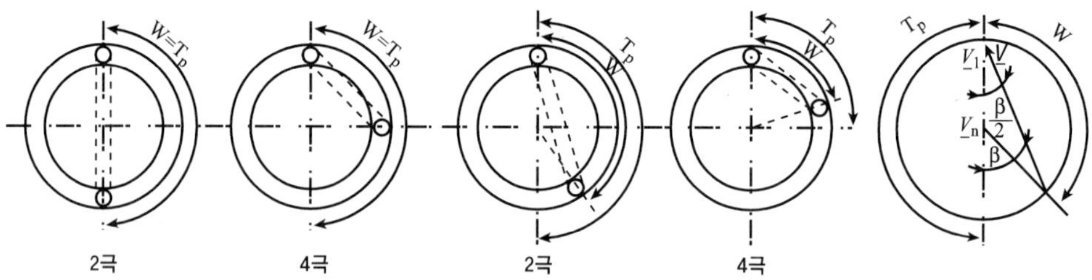

그림 4.5

두 전압 간의 위상차 때문에 두 전압은 기하학적으로 더해져야 한다. 기하학적 합이 대수적 합보다 작아지는 전압을 단절권 계수로 표시한다.

$$f_s = \frac{\text{기하학적 전압의 합}}{\text{대수적 전압의 합}} \leq 1 \tag{4-5}$$

단절 권선의 총전압은 권선이 많이 단절되면 될수록 작아진다. 단절권 계수의 계산은 분포권 계수와 비슷한 방법으로 할 수가 있다.

> **예** 2극 3상 전동기가 있다. 고정자 slot수가 24이며 전절권을 사용하였다.
>
> $Y_n = \dfrac{N}{2P} = \dfrac{24}{2} = 12(1-13)$
>
> 하나의 코일그룹에 속하는 코일에는 동시에 똑같은 전압이 유기된다. 기하학적 전압의 합은 대수적 합과 같다.
>
> 따라서 단절권 계수는 $f_s = 1$

그림 4.6과 같이 slot 1을 단절시키면 기하학적 전압의 합은 s가 되고 대수적 합은 d가 된다. 방정식 4-5를 변경하면

$f_s = \frac{현}{호} = \frac{s}{d}$와 같이 쓸 수가 있다. 따라서 단절권 계수는

$$f_s = \frac{s}{d} = \frac{d \cdot \cos 7.5°}{d} = \cos 7.5° = 0.99$$

각 β는 $\frac{180}{12} = 15°$ $\frac{\beta}{2} = 7.5°$ 이다.

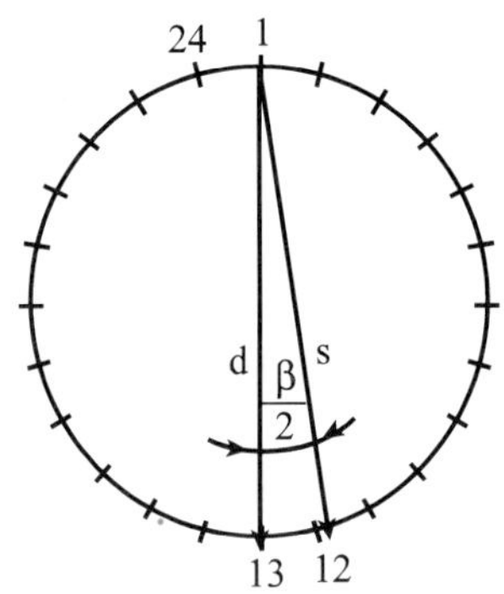

그림 4.6 단절권 계수의 계산

● 여러 슬롯을 단절시킨 권선의 경우

이 경우에는 이미 설명한 바와 같이 단절권 계수가 작다. 권선에서는 (극수가 작은 때)권선이 거의 반이 되게 단절이 된다.

따라서 단절권 계수는 $f_s = \cos 45° = 0.707$

분포권 계수 역시 대단히 (극수가 클 때) 2층권 q가 극수가 작을 때와 같아서 나쁘다. 분포권 계수가 0.827이다. 때문에 Dahlander 권선의 이용률은 대단히 저조하다.

실제로 단절은 예를 들면 $\frac{5}{6}$ 또는 $\frac{3}{9}$ 등을 사용한다. 표 4.1은 각 단절 권선의 권선 계수를 보여준다. 여기에서 다시 24slot 삼상 교류기를 사용하였다. 2극기에서는 권선을 고정자 내경의 반을 권선해야 되기 때문에 권선을 크게 단절시킨다(약 $\frac{3}{4}$) 2층권에서는 대개 $\frac{5}{6}$에서 $\frac{3}{4}$ 사이에서 단절시킨다.

▌표 4.1 ▌ 24슬롯 2극 권선 계수

권선 간격	단절	권선계수
12(1-13)	전절	1
11(1-12)	11/12	0.9914
10(1-11)	5/6	0.966
9(1-10)	3/4	0.924
8(1-9)	2/3	0.866
7(1-8)	7/12	0.793
6(1-7)	1/2	0.707

3) 유기전압

교류기의 권선 내에 유기되는 전압 V_i는 방정식 $V_i = 4.44 \cdot f \cdot \dot{\Phi} \cdot N$에서 계산하는 것보다 작다.

권선 계수 $f_w = f_z \cdot f_s$의 곱이다. 이로서 회전하는 교류기 권선에 유기되는 전압은

$$V_i = 4.44 \cdot f \cdot N \cdot \dot{\Phi} \cdot f_w \tag{4-6}$$

로 계산한다.

예제 4극 회전 교류 발전기가 Y로 결선되어 있고 회전자가 최대 자속 $\phi = 0.045\,V_s$의 sine파 형태의 공극 자속에 1800rpm으로 회전하고 있다. 고정자 권선의 상당 권선수 $N=24$, 분포권 계수 $f_z = 0.955$이고 전절권이다. 발전기의 전압을 구하라.
회전수가 $n=1800$rpm 4극기이면 주파수는 60Hz이다.
$V_i = 4.44 \cdot f \cdot \Phi \cdot N \cdot f_w = 4.44 \cdot 60 \cdot 0.045 \cdot 24 \cdot 0.955 = 274.8\,V$
$V_{iv} = \sqrt{3}\,V_{is} = 1.73 \cdot 274.8\,V = 475.3\,V$

4) 권선계수의 의미

회전자 극의 형태에 따라 자속의 분포는 많거나 적거나 sine 형태의 비슷한 form을 유지한다.

그림 4.7은 예로서 하나의 직사각 형태의 공극 자속 B_{LX}를 보여준다.

이 직각사각형 field는 파장이 τ_p인 sine형의 기본파 B_1과 홀수의 고조파 파장이 $\frac{1}{3}\tau_p$, $\frac{1}{5}\tau_p$인 B_3, B_5로 분석할 수가 있다. 파장이 작아질수록 최대치가 작아진다. 이 세 개의 sine 형태의 파를 B_1, B_3, B_5더하면 4각형에 근접한 field를 만들 수가 있다. 아주 근접한 4각형의 field는 계속하여 파장이 $\frac{1}{7}\tau_p$, $\frac{1}{9}\tau_p$ 등으로 분석하면 가능하다.

실제로 수학에서 푸리에 급수를 사용 확인할 수 있고, 이것은 4각형에 적용되지 않고 모든 sine형에서 벗어나는 field curve Bx는 파장 τ_p인 sine형의 기본파 B_1와 무한대의 수를 갖는 고조파 B_v(파장 $\frac{1}{V}\tau_p$ 인)로 분석한다.

$$\alpha_{el} = P \cdot \alpha_r \tag{4-7}$$

분포권 계수 $f_d = \dfrac{\sin q\dfrac{\alpha_n}{2}}{q\sin\dfrac{\alpha_n}{2}}$

$$m=3,\ 2P=4,\ N_1=60\ \ f_{z1} = \frac{5}{6} = \frac{r}{\frac{2rpi}{6}} = \frac{6}{2\pi} = 0.9549$$

$$f_{d5} = f_{d1} \cdot \frac{1}{\nu} = 0.9549 \cdot \frac{1}{5} = 0.19,\ f_{s1} = \frac{r\sqrt{2} \cdot \cos\dfrac{\beta}{2}}{r\sqrt{2}} = \cos 12^\circ = 0.978$$

$$2 \cdot \frac{\beta}{2} = \frac{\left(\dfrac{P \cdot \alpha_r}{\dfrac{N}{2p}} \cdot 2\right)}{2} = \frac{180 \cdot 2}{15 \cdot 2} = 12^\circ$$

$$f_{s(\nu)} = \sin \cdot \nu\frac{\omega}{\tau_p} \cdot 90^\circ = \sin 5 \cdot \frac{13}{15} \cdot 90^\circ = 0.5 = \cos 90^\circ\,(1 - \frac{\omega}{\tau_p}) \cdot \nu$$

고조파를 위한 권선 계수의 계산은 실제로 많은 시간을 필요로 한다.

예는 권선 계수의 계산이 아니고 이것을 통하여 고조파 크기의 비교를 소개할 수가 있다.

예 4극 3상 권선이 60개의 slot이 있는 고정자에 놓여 있다. 권선은

a) 전절권인 경우

b) 2개의 slot을 단절한 단절권의 경우

기본파와 제5고조파의 권선 계수를 비교하면

a)의 경우

$$\tau_p = \frac{N}{2 \cdot P} = \frac{60}{2 \cdot 2} = 15(1-16)$$

b)의 경우 권선 간격 ω는

$$\omega = \tau_p - 2 = 15 - 2 = 13(1-14)$$

a) 전절권

$f_1 = f_{d1} \cdot f_{s1} = 0.955 \cdot 1 = 0.955$

$f_5 = f_{d5} \cdot f_{s5} = 0.2 \cdot 1 = 0.2$

b) 단절권

$f_1 = 0.955 \cdot 0.978 = 0.934$

$f_5 = 0.2 \cdot 0.5 = 0.1$

단절권을 사용할 경우 a) 전절권에 비하여 제5고조파가 $\frac{1}{2}$로 작아졌다.
slot을 3개 단절시키면 $f_5 = 0$가 된다.

● 기본파와 고조파를 위한 권선 계수

교류 발전기의 회전자 자계에 기본파 B_1, 고조파 B_V가 함유되어 있다면 발전기 권선을 두 전압을 모두 유기한다. 집중권에서 분포된 계수는 $f_{z1} = 1$, $f_{zv} = 1$이다. 이것은 회전자 자장에 있는 자계가 전압이 그대로 영향을 미치는 것을 의미한다. 전압의 커브는 강하게 작용하는 고조파를 함유한다.

분포권에서 고조파의 분포권 계수는 기본파에 비하여 대단히 작다.

고조파가 적은 유기전압을 위해서는 많은 슬롯에 권선을 분포시켜야 하며 어떤 일정한 고조파를 아주 없애기 위해서는 단절권을 사용한다.

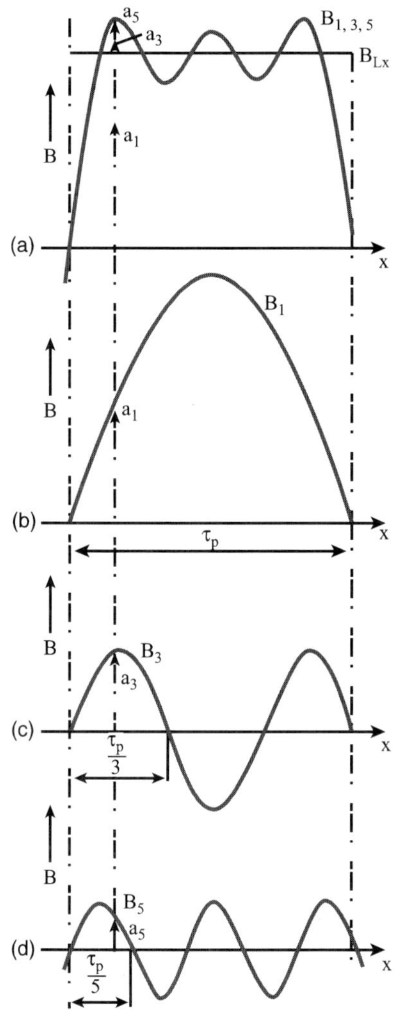

그림 4.7 기본파와 고조파의 합성

5) 자장

a) 자기 여자 곡선과 자장

지금까지 회전하는 교류기에서 유기되는 기전력에 대해서 공부하였다. 코일 내부에서 유기된 전압이나 또는 외부에 인가된 전압에 의해서 전류가 흐르면 자장이 형성된다.

운전과 효능을 위해서 자속의 크기와 분포가 중요하다. 정확한 계산과 설명은 각 부위마다 다르기 때문에 대단히 어렵다. 다음 장에서는 간략히 가정한다.

- 공극의 길이는 일정하다.
- 철심은 자기적으로 포화 상태에 달하지 않는다.
- slot는 닫혀 있다.

먼저 직류가 흐르는 코일에 대해서 그리고 교류가 흐르는 권선에 대해서 기술한다.

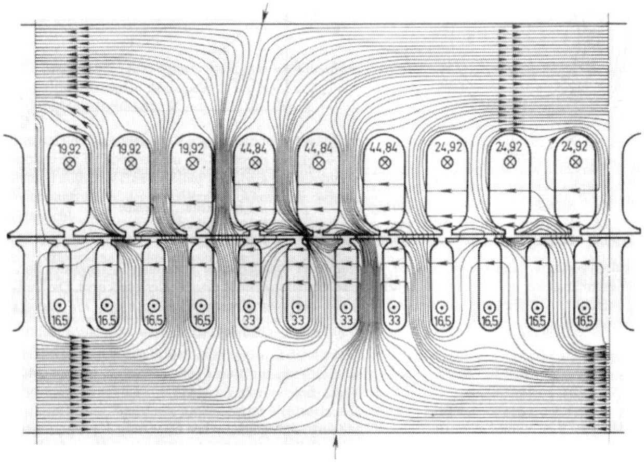

그림 4.8 자장의 분포

b) 집중권

기자력(Ampere Turn) 그림 4.9에서는 2극기의 단면도를 보여준다. 하나의 코일에 집중된 고정자 권선은 하나의 극절 $\tau_p = 180°$ 떨어진 두 개의 슬롯에 놓여 있다. 권선에 전류가 흐르면 하나의 슬롯에 2개의 도체가 있는 권선에는 자속 ψ를 만드는 기자력(Ampere Turn)

$$\theta = I \cdot Z_n$$

이 형성된다.

이것은 공극, 고정자 철심, 회전자 철심을 통하여 흐른다. 철심을 통하여 흐르게 하는 기자력은 공극을 통하여 흐르게 하는 기자력에 비하면 대단히 작다. 따라서 우리는 총 슬롯의 기자력은 공극 자장을 형성하는데 필요하면 가정할 수 있다.

따라서 공식 (1-2)는 하나의 슬롯에 형성되는 기자력 $\theta = I \cdot Z_n = H \cdot \delta$ 즉 자계의 세기와 공극에서 자로의 길이의 곱이며, 이것은 자기전압 또는 기자력(Ampere Turn)이라 한다.

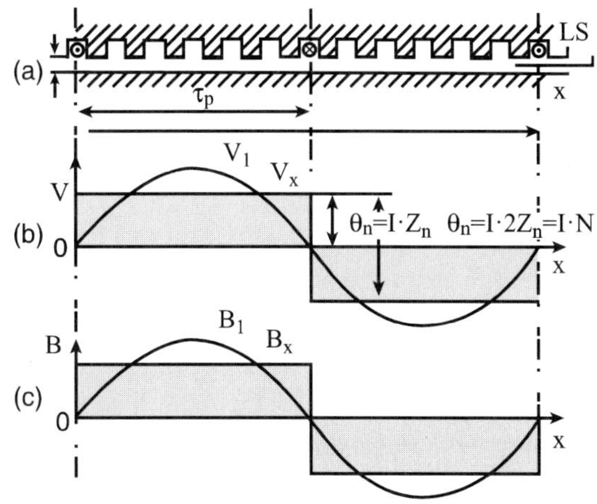

[그림 4.9] 집중권을 갖는 기기의 자장 분포

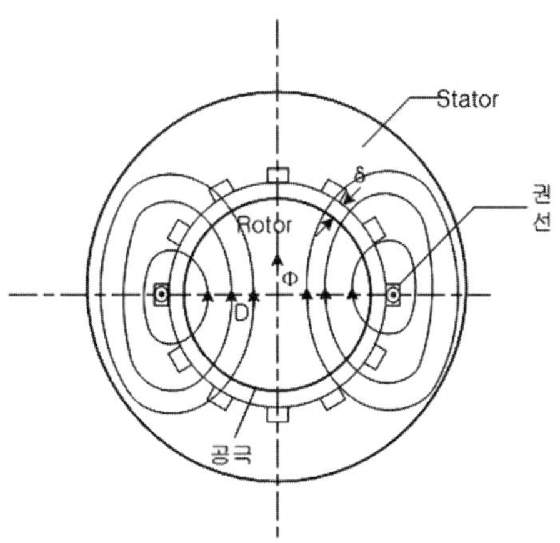

[그림 4.10] 집중권의 자장 분포

자기 여자 곡선 : 그림 4.11(b)와 같이 고정자 내면을 따라 기자력 V_X의 분포를 그릴 수가 있다. 이 분포를 자기 여자 곡선이라 한다.

공극의 자속 밀도 B는 자기의 세기 $H=\dfrac{V}{\delta}$와 투자율 μ_0로부터 구한다.

$$B=\mu_0 \cdot H=\frac{V}{\delta}\mu_0 \tag{4-8}$$

자장 곡선 : 자속 밀도 B는 공극의 길이가 일정하면 기자력에 비례한다.

여기에서 slot으로 인한 회전자와 고정자 내면의 자기 저항은 생략한다. 그러나 슬롯은 전폐 또는 조금만 개구된 것으로 보며, 이러한 영향은 생략하고 공극의 자속밀도 B_X를 그림 4.11(b)와 같이 그린다. 사각형의 자장 곡선은 앞에서 설명한 대로 기본파 B_1과 여러 개의 고조파 B_v로 분석할 수가 있다.

c) 분포권

집중권은 고조파를 많이 함유함으로 즉 사각형의 자장 곡선은 sine형에서 많이 벗어나므로 같은 상의 권선을 여러 개의 슬롯에 분포시킨다.

그림 4.11(a)는 상당 극당 slot수가 $q=3$인 권선을 펼쳐놓았다.

세 개의 권선은 slot 1-10, 2-11, 3-12로 놓이며 전류 I가 흐르고 그림 4.12(b)와 같은 자기 여자 곡선을 그리는 자장을 형성한다. 자기 여자 곡선은 slot pitch 간격으로 밀리는 자장 곡선을 만든다.

그림 4.12에서와 같이 slot 간격 α만큼 서로 밀려서 형성되는 기자력은 4-1장에서 논한 coil의 부분 전압과 같이 상의 기자력을 더할 수가 있다.

따라서 우리는 분포권의 권선수 N은 분포권 계수 f_z와 같이 f_z, N으로 집중권과 같이 생각할 수가 있다.

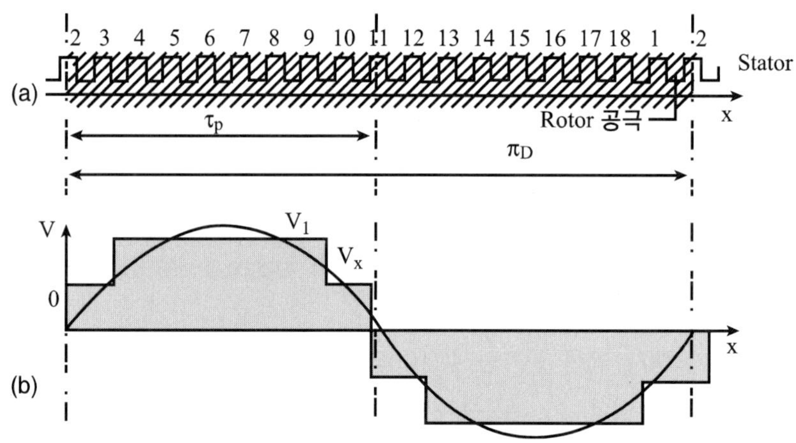

그림 4.11 분포권을 갖는 기기의 자장 분포

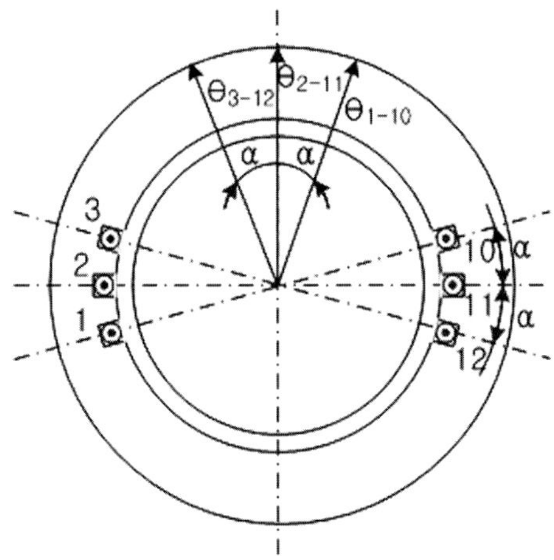

그림 4.12 분포권을 갖는 기기의 기자력

그림 4.11(b)와 같은 계단형의 자기 여자 곡선은 slot을 생략하면 계단형의 자속 밀도 분포 B_X와 비례한다. 사각형의 자장 곡선은 sine형의 기본파 B_1과 고조파 B_υ로 해석할 수 있으며 기본파는 c)에서의 분포권 계수는 극절 τ_p와 같이 유효하다. 고조파 B_υ는 $\frac{\tau_p}{\upsilon}$의 고조파 분포 계수와 같고 이들의 권선계수는 기본파에 비하여 현저히 작으며 분포권은 고조파를 작게 하는데 사용된다.

그림 4.10과 4.11의 자장 곡선을 비교하면 분포 권선이 집중 권선에 비하여 훨씬 더 sine 형태에 가깝다는 것을 알 수가 있다. 더 sine형에 접근하기 위해서는 단절권과 분포권을 사용한다.

고정자의 slot 때문에 회전자 내면의 자기 저항은 일정하지가 않다. 이로 인하여 생기는 자장 곡선의 고조파는 slot 고조파라고 부른다. 이것을 작게 하기 위해서는 도체의 단면적이 허용하는 slot의 개구면을 작게 하며 가닥 권선을 사용한다.

d) 주 자속과 누설 자속

교류기에서 자장 또는 자기 여자 곡선은 그림 4.10과 4.11에서와 같이 간단하지가 않다.

그림 4.9는 삼상 권선형 유도 전동기의 고정자, 공극 그리고 회전자의 순간적인 자속 분포를 나타내고 있다. 자속 분포는 권선에 흐르는 전류의 순간 치에 의하여 변한다. 서로 다른 자속 분포의 의미는 순간적인 자장의 분포에 의해 주어지지 않는다. 때문에 예를 들면 전동기에서 토크 형성에 영향을 미치는 주 자속 즉 삼상기기

에서는 공극에서 기본파에 속하는 자속을 말하며 그 외의 자속은 누설 자속이라고 한다.

누설 자속은 그것이 생기는 장소에 따라

- slot
- 권선 head(코일단)
- 공극의 누설 자속

이라 부른다.

그림 4.8에서 고정자와 회전자의 공극 외에 slot의 위나 속으로 통과하는 자속도 누설에 속한다. 이들은 고정자와 회전자 권선과 연결되지 않으며 이들을 slot 누설 자속이라 부른다.

똑같은 방법으로 권선의 부분에서 발생되는 누설 자속을 권선 누설 자속이라 부른다. slot과 권선 누설은 변압기의 누설과 같은 작용을 한다.

그 밖에 자속선에서 알 수 있는 것은 고정자와 회전자를 통과하나 모든 권선의 코일과 연결되지 않는 자속이 있다. 이것을 split 누설 자속이라 한다.

이러한 형태의 누설은 삼상기기에서 특히 고정자와 회전자에 고조파를 유발한다.

주 자속은 발전기에서는 전압을 전동기에서는 토크를 발생시키는데 필요하기 때문에 가능한 커야 한다. 그러나 누설 자속 또한 필요한 부분으로 작용한다. 누설 자속은 기동 전류, 최대 토크 그리고 과부하 능력 등에 영향을 미친다.

주 자속과 누설 자속은

- slot의 형태와 수
- 공극의 길이
- 권선의 종류

등에 의해 결정된다.

예를 들면 상당 극당 slot수 q를 변경하여 극수를 바꾸어 권선을 하면 기기의 특성이 달라진다.

e) 회전자계

이번까지는 자계 또는 자계 여자 곡선의 기하학적인 형태에 대해서만 이야기하였다. 권선에 흐르는 전류 I는 자속 밀도 커브 B_X를 만드는 기자력을 발생시킨다.

권선에 주파수 f를 갖는 교류가 흐르면 자계 곡선도의 기하학적인 형태는 같으나 크기와 방향은 그림 4.13에서처럼 인가된 교류에 따라 변한다. 이때 생기는 교번자계는 sine 파형의 기본파 B_1과 B_υ를 갖는다.

이 교번자계는 분포권과 단절권으로 많이 감소시켰다고 가정하고 여기서는 기본파만을 다루기로 한다.

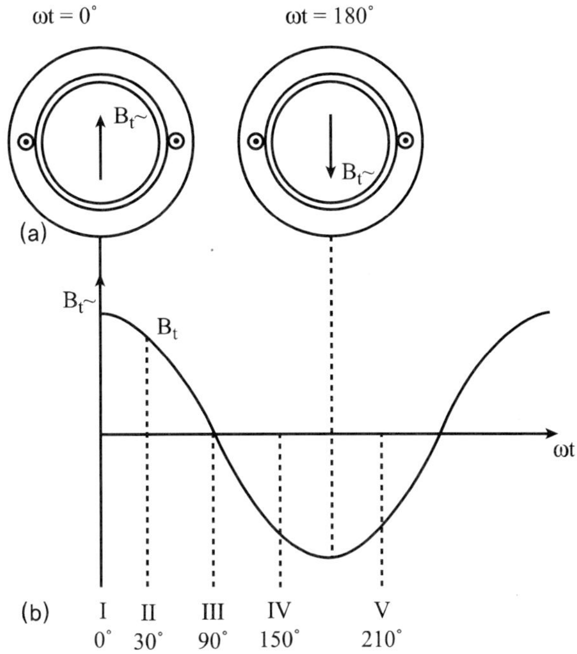

그림 4.13 교번자계

연습문제

1. 2층 중권 3상 10극 교류 발전기가 있다. 전기자 권선의 coil pitch=10slot이고 slot수는 120이다. 분포권 계수와 단절권 계수를 구하라.

2. 한 극의 자속이 10mVs이고 주파수는 60Hz이며 분포권 계수=0.95, 단절권 계수=0.93이다. 1상에 660V를 유기 시키자면 1상의 직렬 도체수는 얼마로 하여야 하는가?

3. 단절권과 분포권을 사용하는 이유를 설명하시오.

4. 제5고조파를 제거하기 위하여 극 피치와 코일 피치의 비율을 얼마로 하는 것이 가장 좋은가?

5. 8극 3상 발전기가 있다. 750rpm으로 회전할 때 상 전압 230V가 유기되고 있다. 전기자의 slot수=72이고 3/4로 단절되어 있다. 공극에서 sine형의 최대 자속이 0.069Vs이고 분포권 계수=0.955이면 총 권선수는 얼마인가?

6. slot수 12인 기기를 3상 4극으로 권선하고자 한다. slot plan을 완성하시오.

7. 성형 결선된 4극 3상 전동기가 1450rpm으로 운전되고 있다. 권선을 바꾸어 6극 950rpm으로 하고자 한다. 고정자의 slot수=36, slot당 도체수=52, 도체의 지름=1.1mm이다. slot당 도체수와 도체의 지름을 계산하시오.

4.2 회전자계의 원리

◆ **회전자계 기기**

삼상 발전기, 전동기 그리고 거의 모든 단상 교류 전동기에는 회전자계가 발생한다. 회전자가 회전자계와 같은 속도로 회전하는 기기를 동기기(Synchronous machine)라 하고 회전자계보다 작거나 크거나 늦게 돌아가는 기기를 비동기기(Asynchronous machine)라고 부른다.

4.2.1 회전자계의 발생

1) 원리

그림 1과 같이 막대자석을 그림과 같이 공중에 매달고 또 하나의 막대자석을 극을 반대로 하여 그 밑에 둔다. 그런 후 두 번째 막대자석을 회전시키면 매달려 있는 막대자석도 회전할 것이다.

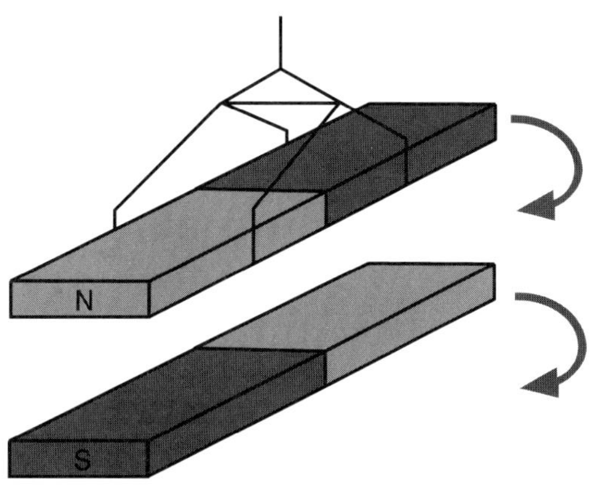

그림 4.14 회전자계 기기의 원리

자석을 회전시키면 회전자계가 발생한다. 이 회전자계는 자계 안에 있는 다른 자석을 함께 회전시킨다. 전자석의 회전을 통하여 교류 발전기에서 회전자계가 발생된다.

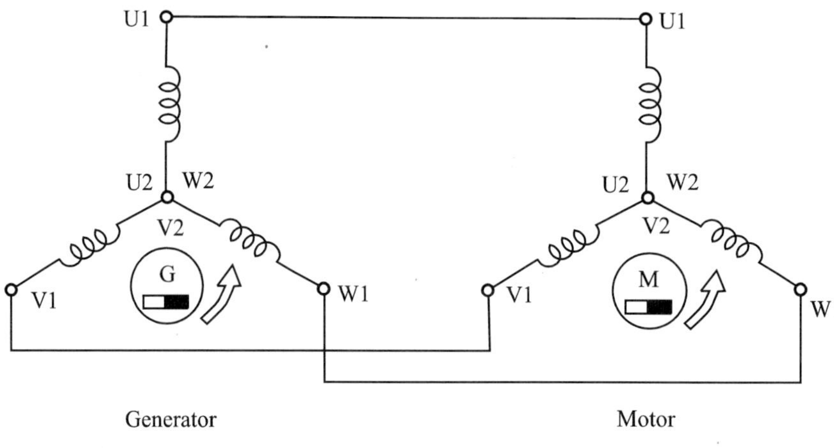

그림 4.15 발전기의 회전자계 발생

2) 삼상 전류에 의한 회전자계

그림 4.16과 같이 서로 120도의 위상차가 있는 3권선을 삼상 발전기에 연결하고 삼상 발전기에 아주 낮은 전압(예를 들면 10V)이 되도록 조정한다. 그리고 3권선 사이에 자침을 놓으면 자침이 회전할 것이다.

각 권선은 발전기의 부하로 연결이 되어 있으면서 교번자계를 발생시키는데 이 교번자계는 위치적으로 그리고 시간적으로 120도의 위상차가 난다. 자계는 교류의 순간 치로 결정이 된다.

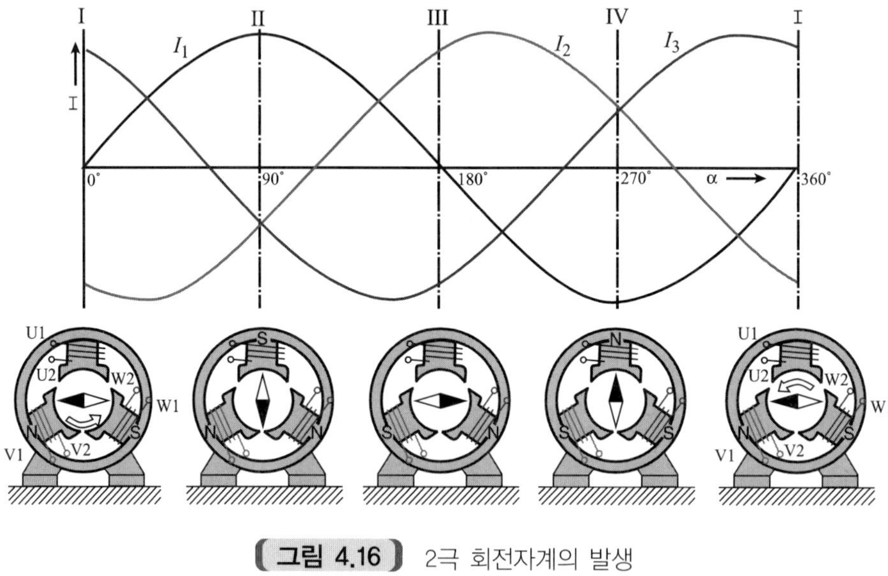

그림 4.16 2극 회전자계의 발생

자계는 자침을 360도를 한주기로 하여 회전을 하게 한다. 이렇게 회전하는 자계를 회전자계라고 한다.

2극기에서 자계는 한 주기에 한 바퀴를 회전한다. 만약 주파수가 60Hz라면 회전자계는 $60\frac{1}{s}60s = 3,600$회 회전을 하게 된다. 만약 3상 입력선 중 2개를 바꾸면 회전자계의 방향이 바뀔 것이다.

3상 교류가 위치적으로 그림 4.17과 같이 120도 위상차가 나게 감겨진 권선에 흐르면 회전자계가 발생한다.

삼상권선에 서로 120도의 위상차가 나는 전류가 흐르면 그림 4.17과 같이 극이 형성된다.

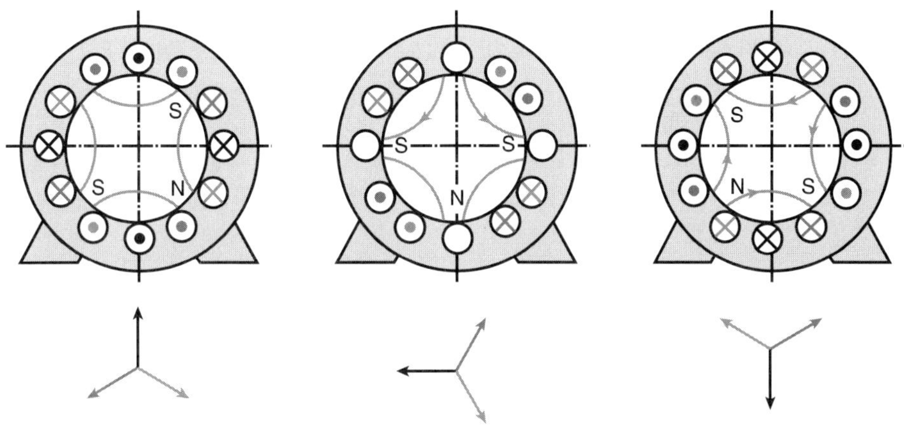

그림 4.17 다른 시점에 생성되는 삼상 권선에 의한 자계

3) 동기 속도

회전자계의 회전수(동기 속도)는 극수와 주파수에 의하여 결정된다.

$$n_s = \frac{120f}{P}$$

n_s : 동기 속도 [rpm]

f : 공급된 전류의 주파수

P : 극수

자계가 회전하는 기기를 회전자계 기기라고 부른다. 회전자계 기기의 고정자는 회전자계에 의하여 항상 자극이 변하기 때문에 철심을 적층하여 사용하고 권선을 삽입할 수 있도록 slot이 있다.

회전자는 고정자 극수와 같은 극수를 갖으며 회전자계에 비하여 천천히 회전한다.

유도 전동기는 회전자계와 다른 속도로 회전하기 때문에 비동기 전동기(Asynchronous motor)라 한다. 또한 회전자계는 회전자의 도체에 의하여 끊어지며 이로 인하여 회전자 도체에는 전압이 유기된다. 유도 전동기(Induction motor)라는 이름은 여기에서 유래한다.

4) 슬립(slip)

유도 전동기의 회전자는 동기 속도와 다른 속도로 회전한다. 회전자가 동기 속도로 회전하면 회전자의 도체가 회전자계를 끊지 못하기 때문에 회전자에 유도전압이 발생하지 않고 따라서 토크가 발생하지 않기 때문에 동기 속도로 회전할 수가 없다.

회전자의 회전 속도와 동기 속도의 비를 slip이라고 하며 다음과 같이 계산한다.

slip은 유도 전동기의 운전을 이해하고 제어하는데 아주 중요하다.

$$S = \frac{\text{동기 속도} - \text{회전 속도}}{\text{동기 속도}} \times 100 = \frac{n_s - n}{n_s} \times 100[\%] \qquad (4\text{-}9)$$

예제 4극 3상 유도 전동기가 60Hz에서 1,760rpm으로 회전하고 있다. 이때 slip은 얼마인가?

동기 속도 $n_s = \frac{120f}{P} = \frac{120 \cdot 60}{4} = 1800[\text{rpm}]$

$$s = \frac{n_s - n}{n_s} \times 100[\%] = \frac{1800 - 1760}{1800} \times 100 = 2.22\%$$

회전자계의 회전자에 대한 상대 속도 $n_s - n = sn_s$

$$\text{회전자 속도 } n = (1 - s)n_s \qquad (4\text{-}10)$$

4.3 유도 전동기 종류

4.3.1 권선형 유도 전동기

1) 구성

고정자(stator)는 와전류를 방지하기 위하여 적층된 철심에 slot을 만들었으며 slot에는 3상 권선이 감겨 있다. 고정자에는 직류기와 같은 돌출된 극을 볼 수가 없다. 여기에는 상에 상응하는 권선의 시작과 끝이 있고 이는 단자함으로 연결되어 있다. 단자함에서 성형 또는 델타 방식으로 결선을 할 수가 있다.

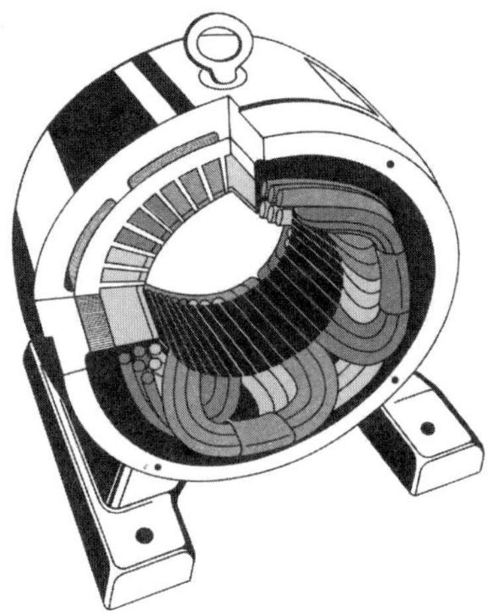

【그림 4.18】 삼상 4극 권선이 감겨진 고정자

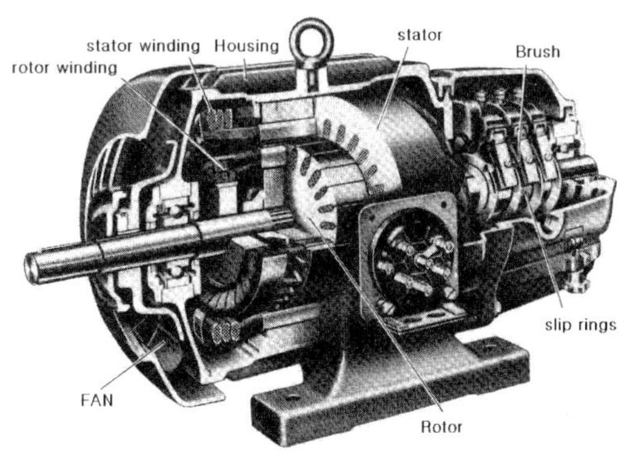

【그림 4.19】 권선형 유도 전동기

회전자는 고정자와 마찬가지로 적층된 철심에 slot이 있으며 slot에 권선을 삽입한다. 권선에는 고정자 극수와 같은 수의 극이 만들어진다.

회전자 권선은 일반적으로 3상으로 되어 있으며 성형 결선을 하나 아주 드물게 델타 결선을 하기도 한다.

회전자의 결선은 회전자 내에서 하며 단자함에는 세 권선의 끝이 연결되어 있다.

회전자 권선은 2상도 사용한다.

권선형 전동기는 기동 후에는 농형 회전자와 같은 방식으로 운전한다.

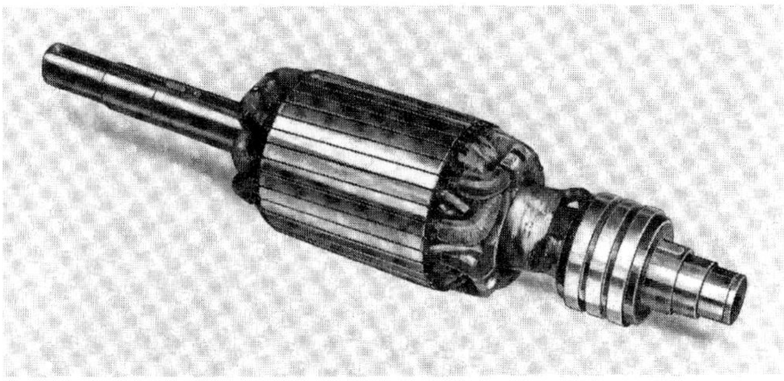

그림 4.20 권선형 유도기 회전자

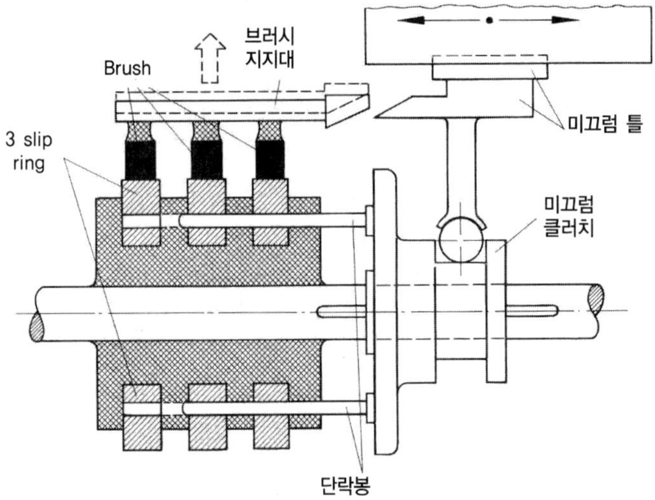

그림 4.21 브러시와 slip ring

그림 4.21에서 보는 바와 같이 기동 후에 미끄럼틀이 왼쪽으로 이동하면 단락봉에 의하여 slip ring이 단락되고 미끄럼틀에 의하여 브러시는 위로 올라간다. 이로 인하

여 회전자 권선은 단락이 된다.

2) 작동

삼상 전류에 연결된 고정자 권선에 회전자계가 발생한다. 이 회전자계는 먼저 고정자 권선에 의하여 교차되고 고정자 권선에 전압을 유기시킨다. 그리고 공극을 지나 회전자 권선을 지나면서 회전자 권선에 전압을 유도한다.

스위치를 닫는 순간(on시키는 순간) 회전자는 정지하고 있기 때문에 회전자계는 가장 빠른 속도로 회전하는 것과 같다. 이때 전동기는 단락시킨 변압기와 같이 작용하며 아주 큰 단락 전압이 발생한다. 회전자에 발생된 전압은 회전자에 전류 I_2를 흐르게 한다.

만약 회전자에 단지 순수 저항 성분(ohmic resistor)만 있다고 하면 전압과 전류는 동상이 된다. 스위치를 닫는 순간에 회전자 주파수는 전원 주파수와 같다($f_2 = f_1$). 따라서 이때가 회전자의 reactance $X_2 = 2\pi f_2 L_2$는 최대값이 된다. 만약 ohmic 저항이 없다면 회전자 전류 I_2는 전압보다 90° 늦은 전류가 흐르고 전동기는 기동하지 않을 것이다. 따라서 기동을 위하여 회전자의 저항에는 적당한 ohmic 저항이 있어야 한다. 이것은 유도 전동기 기동 편에서 다시 설명하기로 한다.

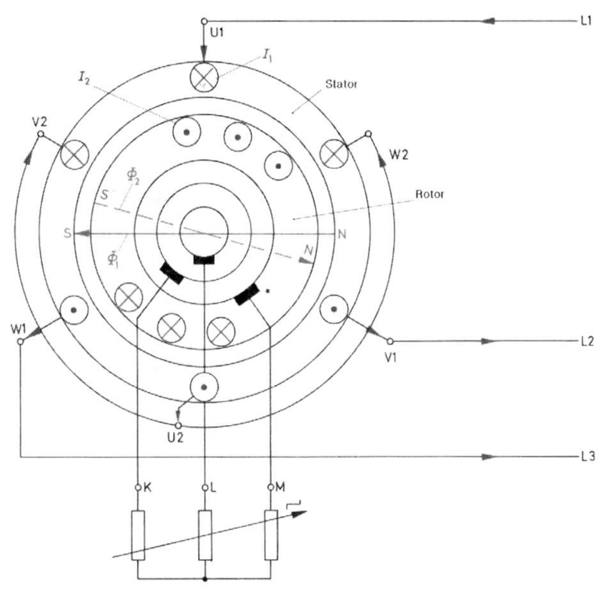

그림 4.22 2극 3상 권선형 전동기의 전류와 자계(기동 시)

정지해 있는 상태(S=100%)에서 전동기가 부하가 있는 상태에서 기동을 하면 slip이 3-6% 정도가 되도록 회전수가 증가한다. 슬립이 작아지면 회전자계가 회전자 도체를 지나는 속도가 감소하게 된다.

따라서 회전자 전압과 회전자 주파수는 감소하게 되고 회전자 reactance도 감소한다. 회전자 전압과 회전자 주파수는 슬립에 따라 선형적으로 감소한다. 운전 중에는 reactance가 작기 때문에 회전자에는 ohmic 저항이 대부분으로 볼 수가 있고 따라서 전압과 전류는 동상(同相)이다. 우리가 이미 배운 바와 같이 전류가 흐르는 도체는 자계 내에서 운동을 하게 된다.

회전이 가능한 기구에 배치된 코일이라면 회전력이 발생하게 되는데 이를 위하여 다음과 같은 두개의 조건이 선행되어야 한다.

a) 자속 Φ_1, Φ_2는 그림 4.23과 같이 동시에 힘을 발생하도록 component를 가져야 한다.

b) 자속 Φ_1과 Φ_2는 가능한 공간적으로 90° 차이가 나게 놓여야 한다.

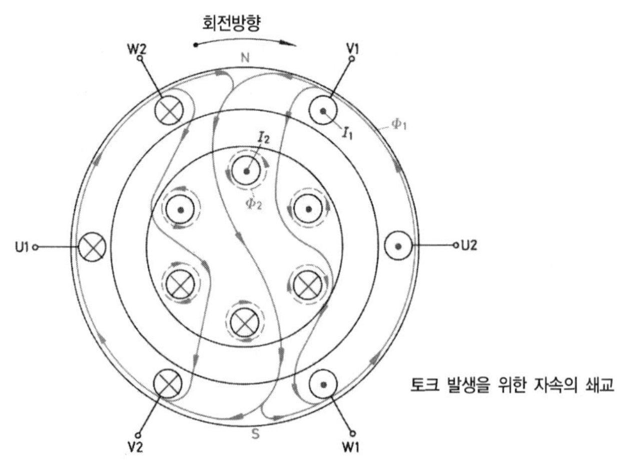

그림 4.23 토크 발생과 자속 쇄교

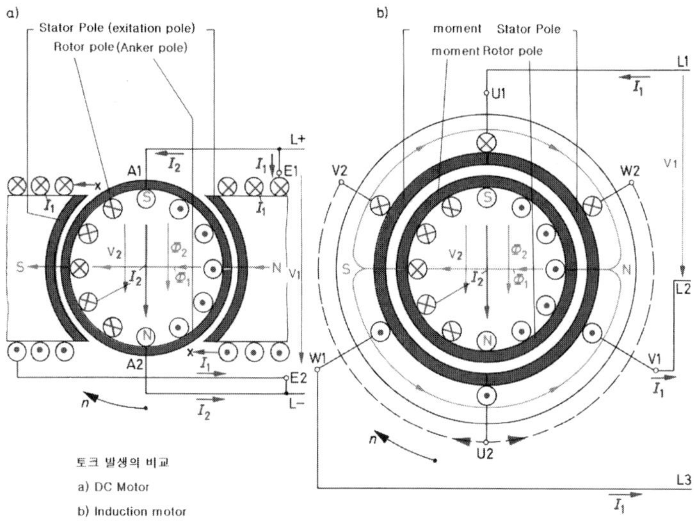

【그림 4.24】 토크 발생의 비교(직류기, 유도기)

그림 4.24에서 직류기와 유도기의 전류와 자속의 흐름을 표시하고 비교하였다.

그림 4.24에서 자속과 전류의 흐름으로 전동기 법칙(왼손 법칙)에 의하여 간단히 오른쪽으로 회전하는 것을 알 수가 있으며 극을 표시하여 다른 극끼리 당기고 같은 극끼리 미는 것을 알 수가 있다. 그림 4.24에서 붉은 색은 N극을 표시하고 파란색은 S극을 표시한다. Lenz 법칙에 의하여 회전자는 회전자에 발생하는 전압 V2가 0이 될 때까지 속도가 증가하며 이때 동기 속도로 진입하게 된다. 동기 속도에서는 회전자에 발생하는 손실 역시 0이 된다. 그러나 유도 전동기는 동기 속도로 회전할 수가 없다.

4.3.2 농형 회전자

1) 구성

농형 유도 전동기의 고정자는 권선형 전동기의 고정자와 동일하다. 그러나 회전자 slot에는 권선 대신에 단지 하나의 도체만 있으며 도체는 철심외부에서 end ring으로 단락되어 있다. 따라서 농형 회전자는 단락된 회전자(short connected rotor)라고도 부른다.

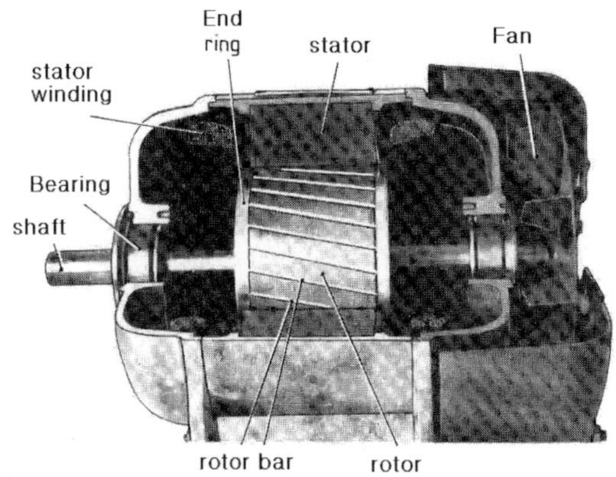

【그림 4.25】 농형 유도 전동기

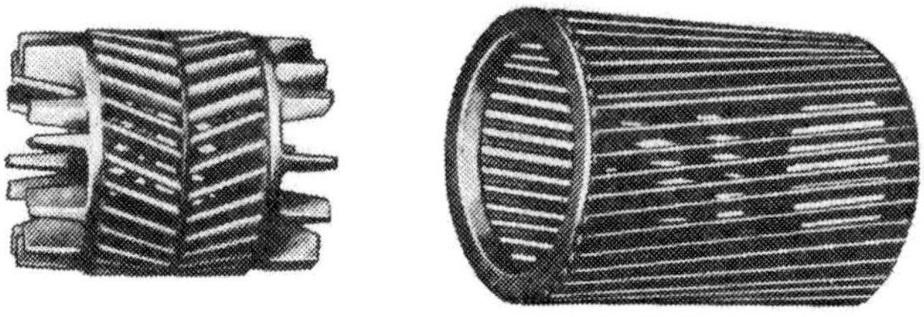

【그림 4.26】 회전자 철심을 제거한 농형 회전자 도체

일반적으로 농형 유도 전동기의 회전자 도체는 알루미늄을 주조하여 사용한다. 대형 전동기에서는 동(銅)바로 만들고 end ring을 용접한다.

도체는 그림 4.26에서 보는 바와 같이 일반적으로 skew를 주는데 목적은 회전자가 어떤 위치에 있어도 토크를 발생시키는 데 문제를 없게 하기 위해서다. 즉 어떤 상태로든 쉽게 기동을 할 수 있도록 하기 위해서다.

농형 회전자(squirrel cage type rotor) 이라는 이름은 그림 4.26에서 보는 바와 같이 적층 철심을 제거한 모양이 새장 또는 다람쥐 쳇바퀴처럼 생긴데서 기인한다.

4.4 유도 전동기의 특징

유도 전동기는 그림 4.25에서 보는 바와 같이 아주 간단하다.

- 제작이 매우 간편하여 제작비가 저렴하다.
- 브러시와 정류자가 없기 때문에 크기에 비하여 출력이 크다.
- 브러시와 정류가가 없기 때문에 불꽃이 없다.
- 브러시와 정류자가 없기 때문에 보수 유지 비용이 저렴하다.
- 수명이 길다.
- 브러시와 정류자의 마찰로 인한 소음이 없다.

그러나 회전수 제어를 위하여 극수를 변경하거나 주파수를 변경해야 하기 때문에 회전수 제어가 쉽지 않은 단점이 있다.

4.4.1 유도 전동기의 토크 -속도 특성

유도 전동기의 토크-속도 특성은 다음과 같이 정의 된다.

a) 기동 토크 T_s : 기동 토크는 정지 시에서 기동할 때 나타나는 토크이다. 권선형 전동기에서 회전자 저항이 비교적 크기 때문에 기동 토크가 크다.
b) Pull up 토크 T_p : Pull up 토크는 기동 중 가장 작게 나타나는 토크로 기동 토크와 최대 토크 사이에 위치한다. 권선형 전동기에서는 나타나지 않는다.
c) 최대 토크 T_{max} : 최대 토크는 유도 전동기의 가장 큰 토크이다. Pull up 토크와 정격 토크 사이에 있으며 일반적으로 정격 토크의 1.6-2.5배에 달한다.
d) 정격 토크 T_N : 명판에 쓰여 있는 정격 출력 P_N과 정격 회전수 n_N으로 운전할 때 정격 토크가 축으로 전달된다.

$$T_N = \frac{9550 \cdot P_N}{n_N} [\mathrm{Nm}] \tag{4-11}$$

T_N : 정격 토크[Nm]
P_N : 정격 출력[kW]
n_N : 정격 회전수[rpm]

무 부하 회전 즉 동기 속도에서 토크는 0이다.

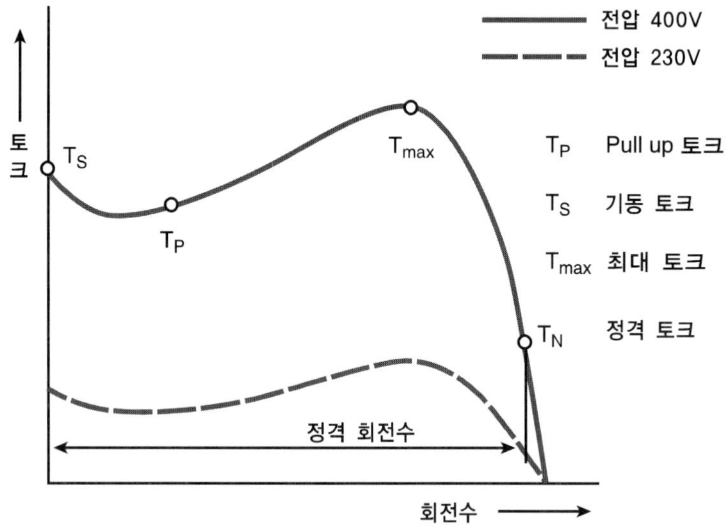

그림 4.27 유도 전동기 토크-속도 특성

4.4.2 명판

유도 전동기의 일반적인 고정자에 관한 정보 외에 전압, 전류, 출력, 주파수, 역률, 회전수, 절연 등급, 보호 등급을 볼 수가 있으며 권선형 전동기의 경우에는 회전자 결선과 회전자 전압 그리고 회전자 전류가 주어진다.

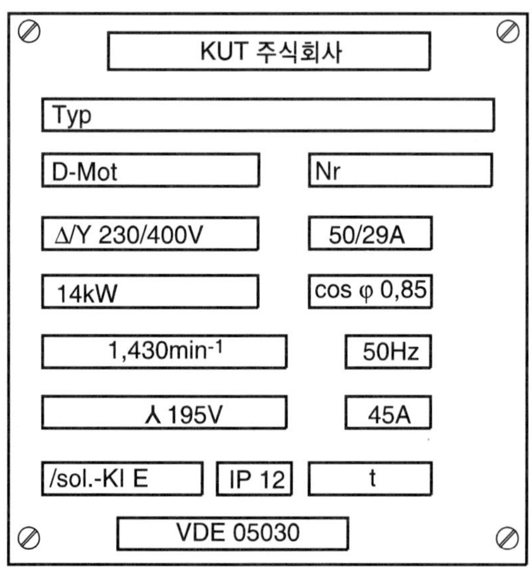

그림 4.28 권선형 유도 전동기의 명판

a) 회전자 결선은 일반적인 Y 결선을 사용한다. Δ 결선의 경우 Y 결선에 비하여 같은 권선의 조건에서 회전자 전압은 낮고 전류는 높다.

b) 회전자 전압은 회전자가 정지하여 있을 때 슬립링을 연 상태에서 Y 결선과 Δ 결선을 하고 측정한다. 일반적으로 회전자의 전압은 고정자 전압의 $\frac{1}{4} \sim \frac{1}{2}$ 정도이다. 회전자 전압은 아주 고전압의 경우에도 1000V를 넘지 않는다.

c) 유도 전동기의 회전자 전류는 정격 운전 시 슬립링을 통하여 측정한다.

4.4.3 농형과 권선형 전동기의 장점

1) 권선형 전동기 대비 농형 전동기의 장점

a) 가격이 저렴하다, 유지 보수가 쉽다.

b) 역률과 효율이 1-2% 높다. end ring이 철심과 가깝게 있어 누설이 작다. 따라서 농형 전동기는 무효 전력이 작고 권선형에 비해서 손실이 작다.

c) 극수 변환 전동기를 만들기 쉽다.

d) 방폭형으로 사용하기 좋다.

2) 농형 대비 권선형 전동기의 장점

a) 기동 특성이 좋다.

b) 저항을 이용한 slip 제어를 할 수 있다.

b) electrical shaft로 이용이 가능하다.

c) 회전 변압기로 이용이 가능하다.

d) 비동기 주파수 변환기로 사용이 가능하다.

4.5 유도기 전력 및 전류

4.5.1 전동기가 정지하고 있는 경우

1) 1차 유도기 전력

1차 권선에 여자 전류가 흐르면 1차 권선과 2차 권선에 각각 기전력이 유도되는

관계는 변압기의 경우와 같다. 1차 유도기 전력 E_1은

$$E_1 = 4.44 f_{w1} N_1 f_1 \Phi [V] \tag{4-12}$$

여기서 f_1 : 공급 전압의 주파수(1차 주파수)[Hz]
N_1 : 1차 1상 코일의 권수
f_{w1} : 1차 권선의 권선 계수
Φ : 1극의 평균 자속[Wb]

이 전압 E_1은 리액턴스 전압 $\left(e_r = -w_1 \dfrac{d\phi}{dt}\right)$에 해당되는 전압이며, 단자 전압 V_1에서 1차 임피던스에 의한 전압강하를 벡터적으로 감소시킨 전압($V_1{}'$)과 크기는 같다. 즉, 그림 4.30에서 $-E_1 = V_1{}'$인 관계이다.

2) 2차 유도기 전력

회전자가 정지가 있을 때에는 회전자계가 1차 권선을 쇄교하면 동일한 속도로 2차 권선을 쇄교하기 때문에 2차 유도기 전력 E_2는 다음과 같이 E_1과 같은 형식으로 표시된다.

$$E_2 = 4.44 f_{w2} N_2 f_1 \Phi [V] \tag{4-13}$$

여기서 f_{w2} : 2차 권선의 계수
N_2 : 2차 1상 코일의 권수
농형 회전자에서는 $f_{w2} = 1,\ N_2 = 0.5P$이다.

3) 권선비

식 (4-3)와 식 (4-4)의 비를 취하면

$$\frac{E_1}{E_2} = \frac{f_{w1} N_1}{f_{w2} N_2} = \alpha \tag{4-14}$$

즉, 유도 전동기의 1차 권선과 2차 권선에 유도되는 기전력의 비는 권선과 권선 계수의 곱에 대한 비와 같다. 이 α를 권선비라고 한다.

4.5.2 전동기가 회전하고 있는 경우

1) 2차 유도기 전력 및 2차 주파수

회전자가 슬립 s로 회전하고 있을 때, 2차 도체와 회전자계의 상대 속도는 식 (4-2)에서 $n_s - n = sn_s$와 같이 회전자가 정지하고 있을 때의 s배이기 때문에, 이런 경우에 대한 2차 유도기 전력 E_{2s} 및 주파수 f_{2s}는 다음과 같이 정지할 때의 s배가 된다.

$$E_{2s} = sE_2,\ f_{2s} = sf_1 \tag{4-15}$$

2차 주파수 f_{2s}는 **슬립 주파수**라고도 한다.

2) 2차 전류와 2차 역률

$r_2[\Omega]$을 2차 권선 1상의 저항이라 하고, $x_2[\Omega]$을 전동기가 정지하고 있을 때의 2차권선 1상의 리액턴스라고 한다. 전동기가 슬립 s로 회전하고 있을 때에 2차 권선 1상의 리액턴스 $x_{2s}[\Omega]$ 및 2차 권선 1상의 임피던스 $Z_{2s}[\Omega]$은 다음과 같이 된다.

$$x_{2s} = s\,x_2\,[\Omega] \quad Z_{2s} = r_2 + jsx_2\,[\Omega] \tag{4-16}$$

따라서 전동기가 슬립 s로 운전하고 있을 때의 2차 전류 I_2[A]는

$$I_2 = \frac{E_{2s}}{Z_{2s}} = \frac{sE_2 \times \frac{1}{s}}{\sqrt{{r_2}^2 + (sx_2)^2} \times \frac{1}{s}} = \frac{E_2}{\sqrt{(\frac{r_2}{s})^2 + (x_s)^2}}\ [A] \tag{4-17}$$

$$\theta_2 = \tan^{-1}\frac{sx_2}{r_2} \tag{4-18}$$

$$\cos\theta_2 = \frac{r_2}{\sqrt{{r_2}^2 + (sx_2)^2}}$$

3) 1차 전류

2차 전류 I_2[A]가 흐르면, 이에 따른 기자력을 해소하기 위하여 1차 측에 1차 부하 전류 I_1'[A]가 흐르고, 1차 권선과 2차 권선의 상수를 각각 m_1 및 m_2라 하면 다음과 같은 관계가 성립한다.

$$\left.\begin{aligned} & I_1{}' m_1 f_{w1} N_1 = I_2 m_2 f_{w2} N_2 \\ & \therefore I_1{}' = \frac{m_2 f_{w2} N_2}{m_1 f_{w1} N_1} I_2 = \frac{1}{\alpha\beta} I_2 \\ & \text{단}, \beta = \frac{m_1}{m_2} = \text{상수비} \end{aligned}\right\} \tag{4-19}$$

1차 부하 전류 $I_1{}'$와 여자 전류 I_o의 벡터 합을 1차 전류 I_1이라 한다.

이처럼 2차 측의 전압, 주파수, 리액턴스 및 역률 등은 슬립 s에 의하여 변화한다.

4) 기동할 때의 전압 및 전류

전동기가 정지 상태에서 기동하는 경우에 2차 유도기 전력과 2차 전류 및 2차 회로의 역률은 각각 식 (4-15)과 (4-17) 및 (4-18)에서 $s=1$로 하면 얻을 수 있다.

4.6 토크

유도 전동기의 1극의 자속 Φ와 각 2차 도체에 흐르는 전류 I_2에 의해서 생기는 토크 τ는

$$\tau = K\,\Phi\; I_2 \cos\theta_2 [\mathrm{N \cdot m}] \tag{4-20}$$

여기서, $K = \dfrac{1}{2\sqrt{2}} m_2\, N_2\, P$

즉, 토크는 1극의 자속 Φ와 2차 유효 전류 $I_2 \cos\theta_2$의 곱에 비례한다. 식 (4-12)에서 식 (4-9) 및 식 (4-10)을 대입하면

$$\left.\begin{aligned} \tau &= K\,\Phi \times \frac{sE_s}{\sqrt{r_2^2 + (sx_2)^2}} \times \frac{r_2}{\sqrt{r_2^2 + (sx_2)^2}} \\ &= K\,\Phi\, \frac{sE_2 r_2}{r_2^2 + (sx_2)^2}\ [\mathrm{N \cdot m}] \end{aligned}\right\} \tag{4-21}$$

또, 식 (4-13)에서

$$\Phi = \frac{E_2}{4.44 f_{w2} N_2 f_1} = K' E_2 [Wb] \text{ 단, } K' = \frac{1}{\sqrt{2}\pi f_{w2} N_2 f_1}$$

이 Φ를 식 (4-21)에 대입하면

$$\tau = K K' \frac{s E_2^{\ 2} r_2}{r_2^{\ 2} + (s x_2)^2} = K_o \frac{s E_2^{\ 2} r_2}{r_2^{\ 2} + (s x_2)^2} [\mathrm{N \cdot m}] \tag{4-22}$$

여기서, $k_2 = 1$로 해서 $KK' = K_o = \dfrac{m_2 P}{4\pi f_1}$이다.

이 식에서 토크는 전압 E_2의 제곱 및 2차 권선의 저항 r_2에 비례하고, 2차 임피던스 Z_{2s}의 제곱에 역비례하는 것을 알 수 있다.

4.7 등가회로

변압기의 등가회로는 그 특성을 조사하거나 계산하는 경우에 대단히 편리하다. 유도 전동기도 변압기와 같이 등가회로로 표시할 수가 있다. 다만, 변압기의 경우에는 그 출력이 전력이기 때문에 그 부하는 그림 4.31과 같이 등가 임피던스로 표시하지만, 전동기가 회전하고 있는 경우의 출력은 기계동력이기 때문에, 이동력에 상당하는 에너지를 소비하는 저항 부하로 바꾸어서 생각해야 하는 점이 다를 뿐이다.

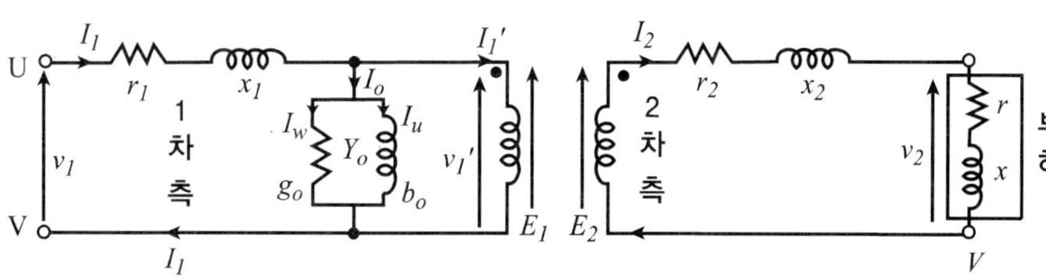

그림 4.29 변압기의 회로

4.7.1 정지 시 유도 전동기의 회로

이 경우의 회로는 변압기와 같이 그림 4.33으로 나타낸다. 정지 중에는 $s = 1$이므로 2차 측에는 식 (4-23)에서 다음과 같은 2차 전류 I_2가 흐른다.

$$I_2 = \frac{E_{2s}}{Z_{2s}} = \frac{sE_2}{\sqrt{{r_2}^2 + (sx_2)^2}} = \frac{E_2}{\sqrt{{r_2}^2 + (x_2)^2}}[\mathrm{A}] \tag{4-23}$$

1차 측에는 이와 대응하여 1차 부하 전류 $I_1{}'$가 흐르고, $I_1{}'$와 여자 회로의 여자 전류 I_o와의 합성인 1차 전류 I_1가 흐른다.

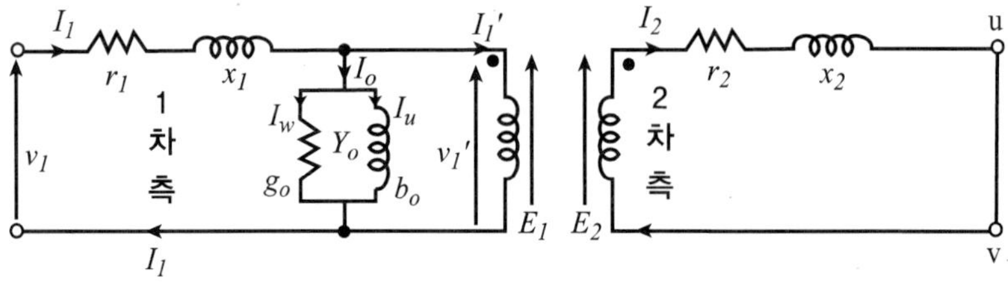

그림 4.30 정지 중인 유도 전동기의 회로

4.7.2 운전 시 유도 전동기의 회로

슬립 s로 회전 중인 유도 전동기의 2차 유도기 전력은 sE_2, 2차 리액턴스는 sx_2, 2차 저항은 r_2이기 때문에 이 경우의 회로는 그림 4.33과 같이 나타내고, 2차 전류 I_2는 식 (4-23)과 같다.

이 식에서 슬립 s로 회전 중인 유도 전동기의 2차 회로는 전동기가 정지하고 있는 것으로 하고 다만, 2차 저항만을 r_2/s로 바꾸어 놓은 것이라고 생각할 수 있다. 따라서 2차 측을 1차 측과 동일한 주파수의 회로로 하여 취급할 수 있으며 그림 4.31과 같은 회로가 된다.

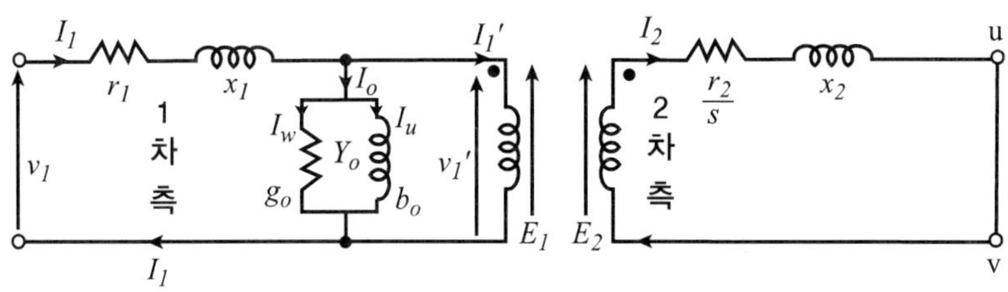

그림 4.31 운전 중인 유도 전동기의 회로

그 이유는 s가 변하면 $f_{2s} = sf_1$도 변하는데 2차 측에는 E_2나 x_2에는 s가 없으며 r_2 / s에는 s가 있지만 저항은 주파수에 무관하기 때문이다.

1) 기계적인 출력 계산을 위한 부하 저항

유도 전동기의 1차 측에서 2차 측으로 공급되는 입력을 P_2[W]로 하고 2차 철손을 무시하면, 운전 중 2차 주파수 sf_1은 대단히 낮으므로 2차 손실은 2차 저항손(P_{cu2})뿐이기 때문에, P_2에서 이 저항손을 뺀 나머지 유도 전동기 안에서 발생한 기계적 출력 P_o[W]로 된다.

따라서

$$P_o = P_2 - P_{cu2} = P_2 - r_2 I_2^{\,2}[\mathrm{W}] \tag{4-24}$$

그런데, 운전 중에 2차 측으로 공급되는 입력을 P_2[W]는 그림 4.33에서

$$\left.\begin{aligned} &P_2 = \frac{r_2}{s} I_2^{\,2} \text{ 이기 때문에} \\ &P_o = \frac{r_2}{s} I_2^{\,2} - r_2 I_2^{\,2} = r_2 \left(\frac{1-s}{s}\right) I_2^{\,2} = r\, I_2^{\,2} \\ &\text{단,} \quad r = r_2 \left(\frac{1-s}{s}\right) \end{aligned}\right\} \tag{4-25}$$

이 식에서 아는 바와 같이 기계적 출력 P_o는 $r_2\left(\dfrac{1-s}{s}\right)$라는 부하를 대표하는 하나의 저항 r에서의 소비 전력으로 표시된다.

2) 운전 시 유도 전동기의 회로

$r + r_2 = r_2(1-s)/s + r_2 = r_2/s$이므로 r_2/s는 2차 회로의 저항 r_2와 기계적인 출력을 대표하는 부하 저항 r과의 합으로 생각할 수 있다. 따라서 부하를 걸고 운전 중인 유도 전동기는 그림 4.32와 같은 회로로 표시할 수 있으며 변압기와 같이 취급할 수가 있다.

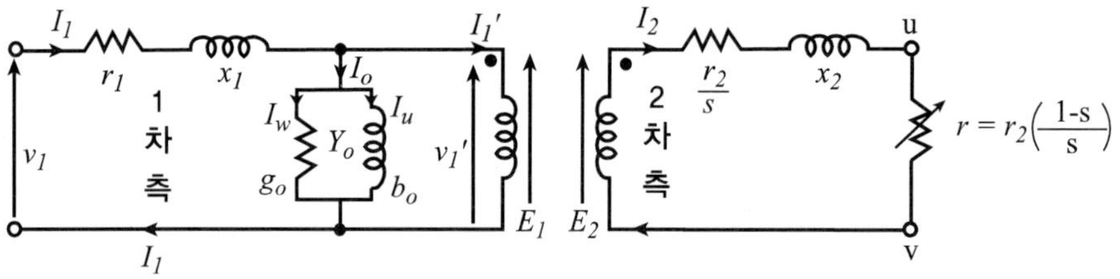

그림 4.32 운전 시 유도 전동기의 회로

4.7.3 등가회로

그림 4.32와 같은 유도 전동기의 회로를 등가회로로 고칠 때에는 변압기의 경우와 같이 2차 측의 모든 값을 1차 측으로 환산하여야 한다.

1) 2차 전압을 1차 측으로 환산

2차 측의 전압 E_2를 1차 측으로 환산한 것을 E_2'라 하면 E_2'는 식 (4-14)에서

$$E_1 = \frac{f_{w1} N_1}{f_{w2} N_2} E_2 = \alpha E_2 = E_2' \tag{4-26}$$

2) 2차 전류를 1차 측으로 환산

2차 전류 I_2를 1차 측으로 환산한 것을 I_2'라 하면 식 (4-19)에서

$$I_1' = \frac{m_2 f_{w2} N_2}{m_1 f_{w1} N_1} I_2 = \frac{1}{\alpha\beta} I_2 = I_2' \tag{4-27}$$

3) 2차 임피던스를 1차 측으로 환산

2차 측의 임피던스 Z_2를 1차 측으로 환산하는 것을 Z_2'라 하면

$$Z_2' = \frac{E_2'}{I_2} = \frac{\alpha E_2}{\frac{I_2}{\alpha\beta}} = \alpha^2 \beta Z_2 \, [\Omega] \tag{4-28}$$

따라서 2차 측의 저항 r_2, 기계적 출력을 대표하는 부하 저항 r 및 리액턴스 x_2를 1차 측으로 환산할 것을 각각 r_2', r' 및 x_2'라 하면

$$r_2' = \alpha^2 \beta r_2 [\Omega], \; r' = \alpha^2 \beta r [\Omega], \; x_2' = \alpha^2 \beta x_s [\Omega] \quad (4\text{-}29)$$

4) 등가회로

2차 측을 이와 같이 1차 측으로 환산하면 그림 4.34의 회로는 그림 4.35와 같은 회로로 바꿀 수가 있다. 이것이 유도 전동기의 등가회로라는 것이다.

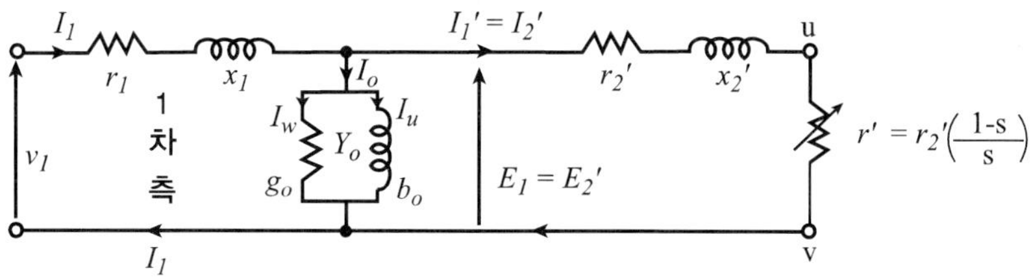

그림 4.33 유도 전동기의 등가회로

5) L형 등가회로

지금 $Z_1 I_o$ 강하를 무시하여 여자 어드미턴스를 전원 측으로 이동시키고 그림 4.34과 같이 하면 근사적이기는 하나 계산이 간단하게 된다. 이것을 L형 등가회로라고 하며, 일반적인 계산을 하는 데는 이 등가회로를 사용한다.

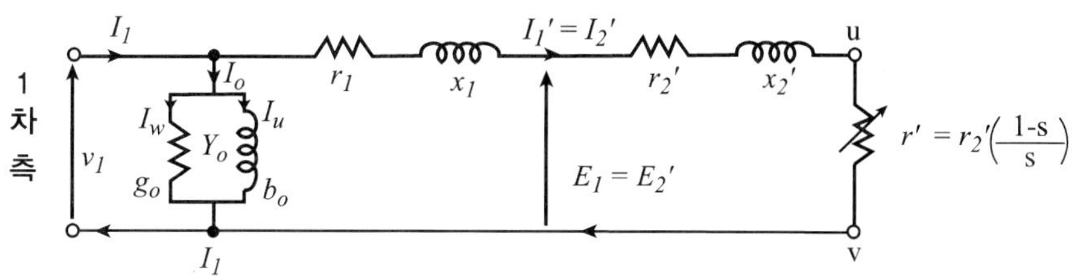

그림 4.34 유도 전동기의 간이 등가회로

4.8 전력 변환

그림 4.35와 같이 유도 전동기에서 공급되는 1차 입력(전기적 입력)에서 1차 동손(P_{cu1})과 1차 철손(P_{Fe}, 생략할 때가 많음)을 빼면 1차 출력, 즉 2차 입력(P_2)으로

되고, 2차 입력의 일부는 주로 2차 동손(P_{cu2})이 되어서 없어지며, 나머지는 전동기 발생 출력(기계적인 출력)(P_o)으로 된다. 전동기 발생 출력(P_o)에서 기계적인 손실(P_F 마찰손, 풍손 등)을 빼면 실제 출력이 되며 이 실제 출력을 [kW] 등으로 사용하는 것이다.

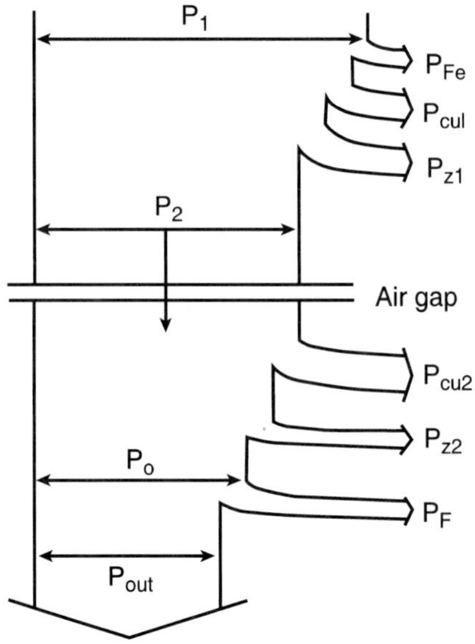

그림 4.35 전기적 입력과 기계적 출력

P2는 공극 출력이라고 부르기도 한다. 2차 측에 철손이 없는 이유는 철손은 주파수에 비례하는데 회전자의 주파수는 대단히 낮기 때문에 회전자 철손은 생략할 수 있을 만큼 작다.

다음에 이들 여러 전력이 슬립 s와 어떤 관계가 있는지 알아보기로 한다.

4.8.1 1차 입력(고정자 입력)

그림 4.34의 간이 등가회로에서 1상에 대하여

$$\left.\begin{aligned} &\text{철손 } p_{Fe} = V_1^2 g_o = V_1{}^2 \frac{I_w}{V_1} = V_1 I_w \\ &\text{1차 동손 } p_{cu1} = (I_1{}')^2 r_1 \\ &\text{2차 동손 } p_{cu2} = (I_1{}')^2 r_2{}' \\ &\text{기계적 출력 } p_o = (I_1{}')^2 r' = (I_1{}')^2 r_2{}' (\frac{1-s}{s}) \end{aligned}\right\} \quad (4\text{-}30)$$

이 되며 1차 1상의 입력 p_1는

$$p_1 = p_i + p_{cu1} + [p_{cu2} + p_o] = p_i + p_{cu1} + p_2 = V_1 I_1 \cos\theta_1 \tag{4-31}$$

단, I_{1p}은 1차 측의 1상의 전류이고, V_{1p}은 1차 측의 1상의 전압이며 $\cos\theta_1$은 1차 측의 역률이다.

1차(고정자) 상수를 m_1이라 하면 1차 입력 P_1은

$$P_1 = m_1 V_{1p} I_{1p} \cos\theta_1$$

이지만 일반적으로 3상을 사용하므로 선간 전압을 V_l, 선 전류를 I_l이라 하면

$$Y \text{ 결선에서} \quad V_{1p} = \frac{V_l}{\sqrt{3}},\ I_{1p} = I_l$$

$$\triangle \text{ 결선에서} \quad V_1 = V_{lp},\ I_{1p} = \frac{I_l}{\sqrt{3}}$$

이므로 3상 입력 P_1은

$$P_1 = 3 V_{1p} I_{1p} \cos\theta_1 = \sqrt{3} V_l I_l \cos\theta_1 \tag{4-32}$$

이 된다.

4.8.2 2차 입력(회전자 입력, 고정자 출력)

2차의 1상 입력 p_2는 1차 입력에서 철손과 1차 동손을 제외한 2차 동손과 기계적 출력이 된다. 그러므로

$$p_2 = p_{cu2} + p_o = (I_1')^2 r_2' + (I_1')r_2'\left(\frac{1-s}{s}\right) = (I_1')^2 \frac{r_2'}{s} \tag{4-33}$$

1차 상수가 m_1, 2차 상수 m_2인 경우 2차 전체의 입력 P_2는

$$P_2 = m_1 (I_1')^2 \frac{r_2'}{s} \tag{4-34}$$

이며 이 식에 식 (4-19)의 I_1'와 식 (4-21)의 r_2'를 대입하면

$$\left.\begin{aligned} P_2 &= m_1 (I_1')^2 \frac{r_2'}{s} = m_1 \left(\frac{I_2}{\alpha\beta}\right)^2 \frac{\alpha^2 \beta r_2}{s} = m_1 I_2^2 \frac{1}{\beta} \frac{r_2}{s} \\ &= m_1 I_2^2 \frac{1}{\frac{m_1}{m_2}} \frac{r_2}{s} = m_s I_2^2 \frac{r_2}{s} \end{aligned}\right\} \tag{4-35}$$

이 된다. 또한, 간이 등가회로에서

$$\left.\begin{aligned} I_1' &= \frac{V_1}{\sqrt{(r_1 + r_2 + r')^2 + (x_1 + x_2')^2}} \\ &= \frac{V_1}{\sqrt{\left(r_1 + \frac{r_2'}{s}\right)^2 + (x_1 + x_2')^2}} [A] \end{aligned}\right\} \tag{4-36}$$

이 되며 식 (4-35)을 식 (4-34)에 대입하면, 2차 전체의 입력은

$$P_2 = m_1 I_1'^2 \frac{r_2'}{s} = \frac{m_1 V_1'^2 \frac{r_2'}{s}}{\left(r_1 + \frac{r_2'}{s}\right)^2 + (x_1 + x_2')^2} [\mathrm{A}] \tag{4-37}$$

가 된다.

4.8.3 2차 저항손(회전자 동손)

식 (4-35)의 양변에 s를 곱하면 2차 전체 동손 P_{2c}는

$$sP_2 = m_1 I_1'^2 r_2' = m_2 I_2^2 r_2 = P_{cu2} \tag{4-38}$$

$P_{cu2} = sP_2$에서 2차 입력에 슬립 s를 곱한 만큼의 전력이 2차 전체 저항손이 되어 없어지는 것을 알 수 있다. 또, $s = \frac{P_{cu2}}{P_2}$에서 슬립 s는 2차 전체 저항손에 비례하기 때문에 2차 권선의 저항이 적으면 슬립도 적게 된다.

4.8.4 회전자 출력(기계 출력)

$$\left.\begin{aligned} \text{회전자 전체 출력 } P_o &= m_1(I_1')^2 r' = m_1(I_1')^2 r_2'\left(\frac{1-s}{s}\right) \\ &= m_1(I_1')^2 \frac{r_2'}{s} - m_1(I_1')^2 r_2' \\ &= P_2 - P_{cu2} = P_2 - sP_2 = P_2(1-s) \end{aligned}\right\} \quad (4\text{-}39)$$

가 되고 이 회전자 출력 중에는 기계손도 포함되어 있기 때문에 이것을 뺀 것이 전동기의 실제의 기계적 출력[kW]이다.

그러므로 식 (4-30)과 식 (4-31)에서 다음과 같은 비례식이 성립한다.

$$P_2 : P_{cu2} : P_o = P_2 : sP_2 : (1-s)P_2 = 1 : s : (1-s) \quad (4\text{-}40)$$

또한, 2차 효율(회전자 효율) $\eta_2 = \dfrac{P_o}{P_2} = (1-s)$ (4-41)

전체 효율 $\eta = \dfrac{P_o}{P_1}$

토크 $\tau = \dfrac{P_2}{w_s} = \dfrac{1}{w_s} m_1(I_1')^2 \dfrac{r_2'}{s}$ (4-43)

4.8.5 동기 와트

일반적으로 각 속도와 토크의 곱은 기계적인 출력이다. 따라서 전동기가 토크 τ[N·m], 회전수 n[rps](각 속도 $\omega = 2\pi n$[rad/s])로 회전하고 있는 경우의 기계적 출력 P_o[W]는

$$\left.\begin{aligned} P_o &= w\tau = 2\pi n\tau[\text{W}] \\ \therefore \tau &= \frac{P_o}{2\pi n}[\text{N}\cdot\text{m}] = \frac{60}{2\pi}\frac{P_o}{N}[\text{N}\cdot\text{m}] \end{aligned}\right\} \quad (4\text{-}44)$$

$$\left.\begin{aligned} \tau &= \frac{1}{9.8}\frac{60}{2\pi}\frac{P_o}{N}[\text{kg}\cdot\text{m}] = 0.975\frac{P_o}{N}[\text{kg}\cdot\text{m}] \\ &= 0.975\frac{(1-s)P_2}{(1-s)N_s} = 0.975\frac{P_2}{N_s}[\text{kg}\cdot\text{m}] \end{aligned}\right\} \quad (4\text{-}45)$$

식 (4-37)에서 $P_o = 9.8\frac{2\pi}{60}N \cdot \tau \times 10^{-3} = 1.026\,N\tau \times 10^{-3}$[kW]이다. 그런데, 식 (4-11)에서 $n = (1-s)n_s$, 식 (4-39)에서 $P_o = (1-s)P_s$이기 때문에 식 (4-44)에서

$$\left.\begin{aligned}\tau &= \frac{P_o}{2\pi n} = \frac{(1-s)P_2}{2\pi(1-s)n_s} = \frac{P_2}{2\pi n_s} = \frac{P_2}{w_s} = \frac{P_2}{2\pi\frac{2f_1}{P}} \\ &= \frac{P_2}{\frac{4\pi f_1}{P}}[\mathrm{N\cdot m}]\end{aligned}\right\} \tag{4-46}$$

이 식에서 2차 입력 P_2[W]는 전동기가 이 토크 τ[N·m]를 동기 속도 N_s[rpm]에서 발생하고 있는 것으로 가정한 경우의 출력과 같다는 것을 알 수 있다.

따라서 2차 입력 P_2는 유도 전동기의 토크 대소를 표시하는 척도로서 동기 와트로 표시한 토크라고 한다. 즉

$$\tau' = P_2 = w_s\tau = 2\pi \times \frac{N_s}{60} \times \tau[\mathrm{W}] \tag{4-47}$$

이때 토크가 τ[kg·m]로 주어진 경우라면

$$\tau' = P_2 = 9.8 \times w_s\tau = 9.8 \times 2 \times \pi \times \frac{N_s}{60} \times \tau[\mathrm{W}] = 1.026\,N_s\tau[\mathrm{W}] \tag{4-48}$$

라 한다.

4.9 토크와 슬립의 관계

식 (4-40)과 식 (4-29)에서

$$\tau' = P_2 = m_1(I_1')^2\frac{r_2'}{s} = \frac{m_2V_1^2\frac{r_2'}{s}}{(r_1+\frac{r_2'}{s})^2+(x_1+x_2')^2}[\mathrm{W}] \tag{4-49}$$

기동 시에는 $s=1$이고, 이때의 토크를 **기동 토크** τ_s라고 하며

$$\tau_s = \frac{m_1 V_1^{\,2} r_2'}{(r_1 + r_2')^2 + (x_1 + x_2')^2} \tag{4-50}$$

으로 되고 공급 전압 2승에 비례한다.

다음에 토크 곡선 중에서 **최대 토크** τ_m을 만드는 슬립의 값 S_m을 구해보자.

$$\left.\begin{aligned}\tau &= m_1 (I_1')^2 \frac{r_2'}{s} = \frac{m_1 V_1^2 \dfrac{r_2'}{s}}{(r_1 + \dfrac{r_2'}{s})^2 + (x_1 + x_2')^2} [\mathrm{W}] \\ &= \frac{m_1 V_1^{\,2} r_2'}{s\left\{r_1^{\,2} + (x_1 + x_2')^2\right\} + \dfrac{r_2'}{s} + 2 r_1 r_2'} [\mathrm{W}]\end{aligned}\right\} \tag{4-51}$$

τ'가 최대로 되려면 분모는 최소가 되어야 한다.

그러기 위해서 변수 s를 포함한 분모의 제1항과 제2항의 곱이 일정해야 하므로 이 두 개의 항이 같으면 된다. 즉,

$$\left.\begin{aligned}& s\left\{r_1^{\,2} + (x_1 + x_2')^2\right\} = \frac{r_2'^2}{s} \\ & \therefore s = s_m = \pm \frac{r_2'}{\sqrt{r_1^2 + (x_1 + x_2')^2}} \fallingdotseq \pm \frac{r_2'}{(x_1 + x_2')} \fallingdotseq \pm \frac{r_2}{x_2}\end{aligned}\right\} \tag{4-52}$$

일 때 분모는 최소가 되고, 토크는 최대가 된다. 이때의 최대 토크가 생기는 슬립(s_m)은 보통의 전동기에서는 30[%] 부근이다.

또 이때의 최대 토크 $\tau_m' = P_{2\max}$(동기 와트)는 s_m의 값을 식 (4-45)에 대입해서 계산한다.

$$\left.\begin{aligned}\tau_m' &= P_{2\max} = \frac{m_1 V_1^2}{2\left\{r_1 \pm \sqrt{r_1^2 + (x_1 + x_2')^2}\right\}} [\mathrm{W}] \\ &\fallingdotseq K_o \frac{V_1^{\,2}}{2x_2} = K_o \frac{E_2^{\,2}}{2x_2}\end{aligned}\right\} \tag{4-53}$$

이 된다. 여기서, +는 전동기, -는 발전기의 경우를 나타낸다.

위의 식에서 최대 토크는 2차 저항 r_2와 슬립에 관계없이 일정하며 또, 최대 토크가 생기는 슬립 s_m은 2차 저항이 커질수록 커지는 것을 비례 추이라고 한다.

부하 토크가 최대 토크 이상(정동 토크)이 되면 전동기는 정지한다. τ_m의 값은 특히 지정이 없는 한 정격 토크의 160[%] 이상이어야 한다.

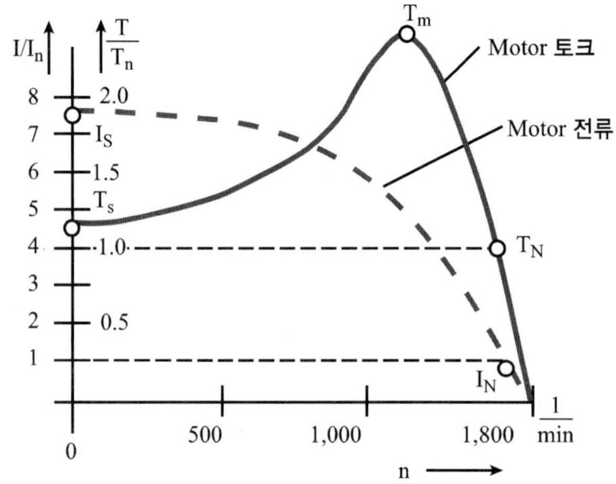

그림 4.36 유도 전동기의 속도-토크, 전류 특성

4.10 비례 추이

4.10.1 비례 추이

식 (4-51)에서 $\tau' = P_2 = m_1(I_1')^2\dfrac{r_2'}{s}$에서 토크 τ는 $\dfrac{r_2'}{s}$가 일정하면 r_2'을 k배함과 동시에 s도 k배하면 토크는 변하지 않는다. 지금 그림 4.38에서 2차 회로의 저항이 2차 권선의 저항만인 경우의 속도 토크 곡선 τ'라 하고, 부하 토크 τ_c와 슬립 s_1에서 같은 것이라고 하면, 2차 회로의 저항을 k배한 경우에는 같은 토크 τ_c은 슬립 ks_1에서 생기는 것으로

$$\frac{r_2'}{s_1} = \frac{kr_2'}{ks_1}$$

의 관계가 된다.

따라서 2차 회로의 저항이 r_2의 경우의 속도토크 곡선 τ'가 주어지면 2차 회로의 저항이 kr_2인 경우의 속도토크 곡선 τ''는 곡선 τ' 위의 각 토크 값을 이들에 대응하는 슬립의 k배인 슬립점으로 이동시켜서 구할 수가 있다.

이처럼 r_2가 k배가 될 때, 토크가 앞서 있었던 슬립의 k배인 점에서 일어난다는 것은 3상 유도 전동기의 재미있는 성질이며, 이것을 **비례 추이**라고 한다.

● 토크의 비례 추이 응용

토크의 비례 추이는 농형 유도 전동기와 같이 2차 회로의 저항을 바꿀 수 없는 기기에는 응용할 수 없으나, 권선형 전동기의 경우에는 슬립링을 통하여 2차 회로의 저항을 가감시켜 기동 토크를 크게 하거나 속도를 제어할 수 있다.

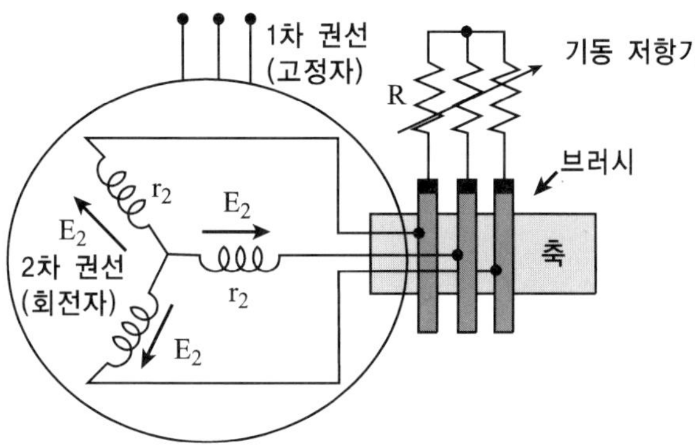

그림 4.37 권선형 회전자와 슬립링

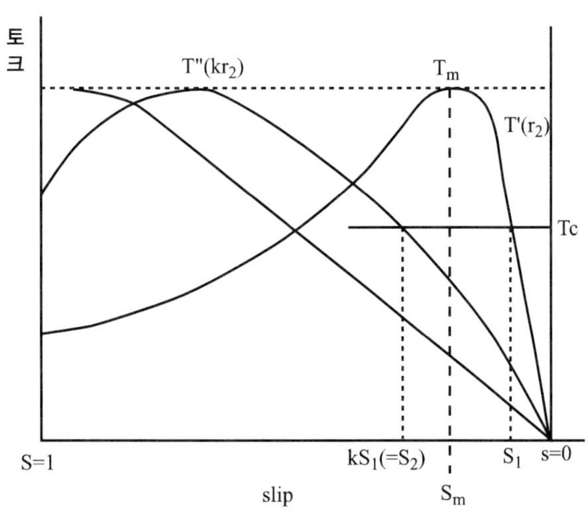

그림 4.38 토크의 비례 추이

$$\left.\begin{aligned} &\frac{r_2'}{s_1} = \frac{kr_2'}{ks_1} = \frac{r_2' + R'}{s_2} \quad \text{에서} \quad \frac{\dfrac{r_2'}{\alpha^2\beta}}{s_1} = \frac{\dfrac{r_2'}{\alpha^2\beta} + \dfrac{R'}{\alpha^2\beta}}{s_2} \\ &\frac{r_2}{s} = \frac{kr_2}{ks} = \frac{r_2 + R}{s_2} \end{aligned}\right\} \tag{4-54}$$

동시 ($s = 1$일 때) 최대의 토크를 얻기 위하여 회전자 권선에 접속한 외부 기동 저항을 R_s라 하고 최대 토크를 발생하는 슬립을 s_m이라 하면

$$\frac{r_2'}{s_m} = \frac{r_2' + R_s'}{1} \tag{4-55}$$

$$\therefore \frac{r_2}{s_m} = \frac{r_2 + R_s}{1} \tag{4-56}$$

식 (4-51)에서 식 (4-48) $s_m = \dfrac{r_2'}{\sqrt{r_1^2 + (x_1 + x_2')^2}}$을 대입하면

$$\left.\begin{aligned} r_2' + R_s' &= \sqrt{r_1^2 + (x_1 + x_2')^2} \\ \therefore R_s' &= \sqrt{r_1^2 + (x_1 + x_2')^2} - r_2' \end{aligned}\right\} \tag{4-57}$$

그러므로 기동 시에 최대 토크를 발생하려면 1차로 환산한 기동 저항 R_s'을 회전자에 접속하면 된다.

4.10.2 비례 추이를 하는 유도기의 주요한 값

비례 추이를 하는 것은 토크 τ만이 아니고 1차 전류 I_1, 역률 $\cos\varphi$, 1차 입력 P_1도 또한, r_2'/s, 즉 r_2/s의 함수로 되어 있으며, 이들도 2차 회로 저항의 크기에 따라 비례 추이를 한다.

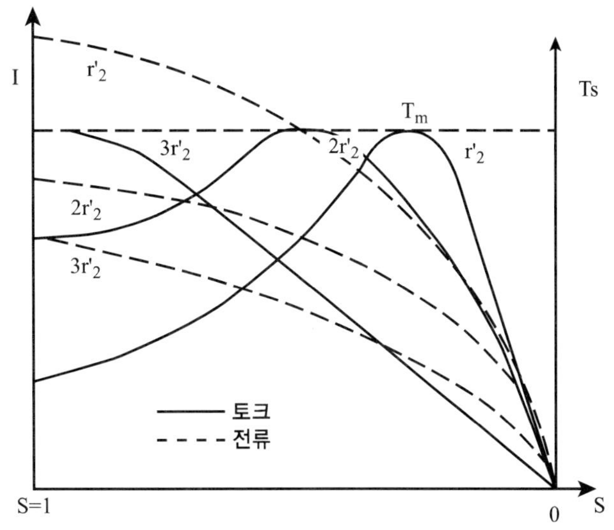

그림 4.39 전류 및 토크의 비례 추이

그러나 2차 동손, 출력, 효율, 2차 효율 등은 $r_2\,/s$ 의 함수가 되지 않으므로 비례 추이는 하지 않는다.

4.11 유도 전동기 기동

적절한 기동을 위하여 농형회전자의 바를 그림 4.40과 같이 제작한다.

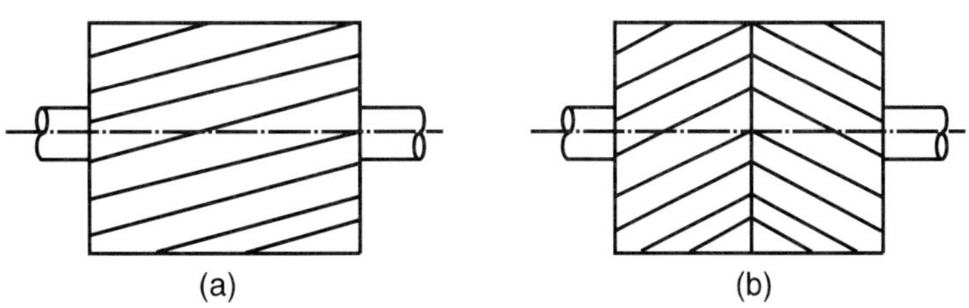

그림 4.40 skew를 준 농형 회전자

Pull up 토크, 자기적 와류, 소음, 그리고 자기적 제동은 이러한 형태의 바를 통하여 저감시킬 수가 있다.

적절한 기동을 위하여 회전자 slot 형태와 수를 조정하는 것은 좋은 방법이 될 수 있다. 유도 전동기는 그림 4.42에서 보는 바와 같이 여러 형태의 slot을 사용하고 있다.

a) 원형 회전자 slot은 회전자 철심에 깊지 않은 곳에 위치한다. 이 형태의 slot은 좋은 운전 특성을 갖지만 기동 특성은 좋지 않다.
b) 원형 회전자 slot을 회전자 철심의 깊은 곳에 위치시킨다. 기동 전류는 h:d의 비율이 증가함에 따라 감소한다.
c) 이중 농형 slot은 기동 slot과 운전 slot을 갖고 있다.
주 slot의 면적은 기동 slot에 비하여 3-10배 정도 크다.
기동 slot의 바는 일반적으로 청동 등 저항률이 큰 재료를 사용한다.
d) 심구형 slot은 좁고 깊게 만든다.
e) 쐐기형 slot은 심구형과 비슷하게 제작한다. 그러나 밑변이 크고 윗변을 좁게 만든다. 운전 특성은 이중농형과 심구형 slot의 중간 형태가 된다.

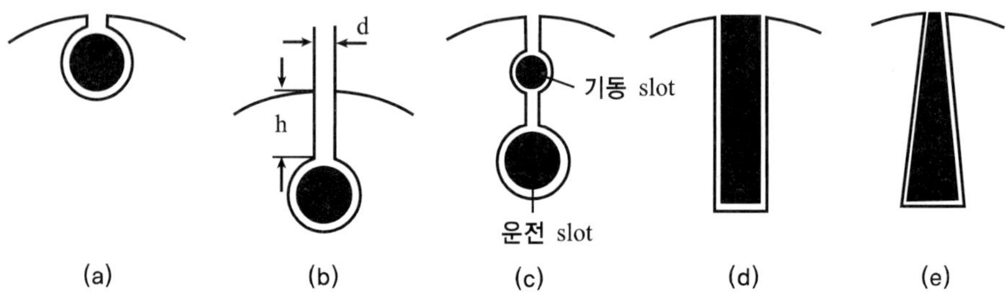

그림 4.41 여러 형태의 slot

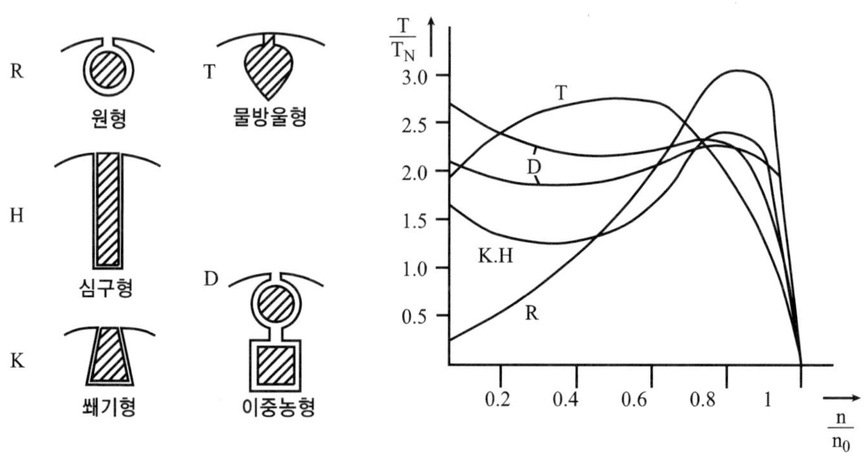

그림 4.42 slot 형태에 따른 기동 특성

농형 회전자 전동기는 좋은 기동 특성을 갖고 있다. 원인은 회전자의 저항이 크기 때문이다. 일반 원형 slot(그림 4.42 R)의 경우 기동 특성은 비교적 좋지 않은데 원인은 저항이 작고 reactance가 커 역률이 좋지 않기 때문이다.

원형 slot 농형 전동기의 기동 전류는 정격 전류의 8-10배에 달한다.

원형 slot을 철심의 깊은 곳에 위치시키면 그림 4.43과 같이 누설 자속이 생긴다. 누설 자속은 기동 시 전류 I_2에 반대로 작용하는 전압 $V_{0,2}$를 발생시킨다.

이 전압은 전류가 흐르는 도체의 단면적을 감소시켜 저항을 크게 하는 효과를 만든다. 이 현상을 표피 효과라고 하며 이를 통하여 전류가 감소함에도 불구하고 기동 특성은 좋아진다.

그림 4.43에서 보는 바와 같이 모든 깊은 slot 형태의 회전자는 **표피 효과**(skin effect)를 통하여 기동특성을 개선한다. 회전수가 증가하여 회전자 주파수가 감소하면 표피 효과가 감소하여 slot에 있는 바의 단면적의 모든 부분에 전류가 흘러 저항이 감소한다.

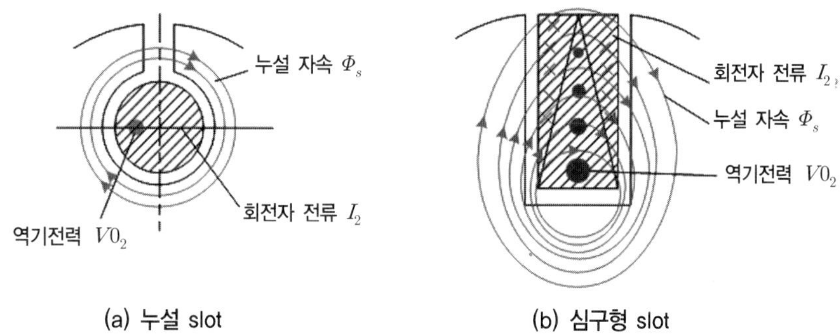

【그림 4.43】 농형 회전자 slot의 기동 특성

표피 효과는 도선에 흐르는 전류가 **주파수**가 높아짐에 따라 도체 단면 전체를 균일하게 흐르지 않고 표면 가까이에 모여 흐르는 현상이다.

4.11.1 유도 전동기 기동 방식

삼상 유도 전동기가 운전을 시작하여 기동을 하게 되면 큰 기동 전류가 흐른다. 기동 전류를 제한하기 위하여 농형 전동기에서는 고정자 전압을 낮추고 권선형 전동기는 회전자에 저항을 연결한다. 즉 농형 전동기는 고정자에서 기동 과정을 권선형 전동기에서는 회전자에서 대책을 마련한다.

1) 농형 전동기

다음과 같은 기동 방식이 있다.

a) **전 전압 직접 기동 방식**은 큰 기동 전류 때문에 작은 출력의 전동기에서만 사용한다.

b) $Y-\Delta$ **기동 방식**은 가장 많이 사용되는 방식이다. Y 결선에서 상 전압은 Δ 결선에 비하여 0.58배($\frac{1}{\sqrt{3}}$)로 줄어든다. 따라서 전류는 직접 기동 방식(Δ 결선)에 비하여 $\frac{1}{3}$로 감소한다. 전류가 감소하므로 기동 토크 T_s도 $\frac{1}{3}$로 감소된다. 그림 4.44는 $Y-\Delta$ 방식에 의한 기동 시 전류와 토크 특성을 보여주는데 Y 결선에서는 기동 시 부족 부하만 사용이 가능하다.

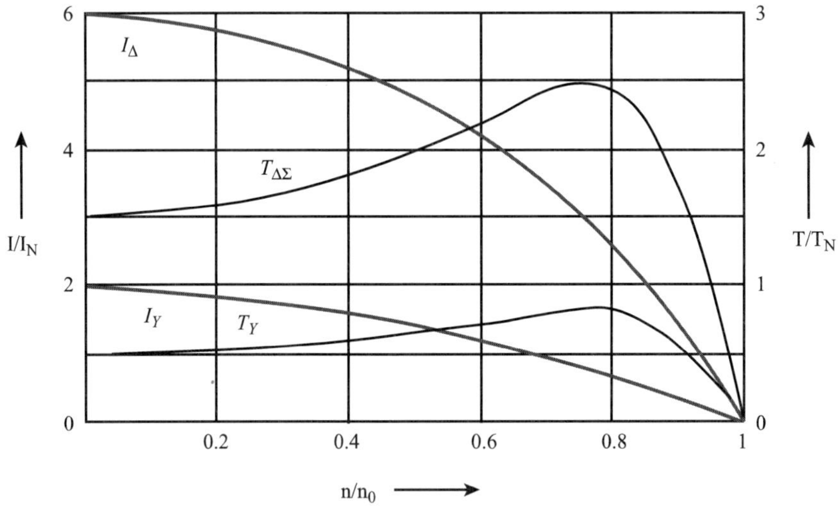

그림 4.44 $Y-\Delta$ 기동 방식에 의한 전류와 토크 특성

c) **고정자 측 기동기 방식**

이 방식은 직류 전동기를 기동하는 방식과 동일하다. 고정자 전압을 낮추면 토크는 전압의 제곱에 비례하여 낮아진다. 연결 저항은 그림에서 보는 바와 같이 고정자 권선의 앞 또는 Y 결선 중심점에 연결한다. 이 방식은 특히 부드러운 기동을 요하는 곳에 사용한다.

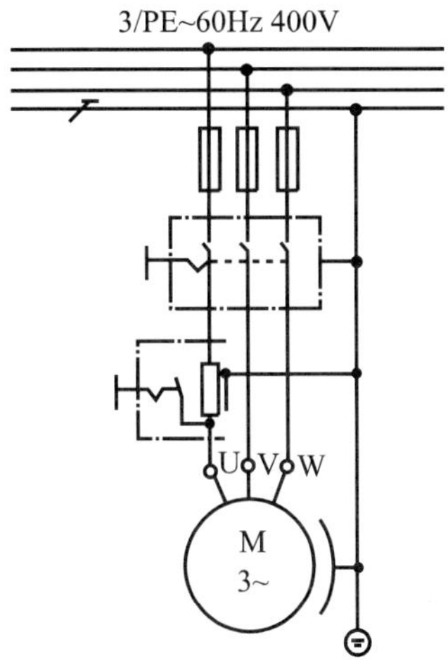

그림 4.45 Y 결선 중성점 저항 이용 감압 방식 기동기

d) **KUSA 기동 방식**

이 방식 역시 특히 부드러운 기동 방식의 하나이다. 이 방식은 그림에서 보는 바와 같이 3상 중 1상에 저항을 연결하여 전압을 감소시키고 전압의 불균형을 만듦으로 하여 마치 기동 시 두 대의 전동기가 하나의 축에 연결되어 있는 것과 같은 효과를 나타내게 하는데 한대는 정 방향으로 한대는 반대 방향으로 운전하는 것과 같이 작용한다. 이 방식은 토크를 저감시키는데 사용하며 전류를 저감시키는 방식은 아니다.

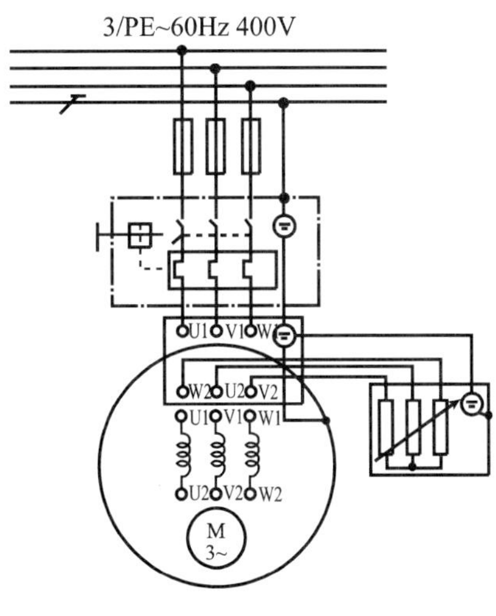

그림 4.46 KUSA 기동 방식

e) **변압기 기동 방식**

이 방식은 기동저항을 사용하는 방식과 동일하다. 그러나 변압기를 이용하여 전압을 조정하므로 기동 저항에서 발생하는 손실이 없고 단계적인 전압 공급과 무단의 전압 공급이 가능하다. 전압, 전류, 토크 특성은 $Y-\Delta$ 방식과 동일하다. 변압기 기동 방식은 초기 투자가 필요한 방식으로 잘 사용하지 않는다.

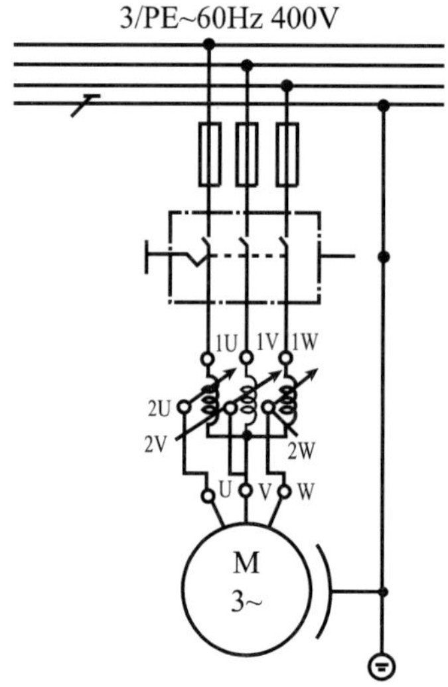

그림 4.47 변압기 기동 방식

f) **마그네트 클러치 기동 방식**

이 방식은 전전압 기동 방식이다 그러나 마그네트 클러치를 통하여 큰 출력의 전동기를 부드럽게 기동할 수가 있다.

마그네트 클러치의 기동 방식은 다음과 같다.

마그네트 클러치 방식은 기동이 어려운 곳에 사용한다. 전동기가 가속을 한 후 또는 $Y-\Delta$ 기동 방식에서 Δ 결선으로 스위칭한 후 출력이 큰 전동기를 큰 충격 없이 운전 상태로 만드는데 사용된다. 토크의 전달은 미끄러짐 없이 전달되나 최대 허용토크를 넘어가게 되면 클러치를 통하여 미끄러짐이 생겨난다.

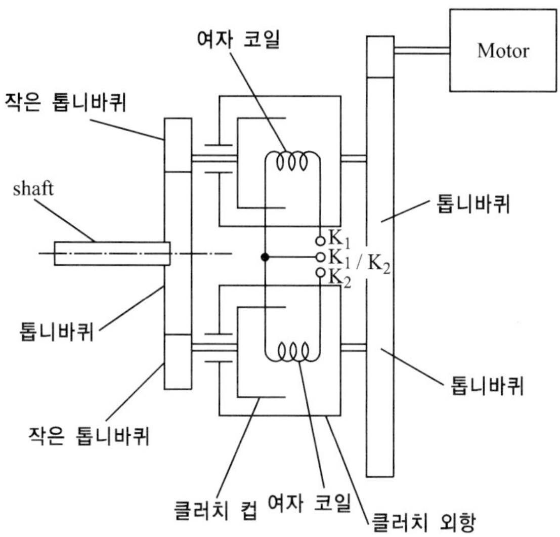

그림 4.48 마그네트 클러치

마그네트 클러치의 작용은 다음과 같다.

두 개의 서로 반대로 회전하는 톱니바퀴는 클러치의 외함과 연결되어 있고 작은 톱니바퀴는 클러치 컵과 연결되어 있다. slip ring을 통하여 전달된 전류로 여자 코일이 여자되면 특수 철분이 클러치 외함과 클러치 컵을 자기적인 힘으로 연결하게 된다. 위쪽의 작은 톱니바퀴가 회전하면서 shaft에 힘을 전달한다. 아래쪽에 위치한 클러치는 K2에 전류가 흐르지 않으면 무 부하로 회전하고 있다. 회전방향을 바꾸고자 하면 K2에 직류 전류를 흐르게 하여 코일을 여자시키면 방향이 바뀐다. 이때 전동기의 회전방향은 바뀌지 않는다.

g) 작은 권선형 전동기나 직류 전동기를 이용하여 대형 농형 전동기를 무 부하 회전수(동기 속도)까지 기동을 시킨다. 동기 속도에 이르면 기동을 위하여 부착한 전동기를 떼어낸다. 이 기동 방식으로 대형 농형 전동기는 큰 기동 전류 없이 기동을 할 수가 있다.

2) 권선형 전동기

유도 전동기의 기동 조건은 근본적으로 회전자 측에서 기동기를 사용함으로 개선된다. 큰 출력의 전동기는 기동이 끝나면 특수 제작된 기구를 이용하여 브러시를 들어올리고 slip ring을 단락시킨다.

권선형 전동기는 기동 후에는 농형 전동기와 동일한 특성으로 운전한다.

a) 권선형 전동기 기동 방식은 회전자 기동기 방식을 들 수가 있다. 회전자 기동 방식은 회전자에 슬립링을 통하여 저항을 연결하는 방식이다.

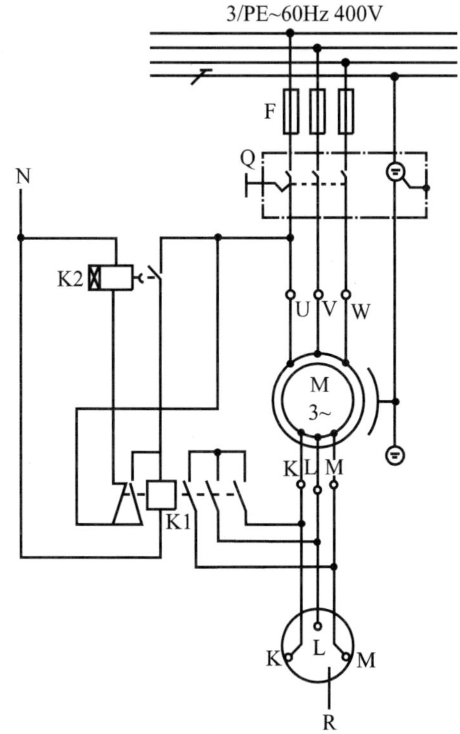

【그림 4.49】 액체 저항기를 이용한 무단 기동 방식

그림 4.49의 원 내에는 액체 electrolyte가 들어 있다. 이것은 액체 상태인데 전류가 통하여 온도가 상승하면 저항이 감소하는 특성을 가지고 있어 저항이 무단으로 변화하기 때문에 무단 기동 방식이 된다. 기동 후에는 relay K1을 통하여 회전자를 단락시킨다.

b) 단계적으로 기동을 하는 경우에는 프로그램에 따라 시차를 두고 스위치를 통하여 저항을 단락시키는 방식으로 기동한다.

권선형 전동기의 저항 기동 방식은 수동으로 기동기를 작동할 수도 있다. 그러나 그림 4.50과 같이 순차 제어방식을 사용하기도 한다. 이 기동 방식은 time relay를 사용한다. 스위치 S2를 닫으면 전원 보호 장치 K1이 작동한다. 그러면

K2T가 동작을 시작하는데 이 time relay는 시간차를 두고 작동하게 된다. 이때 전동기는 모든 저항에 접속하여 기동을 시작한다. 잠시 후 K2T가 작동을 하여 K3가 닫히면 K4T가 동작을 시작한다. 또한 R1이 단락이 된다. 잠시 후 K4T에 의하여 K5가 닫힌다.

K5는 저항 R2를 단락시키고 전동기는 계속하여 가속한다. K5는 K6T를 작동하게 하고 이 time relay는 잠시 후 K7을 작동하게 하여 회전자를 단락시킨다. K7은 K1과 K7을 제외한 모든 스위치를 원상태로 만들고 전동기는 정격 운전점에서 운전하게 된다.

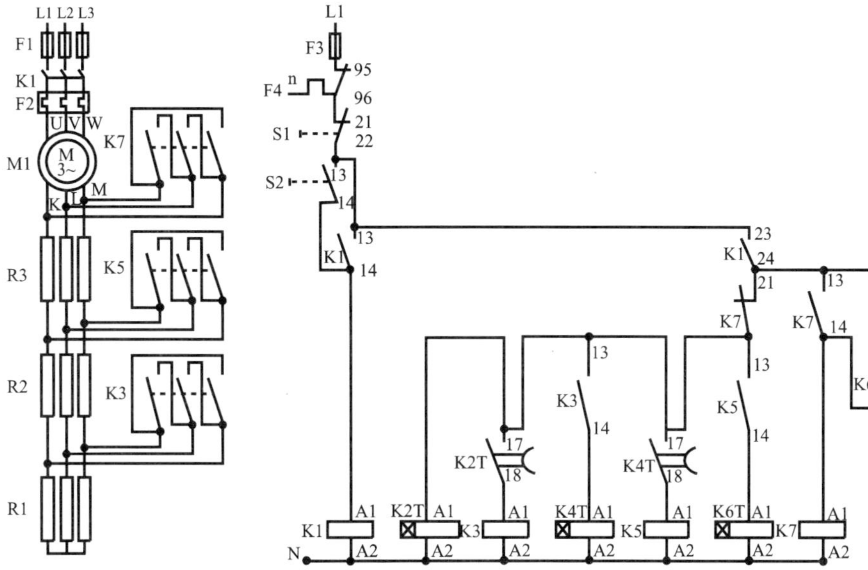

그림 4.50 삼상 권선형 전동기 기동 방식

4.11.2 기동 저항의 계산

기동 저항 회로에서 각 단계별 저항을 결정하기 위하여 전체 저항을 계산하여야 한다. 만약 권선의 상당 저항을 알고 정지 시 회전자 전압을 알면 기동 저항을 계산할 수 있다. 회전자 상당 저항은 직접 측정하지 않고 다음과 같이 계산한다.

$$R_A = \frac{V_a}{I_N}$$

$$V_a = \frac{2}{3} \cdot \frac{V_{Lo}}{\sqrt{3}} \cdot (1-\eta)$$

R_A : 회전자 상당 저항
V_a : 회전자 저항에서 전압강하
I_N : 회전자 정격 전류
V_{Lo} : 정지 시 회전자 전압
η : 효율

예제 권선형 전동기의 정지 시 회전자 전압이 240V이고 회전자 전류가 60A이며 효율이 0.85이다. 상당 저항은 얼마인가?

$$V_a = \frac{2}{3} \cdot \frac{V_{Lo}}{\sqrt{3}} \cdot (1-\eta) = \frac{2}{3}\frac{240}{\sqrt{3}}(1-0.85) = 13.9\,V$$

$$R_A = \frac{V_a}{I_N} = \frac{13.9}{60} = 0.231\Omega$$

기동 저항은 여러 단계로 나누어 각 단계별로 스위칭할 때 최대 허용 전류를 넘어서는 안 된다. 회전자 전류는 정격 출력과 회전자 정지 시 전압으로부터 계산한다.

$$I_N \approx 0.606\frac{P}{V_{Lo}}$$

예제 권선형 전동기의 정격 출력이 11kW이고 회전자 정지 시 전압이 200V라고 한다. 회전자 정격 전류는 얼마인가?

$$I_N \approx 0.606\frac{P}{V_{Lo}} = 0.606\frac{11000}{200} = 33.3A$$

그림 4.51에서 전류의 흐름은 회전자에 슬립링을 통하여 저항을 부착하고 기동할 때 흐르는 전류 곡선이다.

회전수가 증가하면 전류는 다음 저항을 떼어내기 전까지 감소한다. 기동 저항을 이용하여 기동할 때 흐르는 최대 전류를 기동 최대 전류, 전류가 감소하여 저항을 단락시키기 위하여 스위칭할 때 흐르는 전류를 switching 전류라고 하며 이 전류는 정격 전류에 따라 달라진다.

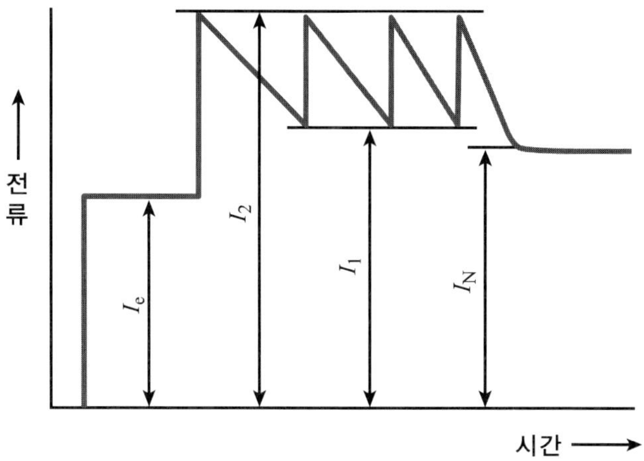

I_1 : switching 전류 $I_1 \approx 1.1 I_N$
I_2 : 기동 최대 전류 $I_2 \approx 1.5 I_N$
I_e : switch in 전류 $I_e \approx 0.8 I_N$

그림 4.51 권선형 전동기의 기동 시 전류

회전자 상당 저항과 기동 저항의 계산은

예제 권선형 전동기의 출력이 11kW, 회전자 정지 시 전압 200V, 효율이 0.8인 전동기가 있다. 필요한 상당 기동 저항은 얼마인가?

I_1 : switching 전류 $I_1 \approx 1.1 I_N = 1.1 \cdot 33.3A = 36.6A$

I_2 : 기동 최대 전류 $I_2 \approx 1.5 I_N = 1.5 \cdot 33.3A = 50A$

I_e : switch in 전류 $I_e \approx 0.8 I_N = 0.8 \cdot 33.3A = 26.6A$

$$V_a = \frac{2}{3} \cdot \frac{V_{Lo}}{\sqrt{3}} \cdot (1-\eta) = \frac{2}{3}\frac{240}{\sqrt{3}}(1-0.8) = 15.4\,V$$

$$R_A = \frac{V_a}{I_N} = \frac{15.4}{33.3} = 0.46\Omega$$

총 저항

$$R_T = \frac{V_{Lo}}{\sqrt{3}\,I_e} = \frac{200}{\sqrt{3}\,26.6} = 4.34\Omega$$

$$R_e = R_T - R_A = 4.34 - 0.46 = 3.88\Omega$$

4.11.3 일반적인 유도 전동기의 기동 조건

전원에 연결된 전동기의 기동 전류는 임의로 높게 하여서는 안 된다. 높은 기동 전류는 큰 전압강하를 유발하고 이로 인한 타 공장 등에 영향을 줄 수가 있기 때문이다. 저전압 전원에 전동기를 연결하는 경우에는 규격에 정한 대로 따라서 해야 한다.

1) 유도 전동기의 기동에 대한 일반적인 규약

일반적으로 공공 전원에서 전동기의 기동으로 전류가 많이 흘러 전압강하가 기준치 이하로 나게 해서는 안 된다.

● 전동기의 연결

a) 전동기의 기동으로 심한 전압강하를 유발해서는 안 된다. 이 규약은 일반적으로 단상 전동기의 출력이 1.4kW 또는 삼상 전동기의 기동 전류가 60A 이하의 경우에는 해당되지 않는다. 기동 전류를 알지 못할 경우에는 정격 전류의 8배를 기동 전류로 한다.

b) 대형 전동기 또는 중부하로 기동하는 전동기를 연결하거나 전류의 증감이 잦은 경우의 부하를 사용하는 경우에는 자체 변압 설비를 갖추고 이를 이용하여야 한다.

4.12 유도 전동기 제동

전기 브레이크 시 운동하는 물체의 kinetic energy가 전기적 에너지로 변화된다.

$$W_{kin} = \frac{m \cdot v^2}{2} = \frac{J \cdot \omega^2}{2}$$

W_{kin} : kinetic energy[Nm]
m : 운동하는 물체[Kg]
J : 관성 토크[Kgm^2]
ω : 각 속도[$\frac{1}{s}$]

전동기는 발전기로 변환된다. 전기 에너지는 전원으로 보내지거나 저항에서 열로 변환된다. 삼상 전동기에서 회전자의 회전 속도가 회전자계 속도보다 빠르게 회전하면 발전기로 작동하게 되는데 이때 슬립은 −가 된다. 정지 시까지는 이방법을 사용할 수가 없다. 따라서 정지를 시킬 때에는 전동기를 전원에서 떼어내고 기계적 브레이크를 사용해야 한다. 저항 방식의 브레이크는 여기에서 언급하지 않는다. 일반적으로 많이 사용하는 방식은 역전류 브레이크 방식과 직류 브레이크 방식이다.

4.12.1 역전류 브레이크 방식

회전하고 있는 전동기의 입력선 중 2선을 바꾸면 회전자계의 회전방향이 반대가 된다. 브레이크 작용은 연속적으로 유입되는 브레이크 토크로 인하여 이루어진다.

회전수 n이 0이 되는 것을 인식하는 경보 장치가 있어야 한다. 그렇지 않으면 이 방식에서 회전자가 반대로 회전하게 된다.

회전자와 반대로 회전하는 회전자계는 회전자 전압, 회전자 전류 그리고 회전자 주파수를 증가시킨다. 회전자 권선과 회전자 철심의 온도가 증가한다. 권선형 전동기에서는 회전자 권선의 절연이 파괴될 수도 있다.

4.12.2 단상 브레이크 결선

이 방법은 삼상 전동기를 정지시키고자 할 때 고정자 권선에 단상 전류를 공급하는 방식이다. 전동기의 고정자에는 교류에 의한 교번자계가 생긴다. 이 교번자계는 양방향으로 회전하고자 하는 두개의 자계를 갖고 있다. 이 브레이크 방식은 잘못 사용하면 단상 모터로 계속 회전을 할 수가 있기 때문에 주의하여야 하며 회전자 저항이 충분히 큰 권선형 전동기에 사용하여야 한다. 이 방식은 기중기로 물건을 밑으로 내려 보낼 때 사용하며 무거운 부하가 모터를 돌릴 때 이 방식으로 브레이크를 한다.

4.12.3 직류 브레이크

고정자 권선은 전원에서 떼어 직류 전원에 연결한다. 직류 전압의 크기는 정격 전압과 정격 출력에 따라 달라진다. 예를 들면 400V, 50kW 전동기의 경우 10V의 직류 전압이, 5kW 전동기는 40V, 0.5kW의 전동기는 110V가 연결된다.

브레이크 전류는 정격 전류의 2.5배 정도가 흐른다. 연결 방식은 그림과 같다.

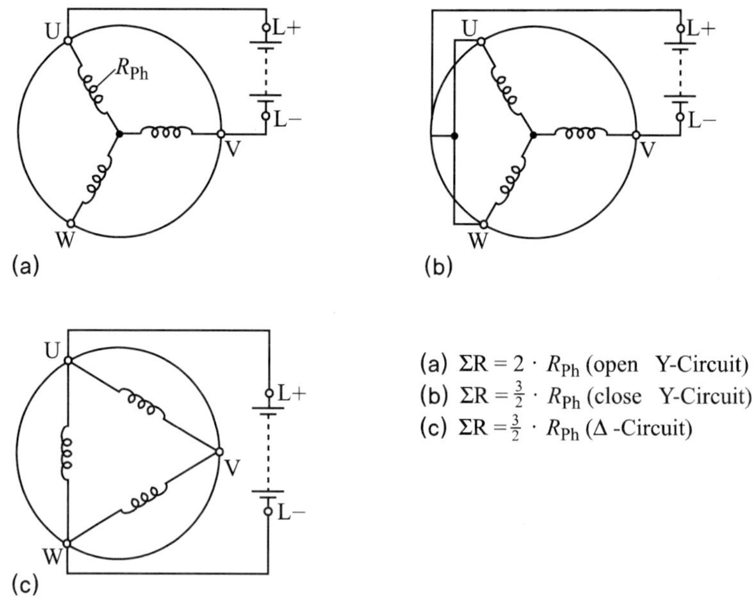

(a) $\Sigma R = 2 \cdot R_{Ph}$ (open Y-Circuit)
(b) $\Sigma R = \frac{3}{2} \cdot R_{Ph}$ (close Y-Circuit)
(c) $\Sigma R = \frac{3}{2} \cdot R_{Ph}$ (Δ -Circuit)

그림 4.52 직류 브레이크의 연결 방식

고정자 권선이 직류 전압에 연결되면 자계가 발생한다. 회전자가 이 자계 내에서 회전하게 되면 발전기 법칙에 의하여 전압이 유기되고 전류가 흐르게 된다. 이 전류는 직류 전압에 의해 발생된 자계와 방향이 반대가 되어 역 토크를 발생한다.

삼상 전동기에서 자주 이 방식으로 브레이크를 하면 온도가 상승하므로 별도의 Fan으로 냉각시켜야 한다.

이 방식은 급격한 제동을 필요로 할 때 사용하며 역전류 브레이크와 같은 역방향으로 회전할 염려가 없다. 단점은 이 방법으로 정지를 시키지는 못하는 것이다.

4.13 삼상 유도 전동기 속도 제어

삼상 유도 전동기의 회전수 제어는 회전자와 고정자의 변화를 통하여 가능하다.

회전자의 변화를 통한 제어는 권선형 전동기에서 slip을 변화하는 방법이며 고정자의 변화를 통하는 방법은 주파수와 극수를 변화시키는 방법이 있다.

삼상 유도기의 동기 속도

$$n_s = \frac{120 \cdot f}{P} [\text{rpm}]$$

n_s : 동기 속도[rpm]

f : 전원 주파수

P : 극수

4.13.1 저항을 이용한 회전수 제어

정격 운전 상태에서 slip 제어는 권선형 전동기에서만 가능하다.

운전 중 기동 저항기를 이용하여 회전자에 저항을 연결하면 일정한 토크하에서 회전자의 전압이 증가하게 된다. 이것은 회전자계가 회전자 도체를 지나가는 속도를 증가 시킬 때 가능하다. 따라서 전동기의 회전 속도는 감소한다.

회전자 회로에 저항은 일정한 토크 하에서 일정한 비율의 slip 회전수를 만든다.

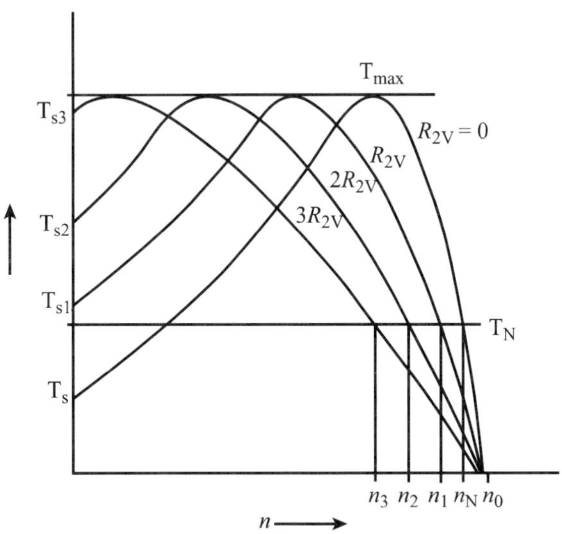

그림 4.53 회전자 저항 증가와 회전수

예제 삼상 4극 권선형 전동기가 60Hz의 전원에 연결되어 1,750rpm으로 회전하고 있다. 이때 회전자의 저항 $R_r = 0.5\Omega$이라고 한다. 여기에 $R_V = 2.5\Omega$을 연결하였다. 이때 회전자의 회전수는 얼마가 되겠는가?

이 전동기의 동기 속도

$$n_s = \frac{120 \cdot 60}{4} = 1{,}800\text{rpm}$$

연결 전 회전자의 회전 속도와 동기 속도의 차

$$n_{1slip} = 1{,}800\text{rpm} - 1{,}750\text{rpm} = 50\text{rpm}$$

저항 연결 후 동기 속도와의 회전수 차

$$n_{2slip} = \frac{n_{1,slip}(R_v + R_r)}{R_r} = \frac{50 \cdot (2.5 + 0.5)}{0.5} = 300\text{rpm}$$

$$n_2 = 1{,}800\text{rpm} - 300\text{rpm} = 1{,}500\text{rpm}$$

일정한 토크 하에서 회전수의 감소는 출력의 감소를 의미하며 이로써 효율이 나빠진다. 이것은 회전자에 연결된 저항에서 손실이 발생하여 열로 변환된다.

예제 4극 3상 권선형 전동기가 50Hz의 주파수로 운전하고 있다. $P_1 = 5\text{kW}$, 회전수 $n_1 = 1{,}450\text{rpm}$이고 효율 = 0.85이다. 토크가 일정하고 회전수 $n_2 = 1{,}200\text{rpm}$으로 하면 출력 P_2와 효율은 얼마가 되겠는가?

$$P_2 = \frac{n_2 \cdot P_1}{n_1} = \frac{1{,}200 \cdot 5}{1450} = 4.14\text{kW}$$

이때 증가된 손실 $P_1 - P_2 = 5 - 4.14 = 0.86\text{kW}$

이 손실은 열로 변환된다.

$$\text{효율 } \eta_2 = \frac{P_2 \cdot \eta_1}{P_1} = \frac{4.14 \cdot 0.85}{5} = 0.705$$

이 방식의 회전수 제어는 전동기 용량이 작거나 짧은 시간 이용 시 사용할 수 있다. 대형 전동기는 큰 손실로 인하여 경제성이 없다.

회전자 권선 손실과 slip의 관계

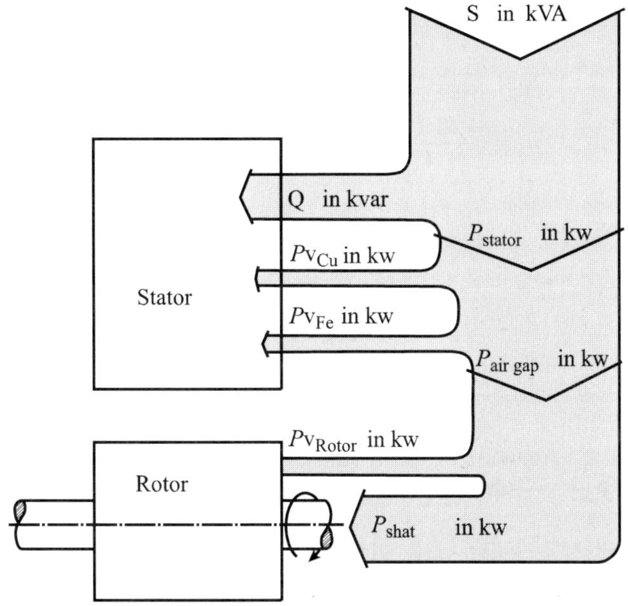

【그림 4.54】 유도 전동기 출력 흐름도

그림 4.54에서 손실 P_{Vrotor}와 $P_{air\,gap}$의 관계는 $P_{Vrotor} = S \cdot P_{air\,gap}$으로 slip이 증가하면 회전자 권선의 손실이 증가한다.

예제 400V 삼상 4극 전동기가 1,755rpm으로 운전하고 있다. 이때 전류가 20A 흐르고 있다. 역률이 0.85이다. 또한 고정자 동손 $P_{Vcu} = 800\text{W}$, 고정자 철손 $P_{VFe} = 600\text{W}$

1) P_{stator}는 얼마가 되겠는가?
2) $P_{air\,gap}$은 얼마가 되겠는가?
3) slip은?
4) 회전자 권선 손실 P_{Vrotor}은 얼마가 되겠는가?

답

1) $S = 3 \cdot I \cdot V = 3 \cdot 20 \cdot 400 = 24\text{KVA}$

$P_{stator} = S \cdot \cos\phi = 24 \cdot 0.85 = 20.4\text{kW}$

2) $P_{air\,gap} = 20.4 \cdot 1{,}000 - 800 - 600 = 19{,}000\text{W}$

3) slip

동기 속도

$$n_s = \frac{120 \cdot 60}{4} = 1,800\text{rpm}$$

slip

$$S = \frac{1,800 - 1,755}{1,800} = 0.025$$

4) 회전자 권선 손실

$$P_{Vrotor} = s \cdot P_{air\,gap} = 0.025 \cdot 19,000 = 475\text{W}$$

4.13.2 극수 변환

삼상 전동기에서 극수 변환 회전수 제어는 많이 사용되는 방법이다.

극수 변환 원리는

$$n_s = \frac{120 \cdot f}{P}$$

60Hz, 2극 전동기는 3,600rpm만 가능하다.

극수 변환은 다음 방법으로 가능하다.

a) 2개의 별도 고정자 권선을 변환 연결

b) 고정자 권선의 코일 그룹을 변환 연결

권선형 전동기의 극수 변환은 회전자 극수가 고정자 극수에 가능한 잘 맞아야 한다. 따라서 극수 변환 회전수 제어는 농형 회전자에 많이 사용하는 방법이다.

농형 회전자는 모든 극수에 잘 맞는다.

극수 변환 전동기의 명판에는 2가지의 회전수 또는 여러 가지의 회전수, 출력, 전류 그리고 역률을 제공하여 사용자가 알 수 있도록 하고 있다. 고정자 권선의 코일 그룹을 변환 연결하는 것은 여러 가지로 가능하기 때문에 연결 방법도 제공하고 있다.

1) 별도 고정자 권선의 극수 변환

별도 고정자 권선 극수 변환 방식은 다음과 같은 회전수 비율(3 : 4, 2 : 16 등)에 많이 사용한다.

고정자 권선의 결선은 Y 결선을 선호한다.

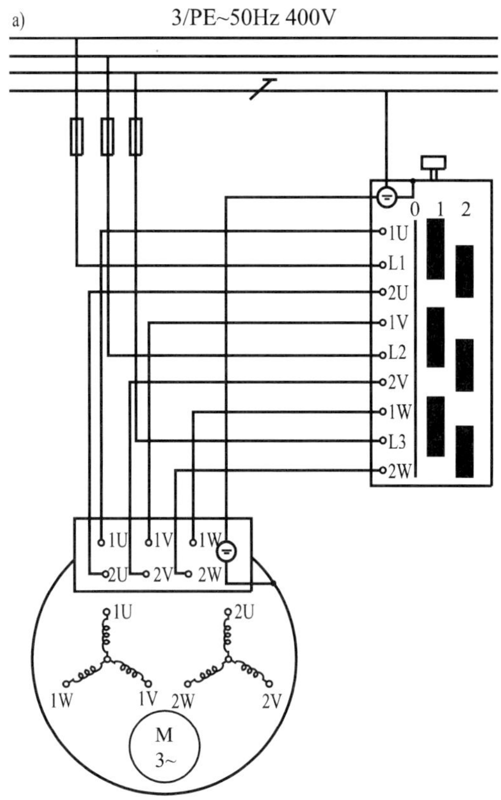

【그림 4.55】 극수 변환 결선

2) 고정자 코일 그룹 극수 변환

일반적으로 사용하는 고정자 권선의 극수 변화는 회전수 1 : 2 변환 방식이다.

● $\Delta - YY$ 결선 방식

이 방식은 가장 많이 사용하는 방식이다.

낮은 회전수(많은 극수)에서 고정자 권선은 Δ 결선이고 높은 회전수(작은 극수)에서 YY 결선을 사용한다. 이때 출력비는 1 : 1.36이고 토크비는 1 : 0.68이다.

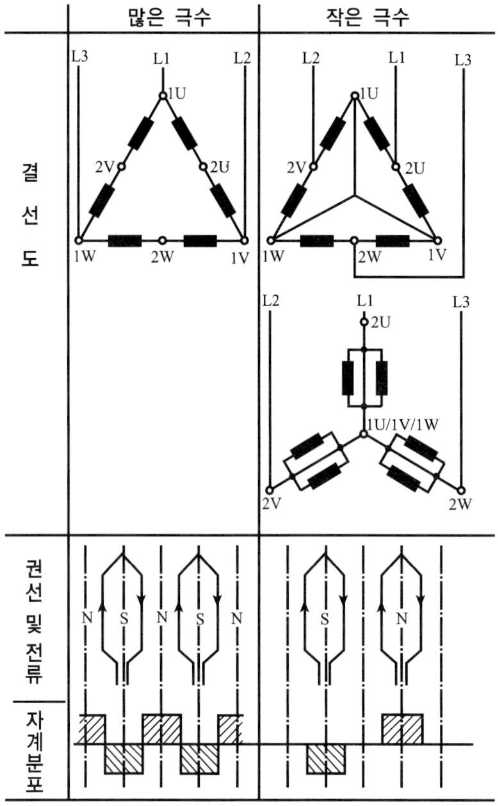

그림 4.56 결선 방식과 전류

$Y-\Delta-YY$ 결선은 $Y-\Delta$ 방식과 $\Delta-YY$ 결선의 조합이다.

이 방식으로 큰 기동 전류를 피할 수 있으며 Y 결선으로 부드럽게 기동할 수 있고 Δ 결선으로 변환할 수 있다. 그 밖에 낮은 회전수와 낮은 부하로 Y 결선에서 역률을 개선하기 위하여 운전할 수 있다.

● $Y-YY$ 결선

이 극수 변환 방식은 Fan 등의 부하에 많이 사용하는데 회전수의 변화에 따라 출력은 3제곱으로 비례하고 토크는 2제곱 비례하기 때문이다.

이 결선 방식에서 출력 비는 1 : 4 토크 비는 1 : 2가 된다.

위에서 언급한 결선방식은 고정자 권선의 코일 그룹을 결선하여 회전수를 항상 1 : 2로 변환하는데 사용한다.

회전수비 2 : 3, 3 : 4, 1 : 16 등으로 변환하는 방식은 극수 변환이 어렵고 많은 권선을 중간에서 단자를 인출하여야 하는 문제가 있다.

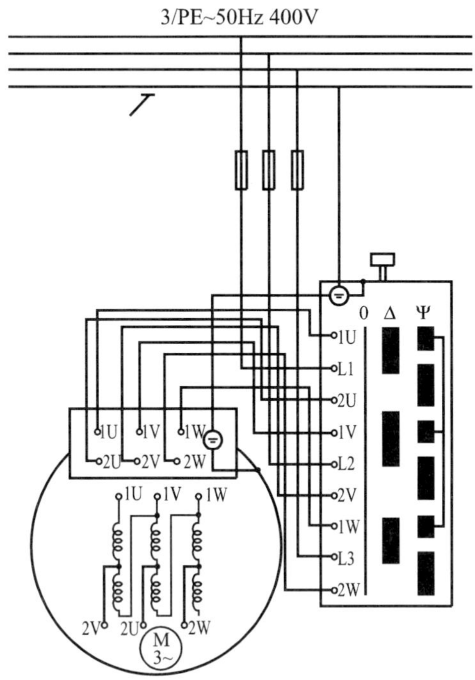

그림 4.57 극수 변환 장치

3) 전압 변환

전압 변환 방식에는 권선형과 농형 모두 이용이 가능하다.

a) 두 가지의 전압에 사용하는 전동기의 전압은 230/133V, 400/230V이다.
   간단히 $Y-\Delta$ 결선 방식을 이용하거나 단자함에서 결선을 바꾸는 방법을 이용한다.

b) 3단계의 전압을 이용하는 방식은 권선의 한상을 1/2상으로 분리하고 500V Δ 결선, 400V YY 결선 그리고 230V $\Delta\Delta$ 결선 방식을 사용한다(그림 4.58).
   YY 결선은 440V까지, $\Delta\Delta$ 결선은 250V까지 삼상 전압을 사용할 수 있다.

고정자 권선에 보조 권선을 만들어 사용하는 방법도 있다.

보조 권선 없이 400V로 사용하고 보조 권선을 이용하여 500V까지 Y 결선으로 사용한다. 그리고 230V Δ 결선으로 사용이 가능하다.

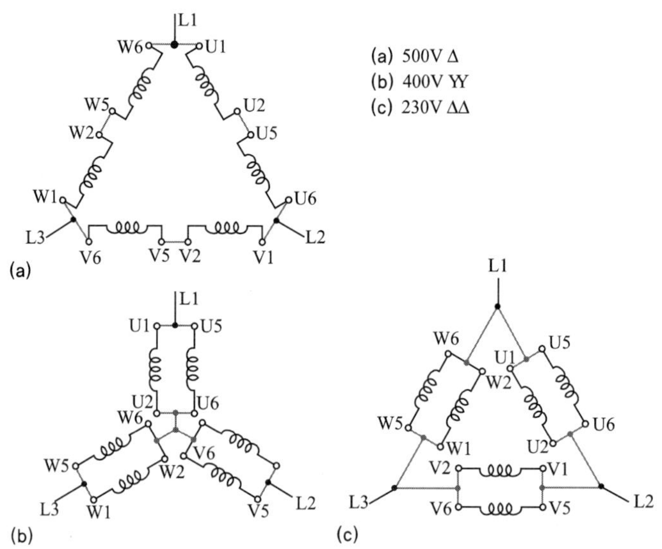

【그림 4.58】 전압 변환 결선 방식

그림 4.59는 변환 장치이다.

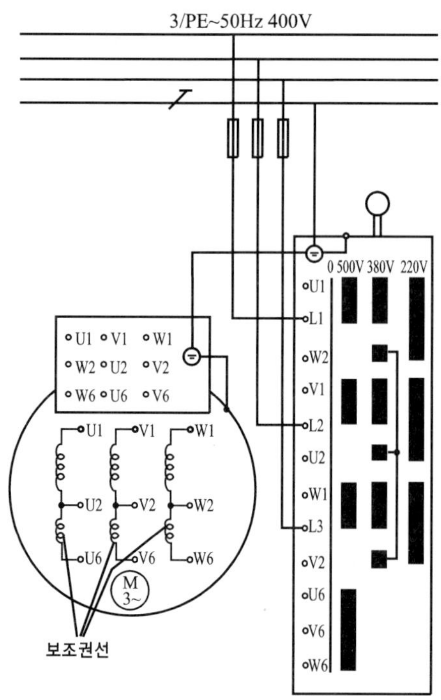

【그림 4.59】 전압 변환 권선 결선 장치

4) 전압 변환에 따른 전동기 특성

유도 전동기의 토크는 인가전압의 제곱에 비례한다. 따라서 그림 4.60과 같은 부하를 갖는 유도 전동기의 전압을 변경시키면 어느 정도의 회전수 제어가 가능하다. 그러나 회전수 제어 범위가 한정되어 있고 동기 속도의 변경은 불가능하다. 따라서 Fan 구동 등의 경우에 사용이 가능하나 많이 사용하는 방법은 아니다.

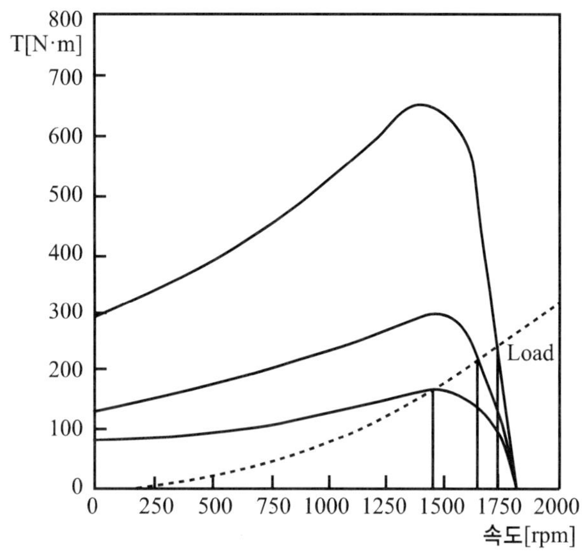

그림 4.60 전압 제어 방식에 의한 토크-속도 특성

5) 주파수 제어

삼상 유도기의 동기 속도

$$n_s = \frac{120 \cdot f}{P} \text{[rpm]}$$

n_s : 동기 속도[rpm]
f : 전원 주파수
P : 극수

공식에서 보는 바와 같이 주파수를 변화시키면 동기 속도를 변화시킬 수 있다.

(1) Inverter 이용 주파수 제어

Inverter는 예를 들면 60Hz의 교류를 주파수가 다른 전압으로 바꿀 수 있다.

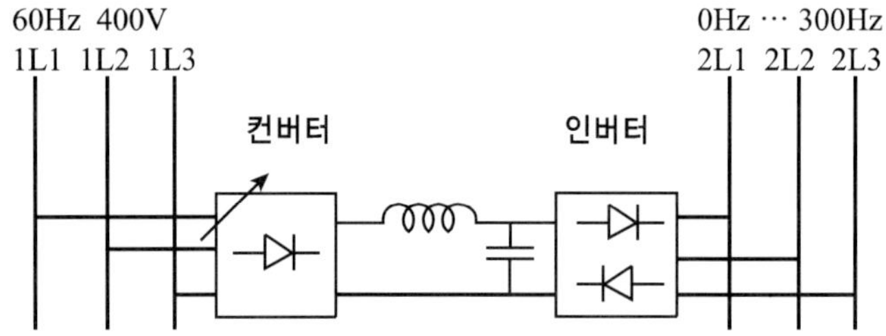

그림 4.61 주파수 변환 회로

● 전압원 Inverter

이 방식의 기본 원리는 정류기를 통하여 전원 전압은 필요한 크기의 직류 전압으로 변환된다. 정류기와 inverter 사이에 위치하는 콘덴서는 전압을 평활하게 하고 일정하게 하는 역할을 한다. Inverter는 정류기에서 나온 전압을 원하는 주파수의 교류 전압으로 바꾸어준다. 이때 전압의 크기는 정류기의 전압에 의하여 조정된다.

정류기와 Inverter 사이에 콘덴서가 있는 방식을 전압원 Inverter라 하고 리액터가 있는 방식을 전류원 Inverter라고 한다.

이 방식의 단점은 각 3부분(converter, DC link 부, inverter)의 효율이 곱해지기 때문에 총 효율이 나쁘다는 것이다. 이 방식을 이용하여 농형 유도 전동기의 회전수를 제어할 수 있다. 주파수를 제어할 때 전압도 함께 조정되어야 한다.

공식 $V = 4.44 \cdot N \cdot f \cdot \phi$에서 전압을 일정하게 유지하고 주파수를 낮추면 자속이 높아져 포화 상태가 되기 때문이다. 전동기가 포화 상태가 되면 소음과 진동을 유발한다. 따라서 $\frac{f}{V}$ 비를 일정하게 해주어야 한다.

농형 유도 전동의 무효 전류를 공급하기 위하여 Inverter의 Thyristor가 꺼진 후 전류가 반대로 흐르도록 하여야 한다.

● 전류형 Inverter

유도 전동기의 회전수를 제어하기 위하여 주파수와 크기가 조정되는 고정자 전류가 필요하다. 이를 위하여 그림 4.62와 같은 전류원 Inverter를 사용한다.

이 회로는 컨버터와 Inverter 사이에 리액터를 통하여 전류를 일정하게 유지하고 있다. 전원 측에 연결된 컨버터로 동작하고 Inverter로도 동작한다.

정류기는 control generator에 의하여 위상각 제어가 된다. 전원 측 정류기(컨버터, 그림 4.62)는 점호각에 따라 전류의 크기를 조정하고 리액터를 통하여 연결된 인버터는 필요한 주파수를 발생시킨다.

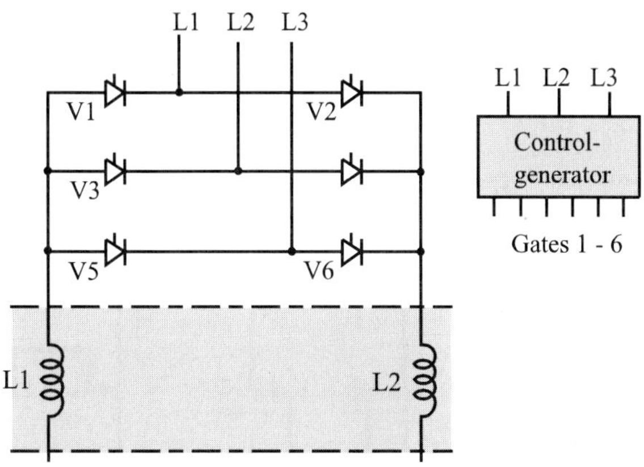

그림 4.62 전류 형 주파수 Inverter의 전원 측 converter

기기 측 Inverter는 전류 방향을 바꾸어 전류를 절환할 수 있는 장치가 필요하다.

연결된 전동기의 누설 리액턴스는 이러한 장치의 하나로 동작한다. 연결된 콘덴서의 크기는 전동기에 따라 정해진다.

기기 측 Inverter는 하나의 외부정류 Inverter이다. control generator는 가변 주파수를 제공한다.

전류원 Inverter는 전동기를 리액터를 통하여 전원 측과 연결하여 준다. 따라서 무효 전력은 전원으로부터 가져오며, 무효전력 diode가 있어야 한다.

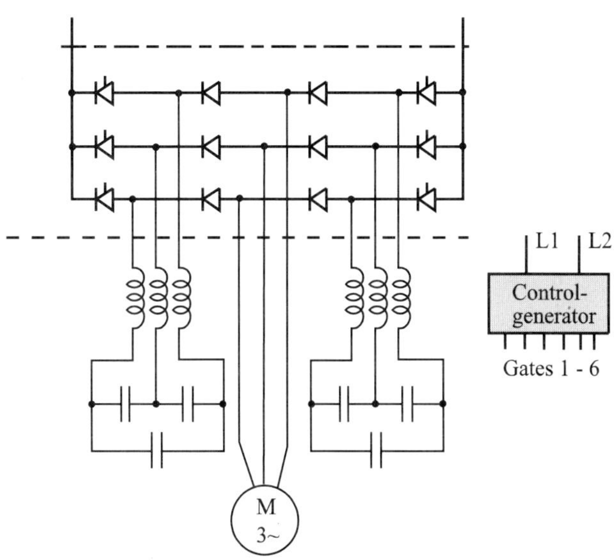

그림 4.63 주파수 변환 장치

PAM(pulse amplitude modulation) Inverter

출력 전압의 조정이 가능한 Inverter가 있다. 이 Inverter에 의하여 원하는 주파수의 반파 안에 전압의 크기를 목적에 맞게 조정하고자 할 수 있다. 각 반파의 1/6은 전압이 발생하지 않는 휴식기가 있다.

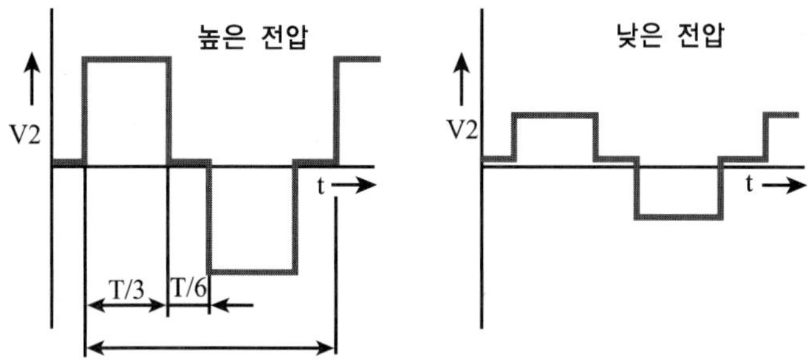

그림 4.64 PAM Inverter의 출력 전압

유도 전동기나 동기 전동기의 회전수 제어를 위하여 PAM Inverter를 사용한다.

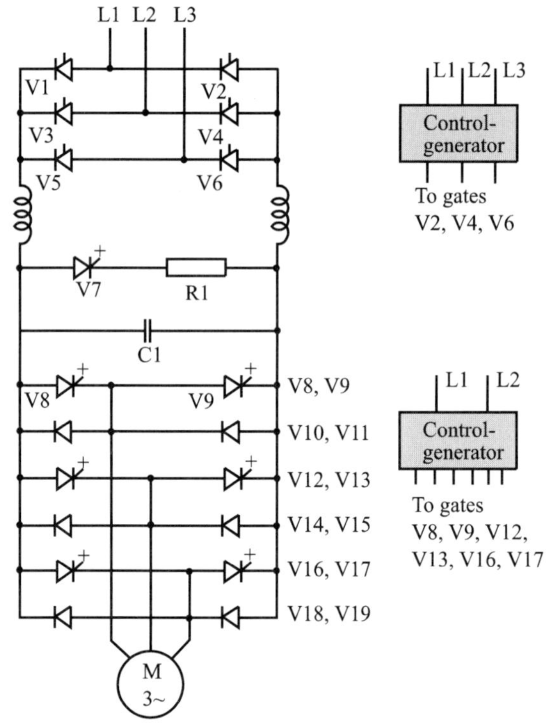

그림 4.65 4상한 제어용 전압 원 Inverter

그러나 PAM은 전동기에 sine파를 공급하지 못하고 그림 4.64에서 보는 바와 같은 사각형의 전압을 제공하기 때문에 전동기는 고조파로 인한 소음이 발생하는 단점이 있다.

그림 4.66에서 전압 Inverter는 C1이 전원과 기기 사이에 계속하여 연결이 되지 못하므로 전원은 무효 전력을 연속하여 공급하지 못한다. Inverter의 thyrister가 off된 후에 전류가 반대편으로 흐를 수 있어야 하기 때문에 diode를 thyrister와 역방향으로 병행하여 연결하여 사용하고 있다. 만약 역방향 thyrister를 사용하면 이 diode는 없어도 무방하다.

그림 4.65의 회로는 에너지를 되돌려 주지 못하지만 4상한 제어가 가능하다. GTO thyrister V7은 브레이크 시 사용하는 저항 R과 함께 사용한다.

전동기가 브레이크를 해야 할 경우 다이오드와 thyrister V1-V6는 제어하지 않고 thyrister V8, V9, V12, V13, V16 그리고 V17은 Inverter로 제어된다.

이때 V7을 조정하고 R은 전동기에서 발생되는 에너지를 사용하는 브레이크 저항이 된다.

4상한 제어에서 에너지를 전원으로 보내기 위해서는 전원 Inverter를 두 개의 브리지 회로로 만들어야 한다. 이때 브레이크 저항 회로의 Thyrister와 브레이크 저항 R은 없어도 된다.

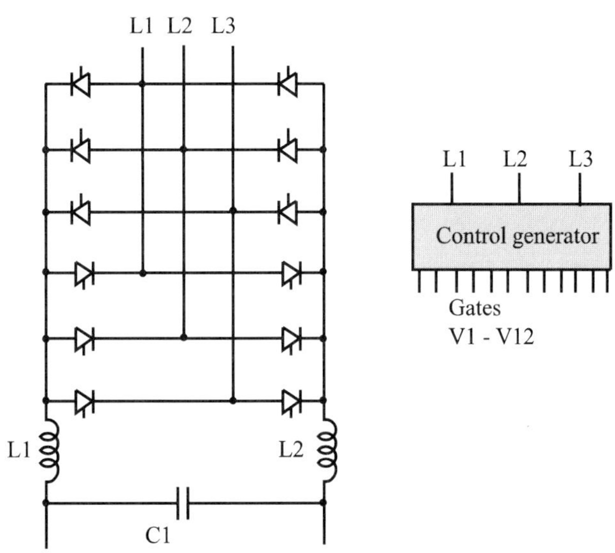

그림 4.66 4상한 제어를 위한 PAM Inverter용 전원 측 converter

● 펄스폭 변조 Inverter(Pulse width modulation) Inverter

Inverter를 반파 내에서 그림 4.67과 같이 전압의 크기를 일정하게 하고 폭을 변화시킨다면 원하는 전압을 얻을 수 있을 것이다. 이러한 인버터를 펄스폭 변조 인버터라고 한다.

PWM 인버터는 예를 들면 5KHz로 pulse 주파수를 일정하게 한다. 그리고 반파 내에서 전압의 방향이 바뀌는 쪽에서는 폭을 좁게 중간에는 넓게 impulse 폭을 변화시킨다. 이를 통하여 전압은 sine형에 가깝게 만들 수가 있다.

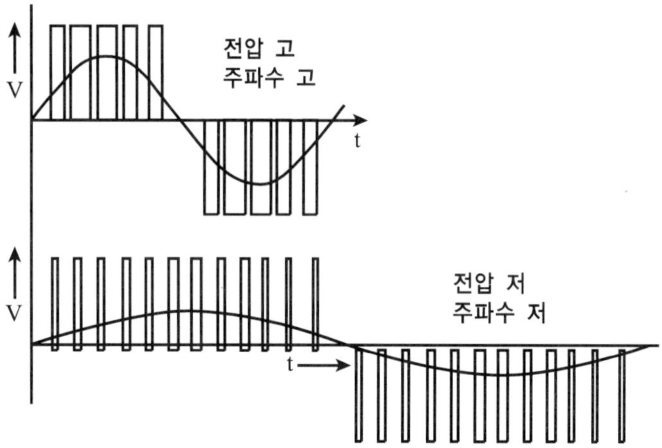

그림 4.67 PWM 인버터의 출력 전압과 주파수 조정

PWM 인버터는 예를 들면 5KHz로 pulse 주파수를 일정하게 한다. 그리고 반파 내에서 전압의 방향이 바뀌는 쪽에서는 폭을 좁게 중간에는 넓게 impulse 폭을 변화시킨다. 이를 통하여 전압은 sine형에 가깝게 만들 수가 있다.

일정한 pulse 주파수에도 불구하고 주파수를 조정할 수 있다. 이를 위하여 한 주기 동안에 발생하는 impulse의 수를 변화시킨다.

예를 들면 한 주기에 8번의 impulse가 있는 출력 전압은 5,000Hz/8=625Hz가 되게 하며 한 주기에 12번의 impulse가 있는 출력 전압은 5,000Hz/12=417Hz가 된다.

PWM 인버터에서 컨버터와 인버터 사이의 중간전압은 일정하다. 출력 전압의 크기는 Impulse의 폭으로 조정한다. Impulse의 간격이 넓어지고 Impulse 사이의 쉬는 부분이 줄어들면 전압은 높아지고 반대의 경우에는 전압이 낮아진다(그림 4.68).

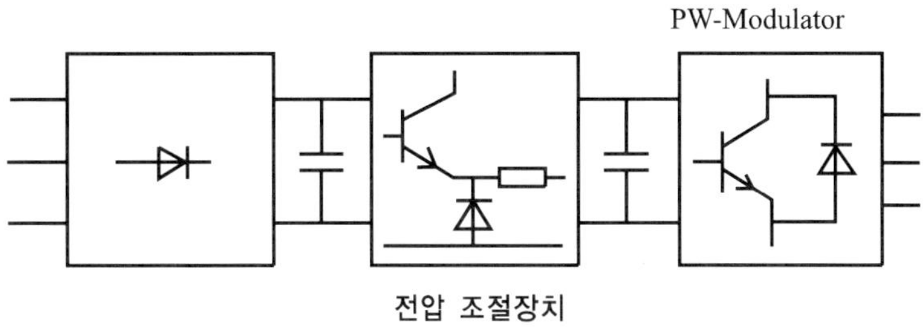

그림 4.68 전압 조절 장치가 있는 PWM-Inverter

그림 4.69와 같은 PWM 인버터에서 중간에 전압을 조절할 수 있는 직류 전압 조절기를 설치하여 Inverter의 입력 전압을 조절하는 경우도 있다.

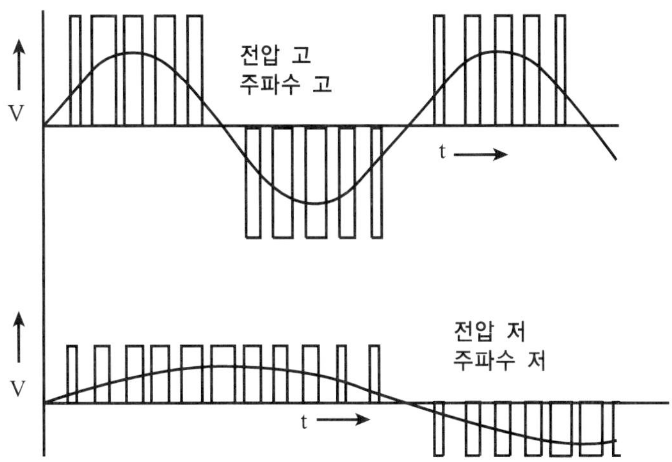

그림 4.69 컨버터와 인버터 사이 중간 전압 조정 PWM 인버터 출력 전압

전동기의 전류는 PWM 인버터에서 인버터의 제어 방식에 좌우한다.

impulse 폭이 좁게 제어되는 경우 전류는 sine파에 가깝고 Impulse 폭과 전압이 가해지지 않는 폭이 같은 경우에는 고조파가 약하게 나타나며 pulse 폭이 넓은 경우에는 고조파가 PAM 인버터에 비슷하게 나타난다.

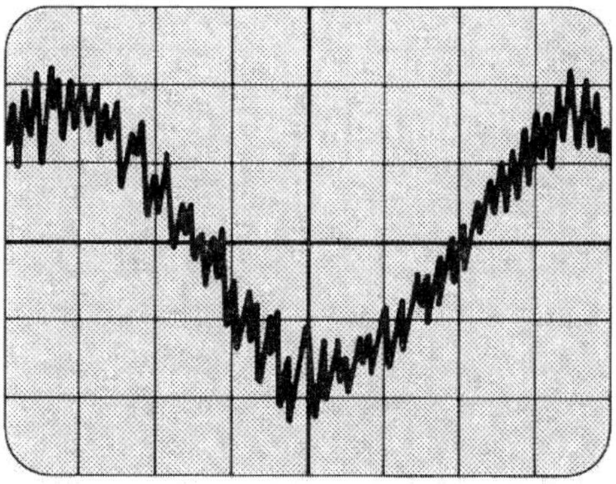

【그림 4.70】 PWM Inverter 사용 전동기 전류

트랜지스터를 off하는 것은 Thyrister를 off시키기보다 쉽다. 따라서 소용량의 경우나 용량 70kVA 정도까지는 트랜지스터를 이용한 인버터를 사용한다(그림 4.71).

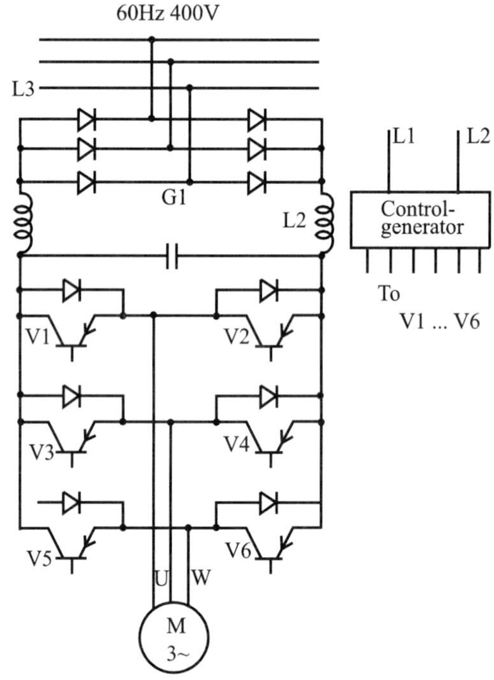

【그림 4.71】 트랜지스터 이용 인버터

PWM 인버터의 control generator는 PAM 인버터에 비하여 복잡하고 비싸다. 그럼에도 불구하고 PWM 인버터는 전동기가 조용하고 높은 효율로 운전이 가능하기 때

문에 PAM보다 많이 사용되고 있다.

● 싸이클로 컨버터

싸이클로 컨버터는 어떤 주파수의 전압을 필요한 주파수의 전압으로 직접 변환시키는 방법이다.

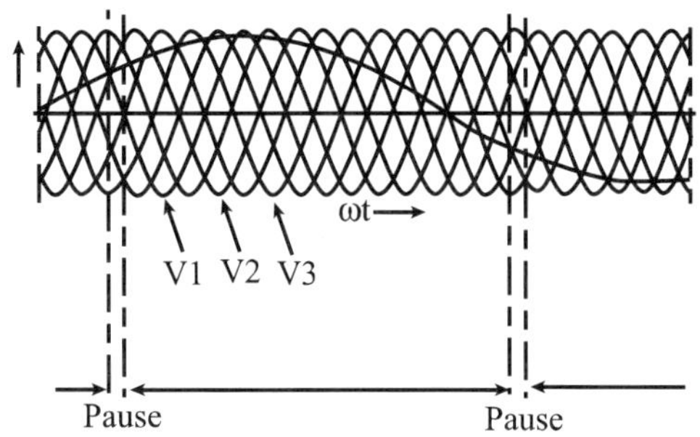

그림 4.72 싸이클로 컨버터에서의 전압 생성

싸이클로 컨버터의 전압을 만들기 위해서 출력 전압은 모든 입력 전압의 부분이 된다. 따라서 모든 출력 전압을 위하여 입력 전압에 연결되어야 한다.

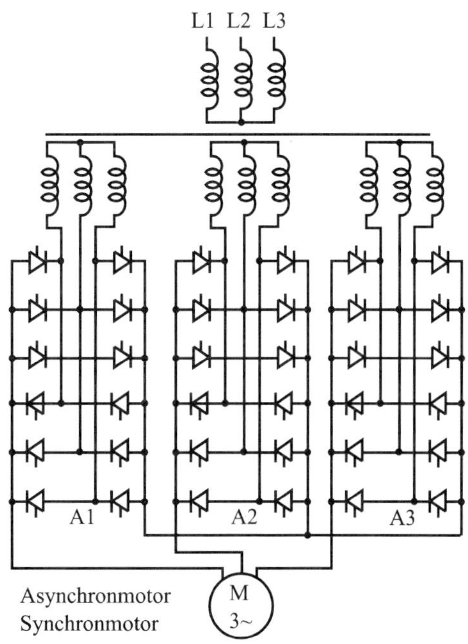

그림 4.73 4상한 제어용 싸이클로 컨버터의 전력부

따라서 싸이클로 컨버터 변압기의 출력 권선은 그림 4.73과 같이 3상을 갖추어야 한다. 또는 일반 삼상 변압기를 입력 측과 병렬로 연결하여 사용할 수 있다.

싸이클로 컨버터 변압기의 출력단에는 총 6개의 브릿지 B6로 Thyrister가 연결되어 있다. 즉 총 36개의 Thyrister가 사용된다. 싸이클로 컨버터의 복잡한 제어방식과 값이 비싼 전력부를 갖고 있어 효율이 높음에도 불구하고 대용량의 유도 전동기나 대용량의 동기 전동기 회전수제어에 사용되고 있다.

연습문제

1. 유도 전동기의 속도 제어 방법을 열거하고 설명하시오.

2. 농형 유도 전동기의 기동 torque를 크게 하기 위한 방법과 원리에 대하여 설명하시오.

3. 440V, 60Hz, 4극의 3상 유도 전동기가 역률 0.8에서 50kVA의 전력을 취한다. 이때 슬립이 0.3이고 고정자 동손이 0.5kW이며 철손과 기타손이 2.5kW이다. 회전자 마찰손이 0.5kW이라고 한다. 다음을 구하시오.
   a) 회전자 동손
   b) 축 출력
   c) 효율
   d) 토크

4. 60Hz, 6극 3상 권선형 전동기가 전부하 시 1150rpm으로 운전하고 있다. 동일 Torque로 1,000rpm으로 운전하려면 2차 회로에 몇 Ω의 저항을 넣으면 되는가? 2차 측 상당 저항은 rΩ이다.

5. 4극 3상 유도 전동기가 60Hz 전원에서 운전하고 있다.회전자 주파수 f2 = 5Hz일 때 회전 속도 및 slip은 얼마인가?

6. 출력 10kW, 3상, 4극 유도 전동기가 있다. slip 4.8%일 때 2차 동손은 얼마인가?

7. 정격 출력 7.5kW, 정격 회전수 1440rpm, 정격 slip 0.04인 유도 전동기가 있다. 최대 slip(최대 torque시의 slip)이 0.2이면 기동 torque와 최대 torque는 각각 얼마인가?

4.14 손실 및 효율

4.14.1 손실

(1) **고정손** : 철손, 베어링 마찰손, 브러시 마찰손, 풍손

(2) **직접 부하손** : 1차 권선의 저항손, 2차 회로의 저항손, 브러시 전기손

(3) **표류 부하손** : (1)과 (2) 외에 부하가 걸리면 측정하기 곤란한 약간의 손실이 도체 속과 철심 안에 생긴다. 이것을 표류 부하손이라 하며 효율을 계산하는 데 무시하는 것이 보통이다. 브러시 전기손은 브러시 전류와 다음 브러시 전압강하의 곱으로 산정한다.

탄소 브러시 또는 흑연 브러시의 경우 1상에 대해 1.0[V]

금속 브러시의 경우 1상에 대해 0.3[V]

4.14.2 효율

효율 η은 다른 기기와 같이 다음 식으로 표시된다.

$$\eta = \frac{\text{출력}}{\text{입력}} \times 100 = \frac{\text{입력} - \text{손실}}{\text{입력}} \times 100\ [\%] \tag{4-58}$$

효율에 실측 효율과 규약 효율이 있는 것도 다른 기계의 경우와 같다. 유도 전동기의 효율은 원선도법으로 구하는 규약 효율을 사용하는 것이 보통이다.

3상 유도 전동기의 정격 전압을 V_n[V], 출력을 P_o[kW], P_o에 상당하는 1차 전류를 I_1[A], 역률을 $\cos\theta_1$이라고 하면 1차 입력 P_1[kW]는

$$\left.\begin{aligned} &P_1 = \sqrt{3}\ V_n I_1 \cos\theta_1 \times 10^{-3}\ [\text{kW}] \text{ 이므로 효율 } \eta\text{는} \\ &\eta = \frac{P_o \times 1{,}000\ [\text{W}]}{\sqrt{3}\ V_n I_1 \cos\theta_1\ [\text{W}]} \times 100\ [\%] \end{aligned}\right\} \tag{4-59}$$

따라서 1차 전류 I_1[A]는

$$I_1 = \frac{P_o \times 1{,}000 \times 100}{\sqrt{3}\ V_n \eta \cos\theta_1\ [\text{W}]}[\text{A}] \tag{4-60}$$

2차 효율 : 2차 입력 P_2와 출력 P_o의 비를 2차 효율이라 하면

$$\left.\begin{aligned} \eta &= \frac{P_o}{P_2}\times 100 = \frac{(1-s)P_2}{P_2}\times 100 = (1-s)\times 100 \\ &= \frac{(1-s)n_s}{n_s}\times 100 = \frac{n}{n_s}\times 100\,[\%] \end{aligned}\right\} \tag{4-61}$$

연습문제

1. 15kW 삼상 농형 전동기의 명판에 400V Δ : 29.1A 50Hz, 1440rpm $\cos\psi = 0.86$ 무 부하 시험에서 철손 = 711W 그리고 마찰손 = 138W가 확정되었다. stator winding의 각 저항은 0.879 Ω이다. 정격 운전 시 회전자 권선의 손실을 구하라.

2. 4극 삼상 110kW 전동기의 명판에 400V, 197A, $\cos\psi = 0.86$, 1485rpm이 적혀 있다. 정격 효율을 구하라.

3. 2번과 같은 전동기에 다음과 같은 손실이 정격운전에 주어졌다. 효율은 얼마인가?

   $P_{Fe} = 1.6\text{kW}$ $\quad P_{cu,2} = 1.1\text{kW}$

   $P_R = 2.5\text{kW}$ $\quad P_Z = 0.55\text{kW}$

   $P_{cu,1} = 1.45\text{kW}$

4.15 단상 유도 전동기

4.15.1 단상 유도 전동기의 개요

유도 전동기는 구조가 간단하여 고장이 잘 없으며 튼튼하고 값이 싸다. 이러한 이유로 단상 전동기도 단상 유도 전동기가 가장 많이 사용되고 있다.

단상 유도 전동기는 단상으로 구성되어 있기 때문에 삼상 전동기와 같이 상에 따른 위상차가 없기 때문에 회전자계가 발생하지 않는다.

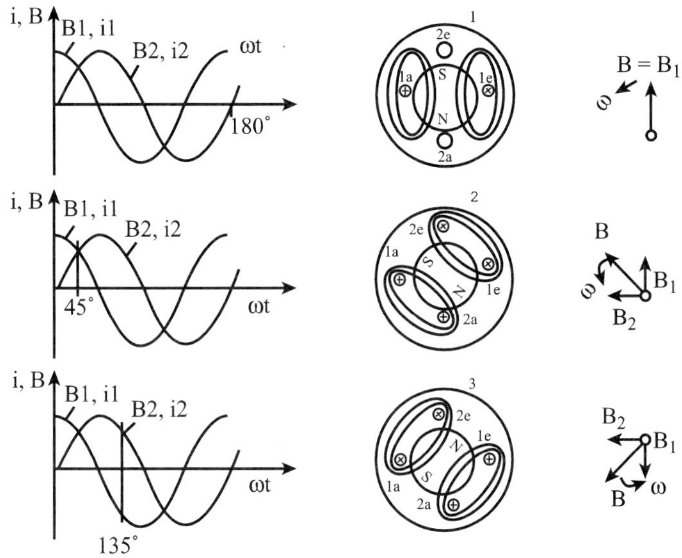

【그림 4.75】 위상차가 나는 두 권선의 교류로 인한 회전자계의 발생

회전자계는 두 권선에 두개의 전류가 서로 위상차가 나게 흐를 때 발생한다.

당연히 두 개의 권선에 흐르는 교류는 회전자계를 만든다. 그림 4.75로부터 두개의 서로 위상차가 있는 교번자계는 회전자계를 만든다. 회전자계의 형태에는 여러 가지가 있다. 두개의 교번자계가 똑같은 권선수의 권선에 똑같은 크기의 전류가 흐르는 권선에 의하여 그리고 정확히 90°의 위상차가 나면 원형 회전자계를 만든다.

원형 회전자계에서 자속 밀도의 Vector가 같은 속도와 같은 크기로 회전한다. 그러나 교번자계가 서로 크기가 다르다면 예를 들어 두 권선의 전류의 세기가 다르거나 위상차가 정확히 90°가 나지 않을 때에는 타원형의 회전자계가 발생한다.

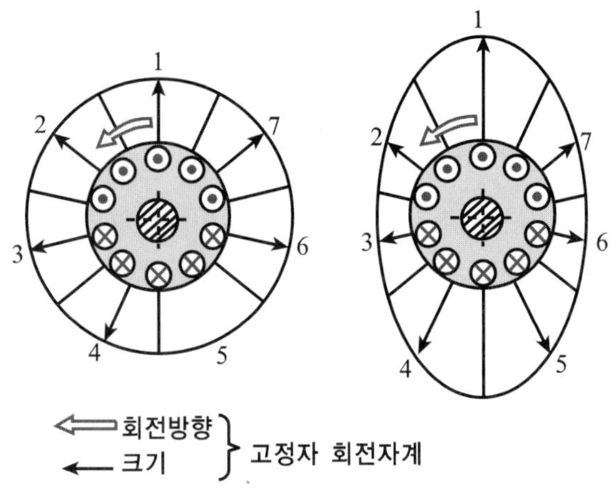

【그림 4.76】 원형 회전자계와 타원형 회전자계

이때 자속 밀도의 Vector는 회전자계와 같은 속도로 회전하지만 크기가 변화한다. 즉 회전자계는 같은 세기로 회전하지 않는다.

전기기기에서 우리는 항상 원형 회전자계가 발생하도록 노력하고 있다. 그러나 소형 전동기에서는 타원형 회전자계만이라도 충분하다.

4.15.2 단상 유도 전동기의 구조

단상 전동기의 회전자는 일반적으로 농형 회전자를 사용하고 아주 드문 경우에 권선형 회전자를 사용한다.

삼상 유도 전동기의 적층 철심을 고정자로 사용할 수도 있다. 그러나 특별한 고정자 철심 즉, 주 권선과 보조 권선의 slot이 다르게 만들어진 경우도 있다. 운전을 할 경우에는 주 권선만으로도 가능하다. 주 권선은 총 고정자 slot의 2/3을 차지한다. 만약 주 권선이 모든 slot에 권선된다면 권선의 이용이 적합하지 못하다. 이때 권선의 재료는 33%가 더 소요되지만 전압 이득은 13-14% 정도에 머물기 때문이다. 나머지 1/3의 slot에 보조 권선이 삽입된다. 단상 유도 전동기의 명판에는 결선도와 콘덴서의 용량이 주어지는 것이 삼상 전동기와 다른 점이다.

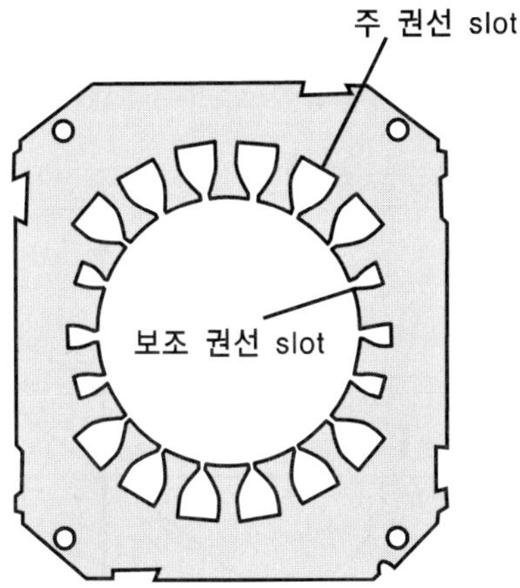

[그림 4.77] 단상 유도 전동기의 철심

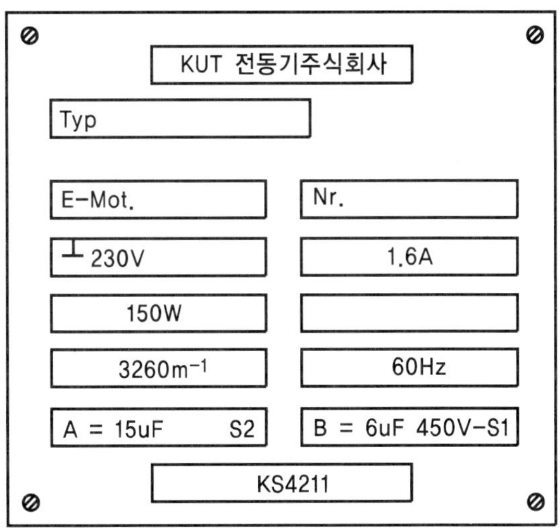

[그림 4.78] 단상 유도기 명판

4.15.3 구동 방식

1) 기동 토크

삼상 유도 전동기는 서로 120도의 위상차를 갖는 교류에 의하여 원형 회전자계가 만들어진다. 원형 회전자계는 확실한 회전방향을 갖고 있다. 그러나 단상 유도 전동기는 단지 주 권선이 있기 때문에 고정자 주위에 회전방향이 없는 단자계가 있을 뿐이다.

이것은 두 개의 똑같은 회전자계가 서로 다른 방향으로 회전하는 것과 같다. 따라서 회전자는 정지하여 기동하지 못하고 전동기는 마치 2차 측을 단락시켜 놓은 변압기와 같다.

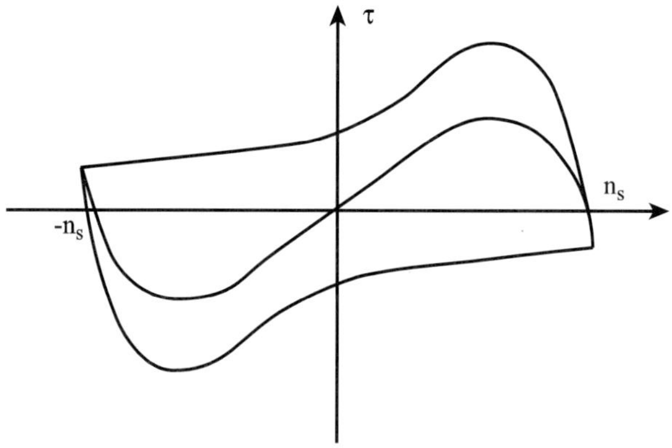

그림 4.79 크기가 같고 서로 반대방향으로 회전하는 자계에 의한 토크

2) 기동

단상 전동기를 운전하기 위해서는 먼저 변압기 상태에서 전동기 상태로 변환하는 것이 순서이다. 이를 위하여 먼저 회전방향을 결정하는 것이 우선이고 회전자를 기동하기 위하여 보조 권선이나 특별 보조 권선이 필요하다.

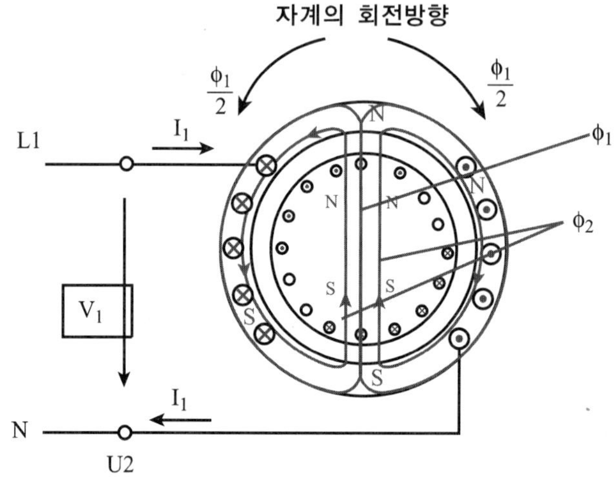

그림 4.80 단상 유도 전동기의 기동 시 전류와 자계

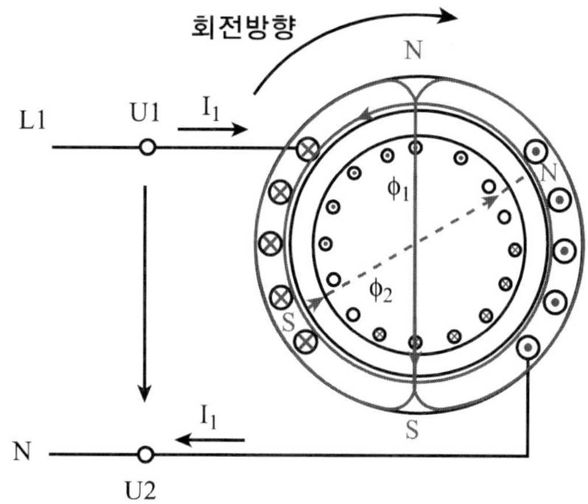

그림 4.81 단상 유도 전동기의 운전 시 전류와 자계

a) Poly motor는 단지 하나의 주 권선만 U1과 U2 연결선만 있다. 이 전동기는 오른쪽 또는 왼쪽으로 한번 돌게 하면 회전자 전류가 고정자와 회전자의 위상차가 다른 자계가 생겨 타원형의 회전자계가 발생한다. 타원형의 회전자계는 속도와 크기가 일정하지 않다.

b) 기동 리액터를 보조 권선에 직렬로 연결한다. 리액터의 인덕턴스는 전류가 전압보다 늦게 흐른다. 주 권선과 보조 권선의 전류 위상차는 타원형의 회전자계를 만든다. 리액터는 무효 전류를 취하기 때문에 역률이 나쁘다. 따라서 이 전동기는 기동 후 보조 권선을 떼어낸다.

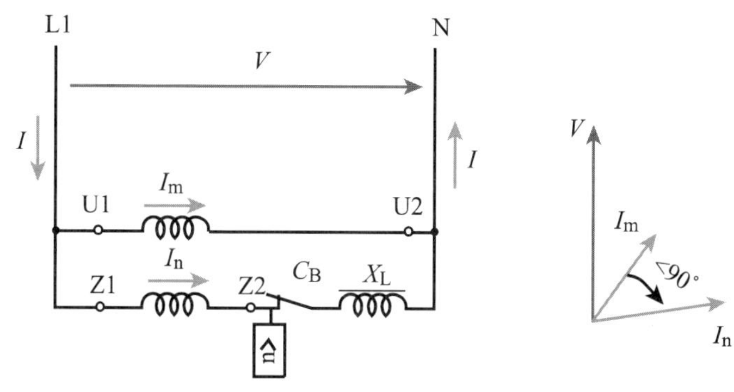

그림 4.82 리액터 기동 단상 유도 전동기

c) 기동 저항 전동기는 리액터 기동 전동기와 같은 회로를 갖는데 저항 값은 권선 저항의 4-8배가 된다. 이 저항은 보조 권선의 전압에 비하여 전류의 위상을 현저히 개선한다. 이 역시 아주 높은 전류를 취하기 때문에 기동 후 저항이 있는 보조 권선을 전원으로부터 떼어낸다.

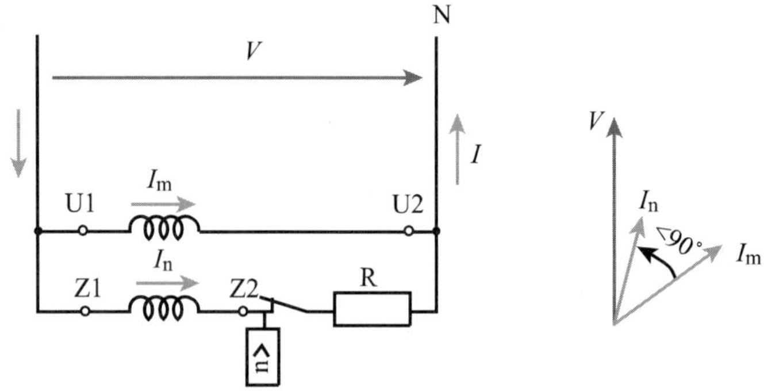

그림 4.83 기동 저항 단상 유도 전동기

d) 보조 권선에 직렬로 연결된 운전 콘덴서는 가장 좋은 운전 특성을 갖는다. 정격 부하에서 주 권선의 전류와 보조 권선 전류의 위상차는 90°에 이르러 원형 회전자계를 생성한다. 기동 토크는 정격 토크의 50-70%에 이른다. 정격 부하로 기동하기는 불가능하다. 보조 권선 Z1-Z2, 운전 콘덴서 CB는 운전 중 계속하여 전원에 연결되어 있다.

e) 기동 콘덴서 단상 유도 전동기, 기동 콘덴서의 capacity는 운전 콘덴서에 비하여 3배 정도 크다. 이 콘덴서는 기동 토크를 정격 토크에 가깝게 만든다.

운전 콘덴서에 병렬로 연결한 기동 콘덴서 CA는 보조 권선에 큰 전류가 흐르게 한다. 따라서 기동 콘덴서는 기동 후 떼어낸다. 보조 권선을 떼어내는데 가장 많이 사용하는 방법은 원심력 스위치이다. 운전 콘덴서 단상 유도 전동기의 출력과 역률은 다른 단상 전동기에 비하여 높다.

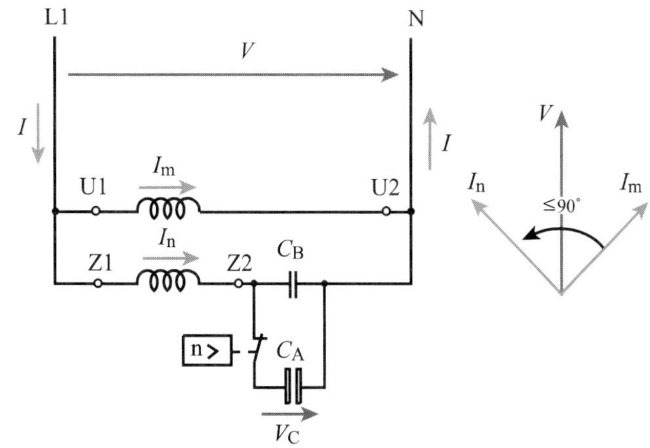

a) 운전 및 기동 콘덴서 단상 유도 전동기 회로　　b) 주 권선과 보조 권선 전류

【그림 4.84】 운전콘 덴서 전동기

4.15.4 운전 특성

단상자계는 두개의 반대로 회전하려고 하는 똑같은 크기의 회전자계로 구성되므로 정지 시 똑같은 서로 다른 방향으로 회전하려고 하는 토크가 발생한다.

회전자가 회전하면 회전하는 방향의 토크가 크게 작용하지만 아직도 반대편으로 회전하고자 하는 토크가 남아 있어 다음과 같은 단점이 있다.

a) 브레이크 토크가 있다.
b) 여자 전류가 크고 역률이 나쁘다.
c) 회전자 손실이 크고 온도 상승이 크며 효율이 낮다. 따라서 부하 용량이 작다.
d) 기타 진동과 소음이 있다.

이러한 단점은 특히 poly motor에서 두드러진다. 운전 콘덴서 단상 유도 전동기는 이러한 단점이 크지 않다.

1) Split pole motor(우취 코일 모터)

a) 구조

회전자 농형 권선은 일반적으로 원형 slot에 들어 있다. 고정자는 slot이 있는 적층 철심을 사용한다. 그리고 다른 유도 전동기와 달리 철극(돌출된 극)이 있고 이 극은 split slot에 의하여 주 자극과 split pole로 나누어진다. 적절한 자속의 분배를 위하여

자극의 끝은 서로 연결되어 있다. 주 권선은 주 자극 또는 고정자 요크에 감겨 있고 slit 권선은 split 극에 감겨져 있다.

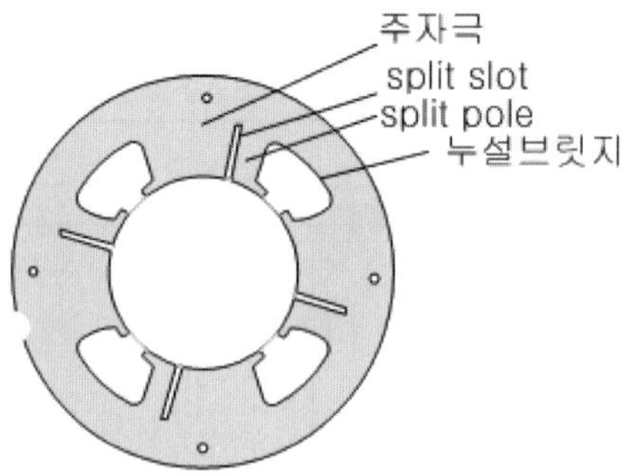

그림 4.85 split pole motor의 고정자 철심

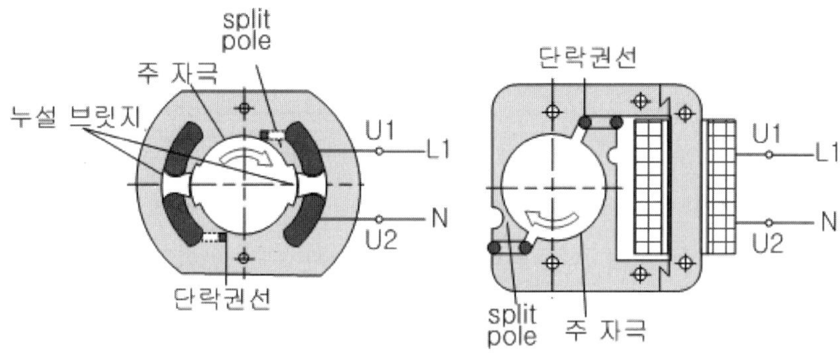

그림 4.86 split pole 전동기의 구조

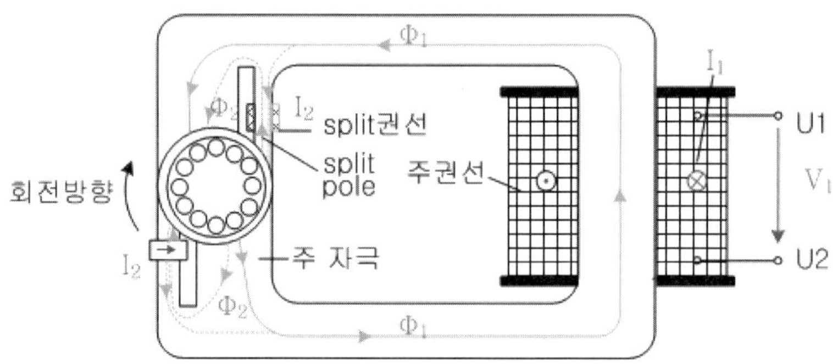

그림 4.87 split pole 전동기의 전류와 자속

b) 운전

주 권선에 흐르는 전류 I_1은 자속 Φ_1을 만든다. 자속 Φ_1은 주 자극과 split pole을 지나면서 렌즈 법칙에 의하여 split pole 권선에 전압을 유도하는데 이 전압은 전압보다 늦게 흐르는 전류를 흐르게 한다. 전류 I_2는 늦은 자속 Φ_2를 만든다.

주 자속에는 자속이 많아지고 split pole에는 자선이 작아지는 결과를 만든다. 이 현상으로 인하여 타원형의 회전자계가 만들어지고 회전자는 주 자극에서 split pole 쪽으로 회전하게 된다.

회전자는 항상 주 자극에서 split pole 방향으로 회전하게 된다.

장점

a) 아주 간단한 구조로 값이 싸고 견고하며 무보수이다.
b) 스스로 기동하며 기동토크가 크다(정격토크의 50%).
c) 회전자의 재료를 강자성체로 하면 동기 전동기로 회전한다.

단점

a) 효율이 낮아(약 35% 정도) 작은 용량(약 1-300W)의 전동기로 사용가능하다.
b) 회전방향을 바꿀 수가 없다. 회전방향을 바꾸기 위해서는 또 하나의 split pole이 필요하며 회전하는 방향의 권선을 단락시키고 필요없는 극의 권선은 열어 두어야 한다.

이 전동기는 가정에서 만능 전동기와 함께 많이 사용되는 전동기이다.

전자레인지, 전축, 선풍기 등

4.5.5 삼상 유도 전동기의 단상 전원 운전

만약에 삼상 전동기를 운전하는 중 3선중 하나의 휴즈가 끊어지면 삼상 유도 전동기는 단상 전원에 연결된 것이나 원래의 출력 50%로 계속 일을 하게 된다.

삼상 전동기가 단상 전원에 연결되면 보조 권선이 없는 단상 전동기와 같은 특성을 보인다. 단상전동기와 마찬가지로 기동토크가 없어 기동을 하지 못하지만 일단 기동이 되면 poly motor와 같이 회전을 계속하게 된다(그러나 항상 그렇지는 않다).

안정된 기동을 위하여 단상 전동기와 같은 기동기(콘덴서, 리액터, 저항)가 필요하다. 이를 위하여 여러 가지 방법이 개발되었지만 Steinmetz 방식이 가장 유명하다.

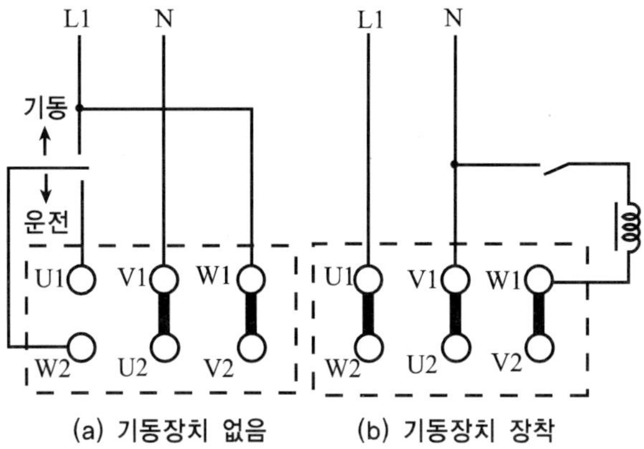

그림 4.88 삼상 전동기의 단상 전원에서 기동

1) Steinmetz 방식

이 방식은 Y 결선이나 Δ 결선에 콘덴서를 연결하여 사용하는 것이다. 전압 230/400V의 삼상 모터는 230V 단상 전원에 직접연결하고 133/230V의 경우에는 Y 결선을 한다.

운전 콘덴서를 사용하는 경우 기동 토크는 정격 토크의 50%에 달한다.

출력은 삼상 전동기로 사용하는 경우에 비하여 약 70%가 된다. 기동 토크를 크게(100%) 하려면 기동 콘덴서를 사용하여 운전 콘덴서와 병렬로 연결한다. 용량은 운전 콘덴서의 3배 정도가 적당하다.

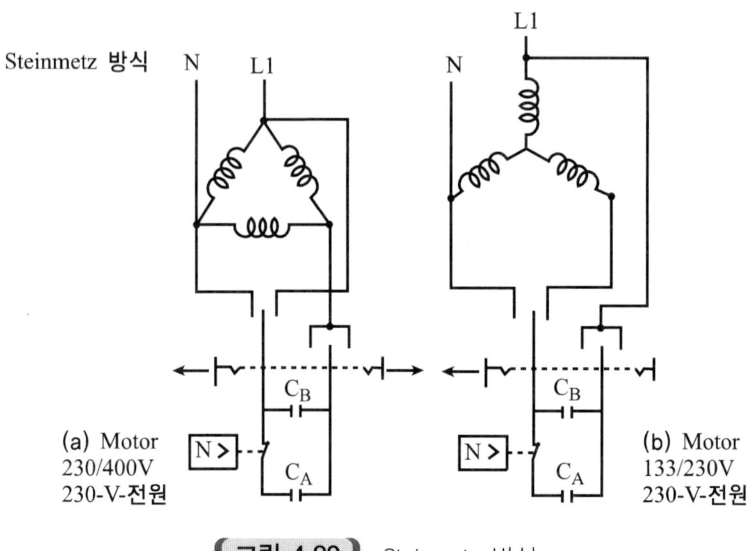

그림 4.89 Steinmetz 방식

그림 4.90에서 보는 바와 같이 콘덴서를 절환하면 회전방향을 바꿀 수가 있다. 단상 유도 전동기와 같이 steinmetz 방식은 출력 2kW까지 단상 전원에서 사용이 가능하다.

4.5.6 단상 전동기의 속도 제어

단상 전동기의 속도 제어는 저항, 리액터, 단권 트랜스 트라이액을 이용하여 전압을 제어하는 방식이 있다.

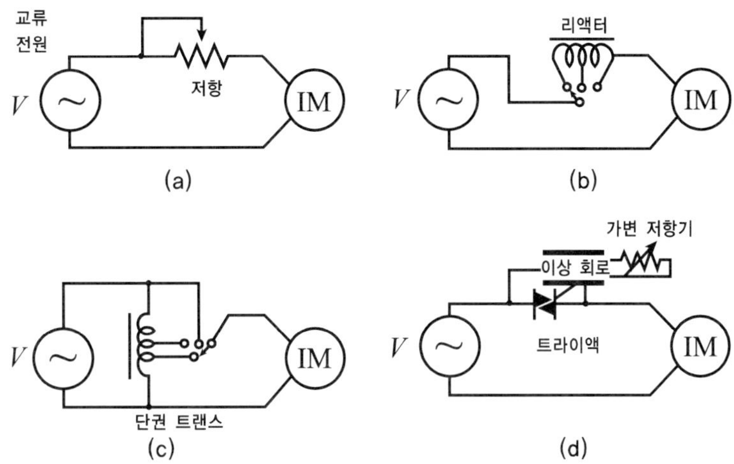

그림 4.90 단상 전동기의 속도 제어

CHAPTER 05

동기기

동기기는 회전자계 기기이다. 이것은 회전자와 고정자의 자계가 같은 회전수로 회전하는 것을 의미하며 전동기로서 그리고 발전기로서 운전할 수가 있다. 동기 발전기는 전기에너지 발생에 대단히 중요한 역할을 하는 기기이다.

19세기 중반 단상 발전기가 전등을 사용하기 위해서 개발되기 시작하였다.

1887년 Hasel Wander와 Bradley가 각각 삼상 동기 발전기를 제작하였다.

● 동기기의 종류

돌극형 : 직류기와 비슷함

비돌극형 : 1901년 charles E.L Brown이 여러 slot에 권선이 분포된 회전자 계자권선을 개발

동기 발전기의 최대 출력 2000MVA

정격 전압 400V-1MV

대 출력에서는 10.5kV에서 25kV까지 사용

동기 전동기는 유도 전동기에 비하여 의미가 없다. 그러나 큰 출력 범위에서는 유도 전동기의 무효전력 때문에 동기 전동기가 사용되고 있다. 또한 정속 운전을 하는 곳에 사용되며 대부분의 동기 전동기는 소형기기(시계, 전축 등)에 사용되고 있다.

5.1 구조와 형태

● 원리

그림 5.1에 간단한 동기기를 그렸다. 2극 3상 고정자 권선은 삼상 전원에 연결되

어있고 회전자는 회전 가능한 자석으로 구성 되어 있다. 삼상 전류가 흐르는 고정자 권선에 의하여 회전자계가 만들어지고 전원 주파수 f_1와 극수 p에 의하여 회전수는 다음과 같이 결정된다.

$$n_s = \frac{120 f_1}{P} \tag{5-1}$$

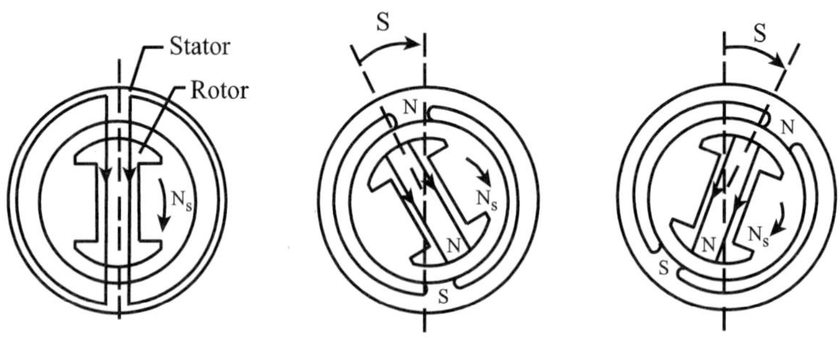

(a) 무 부하 운전 (b) 전동기 운전 (c) 발전기 운전

그림 5.1 동기기의 원리

● 무 부하 운전

회전이 가능한 막대자석을 고정자의 내경에 넣고 회전자계가 한순간 멈추어 있다고 생각하면 고정자자계와 회전자 자계의 축은 그림 5.1에서 보는 것과 같이 하나의 방향으로 되어 있다. 이제 회전자계를 회전시키면 막대자석은 회전자계의 방향으로 같이 돌게 된다. 이때의 회전수 n은 회전자계 회전수 n_s와 같다. 즉 이것은 고정자 자계와 회전자 자계가 동기화 된 것을 의미한다.

● 전동기 운전

동기기의 축을 잡고 브레이크를 걸게 되면 회전자는 회전자계에 비하여 ϑ만큼 쳐지게 된다(그림 5.1(b)). 그러나 고정자와 회전자 자계의 자기력 연결로 인하여 회전자는 계속해서 돌게 되고 회전자의 회전수는 곧 회전자계 회전수와 같게 된다. 이때 동기기는 전동기로 운전하게 되고 기계적 에너지를 축을 통하여 방출하게 된다. 부하를 증가시키면 ϑ가 증가하게 된다. 전동기를 아주 강하게 브레이크를 잡으면 회전수가 감소하게 되고 고정자 자계와 막대자석 간의 관계가 변하게 된다. 전자기적 힘의 영향은 앞뒤로 흔들리게 되고 토크의 합은 0이 된다. 이때 고정자와 회전자간의 전자기적 연결이 끊어지게 되는데 이것을 탈조라고 하며 마침내 멈추게 된다.

● 발전기 운전

동기기의 다른 운전 형태를 살펴보면 무 부하에서 고정자는 전원에 연결되어 있고 막대자석이 연결되어 있는 축을 돌리게 되면 막대자석은 고정자 자계에 비하여 ϑ만큼 앞서게 된다. 고정자와 회전자의 자기적 연결에 의하여 회전자 회전수는 고정자의 회전자계 회전수와 같다. 이때 기기는 발전기로 작용하게 되고 기계적 에너지가 입력이 되고 이것의 대부분이 전기적 에너지로 변환되어 전원으로 공급하게 된다. 이때도 구동 토크가 너무 크게 되면 탈조가 일어나게 된다.

동기기는 고정자와 회전자 자계가 전동기로 또는 발전기로 운전할 때 동기 속도로 회전한다. 발전기나 전동기로 운전할 때 고정자 자계와 회전자 자계의 놓임이 다르다. 전동기의 경우 회전자 자계는 고정자자계에 비하여 ϑ만큼 늦고 발전기의 경우에는 그와 반대로 ϑ만큼 앞선다(그림 5.1).

지금까지 전자기적 관계에 대해서는 정확하게 설명하지 않았다. 자세한 설명은 5-5장에서 벡터도를 이용하여 설명하게 될 것이다.

1) 회전 전기자형

소형 휴대용 동기기는 그림 5.2(a)와 같이 구성된 기기로 만들어지며 비상용 발전기로 약 50kVA까지 제작되고 있다.

직류기와 마찬가지로 계자 권선은 고정자에 놓여 있으며 직류가 흐르고 있다. 회전자는 유도기의 권선형 전동기와 같이 삼상 권선이 감겨 있으며 권선의 끝은 slip ring에 연결되어 있다. 전기적 에너지는 브러시를 통하여 외부로 전달된다.

이러한 기기의 단점은 작은 계자 전력과 브러시를 통하여 전달되는 낮은 전력에 있다. 따라서 대형 고출력기기는 내극형(회전계자형)을 사용하게 된다.

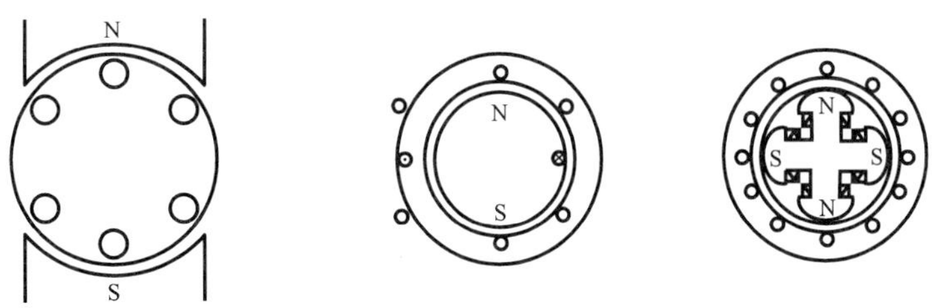

(a) 외극기(회전 전기자형) (b) 2극 내극기(회전 계자형) (c) 4극 돌극형 내극기

그림 5.2 동기기의 형태

2) 회전 계자형(Inner pole machine)

내극기에서 삼상 권선은 고정자에 분포되어 있다. 회전자 자계는 영구자석 사용이 가능하며 실제는 직류로 여자되는 회전자로 구성되어 있다. 그림 5.2(b)는 2극으로 구성된 회전자이며 이러한 회전자는 Inductor 또는 Turbo generator라고 부른다. 그림 5.2(c)는 여러 개의 극으로 구성된 돌극기이다. 회전자의 자속이 고정자를 통하여 흐르며 이때의 고정자는 직류기와 비교할 때 전기자가 된다.

내극기는 출력이 크고 전압이 높은 기기에 적합하다.

- 유도전압은 회전하는 권선을 절연하는 것보다 고정되어 있는 권선을 절연하는 것이 쉽기 때문에 고정된 권선에 유기된다.
- 전기 에너지는 브러시가 아닌 고정된 단자를 통하여 전달된다.

고정자(Stator)는 유도기나 동기기나 똑같이 구성되어 있으며 철심과 베어링을 가지고 있는 Bracket 그리고 철심의 slot에 놓여 있는 고정자 권선으로 되어 있다.

고정자 권선은 특수한 경우를 제외하고는 삼상으로 구성되어 있으며 이미 4.1장에서 언급한 바와 같이 대출력과 고전압(특히 발전기에서)의 이유로 특별히 제작되어 있다.

철심은 규소 강판으로 0.5mm 또는 0.35mm를 사용하며 철손을 감소시키기 위하여 낮은 손실 계수의 철심(1.7W/kg, 1W/kg)을 사용한다. 철심은 냉각을 원활히 하기 위하여 길이를 여러 개의 part로 나누어져 있다. 특히 동기 발전기에서는 고조파를 감소시키기 위하여 2층, 분포권과 단절권 그리고 정수권과 분수권을 사용하고 있다. 그리고 제 3고조파를 없애기 위하여 Y 결선을 사용한다.

권선 Head는 단락 시의 큰 힘을 견디기 위하여 stiff ring과 console 등으로 고정시킨다. 이때 사용되는 재질은 와류손을 저감시키기 위하여 비자성체를 사용한다.

높은 전압을 사용하기 때문에 권선은 잘 절연하여야 한다. 기기의 냉각은 출력에 따라 다르다. 소형, 중형의 기기에서는 공기 또는 수소로 직접 또는 간접 냉각을 하고 대형기에서는 유체로 직접 냉각을 한다.

그림 5.3은 Turbo 발전기(원통형 발전기)의 수냉식의 고정자 권선과 회전자 권선을 나타내고 있으며 브러시가 없는 여자 권선을 사용하고 있다.

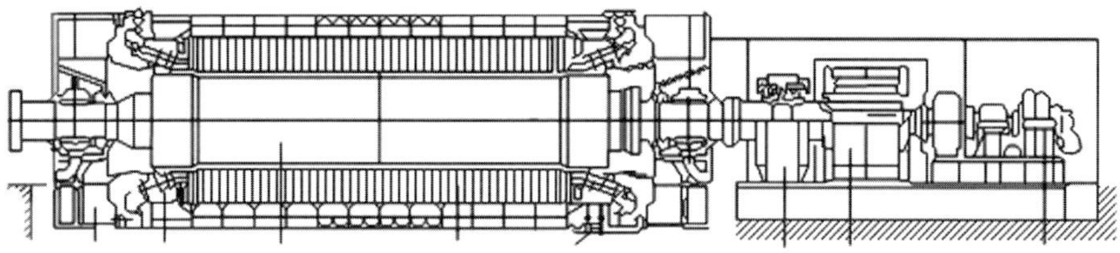

그림 5.3 수냉식 4극 Turbo 발전기 약 150MVA

1. 고정자 Housing
2. 수냉식 고정자 권선
3. 수냉식 회전자 권선
4. 고정자 철심
5. 전류 인출선
6. Brushless 삼상 여자기와 converter
7. converter
8. 냉각기

● 회전자

회전자의 계자 권선은 직류로 여자된다. 여자 전력은 유도기에서와 같이 무효 전력을 이용하지 않는다. 따라서 동기기의 공극은 커도 문제가 없다. 동기기의 공극은 5-150mm 정도이다. 또한 단락 전류를 제한하기 위하여 큰 공극이 필요하다. 회전자는 직류로 여자되기 때문에 적층되지 않은 철심으로 구성되어 있으며 동기 발전기는 여러 가지의 극수로 만들 수가 있다. 예를 들면 50Hz에서 60rpm으로 회전하는 100극기부터 3000rpm으로 회전하는 2극기가 있다.

동기기는 극수에 따라 크게 두 가지로 구분된다.

- 2극 또는 4극으로 구성된 Turbo 발전기
- 4극 또는 그보다 많은 극수로 구성된 돌극 발전기

● 돌극기

60rpm 또는 750rpm으로 회전하는 수차 또는 250rpm, 1500rpm으로 회전하는 디젤 엔진에 의하여 구동되는 동기 발전기 또는 동기 속도로 회전하는 전동기 등은 그림 5.4에서 보는 것과 같은 돌극기로 구성되어 있다. 그리고 회전자의 극이 돌출되어 있기 때문에 pole rad가 따로 있으며 극의 가장자리에는 유도기와 같은 동바가 slot에 들어 있다. 이것은 보상 권선으로 서로 단락되어 있으며 과부하 시 또는 부하가 충격적으로 작용을 할 때 그리고 기동시 기동 권선으로 사용된다.

낮은 회전수의 기기는 높은 극수를 갖으며 따라서 내경이 대단히 크다. 수력 발전에 사용되는 아주 낮은 회전수의 발전기(출력 800MVA)의 경우 내경이 16m에 달한다. 내경이 크기 때문에 작은 출력의 기기는 축 방향의 길이는 대단히 짧다.

공극에서 sine파의 자장은 sine파의 교류를 만드는데 필수적이다. 따라서 그림 5.5 (a)에서 보는 바와 같이 극은 sine 형태로 제작된다.

그림 5.5(b)와 같은 형태의 극은 전동기에 사용되는데 이것은 전원에 sine파로 전압을 공급할 필요가 없기 때문이다.

그림 5.4 3상 18극 230 MVA 333rpm 발전기

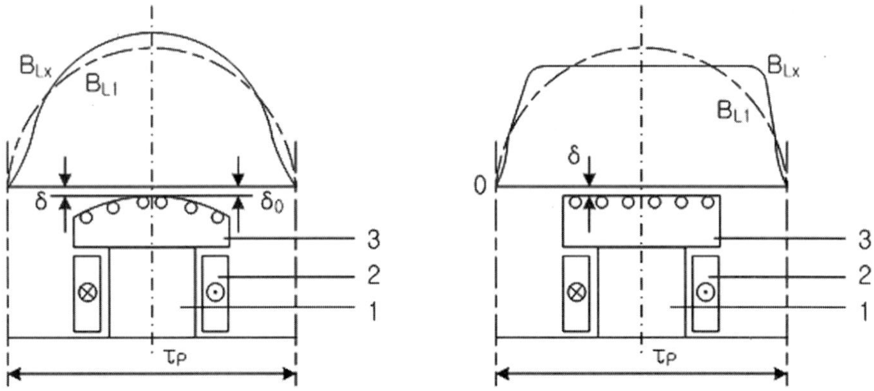

a) sine파 type   b) 구형파 type

그림 5.5 돌극기의 회전자 극 형태

Turbo 회전자

동기 발전기는 때로 수증기나 가스터빈에 의하여 3,000rpm 또는 3,600rpm으로 구동된다. 이때에 나타나는 원심력을 견디기 위하여 돌극기는 적합하지 않다. 따라서 이때에는 그림 5.6에서 보는 것과 같은 cylinder 형태의 turbo 회전자가 적합하다. 이

때에는 하나의 part로 만들어짐에도 불구하고 기계적인 이유로 인하여 회전자 외경은 최대 1,200mm로 사용하고 있다. 따라서 대용량의 기기는 길이가 대단히 길어질 수 밖에 없다. 동기 전동기의 경우에도 속도가 빠른 경우에는 이 형태로 만들어진다.

회전자 권선은 그림 5.6에서 보는 것과 같이 회전자 slot에 넣어지며 직류로 여자 된다.

자계의 중심은 0.8-1T 정도이고 회전자의 치 부분은 0.5-0.6T 정도이다. 자장의 분포는 계단식으로 되지만 유기 전압은 sine 형태에 가까운데 이유는 낮은 차수의 고조파를 저감시키는 권선 계수 때문이다.

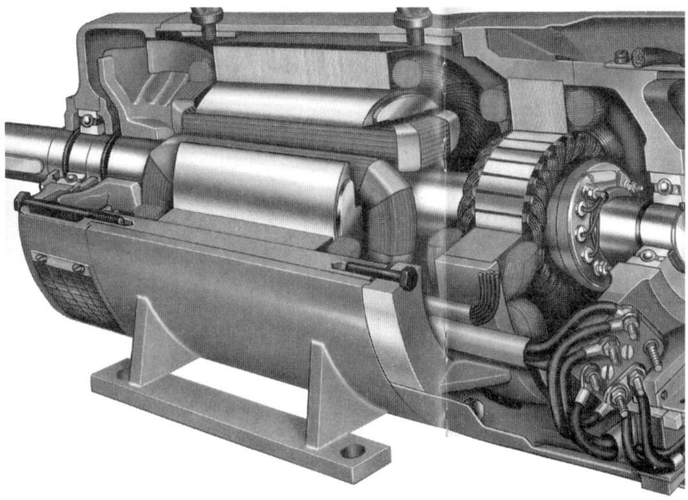

【 그림 5.6 】 여자기가 부착된 동기기

5.2 여자(Excitation)

타 여자와 자 여자: 자속을 만드는데 필요한 여자 전류는 회전자의 여자 권선에 slip ring과 brush를 통하여 공급된다. 이때 필요한 여자 전력은 대형기기에서는 정격 전력의 0.25%, 소형기기에서는 5% 정도가 된다. 여자 전류를 다른 전원에서 취하면 타 여자라고 부르며 동기기가 접속되어 있는 전원에서 여자 전류를 취하면 자 여자

가 되는데 안전성을 고려하여 자 여자를 선호하고 있다. 그림 5.7은 여자 회로를 보여주고 있다. 자여자 직류 발전기로부터 발생된 전류는 정류자를 통하여 직류로 변환되고 동기기의 slip ring을 통하여 계자로 전달하고 있다(그림 5.7(a)). 직류 발전기는 동기기의 축에 연결되기도 하고 전혀 별개의 motor-generator set를 구성하기도 한다. 여자 전류를 빨리 제어하기 위하여 대용량의 발전기에서는 주 여자기와 보조 여자기를 직렬로 연결하여 사용한다(그림 5.7(b)).

단점으로는 직류기의 정류자와 동기기의 slip ring이 기계적으로 화학적으로 영향을 잘 받는다는 것이다. 때문에 반도체 정류기를 이용하는 것이 더 좋은 제어 방법이다.

그림 5.7(c)에서도 동기기에는 slip ring을 필요로 한다. 여자 전력은 교류 전원으로부터 공급을 받아 브리지 정류 회로를 통하여 직류로 변화한 후 회전자로 공급한다. 이 방법은 축 방향의 길이를 짧게 할 때에 우선적으로 사용하게 된다. 그림 5.7(d)에서는 반도체 정류기를 회전자에 부착하여 slip ring이 필요 없다. 모든 회로의 R은 단자전압 조정 장치이다.

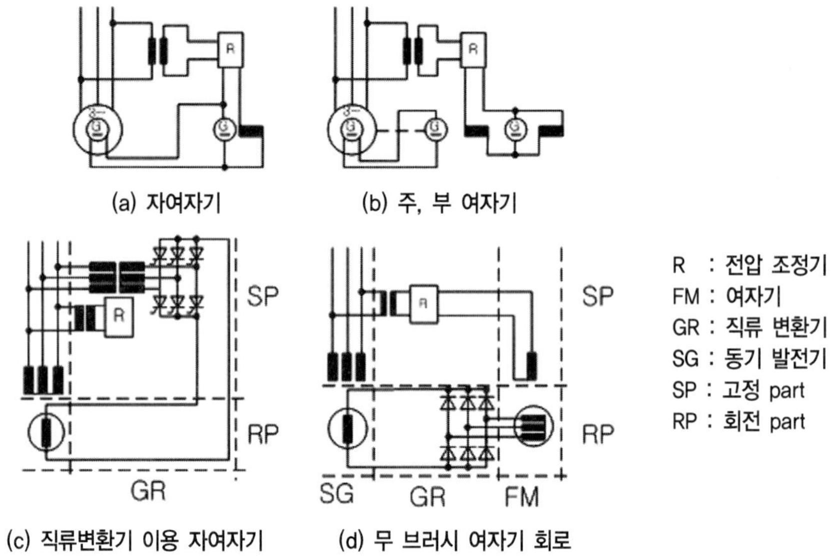

그림 5.7 동기기의 여자 system

5.3 원리

회전계자형과 회전전기자형의 원리는 같다. 단지 고정자와 회전자를 바꾸어 놓은 것에 불과하다. 여기에서는 단지 원통형의 동기기에 대하여 설명하고자 한다. 원통형의 동기기는 공극이 일정하고 pole gap이 없기 때문에 간단하다.

5.1에서 본 바와 같이 동기기는 발전기와 전동기로 운전이 가능하다. 단지 에너지의 방향과 부하각 ϑ의 차이가 있을 뿐이다. 따라서 발전기와 전동기의 운전은 에너지의 방향이 다르고 전압과 전류의 위상차가 다를 뿐이다.

5.3.1 무 부하 운전

원통형 계자 회전형 동기 발전기의 원리는 그림 5.8에서 보는 바와 같다. 여자 전류 I_E는 자속 ϕ_{dE}를 만든다. 이 자속은 고정자 1상에 권선수 N와 권선 계수 f_w라면

$$E = 4.44 f\, N f_W \Phi_{dE} \tag{5-2}$$

의 전압을 유기시킨다.

유기전압의 주파수

$$f = p n_s \tag{5-3}$$

극수와 동기 속도에 의하여 결정된다.

동기 발전기에서 유기 전압은 계자 자속 ϕ_{dE}를 통하여 조정하며 자속은 여자 전류를 통하여 조정한다. 무 부하 특성곡선은 직류기에서와 같이 $V_{q0} = f(I_E)$로 자화곡선을 따라 변화한다(그림 5.8).

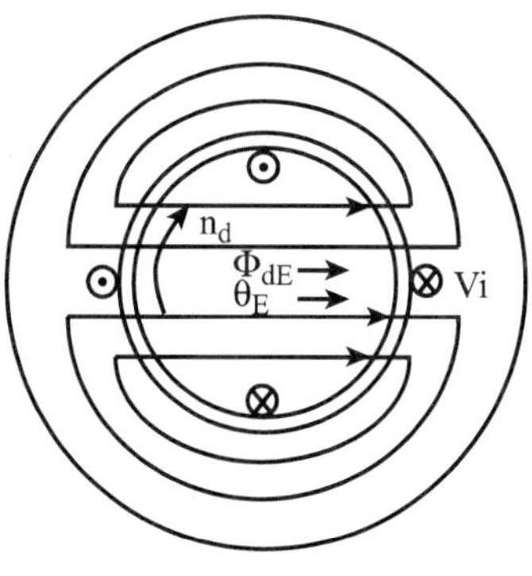

그림 5.8 기자력

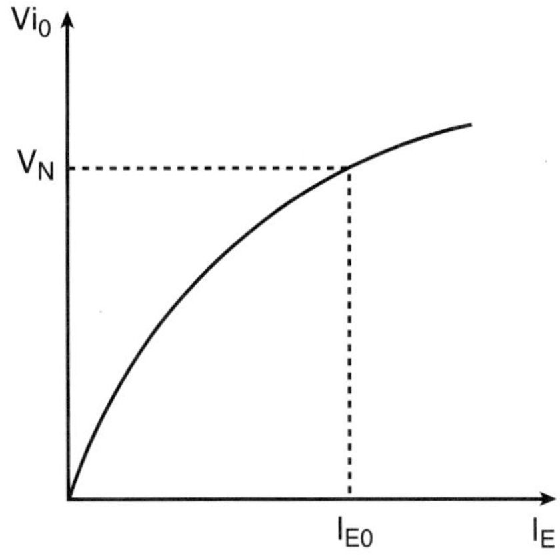

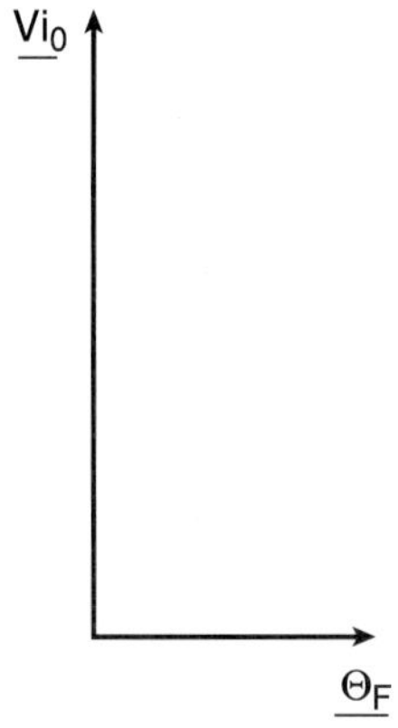

그림 5.9 무 부하 곡선 **그림 5.10** 동기 발전기의 무 부하 Vector도

무 부하 정격 여자 전류 I_{E0}는 무 부하에서 정격 전압 V_N을 공급하는 값을 의미한다. 유기전압은 변압기와 유도기에서와 같이 자속에 비하여 90° 앞선다. 따라서 Vector도에서는 그림 5.8과 같이 자속 대신에 같은 평면에 기자력 $\theta_E = I_E N_E$로 표시한다.

5.3.2 부하 운전

그림 5.9와 같이 무 부하에서 정격 전압을 발생하는 동기 발전기에 부하가 걸리게 되면 단자전압이 변하게 된다.

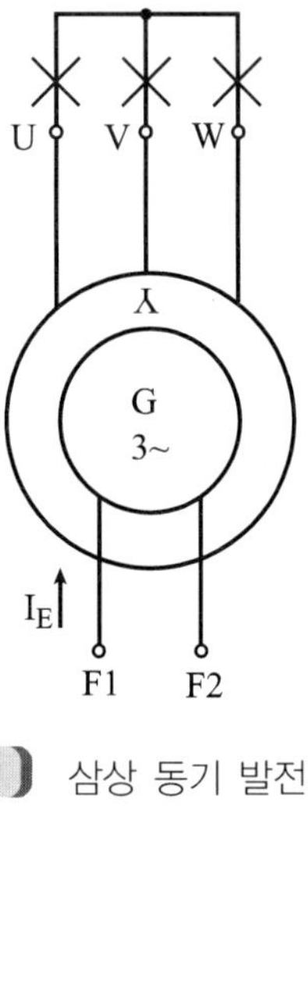

그림 5.11 삼상 동기 발전기의 결선도

단자전압이 무 부하에 비하여 변하는 이유는

- 전기자 반작용
- 고정자 권선에 흐르는 전류에 의한 전압 강하

5.4 전기자 반작용

5.4.1 정의

무 부하의 경우 발전기의 자속은 계자 기자력만으로 만들어진다. 그러므로 공식 (5-1)의 자속은 계자 기자력만으로 정하여지고 기전력 E도 이것에 의하여 정해진다. 그런데 전기자에 전류가 흐르면 전기자 전류에 의한 기자력이 계자기자력에 겹쳐서 작용하게 되므로 자속 분포는 무 부하의 경우와는 다르게 된다. 그러기 때문에 유기 전압도 무 부하의 경우의 전압보다 감소하거나 증가한다. 이처럼 전기자 전류에 의한 자속 중에서 공극을 지나 자극에 들어가 계자 자속에 작용하는 것을 전기자 반작용(Amature reaction)이라 한다. 이 반작용은 다음에서 설명하는 것과 같이 크기가 같아도 역률에 따라 그 작용이 다르게 된다.

5.4.2 유효 전류에 의한 전기자 반작용

전압과 위상이 같은 유효 전류가 전기자에 흐르고 있는 경우 어느 도체에 기전력이 최대가 되는 것은 그 도체가 자극의 한 가운데를 지나가는 순간이므로 이 전압과 동상인 전류가 최대가 되는 것도 역시 이 순간이다.

이 경우의 전기자 전류에 의한 기자력은 N, S 양극의 중간에서 최대치를 가지는 정현파에 가까운 분포가 되어 자극의 한쪽 끝에서는 자속을 증가시키고 다른 한쪽에서는 자속을 감소시키는 작용을 한다. 이것은 그림 5.12(b)와 같이 전기자 반작용이 계자자계의 작용 축과 전기적으로 90°의 각을 짓는 방향, 즉 횡축방향으로 작용하므로 횡축 반작용(quadrature reaction) 또는 교차 자화 작용(cross magnetization)이라 한다.

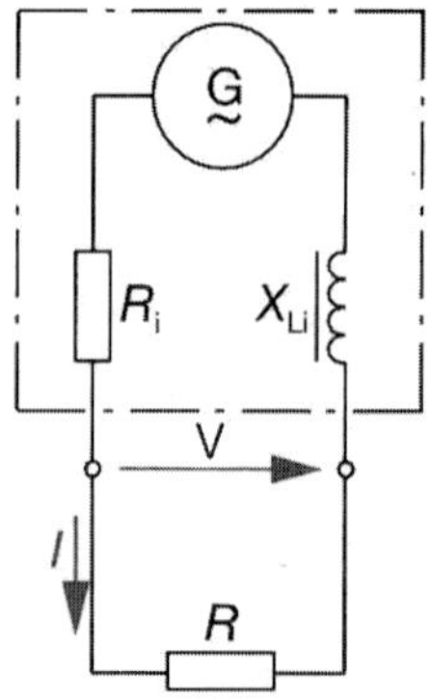

(a) 등가회로도

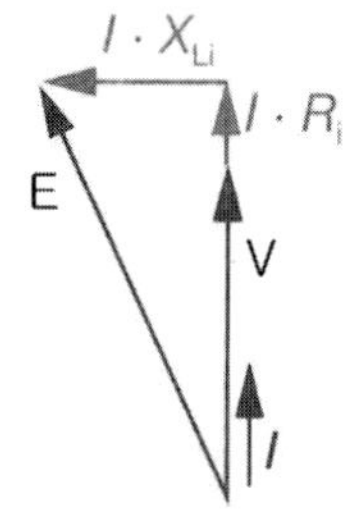

(b) Vector도

그림 5.12 유효 전류에 의한 운전 특성

(a) 계자 자속과 전기자 자속

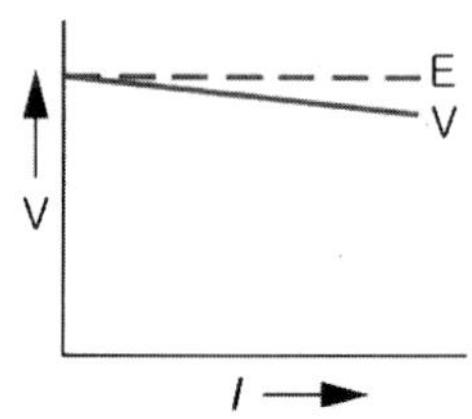

(b) 전류에 따른 단자 전압

그림 5.13 유효 전류와 자속(횡축 반작용)

횡축 반작용에 의한 자속의 감소는 단자전압의 감소로 나타난다(그림 5.13(b)).

5.4.3 무효 전류에 의한 전기자 반작용

그림 5.14(a)와 같이 리액턴스 부하로 인하여 전기자에 역률이 0인 지상 전류, 즉 기전력보다 90° 위상이 뒤진 무효 전류가 흐르는 경우 전류와 자극과의 관계는 그림 5.13(a)와 같이 유기 기전력이 최대인 위치에서 자극이 회전하여 그림 5.15(a)의 위치에 왔을 때 다시 말하면 자극이 전기각 90°만큼 이동해서 유기 기전력이 0이 되고 곧 방향이 반대로 되려고 하는 순간에 전류는 최대가 된다.

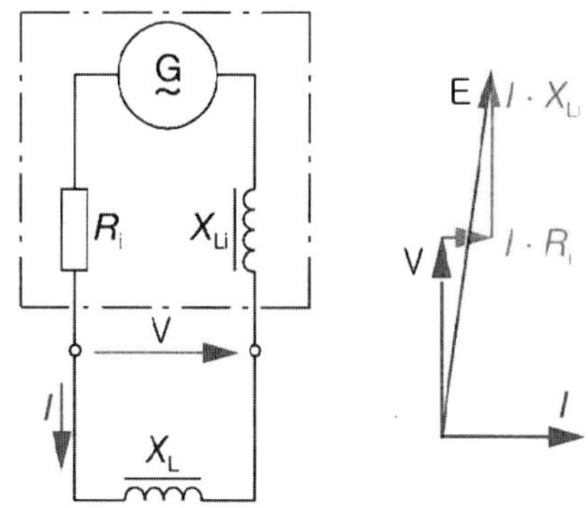

(a) 등가회로도 (b) Vector도

그림 5.14 전류의 위상이 기전력에 비하여 늦는 경우

이 경우의 전기자 전류에 의한 전기자 반작용 기자력은 계자의 작용축과 일치하여 그림 5.15(a)와 같이 직축방향으로 작용하므로 직축 반작용(direct reaction)이라 하며 계자 자속을 감소시키므로 감자 작용(demagnetization)이라고도 한다.

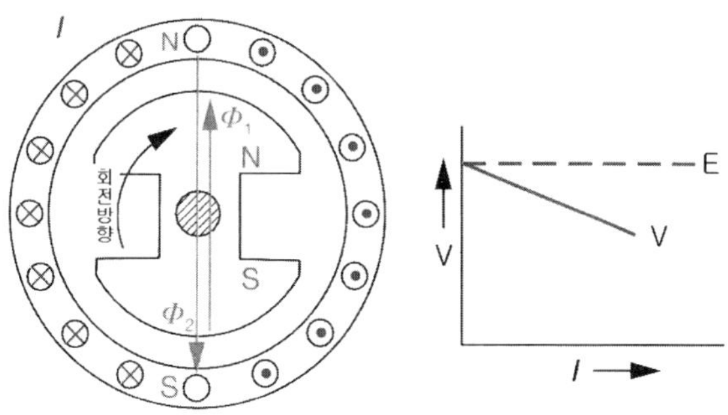

(a) 계자 자속과 전기자 자속 (b) 전류에 따른 단자전압

그림 5.15 전류의 위상이 기전력에 비하여 늦는 경우의 자속과 단자전압

이 경우 단자 전압은 그림 5.15(a)와 같이 낮아진다.

다음에 위상이 90° 앞선 진상 무효 전류가 흐르는 경우에는 자극이 그림 5.15(a)와는 전혀 반대가 되어 그림 5.17(a)와 같이 된다. 그림 5.17(a)에서 알 수 있는 바와 같이 반작용 기자력은 계자 자속을 증가시키므로 증자 작용(magnetization)을 한다. 따라서 단자전압은 전류가 증가할수록 증가한다(그림 5.17(b)).

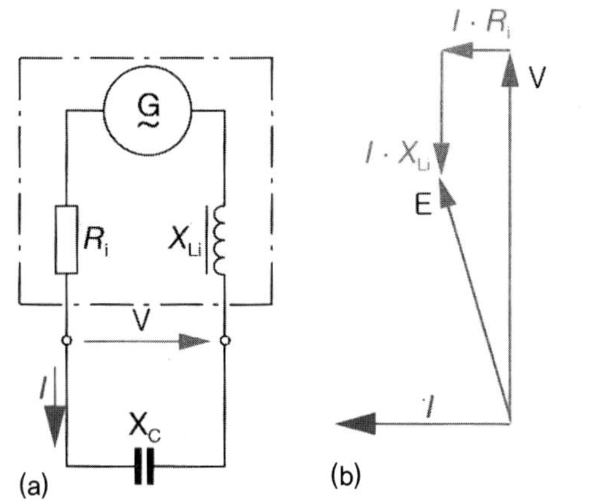

【그림 5.16】 전류가 진상인 경우의 전기자 반작용

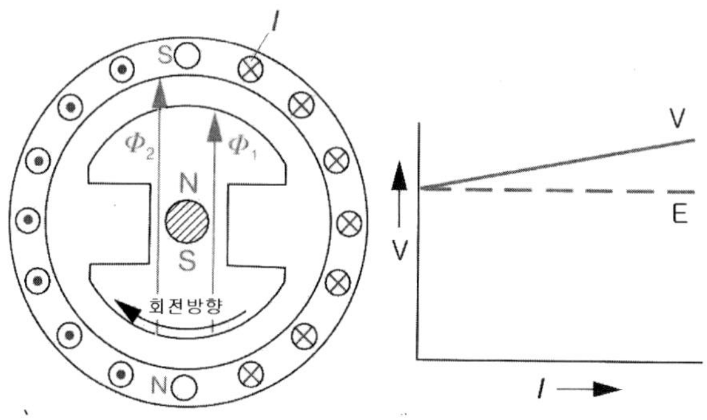

(a) 계자 자속과 전기자 자속 (b) 전류에 따른 단자전압

【그림 5.17】 전류가 진상인 경우

5.4.4 누설 리액턴스

전기자 기자력에 의하여 생기는 자속은 모두 공극을 지나 계자자속에 영향을 주는 것이 아니고 그중 일부의 자속은 그림 5.18(a)과 같이 slot 안에서 도체와 쇄교하게 된다. 다른 자속은 그림 5.18(b)의 ϕt와 같이 전기자극에서 나와 공극을 지나 다른 전기자 치로 들어간다. 또 다른 일부의 자속은 그림 5.18(c)와 같이 코일 단부에서 전기자 코일 하고만 쇄교한다. 이와 같이 기전력과는 관계가 없는 자속을 누설 자속(leakage flux)이라 하며, 이것으로 생기는 자기 유도 계수를 누설 인덕턴스라 하고 이것에 $2\pi f$를 곱한 것을 누설 리액턴스라고 한다.

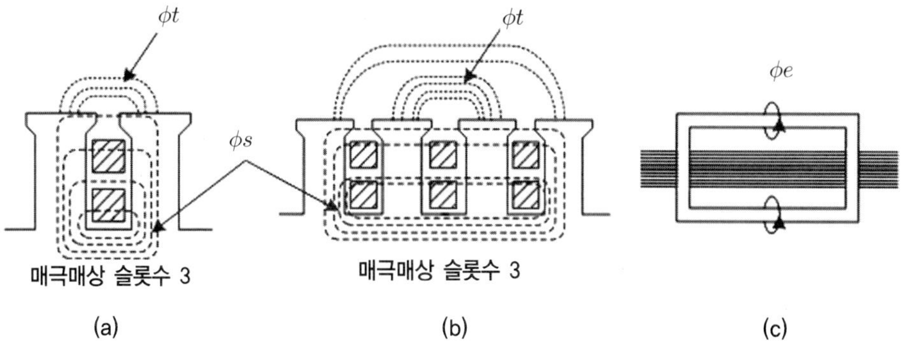

Φ_s: slot 누설 자속, Φ_t: 치 누설 자속, Φ_e: 코일단(end winding) 누설 자속

그림 5.18 누설 자속

5.5 동기 발전기의 특성

5.5.1 벡터도와 동기 임피던스

1) Vector도

동기 발전기의 1상에 대하여 전류 및 전압 그리고 기자력의 관계를 표시한 것이 그림 5.19이다.

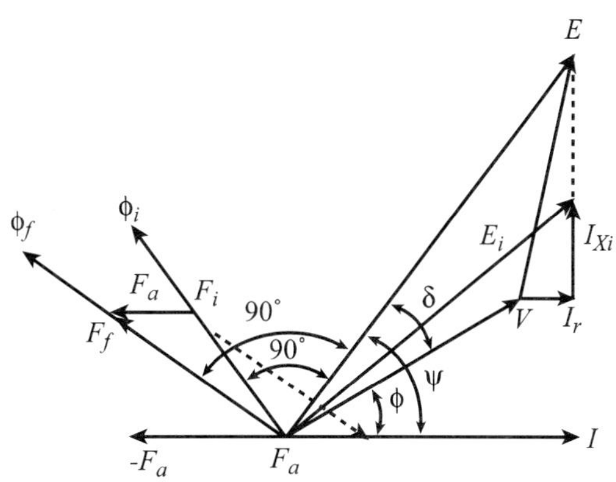

그림 5.19 동기 발전기의 벡터도

계자 기자력 F_f에 의하여 자속 ϕ_f가 생기고 ϕ_f보다 90° 뒤진 위상의 기전력 E를 유기한다. 그러면 부하 전류 I가 흐르고 I와 동상으로 전기자 반작용 기자력 F_a가 생기며 이것으로 F_a와 F_f의 합성 기자력 F_t에 의하여 자속 ϕ_i가 생긴다. 이 ϕ_i가 실제로 공극에 존재하는 자속이다. 전기자 권선은 ϕ_i에 쇄교해서 90° 뒤진 기전력 E_i를 유기한다. 이 기전력 E_i를 내부 전압이라 하는데 이것이 부하시 유기 기전력이 된다.

이러한 사실은 F_f에 의해서 이것보다 90° 위상이 뒤진 기전력을 유기시키지만 이것은 전기자 반작용 기자력에 의한 기전력이므로 전압강하로 보고 IX_a라 하면 $(E-IX_a)$가 E_i가 된다.

단자전압 V는 E_i에서 전기자 권선의 저항 r에 의한 전압강하 Ir과 누설 리액턴스 x_l에 의한 전압강하 jIx_l를 뺀 것이 된다.

2) 동기 임피던스

벡터도를 보면 IX_a는 I 보다 90° 앞선 위상이므로 자기 포화를 무시하고 전류 I에 비례하는 것으로 하고 이것을 E_a라고 하면 E_a는 리액턴스 x_a에 의한 전압 jIx_a로 볼 수 있다.

$E_a + jIx_l = jI(x_a + x_l) = jIx_s$이다.

이때 $x_s = x_a + x_l$을 동기 리액턴스(synchronous reactance)라 하고 이것과 전기자 저항 r로 되는

$$Z_s = r + jx_s$$

를 동기 임피던스라고 한다. 일반적으로 동기기에서 저항 r은 리액턴스에 비해서 대단히 작아 무시할 수 있으므로 $Z_s = x_s$라고 해도 좋다.

3) 동기 임피던스법 Vector도

동기 임피던스 $Z_s = r + jx_s$를 써서 동기기 1상의 등가회로를 포시하면 그림 5.20과 같고 그림 5.21는 역률 $\cos\phi$의 평형 부하전류 I가 흐르는 경우의 Vector도이다.

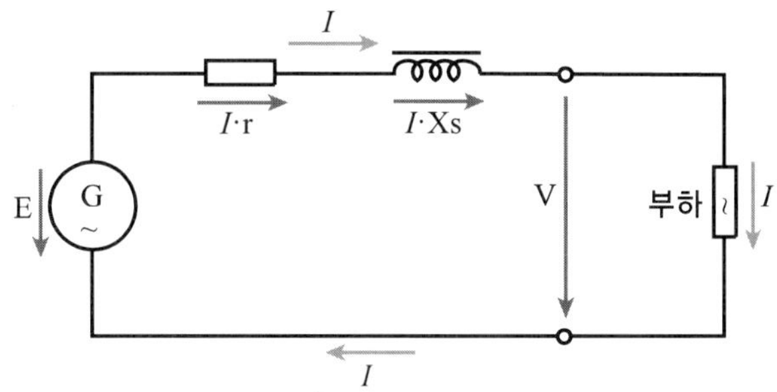

그림 5.20 등가회로

그림 5.20의 E는 계자 자속에 의한 유기 기전력이며 이것을 공칭 유기기 전력 (nominal induced e.m.f)이라 한다.

그림 5.21로부터

$$E = \sqrt{(V\cos\phi + Ir)^2 + (V\sin\phi + Ix_s)^2} \tag{5-4}$$

$$= \sqrt{(V + Ir\cos\phi + Ix_s\sin\phi)^2 + (Ix_s\cos\phi - Ir\sin\phi)^2}$$

$$\tan\delta = \frac{Ix_s\cos\phi - Ir\sin\phi}{V + Ir\cos\phi + ix_s\sin\phi}$$

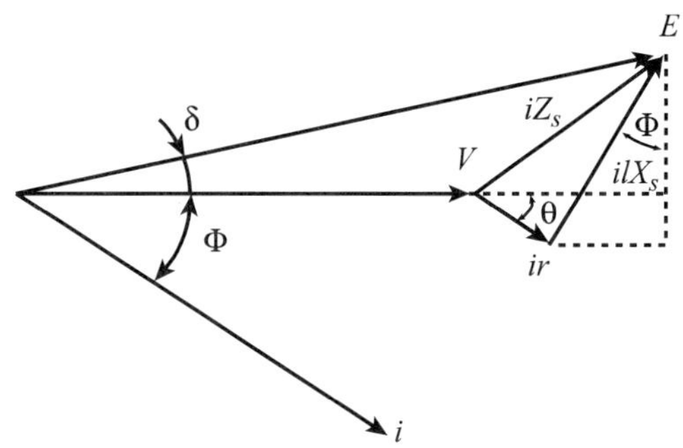

그림 5.21 Vector도

5.6 동기 발전기의 출력

5.6.1 비 돌극기의 출력

그림 5.22에서 각 δ는 V와 E사이의 각이며 이것을 부하각(Load angle)이라고 한다.

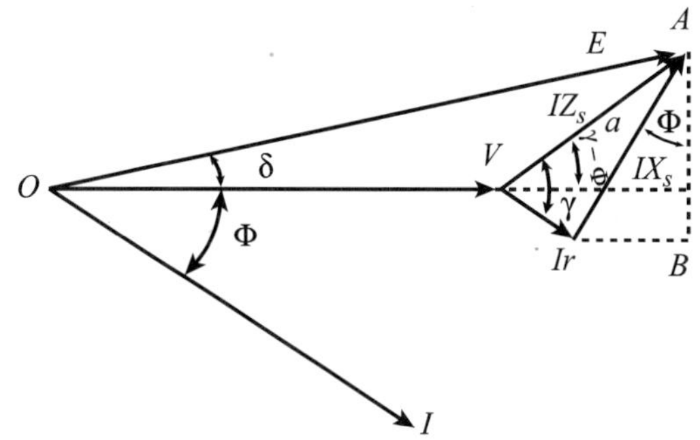

그림 5.22 비 돌극기의 벡터도

그림 5.22에서 $\alpha = \sin^{-1}\frac{r}{Z_s}$, $\gamma = \tan^{-1}\frac{x_s}{r}$

발전기 1상의 출력 P는

$$P = VI\cos\varphi = \frac{VIZ_s\cos\varphi}{Z_s} \tag{5-5}$$

Vector도에서 $\triangle OAB$의 $\overline{AB}$는

$$IZ_s\sin(\gamma - \varphi) = IZ_s\cos(\varphi + \alpha) = E\sin\delta$$

$\overline{OB}$는

$$V + IZ_s\cos(\gamma - \varphi) = V + \ IZ_s\sin(\varphi + \alpha) = E\cos\delta$$

따라서

$$IZ_s(\cos\phi\cos\alpha - \sin\phi\sin\alpha) = E\sin\delta$$
$$IZ_s(\sin\phi\cos\alpha + \cos\phi\sin\alpha) = E\cos\delta - V$$

위의 두 식에서 각각 $\cos\alpha$와 $\sin\alpha$를 곱하여 더하면

$$IZ_s\cos\varphi(\cos^2\alpha+\sin^2\alpha)=E\sin\delta\cos\alpha+(E\cos\delta-V)\sin\alpha$$

이고

$$IZ_s\cos\varphi=E\sin(\delta+\alpha)-V\sin\alpha$$

그러므로

$$P=\frac{EV}{Z_s}\sin(\delta+\alpha)-\frac{V^2}{Z_S}\sin\alpha \tag{5-6}$$

전기자 저항이 매우 적으므로 이것을 무시하면 $Z_s\simeq x_s \quad \alpha\simeq 0$

$$P\simeq\frac{EV}{x_s}\sin\delta \tag{5-7}$$

이 식으로부터 비 돌극기의 출력은 $\delta=90°$에서 최대가 된다.

그림 5.23은 유기 기전력 E와 단자전압 V를 일정하게 하고 출력과 부하각과의 관계를 표시한 그림이다.

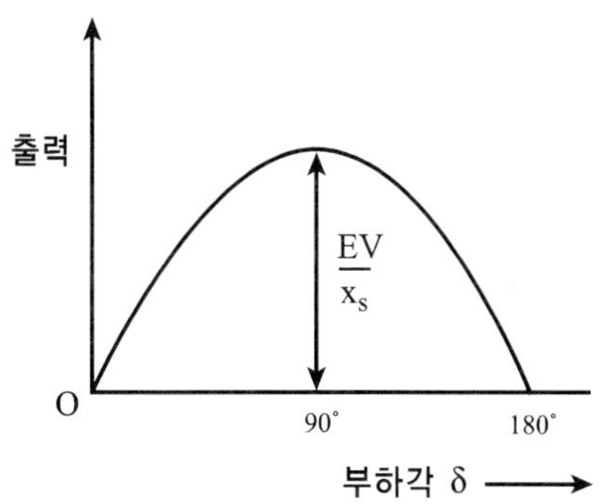

[그림 5.23] 부하각에 따른 출력

5.6.2 돌극기의 출력

그림 5.24는 전기자 저항 r을 무시한 2 반작용법 Vector도이다.

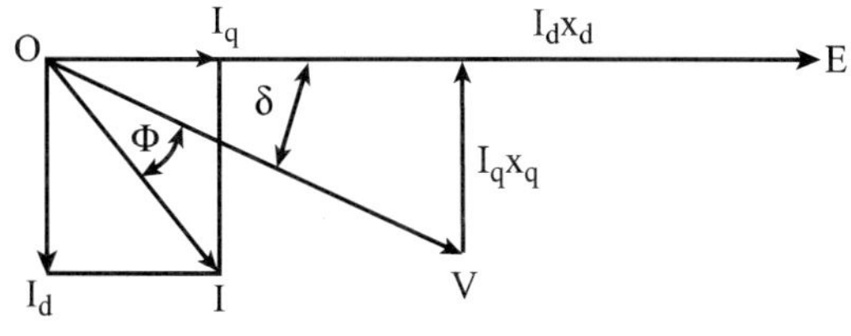

[그림 5.24] 돌극기의 벡터도

그림 5.24에서 $V\cos\delta = E - I_d\, x_d$

$$V\sin\delta = I_q\, x_q$$

위의 두 식에서

$$I_d = \frac{E - V\cos\delta}{x_d},$$

$$I_q = \frac{V\sin\delta}{x_q}$$

발전기 1상의 출력

$$P = V I_q \cos\delta + V I_d \sin\delta \quad (5\text{-}8)$$

그러므로

$$P = V\cos\delta \frac{V\sin\delta}{x_q} + V\sin\delta \frac{E - V\cos\delta}{x_d}$$

$$P = \frac{V^2}{x_q}\sin\delta\cos\delta + \frac{VE\sin\delta}{x_d} - \frac{V^2\sin\delta\cos\delta}{x_d} = \frac{EV\sin\delta}{x_d} + \frac{V^{(}x_d - x_q)}{x_d x_q} \quad (5\text{-}9)$$

$$P = \frac{EV}{x_d}\sin\delta + \frac{V^2(X_d - x_q)}{2x_d\, x_q}\sin 2\delta$$

위 식의 E, V를 일정하게 하고 δ를 변형시켰을 때 출력 P는 그림 5.25와 같다.

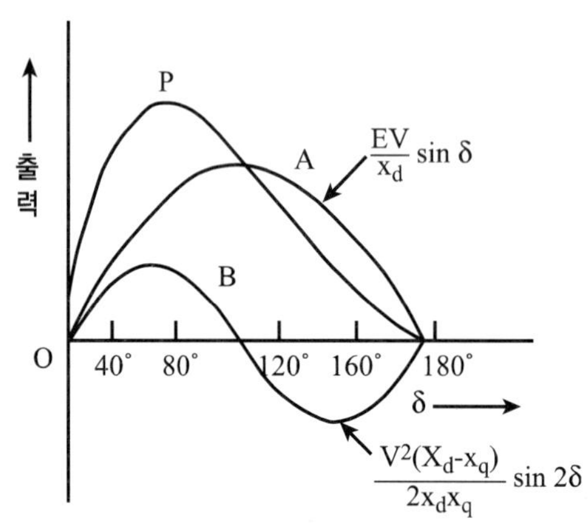

그림 5.25 돌극기의 부하각과 출력.
A 곡선은 위 식의 제1항을, B 곡선은 제2항을 표시한다.
대체로 δ=60° 부근에서 최대 출력이 되고 정격 운전 시 δ는 20° 부근이 된다.

5.7 무 부하 포화 곡선, 단락 곡선

5.7.1 무 부하 포화 곡선

$E = 4.44 f_w f N \phi$에 의하면 발전기를 무 부하로 정격 속도에서 운전하고 있는 경우에 유기 기전력은 자속에 비례한다. 그러나 무 부하의 경우 자속은 계자 전류에 의해서만 정해지므로 무 부하 유기 기전력과 계자 전류와의 관계 곡선을 그릴 수가 있다. 이것을 무 부하 포화 곡선(no load saturation curve)이라 한다.

이 곡선은 전압이 낮은 부분에서는 유기 기전력이 계자 전류에 정비례해서 증가하지만 전압이 높아짐에 따라 철심의 포화로 인하여 자기저항이 증가하여 일정 기전력을 유기하는데 계자전류가 더 많이 필요하게 되므로 그림 5.26의 OQ와 같은 포화 곡선이 된다. 이 그림에서는 OP는 무 부하 포화 곡선의 직선부를 연장한 직선이며 이것을 공극선(air gap line)이라 한다. 그림 5.26에서 점 A가 정격전압에 상당하는 점이 될 때 $\sigma = \frac{\overline{ab}}{Aa}$를 포화율(saturation factor)이라 하고 이것으로 기기의 포화 정도를 표시한다.

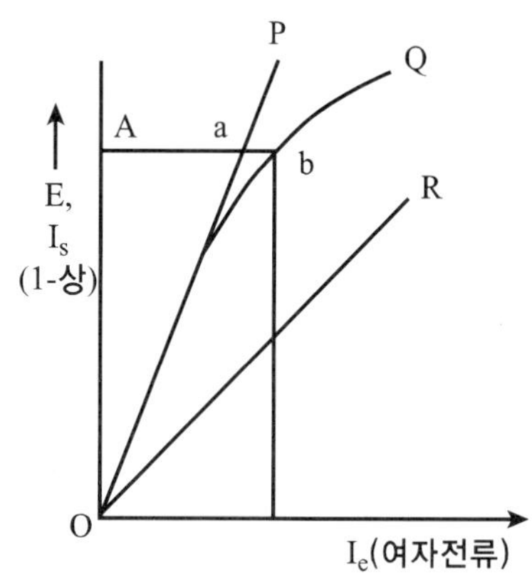

【그림 5.26】 무 부하 곡선과 단락 곡선

5.7.2 단락 곡선

동기기의 단자를 단락하고 정격 속도로 운전하는 경우 단락 전류와 계자 전류와의 관계를 표시하는 곡선이 단락 곡선이며 이것을 그림 5.26의 OR과 같은 직선이 된다.

그림 5.20의 등가회로에서 알 수 있는 바와 같이 단락 전류는 공칭 유기 기전력을

동기 임피던스로 나눈 것이 되므로 동기 임피던스를 무 부하, 단락의 두 특성 곡선에서 계산으로 구할 수 있다. 즉 3상기에서는 계자 전류 i_f에 대한 무 부하 전압을 E 같은 i_f에 대한 단락전류를 I_s라 하면 $\dfrac{E}{\sqrt{3}\,I_s}$가 그 i_f에서의 동기 임피던스가 되는데 철심이 포화하므로 그림 5.27에서와 같이 여자 전류 I_f가 커질수록 Z_s는 작아진다. 즉 포화하면 포화할수록 전기자 반작용의 영향은 적어진다.

보통 동기 임피던스는 무 부하에서 정격 전압을 유기하게 하는 여자 전류에 대한 값을 취한다. 즉 그림 5.27에서 $\dfrac{\overline{cd}}{\overline{fd}} \times \dfrac{1}{\sqrt{3}}$이 동기 임피던스이며 Ω로 표시한다.

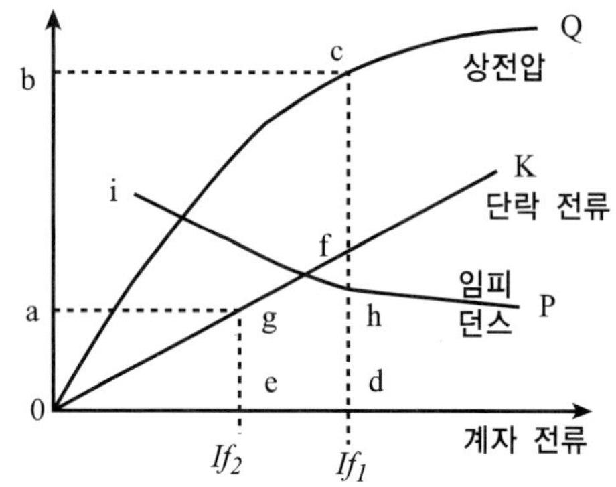

그림 5.27 동기 발전기의 3상 단락곡선

또 이것에 정격 전류를 곱해서 동기 임피던스 강하를 산출하고 이것을 정격 전압으로 나눈 것을 단위법으로 표시했다고 한다.

단위법으로 표시한 동기 임피던스를 Z_s'라 하면 그림 5.27에서 eg를 정격 전류 I_N이라하고 $V_N(\overline{ob})$을 1상의 정격전압이라 할 때, 동기 임피던스

$$Z_s' = \frac{I_N Z_s}{V_N} = \frac{eg \times \dfrac{\overline{cd}}{\sqrt{3}\,\overline{fd}}}{\dfrac{\overline{cd}}{\sqrt{3}}} = \frac{\overline{eg}}{\overline{fd}} = \frac{\overline{oe}}{\overline{od}} \tag{5-10}$$

가 된다.

또 $\dfrac{Od}{Oe}$, 즉 무 부하 정격 전압을 유기하는데 필요한 계자 전류 i_{f1}과 단락 전류를 흐르게 하는 계자 전류 i_{f2}와의 비를 단락비(short circuit ratio)라 한다. 그러면 단락비 K_s와 단위법으로 표시한 동기 임피던스 사이에는 $Z_s' = \dfrac{1}{K_s}$라는 관계가 있다.

K_s와 Z_s'사이에는 이와 같은 관계가 있기 때문에 단락비가 큰 기계는 동기 임피던스, 즉 전기자 반작용이 적다. 이것은 공극의 길이가 길고 계자기자력이 큼을 의미하며 계자기자력이 크게 되면 계자 권선수가 많게 되고 회전자의 지름이 커져서 형체가 커지고 고가가 된다. 그러므로 단락비가 큰 기계는 동기 임피던스가 작으므로 전압 변동률이 좋고 자기 여자 작용도 적다. 또한 출력은 동기 임피던스에 반비례하므로 단락비가 큰 기계는 일정한 여자에 대하여 출력이 증가하고 안정도가 증대한다. 그러나 단락 전류는 많아진다. 단락비를 보면 수차발전기는 1.20, 터빈 발전기는 0.6-1.0이며 일반적으로 1.0 부근이 되는 것이 많다.

5.8 전압 변동률

5.8.1 전압 변동률의 정의

전압 변동률은 여자 및 속도를 변화시킴이 없이 정격 출력에서 무 부하로 하였을 때의 전압 변동률의 비율을 말하며 일반적으로 정격 전압에 대한 백분율로 표시한다.

즉 정격 단자전압을 v, 정격 출력에서 무 부하로 하였을 때의 전압을 V_0라 하면 전압 변동률은 다음 식 (5-11)로 구할 수가 있다.

$$\epsilon = \frac{V_0 - V}{V} \tag{5-11}$$

전압 변동률은 부하 전류의 대소에 따라서 달라질 뿐만 아니라 같은 부하 전류에 대하여도 역률이 다르면 그 값이 달라진다.

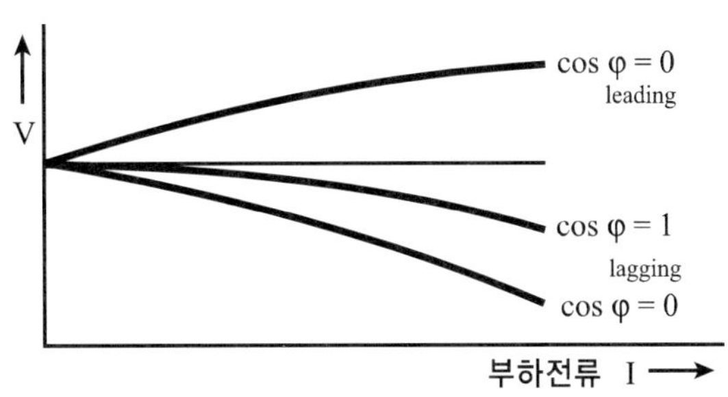

그림 5.28 전압 변동률

그림 5.28(외부 특성 곡선)은 이 관계를 표시한다. 이 그림을 보아도 알 수 있는 바와 같이 유도 부하의 경우에는 전압 변동률은 $+(V_0 > V)$, 용량 부하의 경우에는 $-(V_0 < V)$로 된다.

대체로 동기 발전기의 전압 변동률은 자동 전압 조정기를 병용하지 않는 기계에 있어서는 역률 1.0에서 15-18%, 역률 0.8에서 25-30% 정도이고 자동 전압 조정기를 병용한 기계는 역률 1.0에서 18-25%, 역률 0.8에서 30-40% 정도이다.

5.9 전압 조정기

5.9.1 전압 조정의 필요

앞 절에서 배운 바와 같이 부하 전류가 흐르면 전압이 변하게 된다. 따라서 부하가 어떠한 상태로 변화하든지 단자전압을 일정하게 하자면 전압 방정식에 따라서 여자 전류를 조정하던지 회전수를 조정하여야 한다. 그러나 회전수를 조정하는 것은 주파수에 영향을 주기 때문에 부하 변화에 대응해서 여자 전류를 제어하여야 하는데 이것을 수동으로 하기는 곤란하므로 일반적으로 자동 전압조정기를 사용하여 여자 전류를 조정한다.

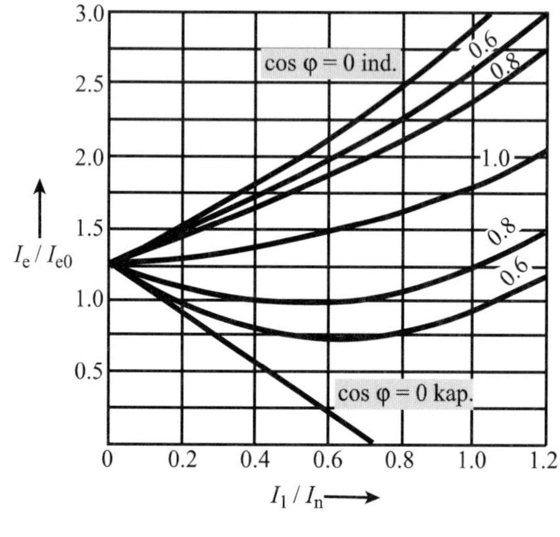

그림 5.29 부하 전류에 따른 여자 조정 곡선

그림 5.29에서 보는 바와 같이 진상 역률의 경우 여자 전류를 감소시켜야 한다. 그렇지 않으면 단자전압이 상승하게 된다.

5.10 자기 여자 작용

5.10.1 자기 여자에 의한 전압 상승

동기 발전기를 여자하지 않고 동기 속도로 회전하며 정전 용량 부하를 접속하면 발전기에는 잔류 자기에 의하여 낮은 기전력이 발생하며 영역률의 진상 전류가 전기자 권선에 흐른다. 이 기전력에 의하여 정전 용량을 충전하는 앞선 전류가 흐르고 영역률 진상 전류는 전기자 반작용의 자화 작용을 일으키므로 발전기의 누설 리액턴스의 작용과 마주쳐서 전기자 기전력을 상승시킨다. 그러면 충전 전류는 다시 증가하고 발전기는 이 전류에 의하여 여자되어서 다시 더 큰 기전력을 유도한다.

전기자의 영역률 진상 전류에 의하여 여자된 포화 곡선이 그림 5.30의 곡선 aA와 같은 동기 발전기에 OL로 표시된 충전 특성을 갖는 부하를 접속하면 발전기의 단자전압은 aA와 OL의 교점 m에 상당하는 전압까지 올라간다.

즉 그림 5.30에서 처음에 주 자극의 잔류 자기로 인하여 Oa만큼의 기전력이 전기자 권선에 유기되면 충전 전류 ab가 부하에 흐르고 이 충전 전류에 의하여 주 자극이 자화되어 기자력은 bc만큼 올라간다. 전압이 올라가면 충전 전류는 cd만큼 증가하여 기전력은 de만큼 높아진다. 이처럼 하여 기전력은 차차 높아져서 두 곡선의 교점 m에서 전압의 상승이 끝난다. 만일 이 점보다 충전 전류가 증가하려고 하면 부하의 전압이 발전기의 전압보다 높아지므로 다시 전류는 감소하고 m점으로 되돌아간다. 이와 같은 현상을 동기 발전기의 자기 여자 작용(self excitation)이라 한다.

점 m은 정전 용량의 크기에 따라 변화하는데 정전 용량이 매우 커서 m의 전압이 발전기의 정격 전압보다 아주 높으면 절연을 파괴할 염려가 있다.

이것은 동기 발전기로 장거리 송전선을 무 부하 충전하는 경우에 일어나는 현상이다.

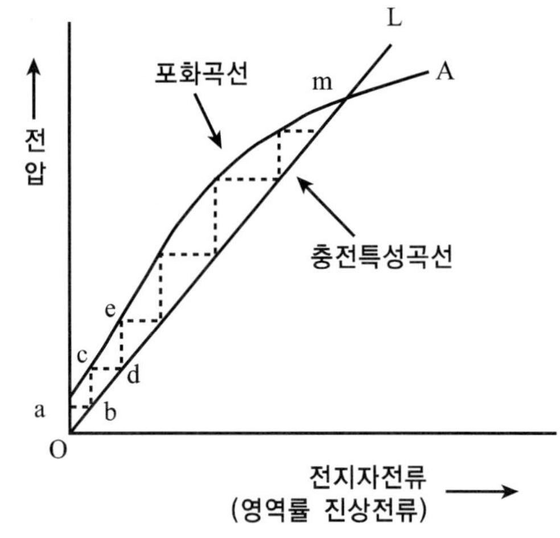

【그림 5.30】 동기 발전기 자기 여자 작용

5.10.2 자기 여자 방지법

장거리 고압 송전선이나 케이블 송전선을 무 부하에서 충전하는 발전기는

- 발전기를 2대 또는 3대를 병렬로 모선에 접속한다.
- 수전단에 전력용 리액터나 변압기, 동기 조상기를 접속하고 이것을 부족 여자로 하여 송전선에서 지상전류를 취하게 하면 충전 전류를 그만큼 감소시키는 것이 된다.
- 전기자 반작용이 적고 단락비가 큰 발전기를 사용한다.

5.11 교류 발전기의 병행 운전

5.11.1 병행 운전의 조건

2대 이상의 동기 발전기가 같은 부하에, 다같이 전력을 공급하는 것을 병행 운전이라 한다. 동기 발전기를 병행 운전시키려면 각 발전기는 다음과 같은 조건을 만족해야 한다.

- 기전력의 크기가 같을 것

- 기전력의 위상이 같을 것
- 기전력의 주파수가 같을 것
- 기전력의 파형이 같을 것

기전력의 크기는 계자 전류를 조정해서 전압계로 확인할 수 있고, 기전력의 위상과 주파수는 발전기의 속도를 조정해서 만족시킬 수가 있는데 이것은 동기 검정기를 써서 조사한다.

기전력의 파형은 발전기 제작 시에 만들어지는 극의 형태에 따라서 달라지는 제작상의 문제로 운전 중에는 고려할 필요가 없다. 또 부하의 변동에 대하여 언제나 발전기 용량에 비례하는 부하를 각 발전기가 분담하자면 원동기는 다음과 같은 조건을 갖추어야 한다.

- 균일한 각속도를 가질 것
- 적당한 속도 변동률을 가질 것

터빈 발전기와 수차 발전기에서는 1회전 중의 각 속도가 균일하여 조건이 만족되지만 왕복 운동 기관으로 운전되는 엔진 발전기에는 플라이휠을 부착하여 될수록 균일한 각 속도에 가깝도록 해야 한다. 또한 부하변동에 대하여는 속도 변동률이 작은 것이 좋지만 병행 운전에 있어 부하의 분배를 원활하게 하자면 수하 특성의 적당한 속도 변동률을 가져야 한다. 그런데 원동기에 대한 것은 최초 설비를 할 때에 고려해야 할 조건이므로 실제로 동기 발전기를 병행 운전시키려고 하는 경우에는 발전기에 필요한 조건만 생각하면 된다.

5.11.2 기전력의 위상은 일치하고 크기가 같지 않은 경우

발전기 2대의 기전력의 위상은 일치하고 크기만 다를 때, 그림 5.31과 같이 G1, G2 2대가 동일 정격의 3상 발전기가 병행 운전하고 있는 경우 G1의 여자를 G2기보다 세게 하였다면 무 부하의 경우

$I_c = \dfrac{E_1 - E_2}{2Z_s}$ 가 되는 순환 전류가 그림 5.32와 같이 흐른다.

Z_s: 동기 임피던스

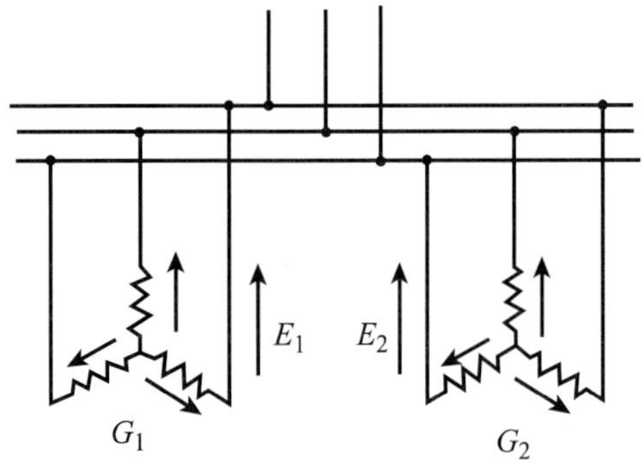

그림 5.31 동기 발전기 병행 운전

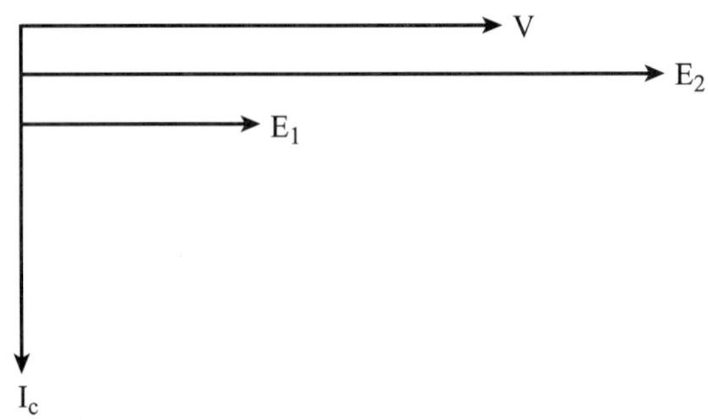

그림 5.32 기전력의 크기가 다를 때

동기 임피던스의 저항분을 무시하면 I_c는 그림 5.32와 같이 유기 기전력보다 90° 늦게 되므로 무효 순환 전류(reactive circulating current)이다. 그러므로 G1기에 대하여는 이 전류 I_c가 전기자 반작용 감자 작용을 하여 기전력을 감소시키고 계자 자속이 약한 G2기에 대하여는 진상 전류가 되므로 자화 작용을 하여 기전력을 증가시킨다. 순환전류가 흐르면 두 발전기의 전압은 동일하게 된다.

부하 전류 I가 흐르면 그림 5.34의 벡터도와 같게 되고

$$I_1 = \frac{I}{2} + I_c \qquad I_2 = \frac{I}{2} - I_c \tag{5-12}$$

가 되어 G1기의 역률은 $\cos\phi_a$, G2기는 $\cos\phi_b$가 되고 부하 역률 $\cos\phi$와는 각각 다른 값이 된다.

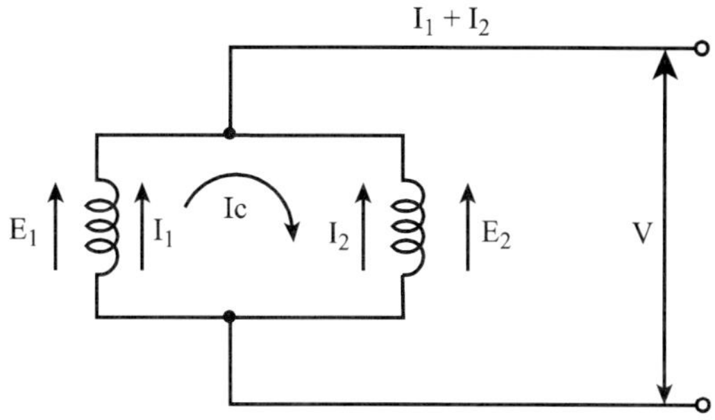

【그림 5.33】 무효 순환 전류

병행 운전 중에 있는 발전기의 여자 전류를 적당하게 하여 유기 기전력을 같게 해 놓지 않으면 무효 순환 전류가 흘러서 두 발전기의 역률이 달라지고 발전기는 과열한다.

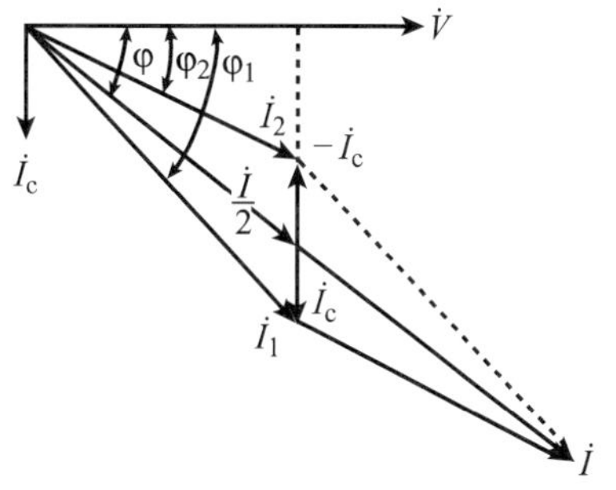

【그림 5.34】 무효 순환 전류 Vector도

5.11.3 동기화 전류

발전기 G1, G2가 같은 부하를 분담하여 운전하고 있는 경우에 어떤 원인으로 G1기의 유기 기전력의 위상이 G2기보다 δ_s 만큼 앞섰다고 하자.

그러면 그림 5.35에서와 같이

$$E_s = E_1 - E_2 \tag{5-13}$$

라는 전압에 의하여 순환 전류가 흐른다.

이 순환 전류를 I_s 라 하면

$$I_s = \frac{E_s}{2Z_s} \tag{5-14}$$

로 되며 저항을 무시하면 I_s는 E_s보다 90° 뒤지고 E_1보다는 $\frac{\delta_s}{2}$ 뒤진다.

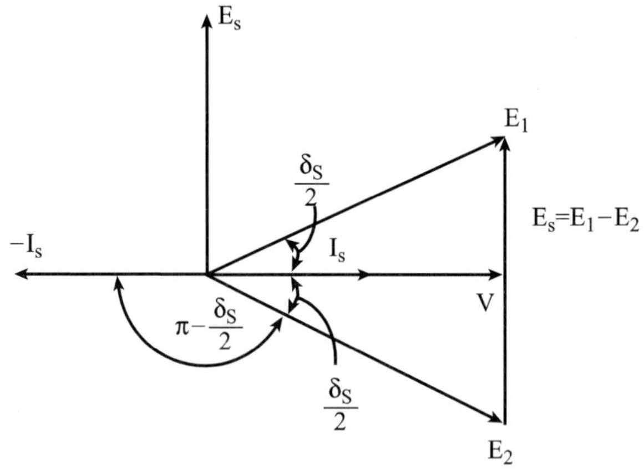

그림 5.35 위상이 다른 경우

E_2에 대하여는 $-I_s$가 되므로 그 위상차는 $\pi - \frac{\delta_s}{2}$이다.

다음에 전력 관계는 G1기에서는

$$E_1 I_s \cos\frac{\delta_s}{2} \tag{5-15}$$

의 부하 전력이 되는데 G2기에서는

$$E_1 I_s \cos\left(\pi - \frac{\delta_s}{2}\right) = -E_2 I_s \cos\frac{\delta_s}{2} \tag{5-16}$$

가 되어 (-)의 전력이 된다. 이 관계를 표시한 것이 그림 5.35의 Vector도이다.

그림에서

$$|E_1| = |E_2| = E_0 \tag{5-17}$$

라 하면

$$E_1 \cos\frac{\delta_s}{2} = E_2 \cos\frac{\delta_s}{2} = E_0 \cos\frac{\delta_s}{2} \tag{5-18}$$

로 되고 수수 전력은

$$P = E_0 I_s \cos\frac{\delta_s}{2} = E_0 \frac{E_s}{2Z_s} \cos\frac{\delta_s}{2} = \frac{E_0^2}{2Z_s} \sin\delta_s \tag{5-19}$$

이다.

이 전력 P는 G1기에는 부하가 되고 G2기에는 (-)의 부하가 된다. 즉 발전기 G1의 부하는 P만큼 증가하여 속도가 내리고 G2기의 부하는 P만큼 감소하여 속도가 올라가서 G1기의 기전력의 위상은 뒤지고 G2기의 위상은 앞서기 때문에 결국 G1, G2 두 발전기의 전압의 위상은 일치하게 된다. 이와 같이 I_s는 동기화 작용을 하므로 동기화 전류라 한다.

5.11.4 부하 분담

동기 발전기를 병렬 운전하는 경우, 발전기의 여자 전류를 증감시켜도 역률이 변화될 뿐이며 각 기계의 부하 분담을 바꾸는 것은 불가능하다. 부하의 분담은 원동기의 속도 특성으로 결정된다. 그림 5.36에서 2대의 동기 발전기 부하 분담에 대해서 설명한다. 원동기의 속도 특성 곡선을 A_1, B_1으로 한다. 양 기계가 동일 부하를 분담하고 있는 경우, 양 기계의 주파수 즉 속도가 동일하므로 이 그림에서 속도 ab에서 부하가 각각 Ob이다. 여기에서 주파수를 바꾸는 일이 없이 A기의 부하를 증가시키고 B기의 부하를 감소시키는 경우를 생각한다. 그래서 A기의 속도 특성을 A_1에서 A_1'로 바꾸고 B기의 그것을 B_1에서 B_1'로 바꾸면 양 기계의 주파수는 동일해야 하므로 그때의 속도는 ab = cd = ef이다. 거기에 대응하여 부하는 각각 Od, Of를 분담하게 된다. 속도 특성 곡선을 바꾸려면 양 기계의 속도 조속기를 조정하는 것이 필요하다. 또한 항상 양 기계가 동일한 비율로 부하를 분담하려면 속도 특성 곡선이 같은 형태일 것이 필요하다.

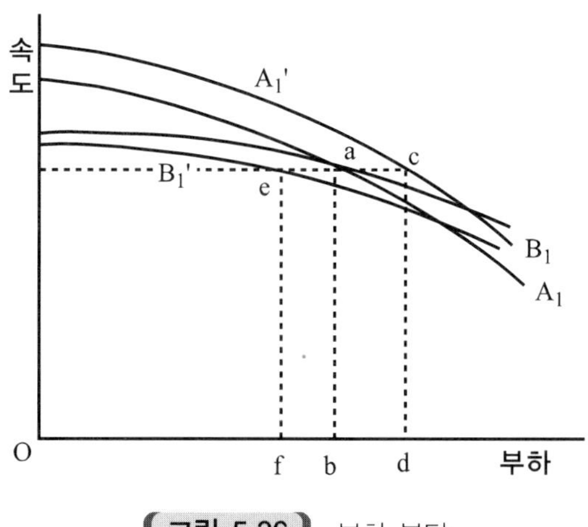

그림 5.36 부하 분담

5.12 단락

정격 전압을 내고 있는 동기기의 단자가 갑자기 단락되면 대단히 위험한 사고를 의미한다. 단락의 제일 처음 순간에는 아주 큰 돌발 단락 전류가 흐르고 그로 인한 힘이 권선에 작용한다. 그다음 순간 돌발 단락 전류는 차츰 감소하여 비교적 작은 연속 단락 전류가 흐른다.

단락된 단자의 수에 따라 3단자, 2단자 또는 1단자 단락이라 부른다.

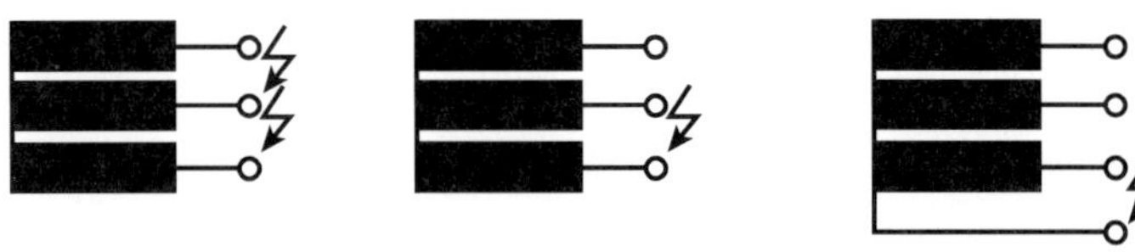

(a) 3단자 단락 (b) 2단자 단락 (c) 1단자 단락

그림 5.37 고정자 권선의 단락

5.12.1 단자의 연속 단락

여자된 동기기의 고정자 단자가 3단자 단락되면 단자전압은 0이 되며 그러기 위하여 고정자 권선에 상대적으로 작은 저항값은 생략하면 그에 따른 자속도 소멸되어야 한다. 이것은 자극의 기자력이 있기 때문에 같은 크기의 반대방향으로 작용하는 고정자 기자력이 높아져야 한다. 즉 여자된 동기기의 단자가 단락되면 고정자에는 전기자 반작용, 누설 자속으로 인한 극 자속이 증가하는 전류가 흘러야만 한다. 이 전류를 연속 단락 전류라고 한다.

상기 등가회로를 고려하면 무 부하 정격 전압의 정격 여자 전류로 여자된 기기가 단락되면 단락 전류는

$$I_{ko} = \frac{V_N}{X_s} \tag{5-20}$$

가 된다.

이 값을 정격 전류로 나누면 무 부하 단락비가 되며 이것은 동기기의 중요한 값이 된다.

1단자 2단자의 연속 단락 전류

기기가 그림 5.37(b)과 같이 2단자가 단락되면 고정자에는 회전자계 대신에 교번자

계가 발생한다. 이 교번자계는 회전력과 반회전력을 갖는 자계로 나누어 생각할 수가 있다. 단지 회전력의 회전자계만이 동기회전을 한다. 이것은 3단자 단락이나 같다.

반회전력의 회전자계는 그에 반하여 2배속의 동기 속도로 회전하여 여자 권선과 제동 권선에 2배의 주파수를 갖는 전압을 유기한다. 그리고 회전자의 철심에 와류를 만든다. 와전류는 여자 권선과 제동 권선에 유기되는 전류와 마찬가지로 기기의 온도를 상승시킨다. 자극과 동기 속도로 회전하는 회전자계는 자극 자속이 보상하는 전기자 반작용을 일으키며 2단자, 1단자의 단락 전류가 3단자의 단락 전류에 비하여 크다.

$$I_{K3} : I_{K2} : I_{K1} = 1 : 1.63 : 2.67$$

이 비율에서 보듯이 특히 1단자 단락이 동기기에서 위험하다.

5.12.2 돌발 단락 전류

지금까지 얘기한 단락 전류는 연속 단락 전류로 돌발 단락 전류의 진동이 끝나고 연속적으로 지속되는 전류이다. 돌발적인 단락의 순간에 자극 자속은 없어지지 않는다. 따라서 돌발 단락 전류로 불리는 큰 전류가 흐른다. 이때에 권선에는 큰 전류가 흐르게 된다. 이때 모든 단락선에 연결된 동기 전동기는 발전기가 된다.

고정자. 회전자 그리고 제동 권선의 저항은 큰 전류로 인하여 기기의 자기적 에너지로 보충되는 큰 손실을 유발한다. 회전자의 철심의 와류손도 자기적 에너지를 필요로 하며 돌발 단락 전류는 점차 감소하게 되며 연속 단락 전류는 약 100-200주기 즉 2-4초 후에 도달하게 된다.

그림 5.38은 돌발 단락 전류의 감소 현상을 나타내고 있으며 최대 순간 전류 정격 회전의 무 부하 정격 여자시의 돌발 3단자 단락이 된다. 돌발 단락 전류는 정격 전류 최대치의 15배 또는 유효치의 21배에 달한다. 이 전류와 힘을 이겨내도록 권선은 단단히 설계 제작되어야 한다.

단락 전류는 1개의 직류 성분과 2개의 교류 성분으로 분리된다. 단락 시 직류 성분은 직류 시정수에 따라 급히 감소한다.

교류분은 작은 초기 시정수 $\tau_d''(0.02 \sim 0.055)S$에 따라 급히 감소한 후 과도 시정수 $\tau_d(0.4 \sim 3)S$에 따라 천천히 감소하여 연속 단락 전류가 된다.

초기 시정수는 제동 권선과 철심의 와류에 의하고 과도 시정수는 고정자와 여자 권선의 저항에 의한다.

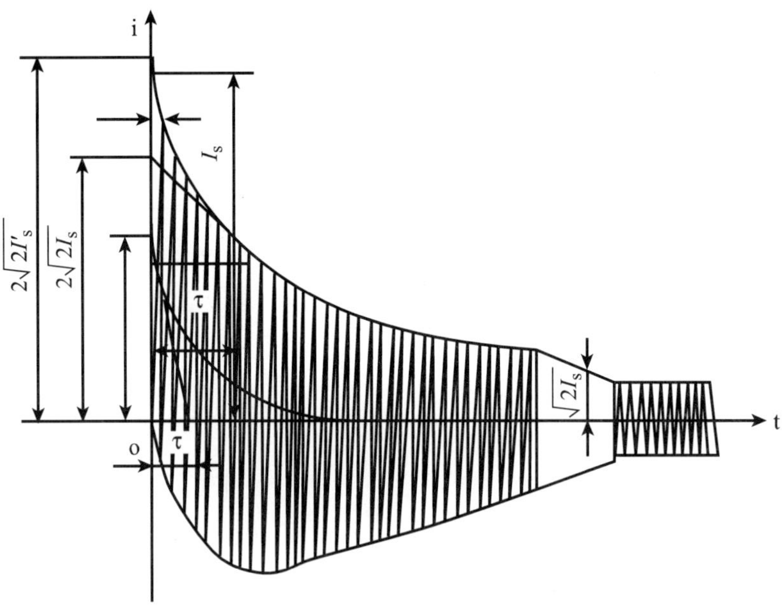

【그림 5.38】 단락 전류와 돌발 단락 전류의 흐름도

돌발 단락 전류의 실효치는 I_K''로 표시하고 과도 교류 전류는 I_s'로 표시한다.

$$\text{초기 reactance } X_d'' = \frac{V_N}{I_s''}$$

$$\text{과도 reactance } X_d' = \frac{V_N}{I_s'}$$

이다.

Reactance와 시정수로 단락 전류의 크기와 형태를 구할 수가 있다.

5.12.3 돌발 단락 전류와 장애 예방

단락 전류를 제한하기 위해서는 발전기의 외부회로에 전기자 권선과 직렬로 적당한 reactor를 둔다. 이것을 한류 리액터라고 한다. 이것을 설치하는 위치는 발전기에 가까울수록 좋으나 모선이나 급전선 부근에 두는 경우도 있다.

5.13 동기 전동기

5.13.1 동기 전동기 개요

동기 전동기는 유도 전동기와 마찬가지로 회전자계 전동기이다. 고정자는 유도 전동기와 똑같은 형태로 만들어진다. 다만 동기 속도로 운전하기 위하여 회전자에 자극을 가진 회전계자형이 쓰인다. 계자극을 만들기 위하여 슬립링과 브러시를 통하여 외부로부터 직류 전류를 공급하는 방법을 쓰기도 하고 소형 전동기는 반작용형, 릴럭턴스형, 영구자석형의 회전자를 사용하기도 한다.

1) 동기 전동기 구성

【그림 5.39】 동기 전동기 회전자

그림 5.39에서 보는 바와 같이 동기기의 회전자는 자극이 있고 여자 전류를 공급하는 슬립링이 부착되어 있다.

2) 운전

삼상 동기 전동기의 고정자는 전원으로부터 3상 교류를 제공받고 고정자에 회전자계를 만든다. 회전자계의 극은 회전자 극에 영향을 미친다. 만약 회전자가 정지하여 있을 때 60[Hz]의 전압을 가하면 자극보다 앞서가는 자계가 급격히 회전자의 자극에 한번은 회전자계의 회전방향으로 한 번은 반대방향으로 영향을 미친다. 따라서 전동기는 기동하지 못한다.

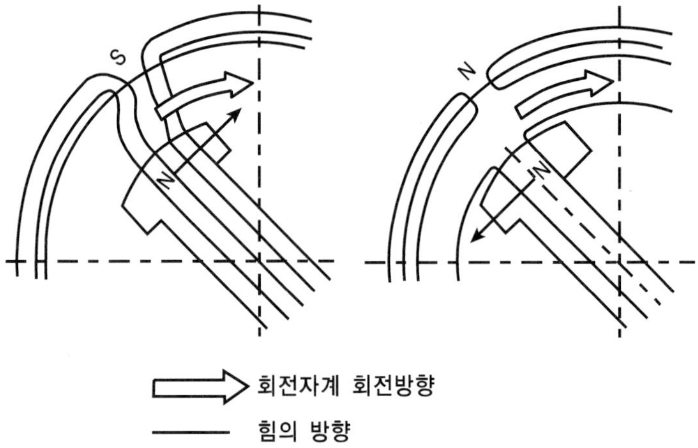

그림 5.40 정지 시 회전자계 회전방향 및 힘의 방향

만약에 회전자가 정지해 있는 상태에서 0[Hz]부터 서서히 전압을 가하여 주파수를 증가시키면 기동이 가능할 것이다.

동기 전동기는 60[Hz]의 삼상 전원에 연결하고자 하면 특별한 기동기가 필요하다. 그러나 회전자에 유도 전동기와 같은 농형바를 만들어 주면 동기 전동기는 유도 전동기로 기동이 가능하다.

이렇게 기동하면 전동기가 회전자계의 회전 속도에 거의 다다를 수 있다. 이때 여자 전류를 흘려주면 전동기는 그림 5.41에서 보는 바와 같이 동기 인입하여 동기 전동기로 계속하여 운전을 할 것이다. 만약 부하가 너무 커져 C:에 이르면 동기 탈출하여 탈조하게 된다.

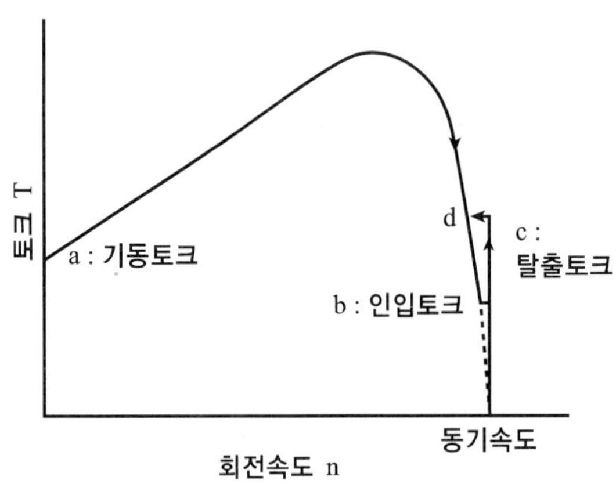

그림 5.41 동기 전동기 속도-토크 특성 곡선

동기 전동기가 유도 전동기로 기동을 할 때 여자 권선은 유도전압이 여자 권선의 절연을 파괴하지 않도록 저항을 통하여 연결되어 있어야 한다. 농형바는 운전 중에 부하의 변화에 의한 충격을 감쇄시킨다. 따라서 사람들은 보상 권선으로 부른다.

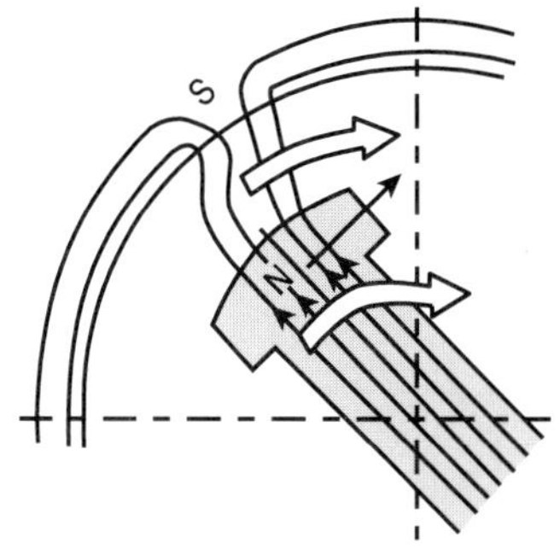

그림 5.42 회전 시 회전자 자극에 발생하는 힘

대형 동기 전동기는 거의가 보상 권선을 갖고 있으며 기동 시에는 유도 전동기로 기동한다.

(1) 운전 특성

동기 전동기가 동기 속도에 다다르면 전동기는 계속하여 회전자계 회전 속도로 회전한다. 그리고 부하가 가해진다. 그러면 회전자계 자극과 회전자 자극의 거리가 증가하게 된다. 회전자 자극은 회전자계 자극과 부하각 θ만큼 회전자계의 뒤에 놓이게 되며 부하가 제거되면 자극은 무 부하 시 회전자 위치보다 앞서거니 뒤서거니 하면서 차츰 무 부하시의 위치로 되돌아온다.

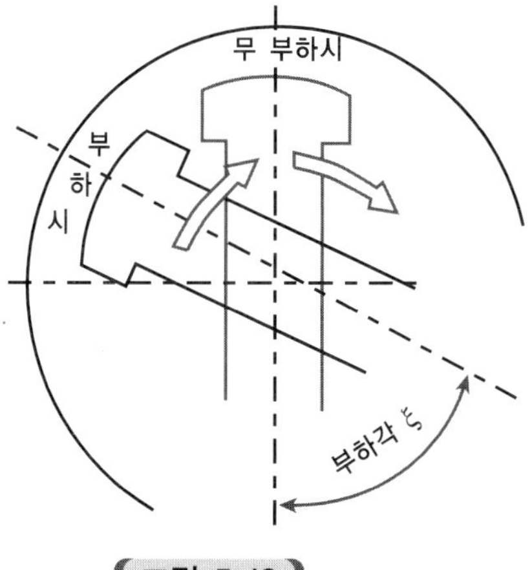

그림 5.43 부하각

전동기의 토크는 부하각이 커지면 커질수록 증가한다. 부하각이 증가하여 회전자가 고정자의 극 사이에 위치하였을 때 최대 토크가 발생한다. 왜냐하면 회전방향으로 앞서가는 극이 회전자 극을 끌기 때문이다. 2극 전동기에서 이때의 부하각은 90°가 된다. 계속하여 부하각을 증가시키면 토크가 감소한다. 최대 토크는 두 극 사이에서 발생한다.

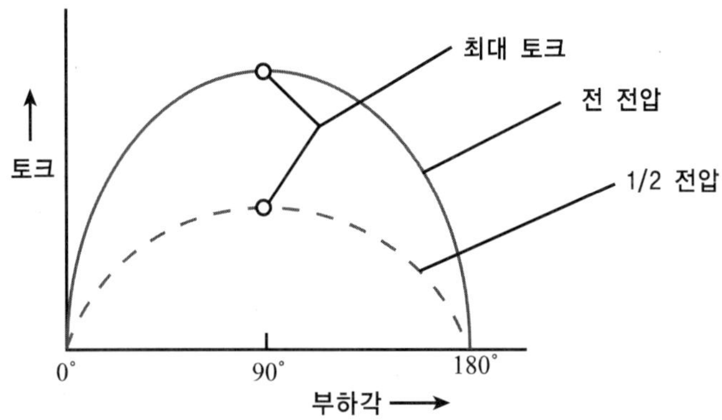

그림 5.44 부하에 따른 토크 특성

동기 전동기에 부하를 계속 증가시키면 부하각이 증가하여 토크가 그림 5.44에서 보는 바와 같이 감소한다. 그리고 동기 속도에서 이탈하게 되는데 이 현상을 탈조라고 부르며 전동기는 마침내 정지하게 된다.

동기 전동기의 최대 토크는 부하각 90°에서 발생한다.
동기 전동기의 최대 토크는 일반적으로 정격 토크의 2배에 달한다.
동기 전동기는 전압강하에 유도 전동기보다 덜 민감하다. 회전자계의 자속 밀도는 전압에 비례하여 감소한다.
동기 전동기의 토크는 전압에 비례한다.

선형의 전제 조건은 자극의 자속 밀도가 일정하여야 한다. 영구자석을 사용한 경우에는 이 조건은 당연히 만족하며 전자석의 경우에도 포화로 인하여 전압이 감소함에도 불구하고 자속 밀도는 크게 감소하지 않는다. 따라서 이것은 무시하여도 된다.
동기 전동기는 때로는 약한 계자로 또는 강한 여자 전류로 운전할 수가 있다. 여자 전류가 약하면 유기 기전력이 단자전압보다 약해진다. 그러면 전동기는 전원보다 늦은 전류를 취한다. 이러한 경우에 동기 전동기는 전원으로부터 무효 전력을 취하게 된다.

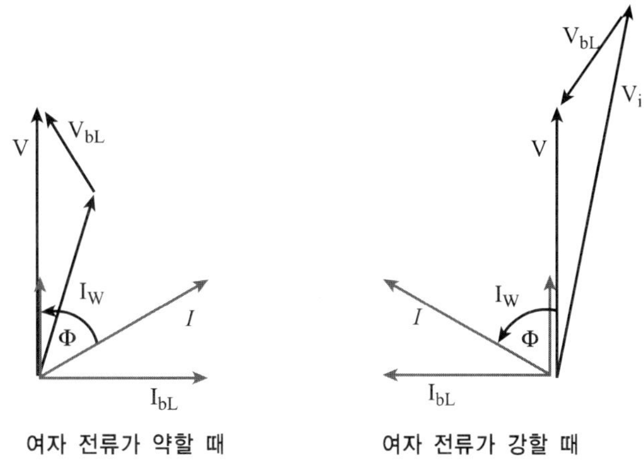

그림 5.45 동기기의 Vector도

동기 전동기가 여자 전류가 강하면 그림 5.45와 같이 무효 전력을 전원으로 공급하게 된다. 만약 대형 동기 전동기를 과여자시키고 무 부하로 운전하여 무효 전력을 전원으로 공급하게 하면 이러한 전동기를 우리는 동기 조상기라고 부른다.

여자 전류와 고정자에 따라 그리고 기계적인 부하에 따라 취하는 전류의 세기는 그 형태에 따라 V 곡선라고 부른다. 일정 출력 하에 전류 I_1은 여자 전류의 위상과 크기에 따라 달라진다. 모드 곡선은 일정한 유효 전력이다. 전류의 최소점은 유효전류 즉 $\cos\phi = 1$인 점이고 부족 여자, 과 여자에서는 추가로 흐르는 무효 전류 때문에 값이 커진다. 부족 여자에서 기기의 최대 Torque는 작아지고 부하는 일정하기 때문에 V 커브에서 T_K line으로 제한된다. 이 값을 넘어가면 탈조를 하게 된다. 과여자에서는 거의 무효 전류가 차지하는 고정자 전류의 상한 값으로 제한된다.

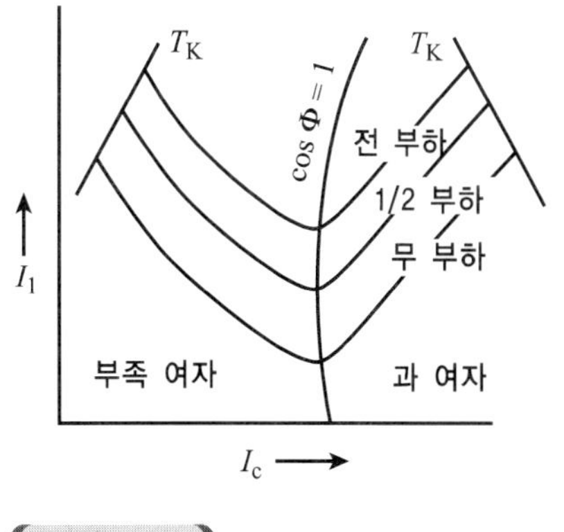

그림 5.46 동기 전동기의 V 곡선

동기 전동기는 여자 전류의 세기에 따라 리액턴스로 그리고 캐패시터 부하로 전원에 작용한다.

릴럭턴스 전동기도 큰 의미의 동기 전동기이다.

유효전력 : 삼상전원에 연결된 동기기는 축에 기계적 에너지를 가하여 돌리고 부하각 θ가 앞서도록 하면 발전기로 작용하고, 원동기가 축에 연결되어 부하로 작용하면 부하각은 늦게 되며 전동기로 작용한다. 이때 회전수 n은 동기 속도와 같다.

Torque : Torque는 여자가 일정하고 단자전압이 일정할 경우 부하각 θ에 따라 달라진다.

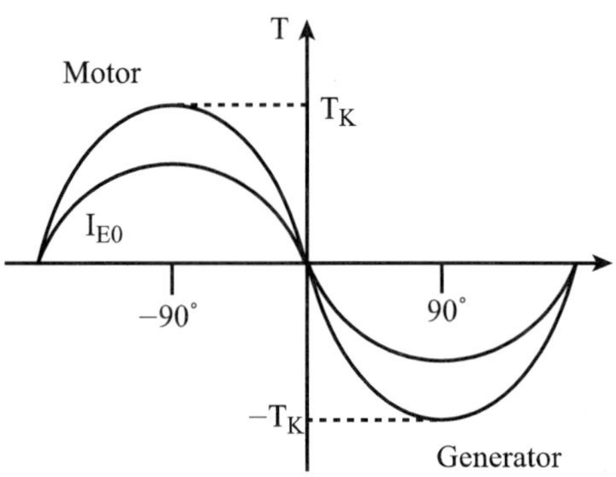

그림 5.47 부하각에 따른 토크

동기 전동기는 동기 발전기와 마찬가지로 최대 Torque(부하각 $\theta = 90°$)까지 부하를 걸 수가 없다. 왜냐하면 난조에 이어 탈조되기 때문이다.

다상 동기기는 정격 여자시 최소 15초 동안 탈조없이 다음과 같은 토크를 내야 한다.

- 정격의 1.35배에 달하는 Torque --- turbo type
- 정격의 1.5배에 달하는 Torque --- 돌극기

Torque 방정식 $T \sim VE\sin\vartheta$에서 과부하 능력 $\dfrac{T_k}{T_N}$은 여자 전류를 증가시키면 E가 증가하기 때문에 증가한다.

유도 전동기는 전압의 증가에 따라 전압의 제곱에 비례하여 Torque가 증가하지만 동기기는 전압에 비례하여 증가한다. 따라서 동기기는 전압강하에 유도기보다 덜 반응한다.

동기기의 장점은 일정한 회전수로 운전하기 때문에 부하에 따른 slip이 없어 기기를 부수적으로 온도 상승을 시키는 회전자 손실이 없다. 효율이 높기 때문에 대용량

의 전동기는 동기 전동기를 사용한다.

(2) 무효 전력

대용량의 전동기에서 동기기는 특히 유도기에 비하여 장점이 있다. 유도 전동기는 여자 전류를 필요로 하는 반면 동기기는 과여자 시 condenser와 같이 inductive 전력을 Net에 보낸다. 이것을 동기 조상기라 하며 계통의 역률을 좋게 한다.

동기 전동기의 필요 Torque T는 여자 전류를 제어하여 기자력을 제어한다. 이때에 유효 전류가 변화하지 않고 유기 기전력이 변화하며 이에 따라 전압강하의 위상이 변화하고 전류 I_1의 위상이 변화한다. 따라서 유효 전류뿐이 아니고 무효 전류가 흐르게 된다.

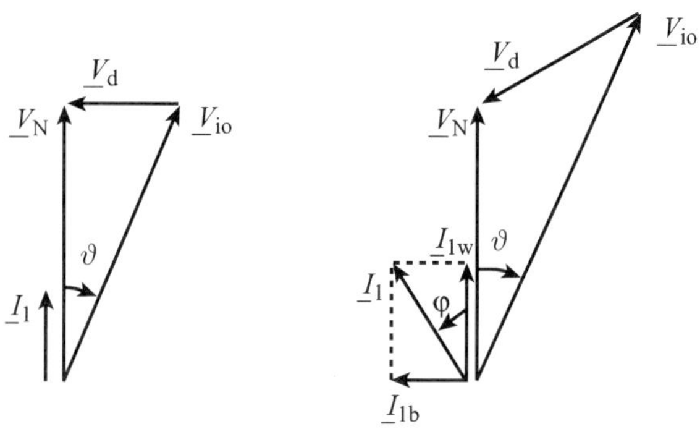

(a) 유효 전력 입력　　(b) 무효 전력 입력, 무효 전력 출력

그림 5.48 동기 전동기의 Vector도

(3) 난조

동기 전동기에 부하가 걸리면 전동기가 내는 Torque와 부하가 필요로 하는 Torque가 평형을 이루게 된다.

전동기는 고정자 자계와 회전자 자계 사이에 전기적, 자기적 가변 clutch가 있는 것과 같이 일정 부하각 ϑ을 유지한다.

그런데 갑자기 부하가 커지면 회전자의 회전 속도는 늦어지고 관성 때문에 부하각이 커진다. 따라서 $T \sim \sin\vartheta$가 커져 부하 토크에 맞게 증가하는데 관성 때문에 부하 토크보다 커지고 이것의 평형을 맞추기 위해 다시 부하각이 감소하는 등의 과정을 반복하게 된다. 이것은 $T = T_L$이 될 때까지 반복하는데 이것을 난조라고 한다.

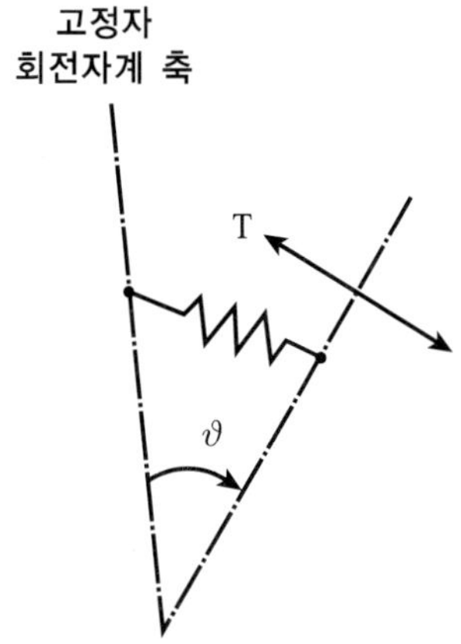

그림 5.49 고정자 회전자계 축과 회전자 축의 유동적 관계

(3) **제동 권선**(Damper winding)

난조 시에 고정자 자계와 회전자 자계는 비교 운동을 한다. 이때에 보상 권선에는 전압이 유기되어 단락 권선에 전류가 흐르며 이 전류는 Lenz 법칙에 의하여 유기전압을 방해하는 쪽으로 작용하게 된다. 따라서 난조를 제동하는 역할을 한다.

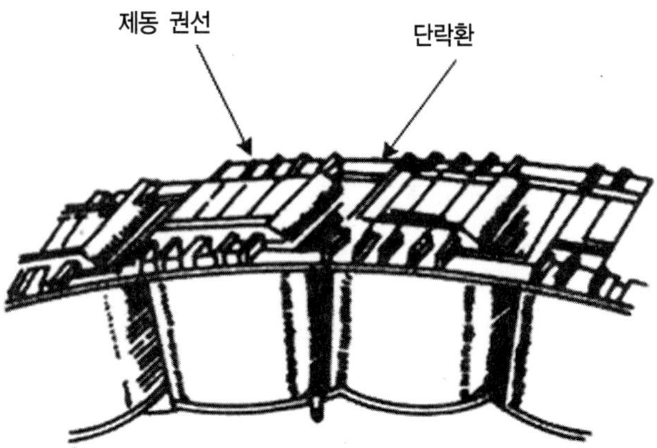

그림 5.50 제동 권선

이상과 같이 난조라는 것은 일정 속도에 진동이 중첩되는 것인데 적당히 설계된 전동기에서는 이러한 진동은 곧 억제되지만 회전자의 고유 진동과 전원 또는 부하의 주기적 변화로 인한 강제 진동이 일치하였을 때에는 한층 더 심하게 되므로 결국은 동기를 이탈하여 정지한다.

난조를 방지하는 또 하나의 방법은 플라이휠을 부착하는 방법인데 이것을 붙이면 전동기의 자유진동의 주기가 길어지므로 난조가 일어나는데 부적당하게 되지만 플라이휠의 무게와 크기를 적당하게 하지 않으면 도리어 자유 진동의 주기가 강제 진동의 주기에 일치하여 난조가 더욱 심해지므로 주의하여야 한다.

(4) 안정도

이것은 동기 발전기 또는 동기 전동기에 있어서 부하를 건 경우의 안정된 운전이 가능한 정도를 말하며 정태 안정도와 과도 안정도가 있다.

a) 정태 안정도

이것은 동기기의 여자 전류를 일정하게 유지하면서 부하를 서서히 증가한 경우의 안정운전을 위한 정도를 말하며

$$P = E_0 \frac{V}{x_a} \sin\delta \tag{5-21}$$

에 의하여 결정된다.

이 식에서 부하각 δ가 90°에서 최대가 된다. 이 최대 출력을 정태 안정 극한 전력이라 하며 그 이상의 부하를 걸면 동기 이탈을 일으킨다.

또한 출력을 부하각 δ로 미분하면

$$\frac{dp}{d\delta} = \frac{V\ E_0}{x_a} \cos\delta \tag{5-22}$$

가 된다.

이것을 동기 화력이라 하며 이것은 $\delta=0$에서 가장 크고 $\delta=90°$에서 0이 되며 $\delta > 90°$에서 (-)가 되어 이 영역에서는 불안정하고 운전 불가능이 된다. 안정도를 향상시키기 위해서는 여자 전류를 증가시켜서 유도 기전력을 크게 하거나 단락비가 큰 기계를 사용하여 동기 리액턴스를 작게 하는 것이 좋다는 것을 알 수가 있다.

b) 과도 안정도

이것은 동기기가 어느 부하 상태에서 운전되고 있을 때 부하의 급변, 선로의 개폐, 단락사고 등에 의해서 고도 현상을 일으키고 그것이 종료 후 안정된 운전을 계속할 수 있는지 어떤지의 정도를 말하는 것이다. 그 판단 기준으로 과도 안정 극한 전력이 있다. 이것은 동기기가 동기를 벗어나지 않고 부하 변동에 견딜 수 있는 부하 변동 발생 전의 부하 전력을 말하는 것이다.

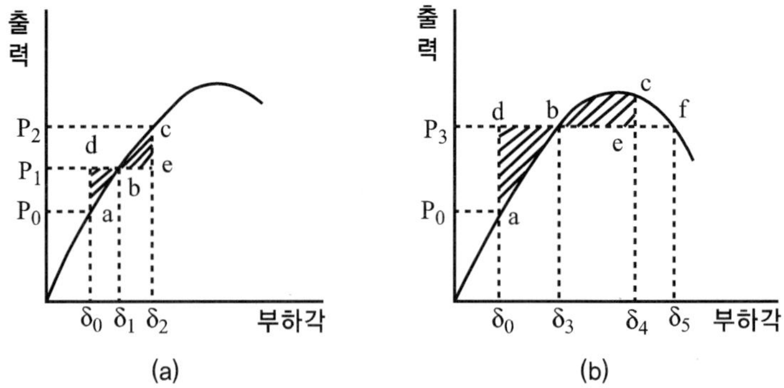

그림 5.51 과도 안정도

그림 5.51에서 동기 발전기가 부하각 δ_0, 부하 P_0로 운전되고 있을 때 부하가 돌연 P_1로 변동되는 경우를 생각한다. 이때 원동기의 입력은 급하게 변화하는 것이 불가능하고 $P_1 - P_0$의 입력이 부족하다. 이 결과 부하각 δ가 증가하고 플라이휠 등의 회전체 운동 에너지 일부가 방출된다. 그리고 출력이 P_1이 되었을 때 진동이 정지해야 하지만 관성이 있으므로 부하각은 증가하고 회전체가 잃은 관성에 에너지 면적 adb와 같은 에너지 면적 bec가 되었을 때 동기 속도가 되어 부하각의 증가는 멈춘다. 그러나 이때의 부하각 δ_2에 대한 발전기 출력은 P_2이며 P_1보다 크므로 회전자는 가속되어 부하각은 감소한다. 그런데 출력이 P_3와 같이 커지면 그림 5.51(b)에서 부하각이 δ_5 이상이 된다. 이 경우에는 부하각이 커지면 발전기 출력이 감소하므로 회전수는 감소하며 동기 이탈을 일으킨다. 동기 이탈을 일으키지 않는 전력이 과도 안정 극한 전력이다.

5.13.2 동기 전동기의 기동

1) 기동 토크

동기 전동기는 이미 설명한 바와 같이 동기 속도 이외의 속도에서는 토크를 내지 못하므로 단지 전압을 고정자 권선에 가해주는 것만으로 기동이 되지 않는다.

바꾸어 말하면 정지상태에 있을 때 갑자기 단자에 교류전압을 가해 주어도 기동 토크를 낼 수가 없다. 따라서 동기 전동기를 운전하려면 정지 상태에서 동기 속도까지 이르게 하는 특별한 기동 장치가 필요하게 된다. 따라서 이것을 기동시키기 위하여 그림 3.50과 같은 계자극 표면에 단락한 권선을 감고 회전자계와 이 권선에 유도되는 전류사이의 전자력으로 기동 토크를 얻을 수 있도록 한다. 이 권선을 기동 권선이라 한다.

2) 기동법

① 자기동법

기동 권선의 기동 토크를 이용해서 기동시키는 방법이다. 이때 여자회로를 연채로 고정자에 전압을 가하면 권선수가 많은 계자 권선이 고정자 회전자계를 끊으므로 여자회로에 매우 높은 전압이 유기될 염려가 있어 여자 권선에는 여자 전류를 공급하지 않는다. 또 처음부터 전 전압을 가하면 기동 전류가 많이 흘러 전력 계통에 나쁜 영향을 주므로 기동 보상기를 사용하여 전 전압의 1/2 또는 1/3 정도로 전압을 내려서 기동시키는 것이 보통이다.

② 기동 전동 기법

동기 전동기의 축에 직결한 기동 전동기를 써서 기동시키는 방법이다. 기동 전동기로 동기 전동기를 돌리면 동기 전동기는 동기 발전기가 되므로 이 발전기의 계자 전류 및 속도를 조정하여 전원과의 동기를 검정한 다음 계폐기를 닫으면 다음부터 동기 전동기가 된다.

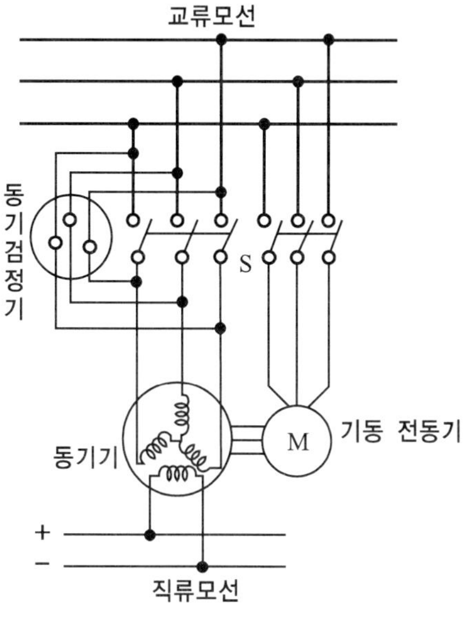

그림 5.52 기동 전동기 기동법

기동 전동기로 유도 전동기를 이용하는 경우에는 동기 전동기의 극수보다 2극만큼 적은 극수의 유도 전동기를 써야 한다.

3) 동기 전동기의 용도

동기 전동기가 유도 전동기보다 이익이 되는 점은 역률이 좋다는 것이다. 동기 전동기는 계자 전류를 조정하여 역률을 100%로 할 수 있을 뿐만 아니라 진상 역률로도 할 수 있으므로 일반적인 전동기로 사용할 수 있음은 물론이고 부하의 역률 개선에도 사용한다.

동기 전동기의 단점은 기동 토크가 작은 것과 속도 조절이 어렵다는 점 여자를 위하여 직류 전원이 필요하므로 설비비가 많이 든다는 점이다.

4) 동기 조상기

동기 전동기의 V 곡선에서 알 수 있는 바와 같이 무 부하로 과여자해서 운전하면 회로에서 진상 전류를 취하게 할 수 있다. 일정한 교류 전압을 가하여 이것보다 90° 앞선 무효 전류를 흘리는 점이 콘덴서와 닮았기 때문에 이러한 경우 이것을 동기 진상기라 한다.

일반적으로 송전 선로에 접속되어 있는 부하는 변압기, 유도 전동기 등의 여자 전류를 포함하고 있으므로 지상 역률이 된다. 이러한 지상 전류가 발전기에 흐르면 전류의 감자 작용을 하며 이를 보완하기 위하여 여자 전류를 늘려야 한다. 여자 전류를 증가시키면 계자 동손과 단락 전류가 증가한다. 또 송배전 선로의 전압강하가 크게 되어 송전역률이 나빠진다. 그래서 지상 무효전류를 없애고 역률을 1에 가깝도록 하기 위해서 송전선 수전단에 동기 진상기를 설치하고 과여자를 주어 진상 전류를 취하도록 하는 방식이 사용된다. 또 동기 진상기의 여자 전류를 감소해 가면 지상 전류를 취하도록 할 수 있다 이 경우는 지상기로 동작하는 것이 되므로 이것을 총칭하여 동기 조상기라 한다.

그림 5.53에서 여자 전류(I_e)를 역률 측정기($\cos\varphi$)가 1을 가리키도록 조정하면 전류계 a가 가장 작은 전류가 흐르는 것을 알 수가 있다. 이때 흐르는 전류는 순수한 유효 전류이다. 따라서 무효 전력계는 0을 가리킨다.

여자 전류를 작게 하면 부족 여자가 되어 지상 전류가 흐르고 여자 전류를 크게 하면 과여자가 되어 진상 전류가 흐르게 된다. 이때 전류는 증가하여 그림 5.46과 같은 V 곡선이 된다.

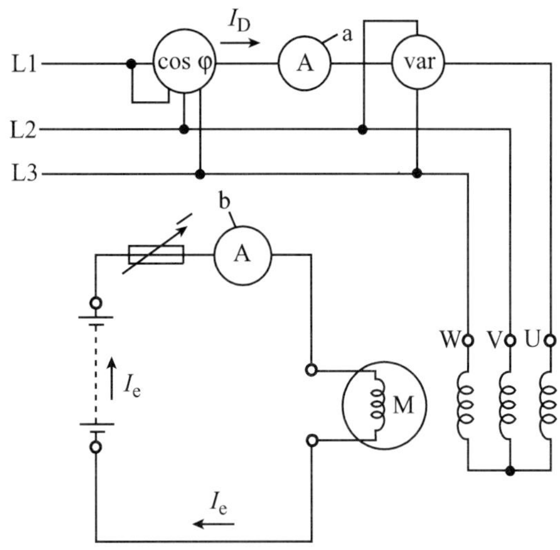

그림 5.53 동기 조상기 등가회로

5.13.3 단상 동기 전동기

1) 단상 교류를 위한 동기 전동기

(1) split pole motor

고속으로 회전하는 split pole motor는 2-4극의 고정자 회전자계 회전수에 도달한다. 회전자는 영구자석으로 만들어져 있으며 극수는 고정자와 동일하다. 회전자의 회전수는 기동 후 고정자의 회전자계 회전수와 같아진다. 저속으로 회전하는 split pole motor는 거의 외형 회전자로 만들어져 있다.

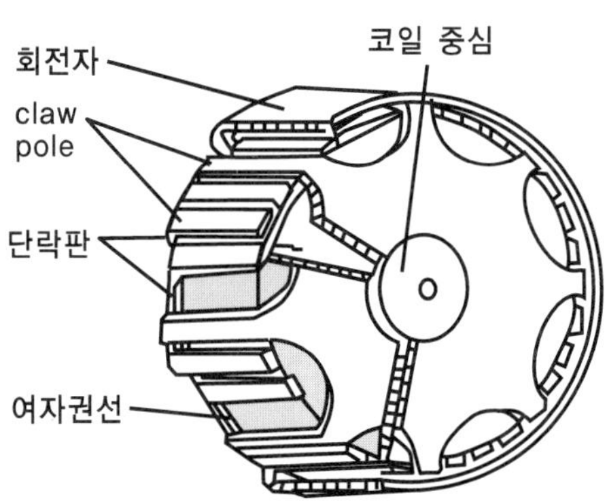

그림 5.54 split pole 동기 전동기
높은 극수는 claw pole 원리를 응용

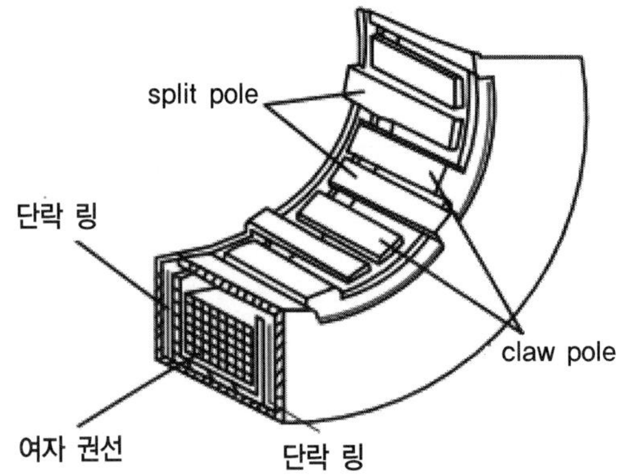

그림 5.55 claw pole motor

전동기 내부에 위치한 고정자는 원형의 여자 권선 코일이 감겨 있는 철판으로 구성되어 있다. 고정자의 반쪽은 철판이 요철로 되어 있는데 이것이 claw pole이 된다. 한쪽 철판이 6개의 극을 갖고 있으면 두 철판이 합쳐져 12극이 되는 것이다.

고정자의 철판 각 두 번째 claw pole에는 단락 링(그림 5.55)이 있으며 이것이 claw pole이 split pole motor가 되는 것과 같다.

(2) 콘덴서 전동기

동기 전동기로서 콘덴서 모터는 대개 2극이나 4극으로 되어 있어 높은 회전수를 갖고 있다. 회전수를 낮추고 토크를 높이기 위하여 대체로 변속기를 사용하고 있다.

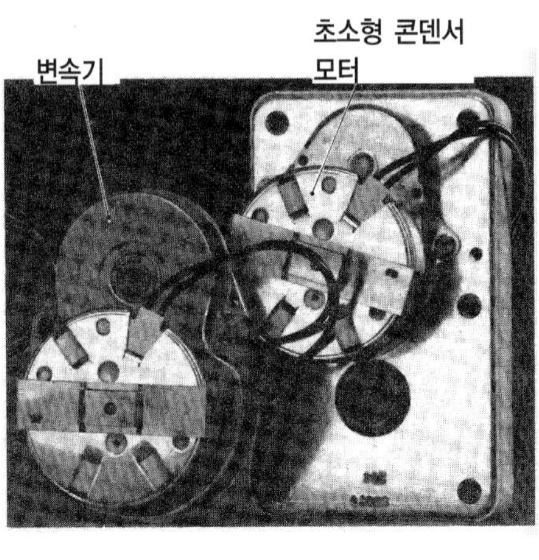

그림 5.56 초소형 콘덴서 모터와 변속기

고정자와 권선은 같이 되어 있으며 보조 권선과 콘덴서를 이용하여 단상 교류 전압에서 회전자계를 만든다.

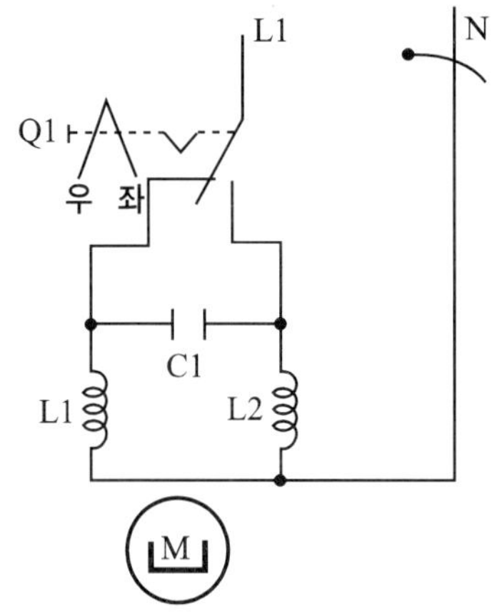

그림 5.57 초소형 콘덴서 전동기의 회로

초소형 전동기에서는 주극의 권선과 보조 권선을 같게 만든다. 그림 5.57에서 보는 바와 같이 L1 또는 L2에 콘덴서의 연결에 따라 정회전 또는 역회전을 선택한다.

전동기에 스위치를 on한 후 정지한 회전자에 발생하는 토크를 기동 토크라고 한다. 기동 토크는 동기 전동기에서 아주 작다. 왜냐하면 빠르게 회전하는 회전자계를 회전자가 바로 쫓아 회전할 수 없기 때문이다.

작은 동기 전동기에서 기동 시 회전자에 와류가 발생하여 렌쯔 법칙에 따라 기동 토크에 영향을 준다. 따라서 소형 동기 전동기의 기본적인 T-s 곡선은 일반적인 동기 전동기의 특성곡선 보다 대단히 낮다.

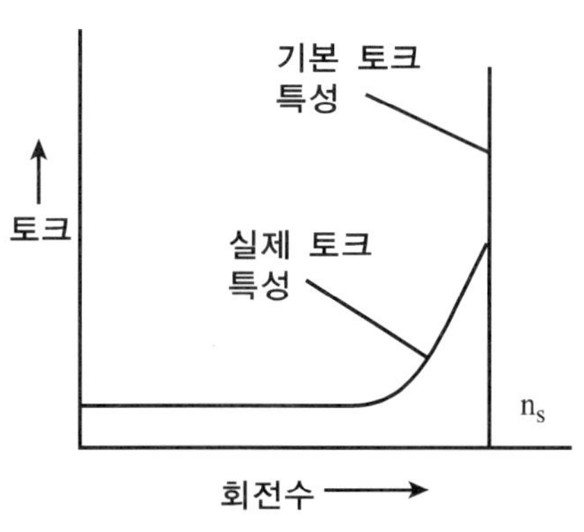

그림 5.58 소형 동기 전동기의 토크-회전수 특성 곡선

동기 전동기로서 콘덴서 전동기의 회전자는 split pole 동기 전동기와 비슷하게 만들어졌다. 형식에는 내형 회전자와 외형 회전자가 있다.

콘덴서 동기 전동기는 아주 작은 출력에 사용된다. 용도는 split motor와 유사하다. 그러나 콘덴서 동기 전동기는 split motor에 비하여 손실에 의한 열 발생이 작고 효율이 높으며 회전자계는 원형에 가깝다 그밖에 회전방향을 바꿀 수 있는 장점이 있다.

(3) 릴럭턴스 모터

농형 회전자 전동기의 회전자 주위를 그림 5.59와 같이 만들면 고정자 자속은 회전자의 파낸 부분을 피하여 흐르게 될 것이다. 왜냐하면 이 부분의 자기 저항은 다른 곳에 비하여 높기 때문이다. 따라서 기동 후 회전자는 회전자계의 회전수와 같게 된다. 기동 시에는 유도 전동기로 기동하고 운전 시에는 동기 전동기로 운전한다.

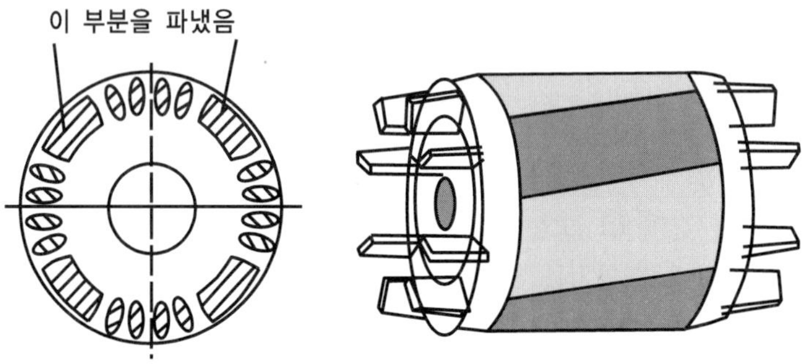

그림 5.59 릴럭턴스 전동기 회전자

이 전동기의 단점은 공극과 누설이 크다는 것이다 따라서 역률이 낮다. 따라서 이 전동기는 역률이 좋은 유도 전동기에 비하여 큰 전류가 흐른다. 또한 효율도 같은 크기의 유도 전동기에 비하여 좋지 않다.

외형 회전자 소형 릴럭턴스 모터는 소형 동기 전동기로 사용된다. 큰 릴럭턴스 전동기의 정격출력은 4kW가 되며 이 전동기는 정속 회전을 요구하는 곳(Timer 등)에 사용된다.

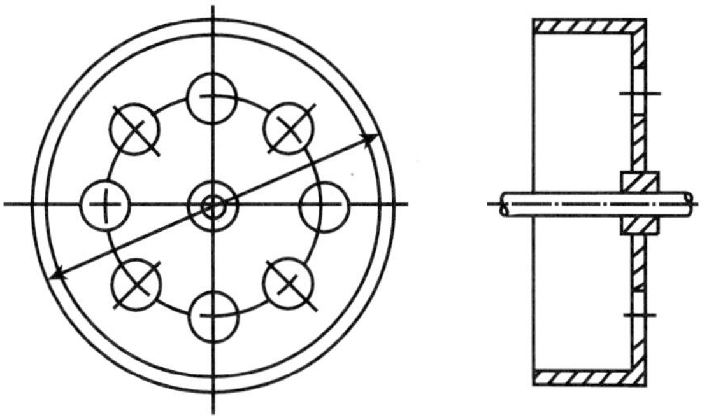

【그림 5.60】 소형 릴럭턴스 전동기 회전자

2) 동기 전동기의 용도

동기 전동기의 특징을 이용하여 비교적 저속도이고 대용량으로 제작된 것이 시멘트 공장의 분쇄기나 각종 압축기, 송풍기, 제지용 쇄목기 등에 사용되며 앞서 설명한 대로 동기 조상기로 사용된다. 그리고 소형 동기기는 세탁기의 타이머, 전자레인지의 타이머, 시계 등에 이용되고 있다.

3) 동기 전동기의 장점과 단점

동기 전동기는 동기 속도로 회전하는 회전자계 기기이다.

동기 전동기의 장점은

1) 항상 동기 속도로 회전한다.
2) 항상 역률 1로 운전할 수 있다.
3) 필요에 따라 앞선 전류를 취할 수 있다.
4) 저속도로 운전하는 기기는 일반적으로 유도 전동기에 비하여 효율이 좋다.

그러나 다음과 같은 단점도 있다.

1) 일반적인 구조의 동기 전동기는 기동 토크가 작다.
2) 난조를 일으킬 염려가 있다.
3) 직류 전원을 필요로 한다(직류 여자를 할 경우).

5.13.4 특수 동기기

1) 단상 동기 발전기

단상 교류 전력을 발생하는 동기 발전기를 단상 동기 발전기라고 한다. 소용량인 것은 신호용이나 실험실용 등으로 사용되고, 대용량인 것은 교류전기철도 등에 사용된다.

단상 발전기의 전기자 반작용은 공간적으로 고정된 위치에서 다만 진폭만이 변화하는 교번자계가 된다. 이 때문에 전기자 및 계자권선에 고조파 기전력을 유도하므로 이것을 경감시키기 위하여 자극 면에 제동 권선을 설치한다.

단상 발전기의 전력은 맥동하고 전기자에 기계적인 진동을 일으킴으로 베이스와 고정자 프레임의 발판사이에 강력한 스프링을 넣어서 맥동을 흡수하도록 한 것이 있다.

2) 정현파 발전기

정현파 발전기는 원통형 회전자를 채용하여 공극의 자기 저항을 균일하게 하고, 부하 전류에 의한 공극 자속의 변형을 적게 하며, 또 계자 권선을 권선형 유도 전동기의 회전자와 같이 평형된 모양으로 보통 2상 또는 3상 권선으로 하여 계자 기전력의 분포를 정현파형으로 하는 구조로 되어 있다.

철극형 단상 발전기에는 무 부하 기전력이 정현파라고 해소 부하 전류가 흐르면 전기자 반작용으로 인하여 고조파 자속이 생기고 파형이 변한다. 또 3상 발전기에서는 심한 불평형 부하를 걸면 똑같이 파형이 변한다. 이것은 공극에 따른 자기 저항이 균등하지 않고 계자 권선이 공극에 따라 균일하게 분포되어 있지 않기 때문이다.

3) 고주파 발전기

동기 발전기에는 $f = \frac{P}{2}n_s$의 관계가 있기 때문에 고주파 발전기로는 극수를 많게 할 필요가 있다. 그러나 철극기에서는 구조상의 제한이 있으므로 수백~수천[Hz]와 같은 고주파용에는 **유도자형 발전기**가 사용된다.

유도자형에서는 그림 5.61과 같이 전기자 권선과 계자 권선이 모두 고정되고, 회전자에는 유도자라고 하는 철괴에 철극과 슬롯이 있고, 전기자 코일 밑으로 철극이 닿는 경우와 슬롯이 닿는 경우에는 자기 저항이 변하므로, 전기자 코일과 쇄교하는 자속이 증감하는 결과에 따라 전기자 권선에 기전력을 유도하는 것이다. 이와 같은 구조로 된 회전자는 고속도에 견디고 극수도 많아짐으로 고주파용에 적합하다.

이런 형에서는 유도자의 철극과 슬롯이 한 개의 조이며, 전기자 권선에 1사이클의 기전력을 유도하기 때문에, 유도자 철극의 극수를 P로 하고 1초 동안의 회전수를 n_s라고 하면 주파수는 $F= Pn_s\,[\mathrm{Hz}]$가 된다.

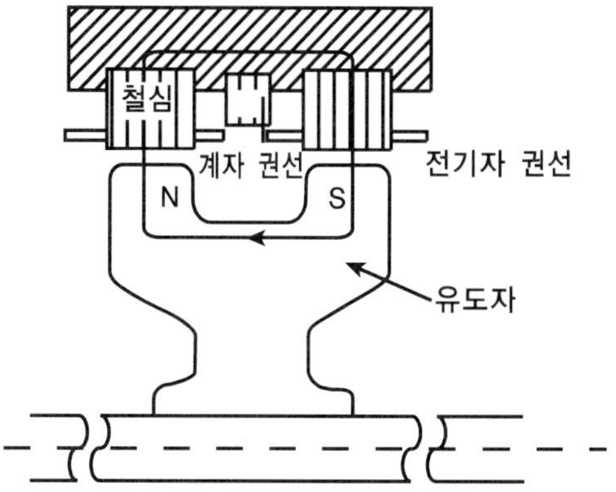

그림 5.61 유도자형 고주파 발전기

유도자형 발전기는 고주파 전기로의 전원으로 1,000[Hz]~3,000[Hz]가 사용되며, 그 밖에 전기기기의 층간 절연 시험용(변압기의 유도 시험)이나 고주파 건조 설비용 전원으로도 사용된다.

4) 유도 동기 전동기

유도 동기 전동기는 일반적인 권선형 유도 전동기와 같은 구조로 된 것이며, 기동할 때에는 그림 5.60과 같이 2차 권선인 계자 권선을 기동저항기 R을 통하여 폐회로로 해서 유도 전동기로서 양호한 기동 특성을 이용한다. 동기 속도 가까이 되었을 때에 개폐기 S를 전환하고 2차 권선에 여자기 E_x로부터 직류 여자를 주어서 동기화시키며 동기 전동기로써 사용한다.

2차 권선은 3상식으로 감고 운전 상태에서는 성형 결선의 3상 권선 중 2상을 외부에서 단락하여 병렬로 하고 제3상과 직렬로 하여 여자 전원에 연결한다.

유도 동기 전동기의 특징은 기동 입력이 작고 기동 토크와 인입 토크가 큰 것이다.

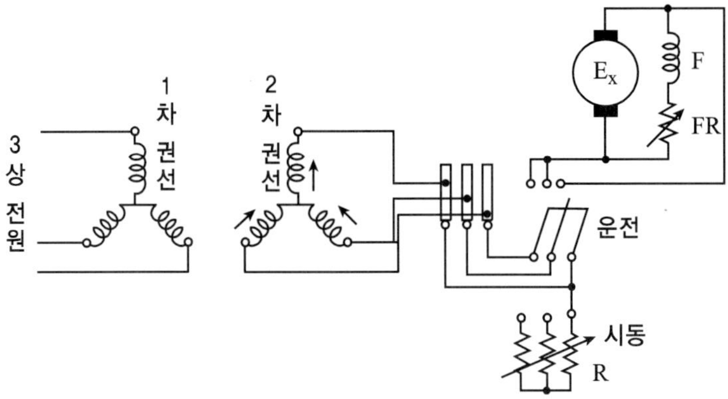

[그림 5.62] 유도 동기 전동기

5) 동기 주파수 변환기

주파수가 다른 두 개의 송전 계통을 서로 연결하여 전력을 융통할 경우, 또는 상용주파수의 50[Hz], 60[Hz]를 100~180[Hz] 정도의 주파수로 바꾸려는 경우에 사용되는 주파수 변환기에는 많은 종류가 있다. 이들 중에서 동기 전동기와 동기 발전기를 직결하고 각 기계의 극수를 적당히 선정한 정비 주파수 변환기인 동기 주파수 변환기가 있다.

동기 주파수 변환기의 구조는 일반적인 철극형 동기기 2대를 그림 5.61과 같이 직결한 전동 발전기이며 전동기 M에는 자극편에 제동 권선을 설치한다. 가역 주파수 변환기로써 사용되는 일도 있으나 이 경우에는 발전기 G에도 제동 권선을 설치한다.

기동은 보통 자기동법으로 하나 전원의 형편상 기동 전류를 제한할 필요가 있는 경우에는 기동 전동기를 직결해서 사용한다. 동기 주파수 변환기는 조작이 간단하고

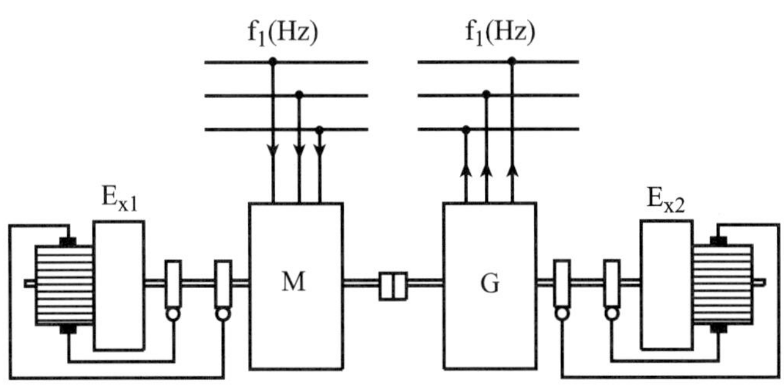

[그림 5.63] 동기 주파수 변환기

효율이 좋으며 구조도 간단하다. 그러나 부하, 주파수, 전압 등이 갑자기 변동하면 난조나 동기 이탈 등을 일으키거나 병렬 운전이 잘 되지 않는 결점이 있다.

6) 회전 변류기

회전 변류기는 그림 5.64와 같이 **회전 전기자형**의 동기 전동기이며 회전자의 전기자 권선에 슬립링을 통하여 3상 교류를 가하면 회전자계가 생긴다. 이 회전자계의 회전방향과 반대방향으로 회전자는 회전하게 되고 회전계자형의 동기 전동기와 같이 회전자의 회전자계와 고정자의 자극과의 상대 속도는 0이 된다.

운전 중에는 전기자 권선이 고정자의 자극 사이에서 회전하므로 직류 발전기와 같은 원리에 의해 교류의 역기전력이 유도되기 때문에 전기자와 접속된 정류자에서 직류전압을 얻을 수 있다. 이때 전기자 전류는 동기 전동기로서의 전류와 직류 발전기로서의 전류가 서로 반대로 흐르기 때문에 그 크기는 매우 작으므로 전기자 반작용이나 전기 자동손도 적다.

이처럼 회전 변류기는 동기 전동기와 직류 발전기를 겸하고 있으며, 전류를 바꾸는 역할을 하고 있으므로 기계적 출력을 발생할 필요가 없으므로 축과 베어링은 작아도 된다.

그러나 직류 발전기는 여자를 가감하여 전압을 조정할 수 있으나 회전 변류기에서는 동기 전동기의 V 곡선에서 설명한 바와 같이 교류 측의 역률만 변화하게 된다.

따라서 직류 측의 전압을 변경하려면 슬립링에 가해지는 교류 측 전압을 변화시키며 그 방법에는 직렬 리액턴스, 유도전압 조정기, 부하 시 전압 조정 변압기, 동기 승압기에 의한 방법이 있다.

그리고 교류 전압의 실효치 E_a와 직류전압 E_d의 관계는

$$\frac{E_a}{E_d} = \frac{1}{\sqrt{2}} \sin \frac{\pi}{m} \quad \text{단, } m = \text{상수} \tag{5-23}$$

이고, 교류 측 전류의 실효치 I_a와 직류 측 선로 전류 I_d의 관계는

$$\frac{I_a}{I_d} = \frac{2\sqrt{2}}{m \cos \theta} \quad \text{단, } \cos \theta = \text{역률} \tag{5-24}$$

이다.

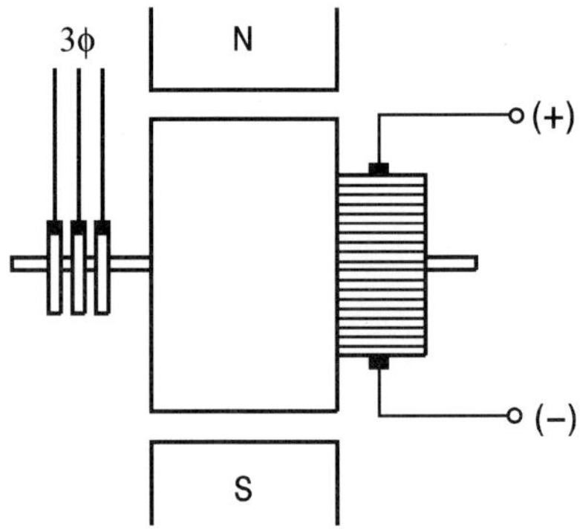

그림 5.64 회전 변류기

5.14 동기기의 효율

5.14.1 손실

1) 고정손

- 철손 : 동기기의 철심에 발생하는 손실이며 히스테리시스손과 와전류손이 있다.
- 기계손 : 베어링의 마찰손, 브러시, 마찰손과 풍손의 합

2) 부하손

- 전기 자동손 : 전기자 권선에 전류가 흘렀을 때에 발생하는 손실

3) 계자손

계자 전류가 흘렀을 때 발생하는 계자 동손과 브러시 전기손이 있다.

4) 표유 부하손

부하 전류에 의해서 생기는 전기자 도체의 표피 효과에 의한 부가손이나 계자 자속의 왜형에 의한 철손 등으로 (2)에 포함되지 않는 것이다.

표유 부하손을 감소시키기 위하여 전기자 도체를 여러 개로 나누어 서로 절연하여

야 한다.

5) 기타

주 기계와 일체를 이루고 주 기계에서 분리하는 것이 곤란한 직결 여자기의 풍손이나 마찰손 등이 있다.

- 주 기계를 무 여자 정격 속도로 운전하여 기계손을 구한다.
- 주 기계를 여자하고 정격 속도로 정격전압을 발생시키면 철손을 포함하는 고정손이 얻어진다. 이 값에서 기계손을 빼면 철손이 구해진다.
- 주 기계의 3상 단자를 단락하고 정격 속도로 운전하여 여자를 가해서 전기자 전류를 흐르게 하면 기계손과 전기자 동손과 표유 부하손의 합이 얻어진다. 여기에서 기계손을 빼면 전기자 동손과 표유 부하손의 합이 얻어진다.

5.14.2 효율

동기기의 효율에는 실측 효율과 규약 효율이 있는데 규약 효율을 많이 사용한다. 동기기의 전 손실을 P_L, 정격 전압 V, 정격 부하 전류 I, 역률 $\cos\varphi$라고 하면

3상 동기 발전기 효율

$$\eta = \frac{\text{출력}}{\text{출력} + \text{손실}} = \frac{\sqrt{3}\, VI\cos\varphi}{\sqrt{3}\, VIcos\varphi + P_L} X100\ [\%] \qquad (5\text{-}25)$$

3상 동기 전동기 효율

$$\eta = \frac{\text{출력} - \text{손실}}{\text{출력}} = \frac{\sqrt{3}\, VI\cos\varphi - P_L}{\sqrt{3}\, VIcos\varphi} X100\ [\%] \qquad (5\text{-}26)$$

연습문제

1. 동기 발전기의 단락비에 대하여 설명하시오.

2. 동기기의 전기자 반작용에 대하여 설명하시오.

3. 동기 전동기의 V 곡선을 그리고 설명하시오.

4. 용량 600kVA, 전압 3300V, 상당 저항 0.37Ω, 동기 리액턴스 4.3Ω인 동기 발전기가 있다. 역률 100%와 80%에서 전압 변동률을 구하시오.

5. 동일 정격인 2대의 동기 발전기가 병렬 운전하여 지상역률 0.8, 전류 600A인 부하에 공급하고 있다. 이제 그중 1기의 여자를 증가하여 전류를 400A로 하고 부하에 변화가 없는 것으로 하면 각기의 역률은 얼마인가?

6. 동기 발전기의 병렬 운전 중에 흐르는 순환 전류의 종류와 원인에 대하여 설명하시오.

7. 정격 전압 6,000V, 용량 5,000kVA인 3상 동기 발전기에 있어서 여자 전류 200A에 상당하는 무 부하 단자 전압은 6,000V이며 단락 전류는 600A라고 한다. 이 발전기의 단락비 및 동기 임피던스는 얼마인가?

8. 동기기의 전기자 반작용에 대하여 설명하시오.

9. 3상, 195MVA, 15kV, 60Hz, Y 결선 동기 발전기가 있다.

   무 부하 시험(개방 회로시험)

If(여자 전류)	150	300	450	600	750	900	1200
전압(KV)	3.75	7.5	11.2	13.6	15	15.8	16.5

   단락 회로 시험

   $I_f = 750\,A, \quad I_a = 7000\,A$

   전기자 저항은 무시할 수 있을 만큼 작다.

   1) 저항값으로서 동기 리액턴스 및 단위법으로서 동기 리액턴스는 얼마인가?

   2) 지상 역률 0.8에서 전압 변동률은 얼마인가?

10. 정격 출력 1,000kVA, 정격 전압 3,300V, 정격 역률 0.8의 동기 발전기 2대가 병행 운전하여 전력을 공급하고 있을 때 한쪽 발전기의 여자 전류를 감소시켜 역률을 1로 하였다. 다른 쪽 발전기의
    1) 전류
    2) 역률은 얼마인가?

찾아보기

숫자

2차 입력 ······ 221
2차 저항손 ······ 222
2층권 ······ 37
3권선 변압기 ······ 166
4상한 제어 ······ 110

A

air gap line ······ 295

C

control generator ······ 252
cross magnetization ······ 285

D

demagnetization ······ 287
direct reaction ······ 287

E

end ring ······ 207

H

Hysteresis손 ······ 115

K

KUSA 기동 방식 ······ 233

L

leakage flux ······ 288
Lenz 법칙 ······ 24
Load angle ······ 292
Lorentz craft ······ 20

M

magnetization ······ 287

N

no load saturation curve ······ 295

O

ohm의 법칙 ······ 62

P

PAM Inverter ······ 254
Pull up 토크 T_p ······ 209
PWM 인버터 ······ 256

Q

quadrature reaction ······ 285

S

saturation factor ······ 295
self excitation ······ 299
short circuit ratio ······ 296
slip ······ 202
slip ring ······ 204
slip 제어 ······ 243
Split pole motor ······ 269, 321
Steinmetz 방식 ······ 271
switching 전류 ······ 238

T

Thyrister ······ 95
T좌 변압기 ······ 156

V

V 곡선 ······ 313

Y

Y-Δ 기동 방식 ······ 232

ㄱ

가극성 ······ 150
감극성 ······ 150
감자 작용 ······ 287
계자손 ······ 330
계철(Yoke) ······ 26
고상권 ······ 37
고정손 ······ 330
고주파 발전기 ······ 326
공극 ······ 13
공극선 ······ 295
공칭 유기기 전력 ······ 291
과도 안정도 ······ 317
교번자계 ······ 3
교차 자화 작용 ······ 285
권선 계수 ······ 183
권선 피치 ······ 39
권선형 유도 전동기 ······ 203
균압 결선 ······ 41
극수 변환 ······ 246
기계적 출력 ······ 217
기동 리액터 ······ 267
기동 보상기 ······ 319
기동 저항 ······ 93
기동 전류 ······ 98
기동 토크 ······ 88, 225
기동 토크 T_s ······ 209
기자력 ······ 5

ㄴ

난조 ······ 315
내극형(회전계자형) ······ 277
놀림코일 ······ 43
농형 유도 전동기 ······ 207
농형 회전자 ······ 208
누설 자속 ······ 288

누설 전압 강하 ········· 149

ㄷ

다중권 ········· 40
단권 변압기 ········· 168
단락 손실 ········· 148
단락비 ········· 296
단상 동기 발전기 ········· 326
단상 브레이크 ········· 241
단절권 ········· 186
단절권 계수 ········· 186
단중권 ········· 40
단층권 ········· 37
돌극기 ········· 279
돌극형 ········· 275
돌발 단락 전류 ········· 307
동기 리액턴스 ········· 290
동기 속도 ········· 201
동기 와트 ········· 223
동기 임피던스 ········· 290
동기 조상기 ········· 320
동기 주파수 변환기 ········· 328
동기화 전류 ········· 303
동손 ········· 115
등가용량 ········· 171

ㄹ

릴럭턴스 모터 ········· 324

ㅁ

마그네트 클러치 기동 방식 ········· 234
만능 전동기 ········· 93
무 부하 포화 곡선 ········· 295
무 부하손 ········· 116
무 부하전압 ········· 61
무효 순환 전류 ········· 302

ㅂ

발전기 효율 ········· 116
백분율 리액턴스 강하 ········· 149
백분율 저항 전압강하 ········· 149
변압기 기동 방식 ········· 234
변압기 반작용 ········· 138
변압기 이용률 ········· 155
변연장 3각 결선 ········· 173
병렬 운전 ········· 149, 158
보극 ········· 34, 53
보상 권선 ········· 53
복권 발전기 ········· 69
부싱 ········· 128
부하각 ········· 292
부하손 ········· 116, 330
부하용량 ········· 171
부하율 ········· 174
분권 발전기 ········· 66
분권 전동기 ········· 82
분포권 계수 ········· 183
비 투자율 ········· 10
비돌극형 ········· 275
비동기 전동기 ········· 202
비례 추이 ········· 227

ㅅ

손실법 ········· 117
싸이클로 컨버터 ········· 259

ㅇ

안정도 ········· 317

앞 피치 40
여자 곡선 9
여자 권선 35
역전류 브레이크 방식 241
오른나사 법칙 2
오른손 법칙 22
와류손 115
외부 특성 곡선 65
왼손 법칙 16
우취 코일 모터 269
워드레오나드 방식 106
위상각 제어법 95
유기전압 45
유도 동기 전동기 327
유도 전동기 202
유도자형 발전기 326
유도전압 22
유도전압 V_i 76
일그너 방식 106

ㅈ

자계의 세기 6
자기 발전 현상 62
자기 여자 작용 299
자속 Φ 7
자속 밀도 7
자속 제어 104
자장 곡선 193
잔류 전압 61
전 전압 직접 기동 방식 232
전기자 35, 73
전기자 slot 36
전기자 반작용 51, 52, 285
전기자 저항 제어 103
전동기 효율 116
전류비 139
전압 방정식 76
전압 변동률 66
전압 제어 106
전압 조정기 298
전압-전류 곡선 65
전압비 138
전압원 Inverter 252
전일 효율 176
정격 단락 전압 147
정격 단락 전압률 147
정격 출력 93
정격 토크 T_N 209
정격 피상 전력 140
정류 시간 56
정류자 32
정류자 전압 59
정류자 편수 59
정류전압 57
정지형 변환기 108
정태 안정도 317
정현파 발전기 326
제동 권선 316
제동법 116
주좌 변압기 156
중권 38
중성점 49
중성축 40
증자 작용 287
직권 발전기 68
직권코일 127
직렬권 43
직류 브레이크 241
직류 초퍼 방식 106
직병렬 제어 108
직축 반작용 287
집중권 192

ㅊ

차동 복권 발전기 ······ 69
최대 토크 ······ 225
최대 토크 T_{max} ······ 209
최대 투자율 ······ 11

ㅋ

코일법칙 ······ 5
콘덴서 전동기 ······ 322
콘서베이터 ······ 130

ㅌ

타 여자 발전기 ······ 65, 70
탈조 ······ 310
투자율 ······ 10

ㅍ

파권 ······ 38
파권 권선 ······ 41
평 복권 발전기 ······ 69
평균 자로 ······ 6
폐회로 ······ 13
포화율 ······ 295
표유 부하손 ······ 115, 330
표피 효과 ······ 231

ㅎ

한류 리액터 ······ 308
합성 피치 ······ 40
형권코일 ······ 127
화동 복권 발전기 ······ 69
환상권 ······ 37
회생제동 ······ 107
회전 계자형 ······ 278
회전 변류기 ······ 329
회전 전기자형 ······ 277
회전력 방정식 ······ 74
횡축 반작용 ······ 285

본 과제(결과물)는 교육과학기술부의 재원으로 한국연구재단의 지원을 받아 수행된 광역경제권 선도산업 인재양성사업의 연구결과입니다.

Following are results of a study on the "Human Resource Development Center for Economic Region Leading Industry" Project, supported by the Ministry of Education, Science & Tehnology(MEST) and the National Research Foundation of Korea(NRF).

정가 19,000원

에너지 변환기기

2010년 3월 15일 초판 인쇄
2010년 3월 19일 초판 발행

저 자 : 박 창 순
발행자 : 우 명 찬 · 송 준
발행처 : 홍릉과학출판사
주 소 : ㊊ 142-885 서울시 강북구 인수동 455-60
등 록 : 1976년 10월 21일 제5-66호
전 화 : 999－2274~5, 996－8341, 903－7037
팩 스 : 905-6729
ISBN : 978-89-7283-873-9

hongpub@hongpub.co.kr
www.hongpub.co.kr

저자와의 협의하에 인지생략